KB202311

안개 속의 고릴라

(안개 속의)고릴라 / 다이앤 포시 지음 ; 최재천, 남현영 옮김.
— 서울 : 승산, 2007
p. ; cm

원서명: Gorillas in the mist
원저자명: Fossey, Dian
색인수록
ISBN 978-89-6139-003-3 03490 : ₩20000

499.83-KDC4
599.884-DDC21 CIP2007002145

Gorillas in the Mist

다이앤 포시 지음 | 최재천 · 남현영 옮김

안개속의

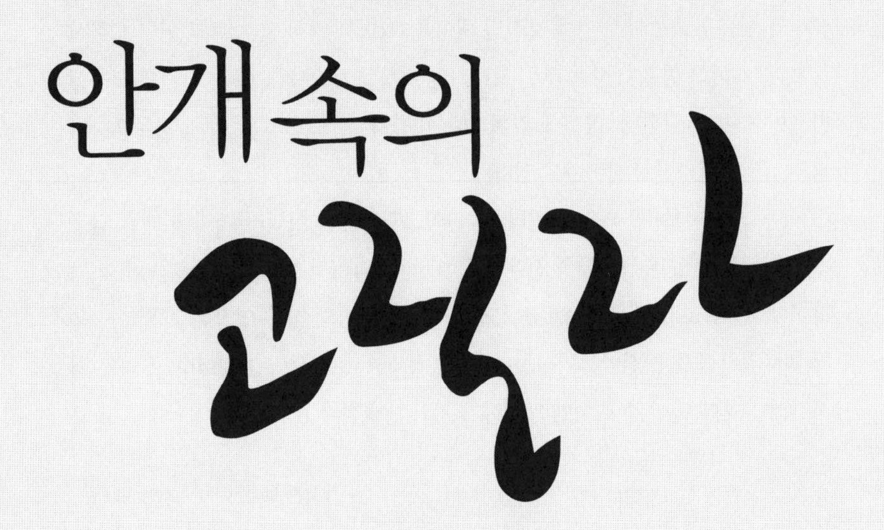

승산

GORILLAS IN THE MIST

“영장류 연구서의 고전”

A classic of its kind

– 《뉴스위크 *Newsweek*》

다이앤 포시는 이전의 동물학자들 중 그 누구보다도 고릴라에 대해 많은 것을 알아냈다. 『안개 속의 고릴라』는 고릴라의 부검 결과, 기생충 보고, 음성 분석 등의 방대하고 전문적인 자료를 부록에 실은 값을 매길 수 없이 귀한 과학 서적이며, 고릴라 행동을 기술한 단연 독보적인 책이다. 그녀는 지칠 줄 모르고 연구에 헌신했으며, 그녀의 연구 대상이 갖는 생태적 중요성을 세상에 알렸다. 그녀의 조사에 따르면 자이르, 르완다, 콩고에 걸쳐 있는 비룽가의 “보호 지역”에서 겨우 242마리의 산악고릴라만이 살아가고 있다.

……(중략)…… 『안개 속의 고릴라』는 산악고릴라뿐만 아니라 저자에 대한 감동적이고 설득력 있는 생생함을 전달한다. 이 책은 과학적 헌신에 대한 기념비적 저작이다. 산악고릴라는 멸종될 것이고 우리들은 우리의 작은 영장류 가족의 죽음에 괴로워하겠지만, 산악고릴라들은 이 책 속에서 계속 살아갈 것이다. 우리는 제시간에 그곳에 있어 준 다이앤 포시에게 감사해야 한다.

– **캐서린 보우턴**Katherine Bouton

《더 뉴욕 타임스 북 리뷰 *The New York Times Book Review*》

……(전략) 평화주의적 삶을 사는 동물임에도 불구하고 고릴라들의 주위에는 적들이 많다. 밀렵꾼들은 그들의 손과 가죽, 머리를 얻기 위해 사냥하며, 이것들은 관광 상품 시장에서 팔리고 있다. 밀렵꾼들의 암시장으로부터 고릴라를 보호하려는 포시의 정당한 분노는 『안개 속의 고릴라』에서 조목조목 드러난다. 포시의 주장은 1983년에 책이 출간된 이후로 폭넓은 지지를 받았으나 그녀의 목표는 아직 미완성인 채로 남아 있다. 1985년 포시는 살해당했고, 범인은 아마도 밀렵꾼들 중의 하나로 추측된다. 오늘날 650마리 미만의 산악고릴라가 야생에서 명맥을 유지하고 있다. 『안개 속의 고릴라』를 읽는 것은 그들과 야생에서 사는 다른 동물들의 보전을 위해 한 발짝 걸음을 내딛는 길일 것이다.

– 그레고리 맥나미Gregory McNamee

아마존 리뷰www.amazon.co.uk Review

마음이 고운 동물 고릴라

대부분의 사람들에게는 영화배우 시고니 위버의 얼굴로 더 잘 알려진 세계적인 고릴라 연구가 다이앤 포시는 침팬지를 연구한 제인 구달과 오랑우탄을 연구한 비루테 갈디카스와 더불어 고생물학자 루이스 리키 박사가 발굴해 낸 영장류 연구의 세 여전사 중의 한 사람이다. 이 책은 1985년 크리스마스 다음 날 카리소케 야외연구센터 그의 방에서 의문의 죽음을 맞기까지 18년 동안 오로지 고릴라만을 연구하며 그들의 안위를 위해 그야말로 생명을 바친 포시의 자전적 연구보고서다. 비슷한 성격의 책들인 갈디카스의 『에덴의 벌거숭이들』(디자인하우스, 1996)과 구달의 『인간의 그늘에서』(사이언스북스, 2001)에 비해 번역이 많이 늦었지만 이제 우리 독자들도 우리 인간과 가장 가까운 사촌들인 침팬지, 고릴라, 오랑우탄에 대해 고루 알 수 있게 되었다.

갈디카스와 구달의 연구도 힘들기는 마찬가지였지만 포시의 연구 역정만큼 파란만장하지는 않았다. 구달이 천수를 누리다 조용히 눈을 감은 침팬지 플로의 죽음을 애도하는 기고문을 〈런던타임스〉에 실었던 것과는 대조적으로 포시는 밀렵꾼들의 손에 처참하게 도살당한 디지트의 죽음을 〈CBS 이브닝뉴스〉를 통해 고발해야 했다. 자연사 또는 서식지 파괴로 인해 서서히 죽어 가는 침팬지와 오랑우탄과 달리 포시가 연구하던 고릴라들은 주로 밀렵꾼들에 의해 무참히 죽어 나갔다. 그리고 그들을 지켜내려다 자신도 끝내 죽음을 면치 못한 포시의 삶은 진정 영화가 되고도 남는다.

처음 만난 아프리카인의 친절한 접근에 열심히 연습했던 스와힐리어가 한마디도 떠오르지 않아 눈물을 흘리며 텐트 안으로 숨었던 그였지만 인간의 무력 앞에 아무런 힘을 쓸 수 없는 고릴라들의 연약함에 분연히 그들의 수호천사를 자처한 그 용기는 과연 어디에서 온 것일까? 연구를 위한 조건으로 맹장 제거수술을 주문한 리키 박사의 요청에 한 치의 머뭇거림도 보이지 않았던 젊은 포시의 모습에서 나는 그의 열정과 사랑을 읽는다.

포시의 외유내강은 고릴라들의 외강내유와 묘한 대조를 이룬다.

언뜻 보기에는 마냥 포악하기만 할 것 같은 대형유인원인 고릴라가 실제로는 상당히 온순하고 가정적인 동물이라는 것은 포시의 장기적인 연구가 아니었더라면 알아내기 어려운 사실이었다. 거구에 사뭇 흉측해 보이는 외모와 달리 은색등은 어린 자식들과 잘 놀아 주는 아빠이자 암컷들에게도 다정한 남편이다. 이 같은 고릴라들의 심성과 개성은 물론 영아살해, 동종 식육, 동성애나 자위행위, 그리고 인간을 제외한 영장류에서는 드물게 관찰되는 완경과 눈물을 흘리는 행동 등은 모두 장기간의 면밀한 관찰이 없이는 찾아내기 어려운 발견들이다.

포시가 이 책을 쓴 1983년 이전에는 알려지지 않았지만 그 후 새로운 정보가 밝혀진 것들도 있다. 포시는 이 책에서 고릴라들이 도구를 사용하는 행동은 관찰하지 못했으며 그 점이 침팬지와 다른 면이라고 쓰고 있지만 2005년 콩고와 독일 막스플랑크연구소의 생물학자들은 고릴라들이 늪지대를 건너며 긴 막대기로 물의 깊이를 재는 행동과 큰 나무줄기를 일종의 다리로 사용하여 깊은 늪지대를 가로지르는 행동을 처음으로 관찰하여 국제학술지에 보고했다. 부드러운 나뭇가지를 가지고 흰개미를 사냥해 먹는 침팬지의 경우처럼 침팬지와 오랑우탄은 주로 먹이를 얻는 데 도구를 사용하는 것에 비해 고릴라의 도구 사용은 성격이 사뭇 다른 것 같다.

구달 박사가 침팬지를 연구하며 그들에게 인간의 이름과 흡사한 이름들을 지어 준 것에 대해 케임브리지 대학교의 동물학자들이 매우 언짢은 반응을 보인 일은 영장류학계에서 아주 유명한 일화다. 당시 케임브리지 대학교의 교수들은 인간을 제외한 다른 동물들에게 이름을 지어 주면 마치 그들에게도 지능과 감정이 있는 것처럼 느껴질 수 있으며 연구 대상에게 이름까지 지어 주며 너무 가까워지면 객관적인 관찰과 판단이 불가능해진다고 우려했다. 결과를 놓고 하는 얘기지만 구달 박사가 그렇게 이름을 지어 주며 감정적으로 깊숙이 개입하지 않았더라면 침팬지에 대해 지금 우리가 알고 있는 정도의 지식은 축적되지 않았을 것이 분명하다.

포시 역시 그가 연구한 모든 고릴라들에게 이름을 지어 주었다. 고릴라뿐 아니라 연구센터에서 함께 살게 된 모든 야생동물들과 가축들까지 일일이 이름을 지어 불렀다. 심지어는 무생물에게도 이름을 지어 주었다. 아프리카에 도착하여 처음 구입한 낡은 랜드로버도 '릴리'라는 이름을 얻었다. 작명에 관한 한 나는 포시가 구달보다 훨씬 탁월한 솜씨를 보였다고 생각한다. 그가 고릴라들에게 붙여 준 이름들 중 몇몇은 훗날 디즈니 만화가들에 의해 영화 〈라이언 킹〉에 등장하기도 했다. 심바와 라피키 등이 그들이다. 포시의 감칠맛 나는 문장력과 재치가 번득이는 고릴라 이름들은 이 책을 읽는 재미를 한층 더해 준다. 이 책은 콘라트 로렌츠, 칼 폰프리쉬와 함께 행동의 메커니즘에 관한 연구로 노벨상을 수상한 니코 틴버겐이 극찬한 책이다. 연구의 깊이와 휴먼드라마가 한데 녹아들어 멋진 조화를 이룬 책이다.

구달, 포시, 그리고 갈디카스 덕택에 우리는 이제 우리와 가장 가까운 동물들인 유인원들에 대해 상당히 많은 것을 알게 되었다. 하지만 유인원이면서도 이들에 비해 너무나 덜 알려진 동물이 있다. 바로 긴팔원숭이다. 동남아시아에만 모두 12종의 긴팔원숭이가 살고 있다. 서식지 파괴로 인해 대부분이 멸종 위기종에 가깝다. 나는 2006년 11월부터 이들 중 한 종인 자바긴팔원숭이Javan gibbon에 대한 야외 연구를 시작했다. 미국 뉴욕 대학교 출신의 수잔 래판Susan Lappan 박사와 김산하 연구원이 지금 인도네시아 자바의 구눙 할리문 국립공원

Gunung Halimun National Park 야외 연구소에서 관찰과 연구를 하고 있다. 나는 그동안 개미를 비롯한 많은 곤충들과 까치, 조랑말, 농게, 청개구리, 바퀴벌레 등 온갖 동물들을 연구해 왔지만 영장류 연구에 대한 꿈을 버리지 않았다. 이제 드디어 그 꿈을 실현하고 있는 것이다. 우리 연구진도 언젠가 긴팔원숭이에 대해 이런 책을 쓸 수 있게 되리라 믿는다.

나와 함께 이 책을 번역한 남현영은 까치의 금속성 날개색이 짝짓기에 어떤 영향을 미치는가를 연구하고 있는 박사과정 학생이다. 올해로 꼭 10년이 된 우리 연구실의 까치 연구의 중심 멤버로서 활약하는 탁월한 까치 생물학자이다. 연구에서와 마찬가지로 번역에서도 탁월한 능력과 인내심을 발휘해 준 것에 대해 진심으로 고마움을 전한다. 번역에 관한 한 지나칠 정도로 까다로운 나와 일하느라 고생한 승산 식구들도 모두 고맙다. 그리고 고릴라의 삶을 우리 품에 안기고 떠나간 다이앤 포시에게도 다시 한 번 경의를 표한다.

열대비가 내리는 2007년 7월 어느 날

최재천(이화여자대학교 에코과학부 교수)

디지트, 엉클 버트, 마초, 그리고 크웰리를 추모하며

빛의 안개

그 우아함 속에

우리가 숨어 있다.

— 리처드 몽크턴 밀네스Richard Monckton Milnes
(후턴 경Lord Houghton, 1809~1885)

| 감사의 글 |

많은 이들이 언젠가는 이루고자 하는 꿈이나 야망을 갖고 있다. 산악고릴라를 연구하러 아프리카에 가려던 나의 꿈은 켄터키 루이빌에 사는 헨리Henry 가(家)의 도움이 없었더라면 결코 이루어지지 못했을 것이다. 그들은 1963년 내 첫 아프리카 사파리에 재정적 도움을 주었다. 내가 콩고민주공화국의 비룽가 화산지대에서 고릴라를 만나고, 탄자니아의 올두바이 협곡에서 루이스 리키Louis S. B. Leakey 박사를 만난 것이 바로 그때였다.

3년 후 리키 박사는 산악고릴라의 장기 야외 연구를 착수할 사람으로 나를 선택하였고, 그날부터 1972년 작고할 때까지 그는 언제나 나에게 용기와 희망의 원천이 되었다.

마지막으로 본 그의 모습을 결코 잊지 못할 것이다. 르완다와 고릴라들에게로 가는 나를 배웅하기 위해 나이로비 공항의 전망대로 나온 리키 박사는 흰머리를 산들바람에 나부끼며 알루미늄 목발을 하늘을 향해 힘껏 흔들었고, 비행기가 활주로를 벗어날 때까지도 그의 목발은 여전히 은빛으로 출렁이고 있었다.

산악고릴라 연구 프로젝트가 제인 구달Jane Goodall 박사의 위대한 침팬지 연구만큼이나 성공할 수 있을 것이라고 확고히 믿었던 리키 박사는 그의 가까운 친구인 레이턴 윌키Leighton A. Wilkie 씨로 하여금 내 프로젝트의 착수금을 지원하도록 설득했다. 프로젝트 초기뿐만 아니라 반정부 폭동으로 초기 연구가 중단되었음에도 불구하고 연구를 다시 시작할 수 있도록 지원해 준 것과 이후 미국에서 자료 정리를 위한 재정 지원을 지속해 준 것에 대해 윌키 브라더스 재단Wilkie Brothers' Foundation에 깊은 감사를 드린다.

내셔널 지오그래픽 소사이어티The National Geographic Society의 연구탐사위원회Committee for Research and Exploration는 1968년 이래로 지금까지 카리소케 연구센터에 막대한 지원을 아끼지 않았다. 산악고릴라의 첫 장기 생태 연구는 내셔널 지오그래픽으로부터 재정적 지원뿐 아니라 기술적인 도움과 복지 시설, 그리고 나와 수많은 학생들을 위한 연구 장비들을 제공받았기 때문에 이루어질 수 있었다. 그곳 직원들 중 특히 많은 시간과 노력 그리고 지원을 아끼지 않은 분들은 이사회 회장인 멜빈 페인Melvin M. Payne 박사, 연구탐사위원회의 사무관 에드윈 스나이더Edwin W. Snider, 연구 장학 재단의 선임 부편집장인 메리 스미스Mary G. Smith, 선임 사진부 부편집장인 로버트 길카Robert E. Gilka, 음향영상부 부장인 조앤 헤스Joanne M. Hess, 음향영상부의 로널드 알티머스Ronald S. Altemus, 일러스트레이션부의 부국장인 앨런 로이스Allan Royce, 그리고 부국장 앤드류 브라운Andrew H. Brown이다. 카리소케 연구센터의 성과에 기여한 이들과 내셔널 지오그래픽의 많은 가족들에게 나는 영원한 빚을 지고 있다.

최근 몇 년간 연구가 확장되면서 리키 재단은 특정 연구에 대해 아낌없는 재정적 지원을 해 주었다. 산악고릴라 연구에 기여한 많은 재단 관계자들에게 깊은 감사를 드린다. 리키 재단의 설립자인 고(故) 앨런 오브라이언Allen O'Brien과 재정적으로 지원해 주고 연구 사업을 이끌어 주었을 뿐만 아니라 우정까지 나누어 준 제프리 쇼트 2세Jeffrey R. Short, Jr. 씨가 그들이다. 리키 박사가 작고하고 나서 10년이 되도록 리키 재단의 처음 목표를 새기고 일해 온 메리 페샤넥Mary Pechanec과 존 트레비스Joan Travis에게도 감사의 마음을 표한다.

또한 나는 케임브리지 대학교Cambridge University의 로버트 하인드Robert Hinde 교수에게 큰 신세를 졌다. 그는 정말 끈기 있고 사려 깊게 내 박사 논문을 비롯한 여러 편의 논문에 대해 분석과 탈고 과정을 지도해 주었다. 하인드 박사의 변함없는 격려는 특히 학위 논문을 끝낼 수 없을 것 같던 긴 시간 동안 나에게 큰 힘이 되었다.

이 책의 엉클 버트와 플로시, 그리고 타이터스의 초상화에서 고릴라의 참다운 모습을 뛰어나게 해석하였으며, 또한 연구 기간 동안 수집된 고릴라의 골격에 대해 값을 매길 수 없이 귀중한 분석을 실시해 준 제이 매터니스Jay Matternes 씨에게 특별한 감사의 마음을 전한다.

뛰어난 영상을 기록하였으며 깊고 변함없는 우정을 보여 준 로버트 캠벨Robert M. Campbell, 앨런 루트Alan Root, 그리고 워렌과 제니 가스트Warren and Genny Garst에게 고마움을 전하고 싶다. 이들은 원하는 장면을 얻고 싶은 개인적 욕구보다는 그들의 피사체인 고릴라의 삶을 존중한 보기 드문 사진작가들이었다. 더불어 1963년 카바라에서 연구를 시작할 때 보여 준 존과 앨런 루트의 동료애에 감사한다. 그들의 배려로 나는 산악고릴라를 만나는 특권을 누릴 수 있게 되었다. 그 후에도 존과 앨런은 아프리카에서 쌓은 그들의 지식을 나누어 줌으로써 불가능한 일들이 실현될 수 있도록 엄청나게 많은 기여를 했다.

연구를 시작한 첫 두 해 동안, 발터 바움게르텔Walter Baumgärtel 씨가 운영하는 우간다 키소로Kisoro의 트레블러스 레스트 호텔Traveler's Rest Hotel은 언제나 따뜻한 우정과 유쾌한 대접을 받을 수 있는 곳이었다. 그는 비룽가와 고릴라들의 미래가 세상의 관심을 받기 훨씬 전부터 그들을 걱정한 선구자였다.

르완다에는 암울하고 외로운 시기에 믿음과 우정을 보여 준 셀 수 없이 많은 사람들이 있다. 나는 콩고에서의 연구가 끝난 후 카리소케 연구센터를 건립할 때 수많은 도움과 올바른 판단력, 동료애를 보여 준 알리에트 드뭉크Alyette DeMunck 부인에게 항상 감사한다. 마찬가지로, 따뜻하고 우아한 마음씨를 가진 기제니Gisenyi의 로자먼드 카Rosamond Carr 부인에게 연구 기간 내내 많은 신세를 졌다. 또한 롤리 프레샤도Lolly Preciado 박사에게도 감사를 표한다. 그녀는 나병 환자들을 치료해야 하는 고된 일을 맡고 있음에도 불구하고 끝없는 열정과 의술로 카리소케의 연구에 많은 기여를 했다. 롤리와 드뭉크 부인, 카 부인 외에도 이 땅에는 도움이 필요한 곳엔 언제나 우정과 봉사가 삶의 일부분인 것 같은 수많은 사람들이 있었다.

그리고 르완다의 키갈리Kigali에 있는 미국 대사관에는 감사를 표해야 할 직원들이 수없이 많다. 그들은 나와 카리소케 학생들이 이따금씩 불가능해 보이는 장애물을 만날 때마다 애써 도와주었다. 이들 중 크레이머R. E. Kramer 부인과 부군은 카리소케를 돕기 위해 시간을 할애하였고, 내가 산속에 들어가 있을 때 문제가 생기면 기꺼이 나서 주었다. 주 르완다 대사와 프랭크 크리글러Frank Crigler 부인의 도움은 특히 어려운 시기에 나 자신과 카리소케의 존속에 있어서 큰 부분을 차지했다. 물심양면으로 보여 준 그들의 지원을 잊을 수 없을 것이다.

고릴라의 장기 생태 기록을 축적하기 위해 참여했고, 내가 없는 동안 카리소케 연구센터를 지켜 준 많은 학생들 — 캐로T. Caro, 엘리어트R. Elliott, 파울러J. Fowler, 구달A. Goodall, 하코트A. Harcourt, 펄미터S. Perlmeter, 피어스A. Pierce, 레드먼드I. Redmond, 롬바흐R. Rombach, 숄리C. Sholley, 스튜어트K. Stewart, 베더A. Vedder, 베이트P. Veit, 와츠D. Watts, 웨버W. Weber, 그리고 야마기와J. Yamagiwa에게 감사의 마음을 전한다.

나는 산악고릴라에 대한 지칠 줄 모르는 열정을 가졌던 한 젊은 여성에게 특별히 감사하다는 말을 해야겠다. 아프리카의 다른 지역에서 고고학 연구 조교로 일했던 데브레 함부르거Debre Hamburger는 디지트와 마초의 새끼에게 '빛의 정감a touch of brightness and light'이라는 뜻의 므웰루Mwelu라는 이름을 붙여 준 장본인이다. 데비(데브레의 애칭: 옮긴이)는 카리소케에서의 연구를 끝내기 직전에 암으로 세상을 떠났다. 데비의 재는 그녀가 걸어 다니던 비룽가의 길에 뿌려졌다. 데비가 바랐던 '시간이 조금만 더 있다면for a little more time'은 결국 이루어지지 못했지만, 그녀가 남긴 말은 카리소케에서 일하는 모든 이들에게 상징적인 단어가 되었다.

문명과 떨어진 비룽가 산에서의 장기 연구는 나의 헌신적인 아프리카 직원들이 없었더라면 결코 가능하지 않았을 것이다. 직원들 중 대부분이 연구가 시작된 이래로 계속 나와 함께해 왔다. 카리소케와 바깥 세계를 이어 주는 유일한 연결 고리인 수송책임자 궤한다가자Gwehandagaza는 루엥게리의 가까운 마을에서 음식과 우편물을 나르기 위해 일주일에 두 번씩 길고 진흙투성이인 길을 오르내렸다. 지칠 줄 모르는 두 추적꾼 네메예Nemeye와 르웰레카나Rwelekana의 지도로 카리소케 연구자들은 목표를 이룰 수 있었다. 캠프 관리인인 카냐라가나Kanyaragana와 바질리Basili의 노력 덕분에 카리소케는 축축한 황야에서 오아시스 같은 곳이 되었다.

볼캉 공원Parc des Volcans 내에 카리소케 연구센터를 설립할 수 있도록 해 준 르완다 정부에 감사를 표하며, 멸종 위기 동물의 보전에 꾸준한 관심과 지원을 보내 준 르완다 대통령 주베날 하뱌리마나Juvénal Habyarimana 장군에게 깊이 감사드린다. 카리소케에 외국인 학생들이 들어올 수 있도록 허가해 준 르완다 외무부의 많은 직원들에게 고마움을 표하고 싶다. 또한 산악고릴라 연구를 지속할 수 있도록 해 준 르완다 관광국립공원국ORTPN에게도 감사를 드린다.

전 루엥게리 여단장Chef des Brigades인 폴랭 은쿠빌리Paulin Nkubili는 고결하고 단호한 의지로 야생동물의 보호와 비룽가 화산지대의 금렵 구역을 위협한 밀렵꾼들을 단속하였다. 역경 앞에서 은쿠빌리 씨가 보여 준 용기를 결코 잊을 수 없을 것이다.

능동적인 고릴라 보전활동을 위해 지금도 도와주고 있는 수많은 이들이 있다. 나는 디지트 기금Digit Fund(1978년에 세워진 이 재단은 1992년에 다이앤 포시 국제고릴라기금Dian Fossey Gorilla Fund International으로 명칭이 바뀌었다: 옮긴이)에 기부해 온 수백 명의 후원자들에게 머리 숙여 감사의 마음을 전한다. 살해당한 고릴라인 디지트를 추모하기 위해 설립되고 자원봉사자들에 의해 운영되는 이 비영리, 비과세 법인은 비룽가에서의 밀렵을 막기 위한 감시활동 자금을 지원할 것이다. 디지트 기금에 대한 기부금은 세금 공제가 되며, 미국 뉴욕 주(州) 14851 이타카 시(市) 사서함 25번지 레인 랜돌프Rane Randolph 공인회계사 사무소를 통해 카리소케 연구센터의 디지트 기금 앞으로 기부할 수 있다. 모든 후원자들에게는 야외에서 일어나는 일들에 대한 소식지를 보내 준다. (현재는 기부활동에 대해 http://www.gorillafund.org에서 안내하고 있다: 옮긴이)

1980년 3월 내가 코넬 대학교로 올 수 있도록 도와주고 또한 문명사회로 복귀하면서 생긴 금단 증상을 깊은 인내심으로 치료해 준 글렌 하우스파터 Glenn Hausfater 박사의 고생에 대해 감사의 마음을 표현하고 싶다. 글렌 박사는 내가 미국에 잠시 체류하는 동안 학술 연구의 지속성과 카리소케 연구센터의 운영을 계획하는 기관인 카리소케 과학지도자위원회 Karisoke Board of Scientific Directors를 결성하는 방안을 착안하기도 했다.

이 책은 시작부터 출판에 이르기까지 '산만한' 저자를 다루는 데 주어진 의무 이상의 노력을 보여 준 아니타 매클렐런 Anita McClellan의 엄청난 끈기와 적극적인 편집 기술 덕분에 태어날 수 있었다. 아니타는 헌신적인 고릴라 지원자가 되었으며, 아프리카가 처한 문제들이 왜 초판 출간일을 지연시키는지 이해해 주었다. 나는 아니타에게 정말 많은 신세를 졌다. 그리고 초고를 세심히 교정해 준 코넬 대학교의 스테이시 코일 Stacey Coil과 멋진 삽화로 책 전체에 걸쳐 예술과 사실을 아름답게 조화시킨 일러스트레이터 데이비드 미나드 David Minard에게도 감사의 마음을 전하고 싶다.

마지막으로 내가 그들을 각각 독특한 개성을 가진 개체로서 알 수 있도록 허락한 산의 고릴라들에게 가장 깊은 감사를 전하고 싶다.

1982년 11월

다이앤 포시

차례

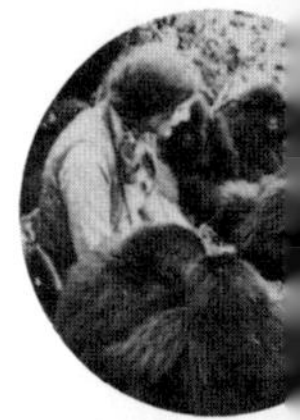

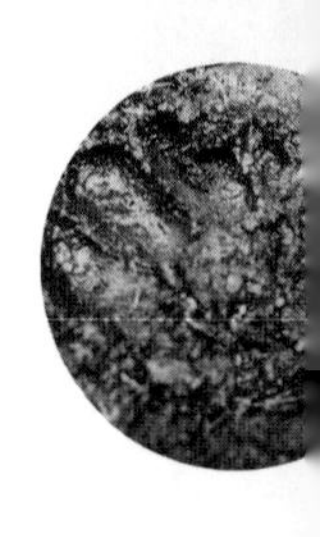

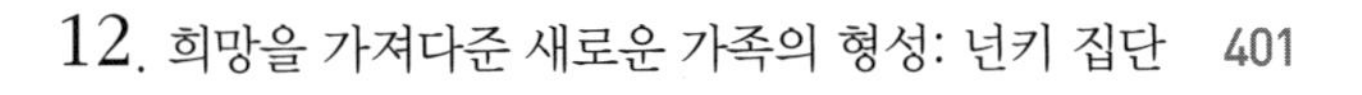

| 머리말 |

『안개 속의 고릴라』는 지난 15년 동안 야생 서식처에서 사는 산악 고릴라에 대한 이야기와 야외 연구 자료를 담은 글이다. 산악고릴라는 비룽가 화산지대 안에 있는 여섯 개의 화산에서만 서식하며 그중 두 개의 활화산에는 그 수가 많지 않다. 고릴라들이 살고 있는 지역은 40여 킬로미터 길이에 10~20킬로미터 정도까지의 폭으로 이루어져 있다. 예전에 콩고민주공화국이었던 자이르(1997년 정권이 교체되면서 국호가 다시 콩고민주공화국으로 바뀌었다: 옮긴이)에 속해 있는 보호 구역의 2/3는 비룽가 국립공원Parc National des Virungas 안에 있으며, 르완다에 속해 있는 1천 2백만 평방미터의 보호 구역은 볼캉 국립공원Parc National des Volcans에 속해 있다. 산악고릴라의 서식처 중 나머지 북동부에 있는 우간다에 속한 좁은 지역은 키게지 고릴라 금렵 구역Kigezi Gorilla Sanctuary으로 지정되어 있다.

부드럽지만 위엄 있는 이 대형 유인원에 대한 연구는 가족 집단을 형성하고 유지하는 행동을 통해 조화로움에 대한 시각을 제공해 줄 것이며, 또한 그전엔 존재할 것이라고 예상하지 못했던 다양한 행동 양상들의 복잡한 면모에 대한 이해를 도울 것이다.

1758년에 '분류'를 처음으로 학문적 위치에 올려놓았던 학자인 린네는 인간, 원숭이 그리고 유인원이 가까운 관계를 갖고 있다는 것을 공식적으로 주장했다. 그는 이들을 모두 아우르는 '영장류 Primates'라는 이름을 고안했고 동물계에서 높은 위치를 부여했다. 인간과 세 대형 유인원인 오랑우탄, 침팬지·그리고 고릴라는 꼬리가 없는 유일한 영장류이며, 대부분의 영장류처럼 손발에 각각 다섯 개의 손가락이 있고 그중 엄지는 다른 손(발)가락들과 마주 볼 수 있다. 모든 영장류들이 공유하는 해부학적 특징으로는 두 개의 포유기관(젖꼭지)을 가진 것이나 안구가 앞을 향하여 양쪽 눈으로 사물을 볼 수 있는 것, 그리고 일반적으로 32개의 이를 갖고 있는 것 등이 있다.

유인원 화석이 드물게 존재하기 때문에 수백만 년 전에 갈려져 나온 유인원 Pongidae과 인간 Hominidae의 두 과(科)의 기원에 대한 전반적인 합의는 아직 없는 상태이다. 세 대형 유인원 중 어느 것도 현생 인류인 호모 사피엔스 *Homo sapiens*의 조상으로 생각되지는 않으며, 그들은 단지 인간에 가까운 신체적 특징을 공유하는 멸종한 영장류의 다른 종류일 뿐이다. 그들로부터 우리는 우리의 초창기 영장류 조상의 행동에 대한 많은 것들을 배울 수 있을 것이다. 뼈나 이빨, 도구와 달리 행동은 화석으로 남지 않기 때문이다.

이미 몇백만 년 전에 침팬지와 고릴라 계통은 서로 분지되었고, 오랑우탄의 분지는 그보다 먼저 일어났다. 18세기 내내 오랑우탄과 침팬지, 고릴라를 구분하는 데 상당한 혼란이 있었다. 처음으로 오랑우탄이 분명한 속genus으로 구분되었는데, 그 이유는 단지 멀리 떨어진 아시아에 산다는 이유였다. 그리고 1847년 가봉에서 두개골 한 개가 발견되기 전까지 사람들은 고릴라를 침팬지에서 갈라진 한 속으로 확신했었다.

오랑우탄과 침팬지들이 몇 개의 아종으로 나뉘는 것처럼 고릴라에게서도 주로 서식처에 따라 나타나는 형태적 변이로 몇 개의 아종을 구분한다. 서부 아프리카에는 약 9,000~10,000마리가량의 저지대고릴라(로랜드고릴라 lowland gorilla: *Gorilla gorilla gorilla*)가 야생에서 서식한다. 이들이 바로 동물원이나 박물관 소장품에서 가장 많이 볼 수 있는 아종이다. 이곳으로부터 동쪽으로 1,500킬로미터쯤 떨어진 자이르, 우간다, 그리고 르완다에 걸쳐 있는 비룽가 화산지대 내에 나의 연구 대상이기도 한 산악고릴라*Gorilla gorilla beringei*의 마지막 생존자들이 살고 있다. 세 번째 아종은 동부저지대고릴라(이스턴로랜드고릴라eastern lowland gorilla: *Gorilla gorilla graueri*)이다. 동부저지대고릴라는 단지 4,000여 개체만이 주로 자이르 동부에서 야생으로 서식하며 24마리 미만이 사육 상태로 살고 있다(1종 중요 3아종이었던 고릴라의 분류 체계는 유전자 연구를 바탕으로 현재는 동부저지대고릴라와 산악고릴라가 합쳐져 동부고릴라라는 새로운 종으로 분류되고 저지대고릴라는 크로스리버고릴라*Gorilla gorilla diehli*와 함께 서부고릴라로 분류되어 2종 중요 4아종 체계로 바뀌었다. 1994년에 일어난 르완다 내전으로 카리소케를 포함한 보호 구역 전체가 어려움에 처했으나, 꾸준한 보전정책의 결실로 현재 분포하는 서부고릴라의 개체수는 약 35,000마리, 동부고릴라의 개체수는 동부저지대고릴라가 5,000마리, 산악고릴라가 700마리 정도이다. 산악고릴라 중 카리소케 연구 지역에 속하는 비룽가 개체군은 현재 380여 마리로 저자가 연구할 당시인 242마리보다 증가했다: 옮긴이).

변이에 대한 적응과 관련하여 저지대고릴라와 산악고릴라 사이에

29가지 정도의 형태적 차이가 있다. 고릴라들 중 가장 높은 고도에서 서식하는 산악고릴라는 저지대고릴라에 비해 땅을 더 좋아하며 몸의 털이 더 길다. 코와 가슴둘레 역시 더 길고 넓으며, 시상릉(고릴라의 두개골은 정수리 아래쪽 부분이 위로 더 튀어나와 있다: 옮긴이)도 더 두드러지고 팔다리와 손발은 더 짧은 반면 구개는 더 길다.

야생 상태에서는 세 아종 모두를 포함해서 단지 4,000개체의 고릴라들만이 현재 보호 구역으로 지정된 곳에서 살고 있다. 때문에 사육하는 고릴라 집단을 만들자고 주장하는 사람들은 이 위기에 처한 유인원을 동물원이나 그와 비슷한 기관에서 보호해야 한다고 생각한다. 그러나 고릴라는 매우 강한 가족 유대감을 갖고 있기 때문에 어린 고릴라 하나를 포획하기 위해서는 가족의 다른 구성원들을 여러 마리 죽여야 할 수도 있다. 게다가 포획된 상태에서 태어나는 것보다 세 배나 많은 고릴라들이 야생에서 잡히고 있으며, 사육되고 있는 고릴라의 사망률은 출생률을 앞지르고 있다. 단지 감금된 채로 전시하기 위해 자유롭게 살아가고 있는 고릴라들을 죽이고 포획함으로써 그들을 멸종으로부터 구하자는 사람들의 주장에 나는 동의할 수 없다.

멸종 위기종의 보전은 공원이나 다른 금렵 지역에서의 밀렵에 대한 강한 법률을 적용하여 자연 서식처를 보호하려는 노력에서 시작되어야 한다. 그 다음에는 전시할 동물들을 추가하느라 애쓰기보다 보호 시설을 확충하는 프로그램을 개발하여 시멘트와 철망으로 이루어진 우리에 살고 있는 동물들이 자연 상태와 비슷한 무리를 이루고 살도록 해야 한다.

사육 중인 고릴라들에게는 올라갈 수 있는 나무가 필요하고 잠자리를 만들기 위해 짚, 나뭇가지 또는 대나무 같은 것들이 공급되어야 한다. 줄기를 까거나 벗기는 것처럼 어느 정도의 손질이 필요한 먹이를 주거나, 우리 내의 여러 장소에 먹이를 불규칙하게 흩어 놓아 스스로 찾아 먹게끔 할 수도 있다. 또한 고릴라들이 우리 밖으로 출입할 수도 있게 해야 한다. 일반적인 생각과 달리 고릴라는 일광욕하는 것을 매우 즐긴다. 그리고 은둔적인 성향을 가진 고릴라들은 자연 상태에서 그러하듯 사람들뿐만 아니라 다른 고릴라들의 눈에도 잘 띄지 않는 장소가 가장 필요하다.

포획된 고릴라를 돌보는 책임을 맡은 사람들은 집단들 사이에 비번식 개체들을 서로 교환하도록 노력해야 한다. 이것은 자유롭게 사는 고릴라들에게는 근친교배를 피하고 번식률을 높이는 내재적인 행동이기도 하다. 일단 이런 시설들로 물리적 상황을 개선시키고 나면, 확실히 고립된 환경에서 불임이었던 개체들의 번식 성공률이 상당히 증가할 것이다.

작고한 루리스 리키 박사는 거의 예지한 듯이 1902년 고릴라의 한 아종으로 분류된 산악고릴라가 그 존재가 알려진 20세기가 지나기 전에 멸종에 처할 운명이라는 것을 깨달았다. 이것이 리키 박사가 1960년까지 조지 섈러George B. Schaller에 의해서만 연구가 되었던 산악고릴라의 장기 생태를 연구하려던 까닭이었다.

리키 박사의 계획은 정말 운이 좋았다. 섈러가 산악고릴라에 대한 훌륭한 연구 업적을 남긴 때부터 내가 연구를 시작하기까지 6년 반 사이에 비룽가 화산지대의 카바라 지역 내의 개체수는 반으로 줄어든 동시에 성체 수컷 대 암컷의 비율이 1:2.5에서 1:1.2까지 떨어졌다. 게다가 산악고릴라 보호 구역의 40%는 경작지로 바뀌고 있는 실정이다. 인간의 잠식으로 비룽가 공원에서 고릴라 집단의 주거 지역이 더 많이 중복되어 집단 간의 공격 빈도가 더욱 높아지고 있다. 산악고릴라들이 살아남아 번식하기 위해서는 더욱 더 적극적인 보호 조치가 필요하다. 그러나 이미 너무 늦은 것은 아닐까?

아프리카에서 연구한 수많은 학자들 가운데 산악고릴라를 연구하는 특권을 누릴 수 있었던 나는 특별히 운이 좋았다고 생각한다. 내가 대형 유인원 중 가장 큰 이 동물에 대해 오랜 기간 동안 축적해 온 기억과 관찰을 올바르게 서술했기를 간절히 소망한다.

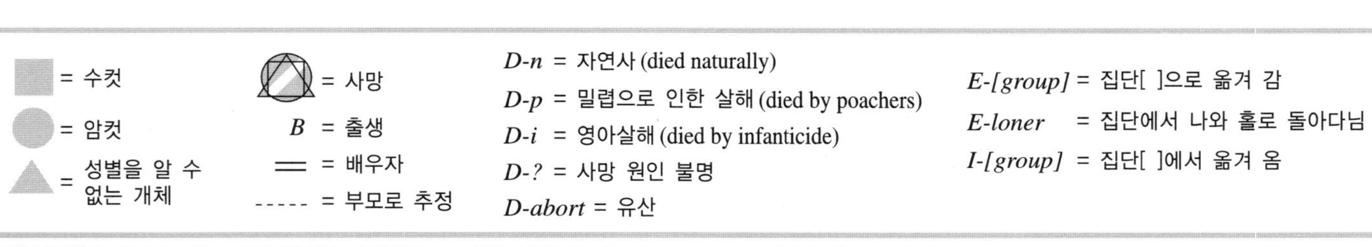

연구 고릴라 집단의 가계도
제4집단
(1967년부터)
위니
D-n 1968
?
올드 고트
D-n 1974
?
?
?
?
?
X 부인
D-n 1971
?
엉클 버트
D-p 1978
마초
E-G8 1971
I-G8 1974
D-p 1978
어모크
E-loner
D-? 1974
디지트
D-p 1977
페툴라
E-넌키 1974
메이지
E-G8 1971
브라바도
E-G5 1971
퍼푸스
E-넌키 1974
심바 Ⅱ
B 1968
E-넌키 1978
타이거
B 1967
E-퍼너츠 1979
?
D-? 1971
플로시
E-수자 1978
크웰리
B 1975
D-p 1978
심바 Ⅰ
B 1967
D-? 1968
?
B, D-abort
1969
비츠미
I-? 1976
E-퍼너츠 1979
오거스터스
B 1970
E-넌키 1978
(퍼너츠 집단 참고)
no name
B 1969
D-? 1970
클레오
B 1971
E-수자 1978
타이터스
B 1974
E-퍼너츠 1979
프리토
B, D-i 1978
므웰루
B, D-i 1978
= 수컷
= 암컷
= 성별을 알 수 없는 개체
= 사망
B = 출생
= 배우자
= 부모로 추정
D-n = 자연사 (died naturally)
D-p = 밀렵으로 인한 살해 (died by poachers)
D-i = 영아살해 (died by infanticide)
D-? = 사망 원인 불명
D-abort = 유산
E-[group] = 집단[ ]으로 옮겨 감
E-loner = 집단에서 나와 홀로 돌아다님
I-[group] = 집단[ ]에서 옮겨 옴

제5집단
(1967년부터)

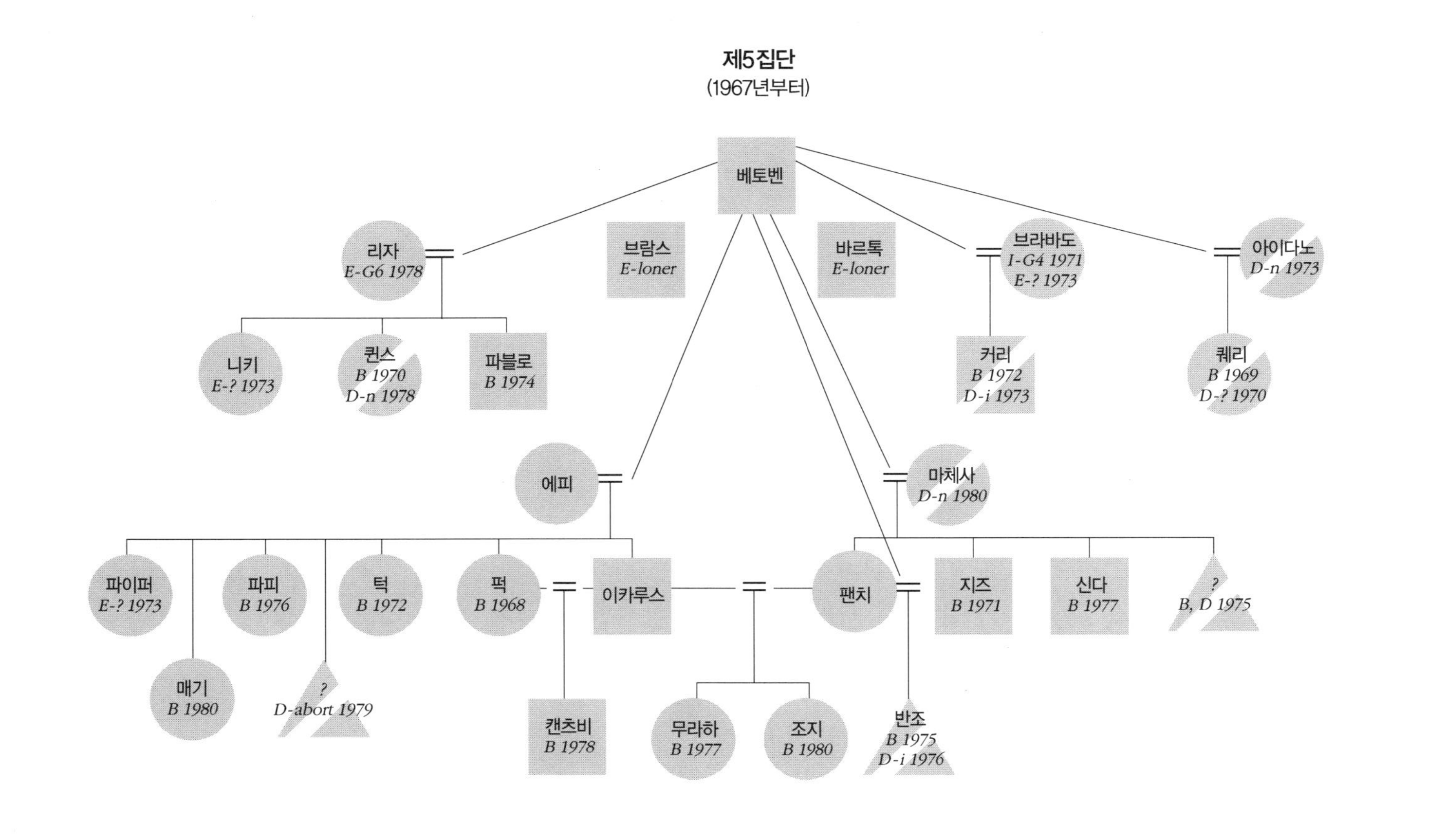

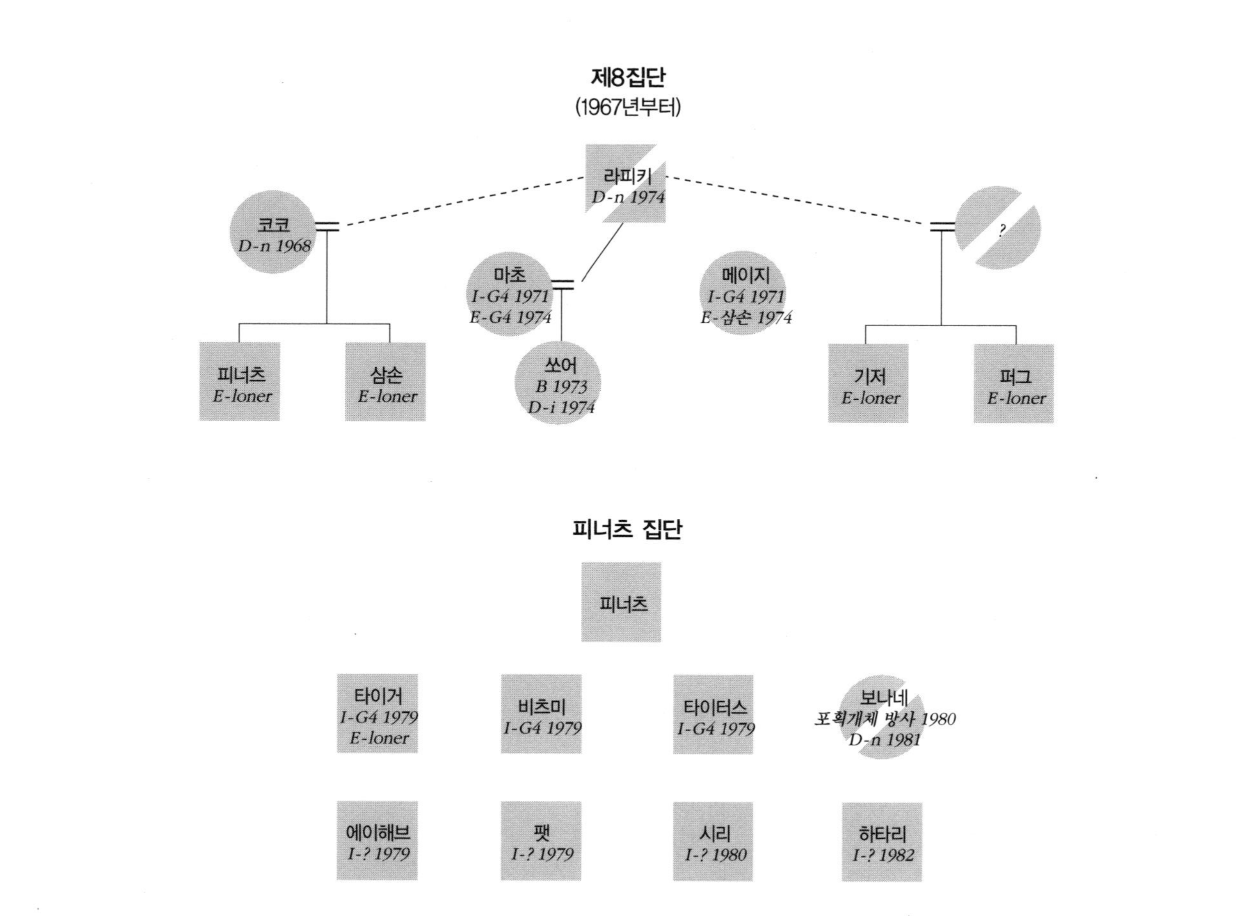
제8집단
(1967년부터)
라피키
D-n 1974
코코
D-n 1968
?
마초
I-G4 1971
E-G4 1974
메이지
I-G4 1971
E-삼손 1974
피너츠
E-loner
삼손
E-loner
쏘어
B 1973
D-i 1974
기저
E-loner
퍼그
E-loner
피너츠 집단
피너츠
타이거
I-G4 1979
E-loner
비츠미
I-G4 1979
타이터스
I-G4 1979
보나네
포획개체 방사 1980
D-n 1981
에이해브
I-? 1979
팻
I-? 1979
시리
I-? 1980
하타리
I-? 1982

넌키 집단
(1972년부터, 모든 자손이 넌키의 새끼임)

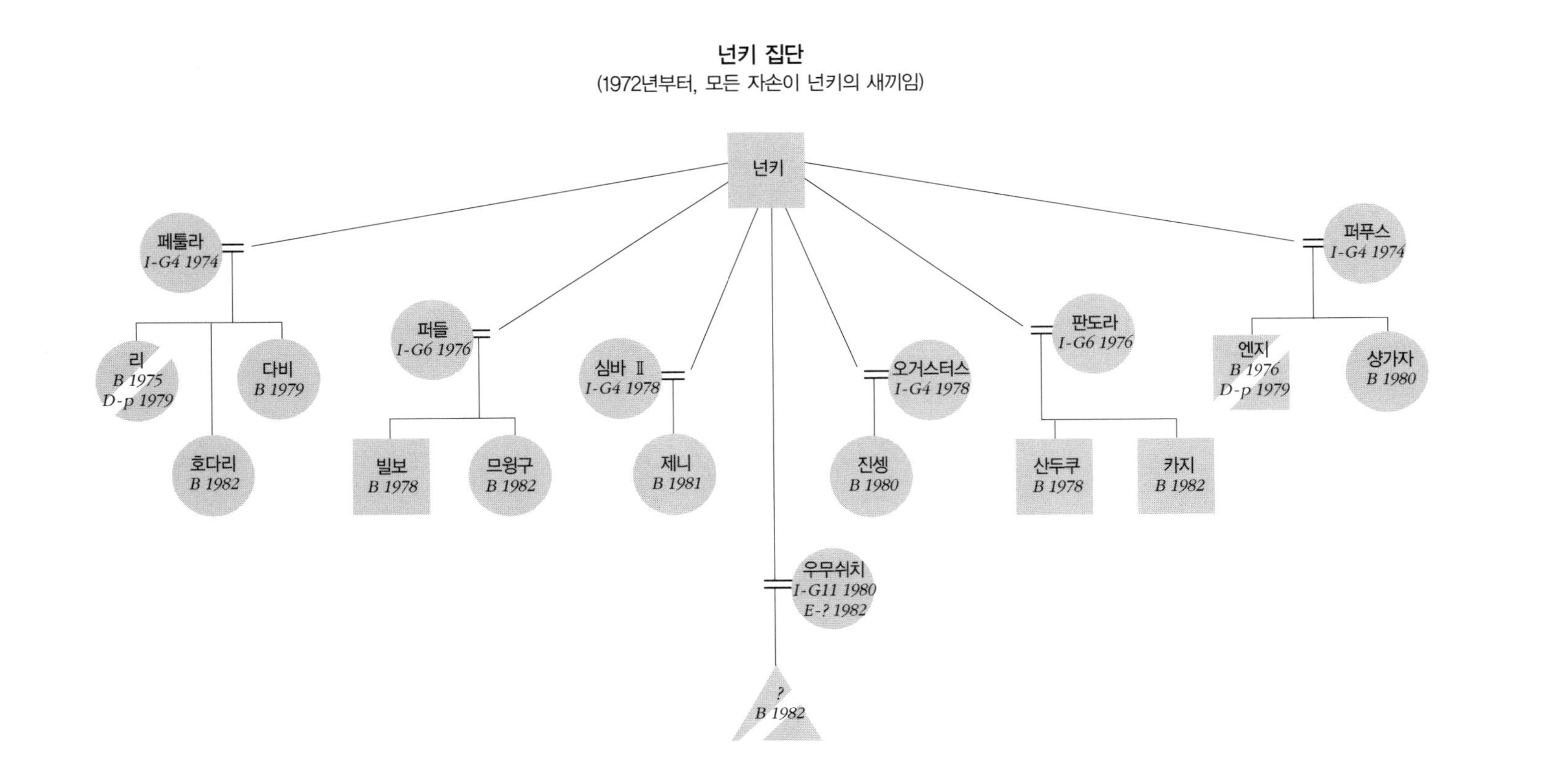

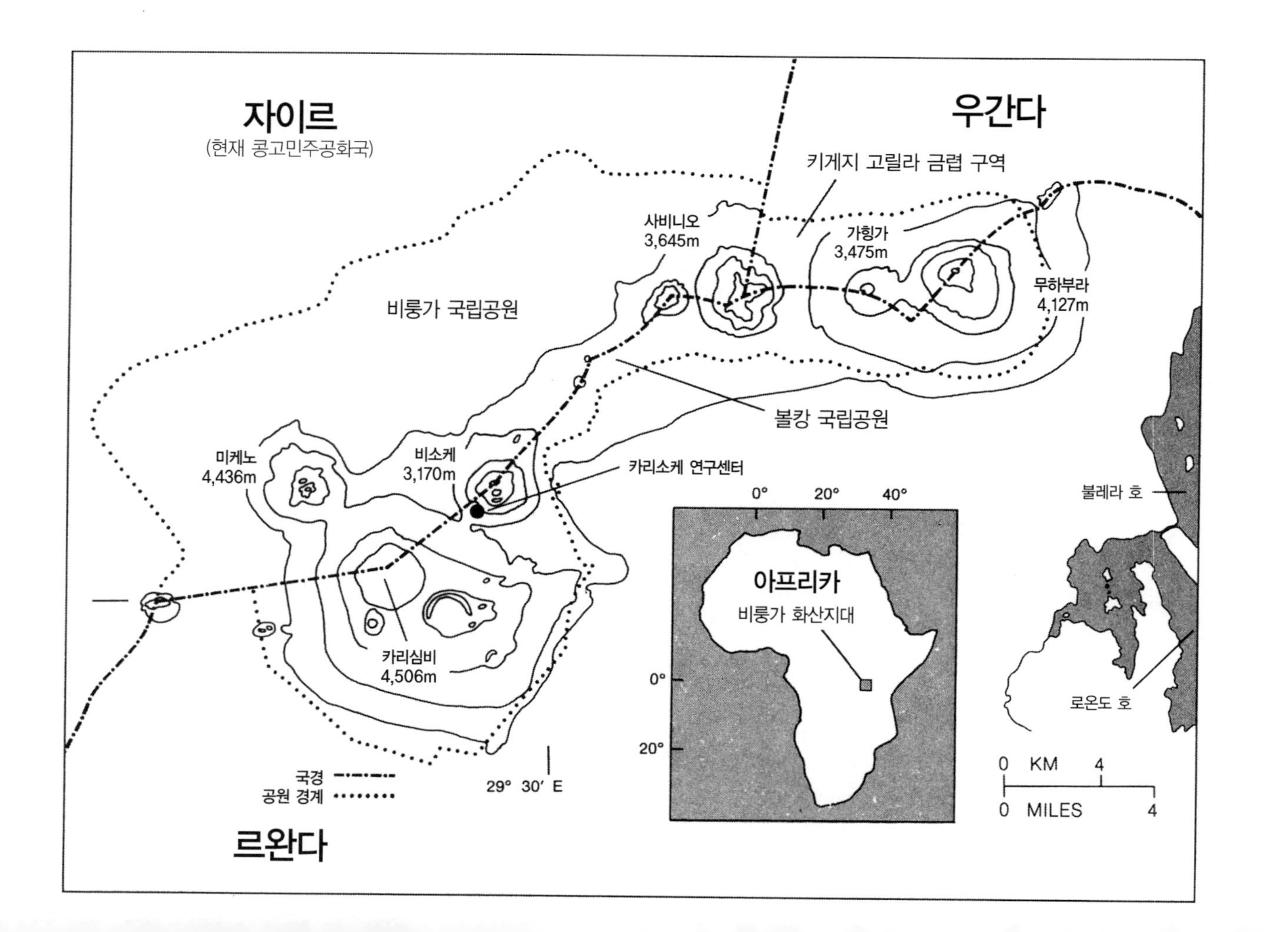

자이르
(현재 콩고민주공화국)
우간다
키게지 고릴라 금렵 구역
사비니오
3,645m
가힝가
3,475m
무하부라
4,127m
비룽가 국립공원
볼캉 국립공원
미케노
4,436m
비소케
3,170m
카리소케 연구센터
카리심비
4,506m
불레라 호
로온도 호
0°
20°
40°
아프리카
비룽가 화산지대
0°
20°
국경
공원 경계
29° 30′ E
0 KM 4
0 MILES 4
르완다

1 칼 에이클리와 조지 섈러의 초원에서

아프리카가 주는 광활함과 그곳에서 자유롭게 뛰어다니는 수많은 동물들에 매료된 나는 오래전부터 아프리카에 가려고 했다. 그러나 결국 꿈을 실현시키기 위해서는 무언가를 해야 한다는 것을 깨달았다. 이 계획이 더 늦어지는 것을 막기 위해 나는 7주간의 아프리카 사파리를 위한 경비를 마련하기로 결심하고 3년짜리 은행 대출을 신청해 버렸다. 일반 관광객의 그것과는 꽤 상이한 여정에 대해 몇 달 동안 계획을 세운 끝에 우편으로 나이로비 사파리 회사에서 운전사를 고용하고 마침내 1963년 9월 꿈의 땅으로 날아갔다.

아프리카 여행의 두 가지 중요한 목표는 콩고의 미케노 산Mt. Mikeno에서 서식하는 산악고릴라를 보는 것과 탄자니아 올두바이 협곡Olduvai Gorge에서 발굴 작업 중인 루이스와 메리 리키 박사 부부를 만나는 것이었다. 두 가지 소망은 모두 이루어졌다. 리키 박사에게 조지 섈러가 전에 몇 년 동안 일했던 카바라의 고릴라들을 보러 온 길이라고 말했을 때 그는 뜨거운 관심을 보였다. 리키 박사는 제인 구달이 탄자니아에서 곰비 유역 연구센터Gombe Stream Research Center를 설립한 지 3년밖에 되지 않아 침팬지 야외 연구에서 놀라운 업적을 거두고 있다고 열변을 토했다.

그리고 그는 대형 유인원의 장기 야외 연구에 대한 중요성에 대해서도 언급했다. 나는 이때가 언젠가 아프리카로 돌아가 산속에서 고릴라를 연구하게 될 것이라는 생각이 무의식 중에 뿌리내린 때라고 믿는다.

리키 박사는 최근에 기린 화석이 발견된 올두바이의 새 발굴 현장들을 둘러보도록 해 주었다. 가파른 언덕을 내려갈 때, 갑자기 새 발굴물이 있던 구덩이에 빠지면서 아프리카에 대한 환희는 오른쪽 발목처럼 산산조각이 나 버렸다. 발목이 부러지는 갑작스런 고통 때문에 나는 그만 주변에 있는 귀중한 화석들을 향해 토하고 말았다. 이것만으로는 덜 창피했던지, 나는 화가 난 리키 박사의 일행 중 한 명의 등에 업힌 채로 골짜기 밖으로 실려 나와야 했다. 부어 오른 발목이 푸른색에서 검은색으로 변하는 것을 지켜볼 동안 메리 리키는 친절하게도 시원한 레몬 스쿼시를 가져다주었다. 그녀나 나의 운전사 모두 고릴라를 찾으러 비룽가에 올라가는 계획을 취소해야 한다고 생각했다. 그러나 누구도 이 사고가 고릴라에게로 가겠다는 내 결심을 더욱 강하게 했다는 것을 깨닫지 못했다.

리키 부부 곁을 떠난 지 2주 후 길에서 우연히 만난 동정심 깊은 아프리카인이 만들어 준 지팡이에 기대어 나와 고용 운전사, 그리고 캠핑 용품과 식량을 짊어진 여러 명의 인부들은 카바라 초원을 향해 다섯 시간의 힘든 등산을 시작했다. 카바라는 비룽가 공원에 있는 4,436미터 높이의 미케노 산과 아주 가까운 거리에 있는 곳으로 3,100미터 높이에 위치해 있다. 내가 방문한 해인 1963년으로부터 3년 전쯤 카바라는 조지 섈러가 연구하던 곳이었다. 저명한 미국인 과학자인 그는 458시간의 관찰 기록을 축적하여 처음으로 신뢰할 만한 산악고릴라 야외 연구를 수립한 사람이었다. 또한 이곳에는 산악고릴라와 그들의 40만 년 된 화산 서식처를 보호하기 위해 벨기에 정부로 하여금 알베르 국립공원Albert National Park을 설립하도록 제창한 미국 태생의 자연학자 칼 에이클리Carl Akeley의 무덤이 있다.

1890년에 이 화산지대는 벨기에(현재 자이르 지역을 통치하던), 독일(르완다 영역), 그리고 영국(우간다 영역) 사이에서 20년간 분쟁의 대상이었고, 1910년이 되어서야 국경이 완성되었다. 1925년에는 44,000헥타르가량의 땅을 확보하여 공원이 설립되었다. 칼 에이클리는 알베르 벨기에 왕에게 보호 구역을 확대하도록 설득하였고, 따라서 1929년에는 비룽가 화산지대의 대부분이 국립공원에 포함되어 알베르 국립공원으로 불리게 되었다. 그것이 1967년 자이르 쪽 부분은 비룽가 국립공원으로, 르완다 쪽은 볼캉 국립공원으로 나뉘게 되었다. 그리고 우간다에서는 1930년에 비룽가 고릴라의 서식처를 키게지 고릴라 금렵 구역으로 지정했다. 에이클리는 1926년 카바라를 재방문했을 때 사망했고, 그의 뜻에 따라 이 초원의 변두리에 묻혔다. 그는 카바라를 세상에서 가장 아름답고 평온한 곳으로 생각했다.*

---

* 그러나 53년 동안 평온하게 누워 있던 그의 시신은 1979년에 도굴꾼들과 자이르 밀렵꾼들에 의해 훼손되었고, 이들은 그의 두개골을 훔쳐 갔다.

1963년 카바라를 처음으로 방문했을 때, 나는 운 좋게도 케냐에서 온 사진작가이며 산악고릴라의 다큐멘터리를 찍는 동안 이 초원에서 야영을 하고 있던 존과 앨런 루트 부부를 만날 수 있었다. 존과 앨런 모두 친절하게도 좀 절뚝거리고 미주알고주알 묻는 미국인 관광객이 그들의 산속 일터에 침범하는 것을 눈감아 주었고, 상대적으로 덜 길들여진 카바라 고릴라들과의 특별한 만남에 동행하도록 해 주었다. 내가 짧은 방문 기간 동안 그들을 만나고 사진을 찍을 수 있었던 것은 루트 부부의 친절함뿐만 아니라 콩고인 공원 관리인이자 추적꾼인 사눼퀘Sanwekwe의 기술 덕분이기도 했다. 사눼퀘는 소년이었을 때부터 고릴라를 추적해 왔으며 조지 섈러와 일하기도 했다. 그로부터 약 20년 후에 그는 나의 친구이자 노련한 추적꾼이 되었다.

고릴라와 처음으로 마주쳤을 때를 결코 잊지 못할 것이다. 보이지 않는 곳에서 소리가 울려 퍼졌다. 그러나 마치 인간의 냄새 같은 거친 사향 냄새가 소리보다도 먼저 진동했다. 갑자기 높은 음조의 찢어지는 목소리가 하늘을 찌르면서 빽빽한 수풀 뒤에 가려 잘 보이지 않는 큰 은색등silverback (수컷은 나이가 들면서 등과 허벅지에 은색 털이 난다: 옮긴이) 수컷의 날카롭고 리드미컬하게 폭폭pok-pok하고 가슴을 두드리는 행동이 반복적으로 이어졌다. 숲길에서 10미터가량 앞에 있었던 존과 앨런 루트는 나에게 움직이지 말라고 몸짓으로 신호를 보냈다. 우리 셋은 찢어질 듯한 반향과 가슴 두드리는 소리가 사라질 때까지 꼼짝 않고 있었다. 그러고 나서야 우리는 고릴라들로부터 15미터 정도 떨어진 빽빽한 관목 숲 밑을 향해 천천히 기어갔다. 우리는 수풀 사이로 털북숭이 머리털에 까만 가죽 같은 얼굴을 한 영장류 무리가 우리를 응시하고 있는 것을 알아챌 수 있었다. 우리가 적인지 친구인지 가늠하려고 하는 듯 빛나는 눈은 두꺼운 눈썹 아래에서 예민하게 빛나고 있었다. 나는 울창한 수풀이 만들어 내는 초록색 바탕과 선명하게 대비를 이루고 있는 새까만 물체의 장엄함에 바로 사로잡혀 버렸다.

은색등 우두머리와 몇몇의 젊은 수컷은 앞에서 입술을 다물어 긴장감을 유발시키고, 그동안 대부분의 암컷들은 무리의 뒤쪽에서 새끼들과 함께 도망갔다. 때로 으뜸 수컷이 우리를 협박하려고 가슴을 두드렸다. 그 소리는 숲 전체에 울려 주변에 있는 무리의 고릴라들도 약하기는 하나 그와 비슷한 과시행동을 하도록 유발했다. 앨런은 천천히 캠코더를 들어 녹화하기 시작했다. 그의 노출된 행동과 캠코더 소리는 다른 고릴라들의 호기심을 자극했다. 고릴라들은 우리를 제대로 보려고 나무 위로 올라갔다. 마치 주의를 끌기 위해 경쟁하는 것처럼 어떤 고릴라들은 입을 크게 벌리고, 음식을 먹는 것 같은 행동을 하고, 나뭇가지를 부러뜨리거나, 가슴을 두드리는 일련의 행동들을 했다. 과시행동을 하고 나서 고릴라들은 그들의 쇼가 어떤 영향을 주었는지 판단하려고 하는 양 우리를 기묘하게 쳐다보았다. 수줍음과 어우러진 그들의 개성은 대형 유인원 중 가장 멋진 종과 처음 만나 나를 사로잡아 버린 감동으로 아직 남아 있다. 나는 어쩔 수 없이 카바라를 떠났지만, 언젠가 이 안개 낀 산의 고릴라들에 대해 더 많은 것을 배우러 돌아올 것이라는 것을 결코 의심하지 않았다.

* * *

작업치료사(정신적, 신체적 기능 장애를 가진 환자들이 일상적인 활동이나 직업활동을 수행할 수 있도록 치료하는 전문인: 옮긴이)로 일하며 첫 사파리에서 쓴 어마어마한 은행 대출금을 갚아 나가던 시기에 리키 박사가 내가 일하는 곳인 켄터키 루이빌에 직접 찾아오면서 카바라, 사뉘퀘, 그리고 고릴라들과 재회할 수 있는 기회가 다시 찾아왔다. 3년 전 서투른 관광객이었던 나를 어렴풋이 기억하며 리키 박사는 아프리카에 다녀온 후 내가 발표했던 몇 장의 사진과 기고문에 주의를 기울였다. 짧은 인터뷰를 마치고, 그는 내게 장기 야외 연구를 지휘하기 위해 찾고 있던 '고릴라 걸'이 될 것을 제안했다. 대화가 끝나고 나서 리키 박사는 중앙아프리카에 있는 고지대로 떠나기 전에 맹장을 떼어 내야 한다고 했다. 나는 그의 말에 대부분 동의했던 터라 즉시 맹장 절제 수술 일정을 잡았다.

맹장을 떼 버리고 집에 돌아온 지 6주 정도 지난 후에 나는 리키 박사로부터 온 편지를 발견했다. 그 편지의 내용은 이렇게 시작했다. "사실 당신이 정말로 맹장을 제거할 필요는 없었어요. 그건 단지 지원자의 결심을 시험하는 방법이었을 뿐입니다!" 이것이 리키 박사의 독특한 유머감각과의 첫 만남이었다.

여덟 달이 더 지나고 나서 리키 박사는 연구에 착수할 기금을 얻을 수 있었다. 그 사이에 나는 조지 섈러가 쓴 1959~1960년대의 산악고릴라 야외 연구에 대한 최고의 책 두 권과 '혼자 익히는 스와힐리어' 문법책을 외우면서 1963년 사파리의 대출금을 다 갚았다. 켄터키의 친구들과 기르던 개 세 마리뿐만 아니라 작업치료사라는 직업을 그만두고 11년 동안 내 환자였던 아이들에게 작별 인사를 하기란 매우 힘들었다. 개들은 이것이 영원한 이별이 될 것을 짐작하는 듯했다. 캘리포니아에 계신 부모님에게 작별 인사를 하러 떠나던 날, 미치와 셉, 브라우니가 짐을 잔뜩 실은 내 차 뒤를 따라 달리던 모습을 아직도 기억한다. 나의 개들과 친구들, 그리고 부모님에게 고릴라의 장기 생태 연구를 하기 위해 아프리카로 돌아가는 어쩔 수 없는 이유를 설명할 길은 없었다. 누군가는 운명이라고 할 수도 있고, 또 다른 이들은 황당하다고 할지도 모르겠다. 나는 인생에서의 뜻밖의 전환점이었다고 하겠다.

1966년 말 제인 구달이 침팬지 장기 연구를 착수할 수 있도록 지원해 준 레이턴 윌키가 리키 박사에게 기꺼이 다른 대형 유인원의 장기 연구 지원을 하겠다고 밝혔다. 루이스 리키처럼 레이턴 윌키도 인간과 가장 가까운 친척인 대형 유인원을 연구하는 것이 어떻게 우리의 조상들이 행동했는가에 대한 이해에 새로운 지평을 열어 줄 수 있다는 데 공감했다. 그의 지원으로 내 프로젝트에 대한 재정이 확보되었다.

그리하여 1966년 12월에 나는 다시 아프리카행 비행기에 올랐다. 이번엔 고릴라만이 나의 목적이었다. 런던의 히드로 공항에서 나이로비행 비행기를 기다리는 동안 우연히 존 루트를 만난 것은 정말 대단한 행운이었다. 나이로비에서 콩고까지 1,100킬로미터가량을 운전해서 카바라에서 일할 수 있도록 정부 허가를 받은 다음 혼자 연구를 수행할 것이라는 말에 그녀와 앨런 루트 모두 아연실색하였다. 그들은 여자 혼자, 그것도 막 미국에서 온 신출내기가 위의 세 가지 '불가능한' 것들 모두는 고사하고 그중 어느 하나도 하려고 해서는 안 된다는 생각에 서로 동의했다.

일단 나이로비에 와서 존은 나의 엄청난 쇼핑에 동참했다. 그녀는 사파리에서의 오랜 경험을 바탕으로 텐트, 전등, 스토브, 침구 등 캠프 용품과 장비를 고르는 것을 도와주며 혼자였더라면 엄청나게 낭비했을 시간과 실수들을 모두 절약해 주었다. 리키 박사는 붐비는 나이로비 거리에서 위험한 시험 주행을 몇 번 한 후, 덮개를 천으로 씌운 골동품 같은 랜드로버를 구입했다. 나중에 나는 이 차에 '릴리'라는 이름을 붙여 주었다. 당시엔 몰랐지만 릴리는 일곱 달 후에 나의 생명을 구하는 데 큰 역할을 했다.

모든 물품이 준비되었을 때 제인 구달이 친절하게도 캠프를 구성하는 방법, 자료를 수집하는 방법을 가르쳐 주고, 또한 그녀의 사랑스런 침팬지들을 소개해 주기 위해 이틀 동안 곰비 유역 연구센터에 초대했다. 그렇지만 그때 나는 카바라와 산악고릴라에게 갈 생각에 몸이 달았기 때문에 감사하다는 인사도 제대로 하지 못했다.

여전히 나와 리키 박사의 정신 상태를 의심하는 앨런 루트는 마침내 그의 랜드로버로 케냐에서 콩고까지 거의 아프리카의 반을 가로지르는 먼 거리를 나와 동행해 주겠다고 했다. 앨런이 없었다면 내가 릴리를 데리고 아프리카에 흔한 염소길 절벽을 무사히 갈 수 있었을지 모르겠다. 또한 나라면 아마 카바라에서 일하는 데 필요한 정부 허가를 얻는 복잡한 절차들을 앨런만큼 빨리 처리하지 못했을 것이다.

1967년 1월 6일 아침에 앨런과 나는 몇 명의 콩고인 공원 안내인과 기꺼이 캠프의 직원으로 남아 준 두 명의 아프리카인과 함께 미케노 산 기슭에 있는 키붐바Kibumba의 작은 마을에 도착했다. 거기서 정확히 3년 전에 내가 운전사와 했던 것처럼 우리는 카바라 초원까지 캠핑 물품들을 운반해 줄 10명 정도의 인부들을 고용했다. 내가 없는 3년 사이에 인부들의 마을이나 거대하고 오래되어 이끼가 낀 하게니아 나무 *Hagenia abyssinica*들이나 변한 것이 없어 보였다. 나는 의기양양해져서 키붐바에서 내 캠프가 서게 될 고대 휴화산의 심장부 카바라까지 거의 1,200미터를 올라갔다. 심지어 두 마리의 명랑하고 장난기 어린 큰까마귀 *Corvultur albicollis*(흰목큰까마귀)들까지 그대로 있을 정도로 변하지 않은 카바라를 보고 나는 전율을 느꼈다. 큰까마귀들은 사람이 지키지 않는 모든 음식 조각을 낚아채 사라졌고, 나중엔 텐트 덮개를 여는 방법을 알아내어 숨겨 놓은 음식들을 훔쳐 갔다.

앨런은 카바라에 이틀 동안밖에 머무를 수 없었지만 그 기간 동안 쉬지 않고 일했다. 그는 감자 포대를 둘러 야외 화장실을 만드는 일이나 물을 저장할 통을 놓는 일, 텐트 주변에 배수로를 만드는 일 같은 일상적인 필요 시설을 만드는 일을 감독했다. 아쉽게도 그가 머무른 이틀 동안 미케노 경사면 높은 곳에서 두 집단이 '후트 시리즈hootseries (낮은 음조로 연속적으로 후-후-후 하는 소리, 부록 5 참고: 옮긴이)'를 교환하는 것을 분명히 들었으나 고릴라를 볼 수는 없었다. 우리는 또한 산 근처의 비교적 편평한 능선 지역에서 고릴라 집단이 막 지나간 자취를 발견했다. 나는 곧 그 집단을 다시 만나게 될 것 같은 확신에 차 기쁨에 들떠서 즉시 빽빽한 수풀을 가로질러 고릴라들이 만들어 놓은 흔적들을 따라갔다. 그들의 자취를 따라가기 시작하고 5분이 지나서야 앨런이 뒤따라오지 않는다는 것을 알았다. 몹시 당황하여 왔던 길을 되돌아가 보니 우리가 처음 발견했던 바로 그 흔적 앞에서 끈기 있게 앉아 있는 그의 모습이 보였다.

앨런은 영국인의 참을성과 정중함을 최대한 발휘하여 말했다. "다이앤, 당신이 고릴라를 만나고 싶다면 그들이 어디서 왔는지보다 그들이 어디로 갈 것인지를 알아야 할 거요." 그것이 지금까지도 잊지 못할 나의 첫 추적 수업이었다.

다음 날 카바라 초원 아래쪽의 경사면 근처 숲으로 사라지는 앨런의 뒷모습을 보고 나는 갑작스런 공포감을 느꼈다. 그는 내가 지금까지 알아왔던 문명과의 마지막 끈이었으며, 이곳에서 영어를 할 수 있는 유일한 사람이었다. 나는 그를 쫓아가서 붙잡고 싶은 생각을 억누르며 간신히 텐트 기둥을 잡고 서 있었다.

앨런이 출발한 지 몇 분 후에 캠프에 있는 두 명의 아프리카인 중 한 명이 도와주려는 듯 나에게 물었다. "우나펜다 마지 모토?" 당황하여 작년 내내 외웠던 스와힐리어가 한 단어도 기억이 나지 않았다. 갑자기 눈물이 나오면서 나는 그들이 '위협'을 가할 것이라고 멋대로 상상해 버리고는 텐트 안으로 숨어 버렸다. 한 시간 정도 지나자 내가 바보같이 행동했다는 생각이 들어 그 콩고인에게 다시 천천히 말해 달라고 부탁했다. 뜨거운 물을 주겠다는 말인가? 차인지 목욕물인지 분명히 말하진 않았지만, 아마 이것이 힘들어하는 모든 와중구스(백인)들에게 필요한 만병통치약인 듯싶었다. 그 아프리카인이 보여 준 호의에 대해 내가 깊이 감사했다는 것을 알았길 바라며, 아산테스(감사합니다)를 몇 번이나 말하곤 8리터 정도의 뜨거운 물을 가능한 한 공손하게 받았다.

다음 날 아침부터는 빨랫줄을 세우거나 빗물을 모으기 위한 최적의 장소에 물통을 놓는 일, 직원들에게 나이로비에서 산 등유 램프와 스토브 사용법을 가르치는 등의 끝없는 캠프의 잡일들보다 가장 우선하는 야외 조사, 즉 고릴라를 찾는 일을 시작했다. 살림살이가 지겨워진 가정주부처럼 잡무와 그 밖의 수많은 일들을 저녁 시간으로 미루어 버렸다. 낮은 오로지 고릴라들을 위한 시간이었다.

* * *

야외에서 하루 종일 보낸 첫날, 캠프로부터 10분 정도밖에 떨어지지 않은 곳에서 외톨이 수컷 고릴라를 볼 수 있었다. 그는 카바라 초원의 모퉁이에 있는 작은 호수를 가로질러 있는 나무 기둥 위에 누워 일광욕을 하고 있었다. 미처 쌍안경을 꺼내기도 전에 그 놀란 동물은 나무에서 뛰어내려 근처에 있는 산 경사면의 울창한 수풀 속으로 사라져 버렸다. 물론 나는 하루 종일 그를 따라잡으려고 했지만 나의 등산 실력은 놀란 고릴라 한 마리를 따라잡을 정도는 아니었다. 이상하게도 그렇게 노출된 지역에서 쉬고 있는 고릴라와 마주친 것은 그 짧은 관찰이 처음이었고, 아직까지도 그런 종류의 관찰 중에서는 유일한 경우로 기록되어 있다. 나중에야 고릴라는 노출된 초원과 물이 많은 장소를 피한다는 것을 알았다. 가장 큰 이유는 그런 곳들이 사람과 빈번하게 마주치는 장소이기 때문이다.

둘째 날에는 콩고인 공원 관리인이 도착했다. 그는 존과 앨런 루트와 함께 처음 만났던 뛰어난 안내인인 사놰퀘가 올 때까지 잠깐 동안 '추적꾼'이 되어 주기로 했다. 그 대리인은 추적을 해 본 경험이 전혀 없었기 때문에 우리는 하루 종일 빙빙 돌기만 할 뿐 고릴라의 신호는 전혀 찾을 수 없었다. 세 번째 날은 고릴라에 관한 한 마찬가지였으나 돌이켜 보면 많이 웃을 수 있었던 날이었다. 우리는 몇 시간 동안 울창한 풀숲을 가로지른 고릴라들의 자취를 따라가던 중이었다. 갑자기 30미터 떨어진 골짜기 맞은편에서 일광욕을 하고 있는 고릴라 크기의 검은 물체를 발견했다. 천천히 쌍안경 가방을 열고 수첩과 펜, 스톱워치를 준비했다. 그리고 노출된 경사면에서 만족스런 표정으로 일광욕을 하는 듯 보이는 동물이 있는 지점을 찾았다. 그 동물은 한 시간 이상이나 움직이지 않았다. 스톱워치가 계속 똑딱거릴 동안 안내인은 내 뒤에서 조용히 코를 골고 있었다. 고릴라 관찰이 인내심을 필요로 한다는 것을 알고 있었지만, 나의 위대한 '첫 번째' 관찰 대상은 인내심을 과도하게 요구하는 것 같았다. '연구 자료'의 첫 페이지가 한 시간 동안 완벽한 백지 상태로 남아 있게 되자 마침내 나는 안내인을 깨워 일광욕을 하고 있는 동물에게로 더 가까이 기어갈 수 있도록 이 자리를 지켜 달라고 부탁했다. 나는 한 시간 이상이나 관찰하고 있었던 그 '고릴라'가 사실은 큰멧돼지 *Hylochoerus meinertzhageni* 였다는 것을 깨닫고 어찌나 억울했는지 모른다. 나를 보자마자 그 동물은 울창한 숲 속으로 사라져 버렸다. 이틀 뒤 늙은 큰멧돼지의 몸뚱어리가 거대한 하게니아 나무 아래 수풀 바닥에 누워 있는 것을 발견했다. 그는 자연사한 것 같았다.

아직도 낮 동안에는 놀라운 일들이 일어나지 않았다. 카바라에서의 나흘째 밤에 나는 침낭 속에 들어간 채로 간이침대에서 떨어져 텐트의 반대쪽으로 굴러가서 깼다. 오래된 사화산의 분노가 뿜어 나오는 듯 텐트 전체가 흔들렸다. 엄청난 천둥소리를 들었을 때, 이제 막 시작한 연구가 이렇게 갑작스런 끝을 맞이한다고 생각하니 공포감보다는 화가 났다. 1분여간의 진동과 천둥소리가 지나가고 나서 대기는 이 재난을 설명하는 실마리가 담긴 소리와 냄새로 가득 찼다. 세 마리의 코끼리가 텐트 기둥이 옆구리를 긁기에 좋다는 것을 발견하고 그중 하나는 텐트의 베란다 바로 밖에 거대한 발자국을 남겨 두었다. 이 세 마리와 그 후에 온 다른 코끼리들은 캠프의 단골손님이 되었고, 나는 그들의 호기심과 두려움 없는 기질 때문에 늘 긴장하고 있어야 했다. 그러나 그들을 나의 장래성 있는 야채밭에서 쫓아낼 수는 없었다. 세 템보(코끼리)의 기습 이후 나는 우리의 존속을 위해 샐러드를 희생시키기로 결심해야 했다.

코끼리와 버팔로, 큰멧돼지, 그리고 물론 고릴라를 거의 매일 만났기 때문에 야외에서 보내는 시간은 당연히 캠프에서 보내야 하는 시간보다 훨씬 더 재미있었다. 나는 거의 즉시 문서작업의 수렁에 빠지게 되었고 그 이후로 이 일은 계속되었다. 날씨부터 새와 식물의 한살이, 밀렵꾼의 활동, 그리고 연구 자료로 쓰일 고릴라와의 만남에 대한 상세한 내용들까지 야외기록장은 풍부한 이야기를 담아 가고 있었다.

가로 2m, 세로 3m의 텐트는 침실과 사무실, 욕조 그리고 우림 기후에서 항상 젖어 있는 옷들을 말릴 건조실의 기능을 겸하게 되었다. 텐트 안에는 이국적인 색깔의 민속 옷감을 덮은 나무 상자를 마련하여 책상과 의자, 찬장, 그리고 서류 보관함으로 사용했다. 나는 30~35년 된 목조 건물인, 처음 본 이래로 계속 무너지고 있는 남자들 오두막의 작은 방에서 식사를 했다. 사눼퀘가 도착하여 세 명으로 늘어난 직원들은 그들 방 가운데에 있는 화로에서 식사를 준비했다. 직원들은 오두막 전체에 스며들어 눈물나고 숨쉬기조차 힘든 연기에도 아랑곳하지 않는 듯이 보였다.

남자들은 엄청난 양의 고구마와 감자, 여러 가지 색깔의 콩, 옥수수 그리고 때때로 읍내인 산 아래 키붐바에서 가져오는 신선한 야채들로 식사를 했다. 나의 식단이 그들보다 더 다양할 것이라는 처음의 예상은 곧 오해로 판명되었다. 그들은 내 식단의 대부분을 차지하는 캔 음식의 내용물들을 보고 점잖이 비웃는 눈치였다. 우리는 한 달에 한 번 미케노 산 아래에서 차로 두 시간 정도 걸리는 우간다의 작은 마을인 키소로에 장을 보러 갔다. 거기서 나는 한 달 동안 비축해 두기 위한 핫도그, 스팸, 가루 분유, 마가린, 절인 소고기, 참치, 다진 고기, 그리고 다양한 야채 캔 음식들을 사고, 면류와 스파게티, 오트밀 여러 상자와 고구마를 샀다. 빵과 치즈, 그리고 다른 신선한 음식들은 산에 도착한 후 2주일밖에 가지 않는다. 때문에 한 달은 첫 두 주의 성찬과 그냥 지나가는 나머지 두 주로 나뉜다. 고맙게도 알을 많이 낳아 주는 루시라는 이름의 닭 덕분에 달걀은 많았다. 사눼퀘가 아마 통통하게 살찌워 삶아 먹으라고 나에게 선물해 주었을 루시와 그녀의 짝인 데지는 아프리카에서의 나의 첫 애완동물이 되었고, 그 후로 나는 몇 년 동안 그 닭들을 끔찍이 아끼며 키웠다.

음식이 다 떨어져 갈 때마다 으깬 감자, 튀긴 감자, 구운 감자, 삶은 감자 등을 먹었고 나는 감자에 꽤 만족하며 지냈다. 내가 감자를 좋아하는 것은 정말 다행이었다. 그럼에도 불구하고 때때로 월말에 사눼퀘의 파이프 담배와 내 궐련이 거의 동시에 떨어질 때가 생겼다. 우리 둘 모두에게 이것은 진정한 재난이었다. 우리는 떨어져 가는 담배를 세심하게 할당했다. 사눼퀘는 남은 담뱃잎에 낙엽을 섞었고, 나는 귀한 담배를 한 번 피울 때 두세 모금만 빨기로 했다. 이러한 '휴식'의 부조리 때문에 우리는 불가피하게도 어두운 표정의 불량 청소년처럼 보였다.

사눼퀘는 지치지 않는 추적꾼이자 숲의 고릴라와 다른 동물들을 자상히 돌보는 사람일 뿐만 아니라 대단한 유머감각을 가진 인물이다. 그는 내게 추적할 때 알아야 할 모든 것을 가르쳐 주었고, 퍼붓는 빗속에서 울퉁불퉁한 길을 걸어갈 동안 믿을 수 있는 동반자였다. 사눼퀘의 도움 덕분에 나는 결국 미케노 산의 경사면과 그 인접 지역을 따라 펼쳐진 470만 평방미터의 연구 지역에서 세 개의 고릴라 집단을 찾아낼 수 있었다.

고릴라는 집단group이라고 불리는 안정되고 결속력 강한 사회 단위를 이루며 살아간다. 구성원의 수는 출생이나 사망, 때로 집단 내로 다른 개체가 들어오거나 나가면서 변동되며, 한 집단의 개체수는 두 마리에서 스무 마리까지 다양한데 평균 열 마리 정도이다. 전형적인 집단은 집단의 우두머리이며 대략 170킬로그램 정도, 즉 암컷 무게의 대략 두 배가량 무거운 열다섯 살 이상의 성적으로 성숙한 수컷 은색등과 115킬로그램 정도 나가며 여덟 살에서 열세 살 사이의 성적으로 성숙하지 않은 수컷인 검은등blackback(번식 연령에 도달하지 않은 수컷은 등과 허벅지에 은색 털이 나지 않는다: 옮긴이), 그리고 90킬로그램 정도 나가며 평생 동안 우두머리 은색등과의 관계를 유지하는 여덟 살 이상의 암컷 서너 마리, 마지막으로 성적으로 성숙하지 않은 여덟 살 아래의 구성원들 세 마리에서 여섯 마리로 구성된다. 이들은 다시 몸무게가 80킬로그램 정도인 여섯에서 여덟 살 사이의 젊은 성체, 몸무게가 55킬로그램 정도인 세 살에서 여섯 살 사이의 청소년, 그리고 몸무게가 1킬로그램에서 15킬로그램 사이인 출생에서 세 살 미만의 유아로 구분된다.

고릴라가 강한 유대감을 바탕으로 한 안전한 형태의 가족을 구성하는 데에는 어린 고릴라가 그들의 부모, 친구, 그리고 그들의 형제와 오랫동안 관계를 가지는 것이 큰 몫을 차지한다. 번식할 수 있는 나이에 도달하면 자식들은 종종 태어난 집단을 떠난다. 태어난 집단에서 짝짓기를 할 수 있는 기회가 없을 경우 떠나는 확률이 더 높은 것처럼 보이긴 하지만, 짝짓기할 개체들이 분산해 나가는 것은 아마도 근친교배의 영향을 줄이기 위한 진화적 양식으로 생각된다.

카바라에 도착한 지 얼마 안 되었을 때는 고릴라들에게 접근하여 관찰하는 방식의 연구가 쉽지 않았다. 고릴라들이 나의 출현에 습관화habituation되지 않았기 때문에 나를 보자마자 거의 도망갔다. 나는 종종 두 가지 다른 방식의 관찰 방법을 선택해야 했다. 고릴라들이 내가 지켜보고 있다는 것을 모를 때는 눈에 띄지 않게, 그들이 내가 있음을 알고 있을 때는 나를 노출시키는 방법을 사용했다.

눈에 띄지 않는 관찰 방법은 특히 관찰자가 없을 때의 행동들을 밝히는 데 유용하게 쓰인다. 이 방법의 단점은 습관화 과정에 아무 기여를 하지 못한다는 것이다. 반면에 관찰자를 노출시키는 관찰 방법은 그들이 천천히 관찰자를 받아들이도록 한다. 내가 고릴라의 시야 안에 있을 때 쌍안경을 통해 단순히 바라보면서 기록하는 것보다 몸을 긁거나 풀을 씹는 것처럼 일상적인 행동을 흉내 내거나 그들이 만족할 때 내는 소리를 따라 하면 더 빨리 그들을 안정시킬 수 있었다. 그리고 나는 저 수줍은 동물들에게 잠재적으로 위협을 느끼게 할 수도 있을 렌즈를 가리기 위해 항상 쌍안경을 덩굴줄기로 싸서 다녔다.

고릴라들이 그들의 일상에서 한 부분이 되어 가고 있는 청바지 생물체에게 익숙해질 필요가 있는 만큼, 나도 놀라운 개성들을 지닌 각각의 개체들을 구분할 수 있어야 했다. 조지 섈러가 7년 반 전에 앞서 했듯이, 나도 개체들을 구분할 때 '코무늬noseprint'에 많이 의존했다. 특히 모계 쪽으로 각 집단의 개체들에게 나타나는 코무늬는 서로 닮은 경향이 있다. 지문이 서로 똑같은 사람은 없듯이, 콧구멍의 모양과 콧등에 나타나는 두드러지게 파인 모양인 코무늬가 똑같은 고릴라는 하나도 없다. 처음엔 고릴라들이 습관화되지 않았기 때문에 쌍안경을 사용해야 했지만 나는 먼 거리에서도 울창한 수풀 사이로 반쯤 숨어서 나를 응시하고 있는 호기심 많은 개체들을 보면서 재빨리 코무늬를 스케치할 수 있었다. 이 스케치들은 접사 사진을 찍는 것이 불가능할 때 유용하게 사용되었다. 나는 사진기, 쌍안경, 그리고 필기구들을 들고 다니면서 고릴라처럼 풀을 씹고, 몸을 긁고, 또 소리를 내며 그들을 안심시키는 동시에 호기심도 불러일으킬 수 있는 행동들을 하느라 손이 모자랄 지경이었다.

때때로 햇볕이 좋을 때는 꼭 카메라를 갖고 나갔다. 가장 많이 알려진 야생고릴라 사진 중 하나는 고릴라들이 나를 신뢰하기 시작한 카바라에서의 두 번째 달에 찍은 것이다. 그 사진에는 16마리의 고릴라들이 마치 뒷베란다에서 오후 햇살을 즐기고 있는 아주머니들처럼 죽 늘어앉아 있다. 그 집단은 낮에 쉴 잠자리day-nest를 만들고 일광욕을 하고 있었지만, 내가 다가가자 신경질적으로 물러서며 빽빽한 수풀 뒤로 모습을 감춰 버렸다. 나는 좌절했지만 곧 더 잘 보아야 하겠다는 생각으로 천부적으로 부족한 소질 중 하나인 나무 오르기를 시도했다. 그 나무는 특히 미끄러웠기 때문에 아무리 낑낑거리며 기어 올라가도 1미터 이상 올라가지 못했다. 사눼퀘가 내 삐져나온 엉덩이를 힘껏 밀어 올리며 숨죽여 웃느라 몸을 부르르 떨며 눈물까지 흘리자 나는 화가 나서 그만두고 싶었다. 나는 걸음마를 시작한 아기처럼 서툴었다. 마침내 적당한 위치에 있던 가지를 잡고 8미터 위에 있는 나무의 약간 구부러진 곳으로 올라갔다. 이때까지만 해도 나는 당연히 올라가면서 숨을 헐떡거리고 욕설을 내뱉고 나뭇가지를 부러뜨릴 때 난 소음 때문에 고릴라들이 놀랐을 거라고 생각했다. 그러나 고릴라들이 모두 돌아와서 간이 쇼에 몰두한 구경꾼처럼 앉아 있는 것을 보고 나는 놀라지 않을 수 없었다. 엄청 큰 팝콘 봉지와 솜사탕만 있으면 완벽한 그림이 나올 분위기였다! 내 첫 생방송은 결코 예상치 못했던 방식으로 일어났다.

그날의 관찰은 고릴라의 호기심이 어떻게 인간과의 습관화에 이용될 수 있는가에 대한 좋은 예가 되었다. 무리의 거의 모든 고릴라들이 수풀 속에 수줍게 숨어 있던 것도 잊고 자신을 노출시켰다. 그들이 보기에는 관찰자가 그들이 이해할 수 있는 행동인 나무타기를 하느라 주의를 다른 데로 돌린 것이 분명했기 때문이다.

그러나 고릴라의 호기심을 자극하는 것은 이후에 알게 된 수많은 습관화 방법 중 하나일 뿐이었다. 나는 곧 똑바로 서 있거나 그들의 시야 내에서 걷는 것이 그들의 신경을 집중시킨다는 것을 깨달았다. 그 이후로 나는 손가락 마디를 사용해 걷기를 시작했다. 손가락 마디와 무릎으로 고릴라들을 향해 기어간 다음 앉은 자세로 계속 있으면 고릴라의 눈높이에 있게 될 뿐만 아니라 내가 그들을 참견하려고 하지 않을 거라는 인상을 주었다. 또 다른 방법은 셀러리를 씹다가 몸을 약간 숨기는 것이다. 그러면 그들은 호기심에 이끌려 울창한 수풀에서 나오거나 나를 더 잘 보기 위해 나무에 올라갔다. 이전에 내가 관찰하는 내내 고릴라들에게 잘 보이는 곳에 있었을 때는 고릴라들은 눈에 잘 띄지 않도록 숨어서 수풀 사이로 나를 엿보는 것에 만족했기 때문에 그들의 행동에 대해 많은 자료를 얻을 수 없었다. 그래서 나는 나무에 올라가서 고릴라들을 보는 대신 내려와서 고릴라들이 나를 보러 나무에 올라가도록 전략을 바꿨다.

처음에는 고릴라들이 호기심에 굴복하여 내 주위에 있는 나무들로 오를 때까지 종종 잎사귀를 먹는 척하며 한 시간 반 가까이 그들을 기다려야 했다. 일단 호기심이 충족되면 그들은 내가 있다는 것을 잊고 하던 일을 재개했다. 이때부터 진정한 관찰이 시작된다.

나는 몇 달 동안이나 고릴라들의 리듬을 세심히 따라서 손으로 허벅지를 두드리며 고릴라들의 가슴 두드리기를 흉내 냈다. 그 소리는 특히 30미터 정도의 거리에 있을 때 고릴라들의 관심을 즉시 끄는 데 성공했다. 나는 이 소리를 흉내 내는 방법이 꽤 현명하다고 생각했으나, 그것이 잘못된 신호라는 것을 깨닫지 못했다. 가슴을 두드리는 것은 흥분이나 경고 신호로서 내가 보낸 신호는 진정시키려는 의도로는 영 잘못된 메시지였다. 나는 가슴 두드리는 흉내를 그만두고, 달아나려는 본능보다 사람이 가슴을 두드릴 때 내는 소리를 듣는 것에 대한 호기심이 더 큰, 새로 마주치는 고릴라들에게만 이 방법을 사용했다.

고릴라들을 가까이서 관찰하기 위해 다가갈 때마다 나는 항상 그들이 올라갈 수 있는 견고한 나무가 있는 관찰 지점을 선정하려고 노력했다. 그러나 이런 원칙을 양보해야 할 때가 많았다. 특히 몇 시간 동안 45도 경사면을 올라갔거나 진흙길의 저습지를 건너갔거나, 기둥처럼 늘어져 있는 수풀을 베어 가면서 갔거나, 아니면 쐐기풀 같은 잎을 헤치며 오랫동안 손발로 기어갔을 때는 더욱 그렇다. 가장 튀어나온 부분 중 하나인 코가 두꺼운 장갑, 긴 속옷, 두꺼운 바지, 양말, 긴 장화 등으로 보호받는 몸의 다른 곳에 비해서 쐐기풀 가시 때문에 가장 많이 고생하는 부분이었다. 대부분의 사람들은 아프리카를 생각할 때 지지 않는 태양 아래 더위에 찌는 건조한 평원을 상상한다. 그러나 내 마음속의 아프리카는 연중 평균 강우량이 180센티미터인 차갑고 안개 낀 비룽가 화산지대의 우림뿐이다.

아침은 햇빛이 좋을 때가 많다. 그러나 이런 얄궂은 시작을 믿었다간 골탕 먹는다는 것을 곧 알게 되었다. 이런 이유로 내 배낭에는 사진기, 렌즈들, 필름, 수첩 그리고 뜨거운 차를 담은 보온병 같은 사치품 외에도 항상 비옷이 들어 있다. 배낭의 무게는 보통 7~10킬로그램 정도 나가는데, 10킬로그램짜리 나그라Nagra 녹음기의 지향성 마이크가 첨가되면 거의 견딜 수 없는 지경이 된다. 특히 고된 추적 기간이 끝나갈 때쯤이면 이 녀석들을 버리고 싶은 유혹이 어찌나 강했던지 모른다. 그럴 때면 고릴라들이 저 앞의 어딘가에 있다는 사실만이 추적을 계속

할 수 있는 힘이 되었다.

카바라의 고릴라 집단은 고릴라의 행동에 대해 많은 것들을 가르쳐 주었다. 나는 그들로부터 동물들을 있는 그대로 받아들이는 방법과 결코 그들이 보여 주는 인내심을 넘어서는 일을 하면 안 된다는 것을 배웠다. 야생동물의 세계에서는 어떤 관찰자라도 침입자이며 동물의 권리가 인간의 호기심보다 우선한다는 것을 항상 기억해야 한다. 또한 동물이 인간과 만난 날의 기억은 다음 날의 행동에 반영된다는 것을 관찰자는 명심해야 한다.

* * *

여느 날처럼 사뉘퀘와 카바라 초원에서 관찰을 마치고 돌아온 1967년 7월 9일 오후 3시 30분에 나는 카바라 고릴라들의 땅에서 추방되었다. 무장 군인들이 캠프를 둘러싸고 벨기에 콩고Belgian Congo라고 새로 명명된 자이르의 키부Kivu 지방에도 반란이 일어나고 있다고 말했다. 나는 '자신의 안전을 위해 철수'해야만 했다.

다음 날 아침 나는 군인들과 모든 캠프 장비, 내 물건들, 그리고 나의 사랑하는 닭 루시와 데지를 실은 짐꾼들에게 '호위'를 받으며 산을 내려왔다. 반쯤 길들여진 두 큰까마귀가 갑자기 산 위의 집을 잃어버려 당황하고 놀란 듯이 머리 위를 날고 있었다. 미케노 산을 내려가기 시작한 지 세 시간쯤 지나자 큰까마귀들은 여섯 달 반 동안 내 텐트가 있었던 공터로 돌아갔다.

나는 2주 동안 공원 본부와 키부 지방의 특별구에 있는 군대의 주둔지 양쪽으로 사용되는 루망가보Rumangabo에 억류되어 있었다. 고릴라들에게로 돌아갈 수 있을지 걱정스러운 마음으로 미케노 산의 높이

치솟은 봉우리들을 바라보자 극단적으로 불편한 억류 기간이 더욱 길게 느껴졌다.

첫 주가 지나갈 때까지 공원 본부에 있는 어떤 이도 내가 왜 구류되어 있는지에 대해 설명하지 않았고, 설명할 수 있을 것 같지도 않아 보였다. 인접한 군대 캠프에서 공원 본부의 입구와 비상구 주위를 봉쇄하자 공원 관리인의 불안은 확실히 커져 갔다. 약간씩의 대화를 통해 나는 바리케이드가 반란이 시작된 부카부Bukavu에서 곧 도착할 장군을 보호하기 위해 설치된 것이란 걸 알았다. 나는 장군의 '방문' 직후에야 군대의 전보를 보고 내가 장군의 소유물이 되었다는 것을 깨달았다. 붙잡힌 채로 있는 한 풀려날 기회는 점점 줄어들 것이 뻔했다. 나는 릴리의 차량 등록판을 이용하여 탈출하기로 했다.

그때까지 릴리는 여전히 케냐 소속의 차였다. 케냐에서 자이르로 차량 등록을 변경하는 데는 거의 400달러가 든다. 나는 군인들에게 내 돈이 모두 우간다의 키소로에 있고, 릴리를 자이르에 제대로 등록하려면 그 돈을 가져와야 한다고 설득하는 데 그럭저럭 성공했다. 인질이 협조적이고 차를 미리 접수하게 될 뿐만 아니라, 그렇게 많은 돈의 유혹은 군인들에게는 저항하기 어려운 것이었다. 그들은 나를 무장 '호위'하여 우간다에 데려다 주기로 했다.

출발하기 전날 밤새도록 내 자료와 사진 장비, 그리고 루시와 데지를 릴리에 몰래 실었다. 나는 물론 한 번도 써 본 적이 없는 32구경 소형 자동 권총을 갖고 있었는데, 루망가보에 올 때 그것을 불쌍한 공원 관리인에게 호신용으로 쓰도록 주었었다. 그는 내가 감금된 동안 신선한 음식을 살짝 가져다주고 내가 계속 정치적 상황에 있도록 말해 주는 등 친절히 대해 주었다. 우간다로 탈출하기 전날 밤 그는 은밀히 권총을 나에게 돌려주고 두 시간 동안 운전하는 도중에, 특히 자이르와 우간다 국경에서 언제라도 바로 쓸 수 있도록 보관해 두라고 충고해 주었다. 그는 국경지대인 부나가나Bunagana는 특히 군인들에 의해 중무장되어 있고 그들은 잠시 동안일지라도 내가 우간다에 들어가는 것에 대해 호의적이지 않을 것이라고 말했다. 비록 권총이 작긴 했지만 언제든 꺼내 쓸 수 있고 동시에 내 '호위'를 맡은 대여섯 명의 군인들 눈에 띄지 않도록 보관하는 것이 문제로 떠올랐다. 결국 권총을 계기판 앞의 작은 공간에 있던 반쯤 차 있는 크리넥스 상자에 조심스럽게 쑤셔 넣는 모험을 감행했다. 국경까지 비포장의 울퉁불퉁한 용암지대를 지나는 동안 권총이 안전하게 있기를 바라며 녹슨 나사와 작은 자동차 용품들을 상자 주위에 밀어 넣었다. 이제 남은 일은 옆 자리에 앉은 군인의 무릎 위로 총을 뽑아 드는 것뿐이다!

다음 날 아침 군인들은 활기에 넘쳐 출발했고, 의무적으로 동네 폼비(국산 맥주) 집에서 정차해야 할 때마다 더욱 기운이 넘치는 듯했다. 그들은 확실히 부풀은 크리넥스 박스로 내 시선이 계속 쏠리는 것을 눈치 채지 못한 것 같았다.

국경 초소는 공원 관리인 친구가 말한 그대로 '전의로 충전된 곳'이었다. 국경 초소의 군인은 내게 랜드로버를 남겨 둔 채 키소로까지 8킬로미터 정도 걸어가도록 허락했다. 그러나 루망가보에서 온 군인들은 내가 걸어서 그곳까지 갈 수 없을 뿐더러 나를 혼자 가게 해서도 안 된다고 말했다. 술에 취한 군인들과 역시 군인들만큼 취한 세관원들은 루망가보 군대에서 발행된 얇은 우간다 일시 통행증을 빼앗아 갔다. 하지만 그 장군의 이름은 국경 군인들의 호전성에도 영향을 주는 것이 분명했다. 내가 침묵하는 동안 설전이 오가던 몇 시간 후 루시가 알을 낳았다. 나는 폴짝 뛰어 내려가서 박수를 치고 루시의 뛰어난 능력을 격찬하는 쇼를 했다. 나를 회의적으로 쳐다보는 군인들 사이에 침묵이 흘렀다. 마침내 자이르 군인들과 국경 초소를 지키는 군인들은 내가 심한 붐바부(바보)이고 아무런 해를 끼치지 않는다는 데 동의했다. 바리케이드가 열렸다.

이 사건이 일어나기 12년 전 발터 바움게르텔이라는 이름의 사람이 키소로에 고릴라 연구자들과 관광객들을 위해 집처럼 편한 멋진 숙박시설을 세웠다. 그의 트레블러스 레스트 호텔은 조지 섈러를 포함해 이전의 많은 과학자들에게 오아시스가 되었던 곳이다. 나는 발터를 1963년 사파리에서 처음 만났다. 그는 내가 1967년의 여섯 달 반을 아프리카에서 연구하는 동안 알게 된 사람들 중 가장 친절하고 매력적인 친구였다. 우간다 국경이 열린 지 10분 후 나는 발터의 호텔로 가는 길로 차를 돌려 전속력으로 달려간 다음, 눈이 휘둥그레진 자이르 난민들이 모여든 정문으로 질주했다. 나는 호텔 끝까지 달려 가장 구석에 있는 방으로 갔다. 나는 잠옷을 뒤집어 쓴 다음 침대 속에 파묻혔고, 발터가 우간다 군대에 자이르 군인들을 체포하라고 요청하면서 생긴 야단법석이 그칠 때까지 비겁하게도 그대로 있었다. 어쨌든 일어나서 처음 한 일은 루시가 때맞춰 알을 낳아 준 것을 칭찬한 일이었다. 그 달걀은 난리통에 깨졌다.

심문을 받는 며칠 동안 키소로에서 자이르로 돌아가려 했다면 바로 총살당했을 거라는 말을 끊임없이 들었다. 심문이 끝나고 나는 르완다의 수도인 키갈리로 2차 심문을 받으러 갔다. 그러고 나서 애초에 우리가 기대했던 것과는 다른 종류의 재회이지만, 리키 박사와 7개월 만에 만나기 위해 나이로비로 돌아갔다.

나이로비 공항에서 나를 기다리고 있던 리키 박사는 '자, 우리가 그 사람들을 골탕 먹였어. 그렇지?'라는 표정으로 입이 찢어지게 웃고 있었다. 짧은 토론 끝에 우리 둘 다 내가 서부아프리카의 저지대고릴라나 아시아의 오랑우탄을 연구하는 것보다는 비룽가로 돌아가야 한다는 데 동의했다. 그러나 우리는 미국 외무부에서 내가 실종되었으며 아마 사망했을 것이라고 판단했다는 사실을 알게 되었다. 리키 박사와 나는 미국 대사관에 확인하러 가야 했다. 공사 대리는 르완다로 돌아가는 것이 불가능하다고 단호하게 말했다. 그의 말에 따르면, 나는 '탈출 죄수이므로 즉시 자이르로 송환될' 것이었다.

여기서 바로 리키 박사의 진면목을 볼 수 있었다. 그와 대사관 직원은 나에게 나가 달라고 부탁하고 문을 닫았다. 거의 한 시간 동안 대사관 복도가 쩌렁쩌렁 울렸다. 마침내 나타난 리키 박사의 눈빛은 아주 재미있고 성공적인 논쟁이었다는 장난스런 힌트를 담은 듯 반짝였다.

레이턴 윌키의 지속적인 지원으로 나이로비에서 연구를 다시 시작하기 위해 필요한 기초 장비들을 모을 수 있었다. 채 2주가 지나지 않아 나는 비룽가 화산지대의 르완다 쪽 지역으로 출발했다. 그곳에는 여전히 찾아야 할 고릴라들이 있고 올라갈 산이 있다. 나는 다시 태어난 것 같았다.

뛰어난 벨기에 여성의 도움으로 르완다에서 꽤 쉽게 정착할 수 있었다. 알리에트 드뭉크는 자이르의 키부 지방에서 태어나 이 지역의 상식과 전통에 대해 아주 잘 알고 있었다. 그녀 덕분에 나는 도착한 직후부터 화산지대의 르완다 쪽에 사는 고릴라들의 개체수 조사를 시작할 수 있었다.

카바라만큼 좋은 캠프지를 찾는 일은 쉽지 않았다. 나는 미케노 산 남동쪽에 있는 높이 4,506미터의 화산인 카리심비 산Mt. Karisimbi을 오르기 시작했다. 실망스럽게도 카리심비의 경사면은 수많은 가축들로 붐볐다. 게다가 자이르 국경에서 30분가량 떨어진 비거주지에 야영 캠프를 설치하려면 3,700미터나 올라가야 했다. 때마침 운이 좋게도 금방 생긴 고릴라들의 자취를 발견했다. 마지막으로 고릴라를 본 지 19주가 지나가긴 했지만 카바라에서 알고 있던 세 연구 집단 중 하나의 것임이 확실했다. 그 만남은 내가 받아 본 어느 귀향 선물보다 더 놀라운 것이었다. 고릴라들이 나를 알아보고 15미터 거리에서 도망가지 않고 서 있었다. 내가 없는 사이에 새로 태어난 새끼가 보였다.

열하루 동안 카리심비의 르완다 쪽 지역 대부분을 조사하고는 매우 낙담했다. 공원 전체에 가축과 밀렵꾼들이 우글거렸고 고릴라가 있을 기미는 전혀 보이지 않았기 때문이다. 어느 눈부시게 화창한 아침에 나는 40킬로미터 길이의 비룽가 사화산지대 전체를 보기 위해 거칠고 둥근 카리심비의 고지대 초원으로 올라갔다. 나는 쌍안경으로 고릴라가 있을 가능성이 아주 높은 카리심비 산과 비소케 산Mt. Visoke 사이에 기복이 완만한 안부(鞍部, 말안장 모양으로 생긴 지대: 옮긴이)를 발견했다. 바람이 불어오는 고원에 앉아 앞으로 다가올 모든 일들을 생각하며 있을 때, 아래에 펼쳐진 광활한 숲의 바다로부터 큰까마귀 두 마리가 날아왔다. 끈질기게 까악까악 울면서 먹다 남긴 점심 부스러기를 달라며 활공하고 있었다. 부끄러움을 더 타는 것으로 보아 아마 카바라에 있던 한 쌍은 아닌 것 같았다. 그렇지만 그때 그 장소에 큰까마귀들이 나타난 것은 좋은 징조인 것 같았다.

10년이 더 지난 후 캠프에서 이 글을 쓰고 있는 지금, 여전히 내

방 창문에서는 같은 고원이 바라다 보인다. 저 높은 곳에서 처음 비룽가의 심장부를 보았을 때 예감했던 멸종의 조짐이 그때로부터 얼마 지나지 않은 지금 완연해지고 있다. 나는 산악고릴라들 사이에 내 보금자리를 만들었다.

2 새로운 출발 : 르완다의 카리소케 연구센터

르완다는 세계에서 인구밀도가 가장 높은 나라 중 하나다. 케냐의 8분의 1밖에 안 되고 심지어는 메릴랜드 주보다도 작은 230만 헥타르의 땅에 4백 70만 명이 살고 있으며, 20년 후에는 인구가 두 배로 늘어날 것으로 예상되고 있다. '아프리카의 스위스'로 알려진 르완다는 또한 세계에서 가장 가난한 나라들 중 하나이기도 하다. 인구의 95%가 샴바shamba라고 불리는 1만 평방미터 정도의 작은 땅에 농사를 지으며 겨우 살아가는 형편이다. 농사를 지을 수 있는 땅이기만 하면 계단식 경작 방법으로 농사를 짓는다. 그렇지만 산비탈까지 이용을 해도 그 많은 인구를 먹여 살리기엔 역부족이다. 해마다 농사를 짓고 가축을 기를 새 땅이 필요한 인구가 23,000세대씩 늘어난다.

1969년에 볼캉 국립공원에 속한 9,000헥타르의 땅이 농작지로 바뀌고, 대신 그곳에는 유럽 시장에 내다 팔 데이지 꽃처럼 생긴 천연 살충제인 제충국pyrethrum 밭이 들어섰다. 따라서 르완다 국토의 0.5%밖에 안 되는 12,000헥타르만이 공원으로 남게 되었다. 하지만 르완다 농업 장관은 인구압이 극심한데도 남은 땅의 40%, 즉 4,800헥타르를 68만 마리의 가축을 키울 목초지대로 변경하려고 계획하고 있다. 농경지와 고릴라가 살 공원용지 사이에 있던 완충지대가 사라져 버렸다. 공원 근처의 비옥한 땅에는 100헥타르마다 340명이 살고 있으며, 그들은 마음대로 공원을 드나들면서 나무를 줍고, 영양을 잡으려고 불법으로 덫을 놓고, 야생 벌집에서 꿀을 채취해 가고, 가축들에게 풀을 먹이고, 감자나 담배를 심는다. 이처럼 고릴라들의 땅을 잠식해 들어가는 행위는 산악고릴라가 발견되고 나서 채 100년이 지나지 않아 멸종 위기에 처한 동물 중 하나가 된 원인이다.

* * *

알리에트 드뭉크는 내가 안부지대에서 두 번째 탐험을 시작할 수 있도록 도와주었다. 우리는 릴리와 그녀의 폭스바겐 버스로 소나 염소가 지나다니며 만든 거칠고 둥근 돌들이 깔려 있는 비포장도로를 따라 카리심비와 비소케 사이의 낮은 언덕이 있는 북동쪽으로 향했다. 세 시간을 달려 고도 2,400미터 높이까지 올라오니 샴바와 제충국 밭이 펼쳐진 곳에서 길이 끝났다. 거기서 짐을 운반해 줄 인부 몇십 명을 고용하여 다섯 시간 동안 올라간 끝에 안개 속에 가려 잘 보이지 않는 3,000미터 높이의 비소케 산 근처 우림에 도착했다.

인부들은 대부분 반투Bantu족 출신의 바후투Bahutu(후투Hutu라고도 함: 옮긴이)인으로 대부분 그곳에서 농사를 짓는 사람들이었다. 400년 전에 북쪽에서 하미티Hamiti족의 와투치Watutsi(투치Tutsi, 바투치Batutsi라고도 함: 옮긴이)인들이 내려와 르완다 땅에 사는 바후투들을 정복했다. 가축을 기르던 와투치들이 이 땅을 정복하고 나서 일종의 봉건제도 같은 것이 생겨났다. 바후투들은 가축들과 목초지를 경작하는 대가를 지불해야 했다. 시간이 지나면서 바후투들은 점차 와투치 왕의 농노가 되었다. 이렇게 나뉜 두 계급은 벨기에와 독일이 점령했던 시기까지 내내 철저히 지속되었으나, 1959년에 바후투인들이 와투치 계급을 타도하면서 사라지게 되었다. 르완다는 1962년 바후투들의 힘으로 벨기에로부터 독립했다. 이 혁명으로 수립된 정권은 1973년까지 성공적으로 유지되었으며, 수천 명의 와투치인들이 살해되고 그보다 훨씬 더 많은 사람들이 국외로 피신해야 했다. 그래서 오늘날까지도 두 민족 사이에는 씻을 수 없는 앙금이 남아 있다(1994년에는 두 종족 간의 내전으로 50만 명이 사망하고 300만 명 정도의 난민이 발생했다: 옮긴이).

내가 이곳에 도착한 1967년 당시에는 르완다에 남은 와투치인들은 땅이 부족했기 때문에 가축을 종종 불법으로 공원 내에서 방목하고 있었다. 이곳에서 연구한 13년 동안 나는 한 무투치Mututsi(와투치의 단수형) 가족과 친해졌다. 또 주로 볼캉 공원 안에서 세 번째 민족인 바트와Batwa(트와Twa라고도 함: 옮긴이)족과도 만났다. 바트와족은 세미피그모이드semipygmoid(성인 남자의 평균 신장이 150cm인 피그미보다 약간 더 큰 집단을 일컫는 말: 옮긴이) 부족 중 하나로서 르완다에서 가장 낮은 계급에 속한다. 그들은 오래전부터 밀렵과 사냥을 하고 꿀을 채집하며 살았고, 공원에서 벌인 그들의 악명 높은 행동은 나와 내가 만난 고릴라들의 삶에 지대한 영향을 미쳤다.

맨발의 바후투 인부들은 알리에트 드뭉크와 내가 그들 사이를 지나면서 패어 놓은 길을 흥겹게 다듬었다. 그런 다음 인부들은 풀을 엮어 만든 긴 타래로 동그랗고 편평한 판을 만들어 무거운 짐을 일 때 머리가 다치지 않도록 머리 위에 얹었다. 그러고 나서 그들은 핌보fimbo라고 불리는 지팡이를 집어 들었다. 이 막대기는 미끄러운 진흙길에서 균형을 잡기 위해 필요하며, 코끼리가 지나간 후에 생긴 수렁을 건널 때 몸무게를 분산시켜 주는 데 대단한 도움이 되기도 한다. 그 당시에는 르완다에서 장화를 구할 수 없었고, 장에서 구할 수 있는 합성수지로 만든 신발은 진흙이 종종 무릎까지 차는 길에서는 빠져 버려 쓸모가 없었기 때문에 핌보는 진흙길을 지날 때 꼭 필요한 준비물이었다.

릴리를 지켜 줄 자무(관리원)와 신기해하는 마을 사람들을 남겨 두고, 드뭉크 부인과 나는 인부들의 행렬을 따라 릴리를 구경 나온 한 무리의 아이들을 헤치고 나갔다. 밖에 나가 장작으로 쓸 나무를 모으고, 물을 긷고, 어린아이들을 돌보는 일은 모두 여자들의 몫이기 때문에 여자들은 뒤에 남았다. 배가 불러 있는 임산부 몇몇은 등에 발가벗은 아기를 업고 발치에서 걸음마를 하는 아이를 돌보고 있었다.

미로처럼 좁고 길며 울퉁불퉁한 길이 경작지로 이어지자 인부들과 일하던 아낙네들 간에 활기찬 인사가 오갔다. 어디에나 사람들이 있을 것 같은 이곳의 인상은 키붐바의 작은 콩고 마을이나 카바라 아래 검은 숲이 만드는 철저한 고요함과는 선명한 대조를 이루었다. 그러나 키붐바나 이곳 르완다 마을인 키니지Kinigi 토착민들은 양쪽 다 호기심 많고 친절했다. 남녀 모두 긴 천을 두르고 있었는데, 나중에는 유럽식의 옷을 더 많이 입게 되었다. 아이들도 어른처럼 맨발이었고, 아무것도 입지 않은 아이부터 누더기를 걸친 아이까지 가지각색이었다. 소나기가 억수같이 내렸다. 나는 비옷을 입고 있었지만 어느새 추위에 떨었다. 세상 걱정 없어 보이는 아이들은 우리의 행렬 사이로 즐겁게 뛰어다니고 있었다.

새로 심은 제충국 밭을 지나자, 땅을 휩쓸고 지나간 참상을 짙은 안개가 가려 버렸다. 그러나 가까이 다가가니 불에 그을린 하게니아 나무 밑동들이 거대한 숲에 무슨 일이 일어났었는지 알려 주었다. 나는 카바라로 오를 때마다 느꼈던 유쾌한 기분을 다시 느낄 수 있기를 정말 바랐다. 이곳을 오르는 기분은 꼭 전쟁이 끝난 후 폭격당한 곳을 지나가는 것 같았다.

비소케 산의 가까운 경사면에 닿기 30분 전쯤 우리는 예전에 공원에 속했지만 지금은 제충국과 인간 때문에 황폐해질 위기에 처한 대나무 숲에 도착했다. 오늘날 이곳에는 여섯 채가량의 주석으로 만든 론다벨rondavel(고깔 모양의 지붕이 있는 둥근 건물: 옮긴이)과 큰 주차장이 관광객의 편의를 위해 들어서 있을 뿐이다. 늦었지만 1967년에라도 이곳을 알게 된 것에 감사한다. 이제 이곳은 결코 옛날 모습으로 돌아갈 수 없기 때문이다.

일단 빽빽한 대나무 숲 속으로 들어가자 신선한 코끼리 배설물과 고릴라의 흔적이 나타났다. 고릴라의 자취는 대나무지대부터 멋진 바위 터널까지 1.5미터 폭에 10여 미터 길이로 나 있었다. 용암 터널의 부서진 부분은 오랜 세월 동안 코끼리들이 이 터널을 위쪽 숲에서 아래쪽 대나무 숲 사이의 은신 통로로 이용하면서 생긴 듯한 인상을 주었다. 단단한 터널 바닥에는 부드럽고 물결 같은 코끼리 발자국 모양이 나 있었고, 축축한 공기는 그들의 냄새로 가득했다. 10년 후 공원에서 살던 코끼리들이 대부분 밀렵되면서 이끼로 두껍게 덮인 터널 벽은 비룽가 화산지대의 구성원들 중 가장 많은 부분을 차지했던 종 하나의 자취를 지워 갔다.

그 터널은 고릴라들의 세상으로 가는 환상적인 입구였다. 산길을 따라 육중하고 이끼 덮인 하게니아 나무들이 지붕을 만들어 빽빽한 수풀면의 전경을 향해 펼쳐져 있는 그곳은 문명 세계와 숲의 고요한 세상을 연결해 주는 곳이었다.

하게니아 나무는 비룽가 안부지대에서 가장 흔한 나무이며 경사가 급해질수록 적게 분포한다. 아마도 가파른 경사면에서 자라기에는 너무 무겁기 때문일 것이다. 고산지대나 아고산지대에는 하게니아 묘목들이 많이 자라고 있지만 고도 2,600미터와 3,300미터 사이의 안부지대나 낮은 경사지대에서는 새로 자라나는 하게니아 나무가 거의 없다. 조지 섈러는 하게니아를 '수염이 덥수룩하게 자란 친절한 노인'이라고 멋지게 묘사했다. 하게니아 나무 기둥은 직경 2.4미터까지 자라며, 안락의자 같은 거대한 가지들은 이끼, 지의류, 양치류, 난 같은 수많은 착생식물들에게 서식처를 제공해 준다. 하게니아 나무는 대부분 20미터를 넘지 않으며, 공원 안부지대에서 하게니아 잎이 지붕처럼 하늘을 가리고 있는 부분은 전체 면적의 50%밖에 되지 않아 아래에는 키가 작은 초본들이 풍성히 자라고 있다. 고릴라들은 하게니아 나무의 길고 뾰족한 잎이나 종처럼 늘어지게 달린 라일락빛 꽃보다는 가지에서 자라는 착생식물들을 더 좋아한다. 특히 하게니아 나무에서 자라는 식물 중 고릴라들이 먹을거리로 선호하는 것은 가는잎고사리 *Pleopeltis excavatus*인데, 이것은 거의 수평으로 난 낮은 가지 위에 있는 두꺼운 이끼층에서 아래로 매달려 있다. 고릴라들은 종종 이끼의 폭신한 쿠션 위에 앉아 이끼가 난 곳을 뜯어내어 무릎 위에 올려놓고 지루하게 고사리를 잎 하나하나씩 뜯어낸다. 늙은 하게니아 나무 기둥은 대부분 어느 곳엔가 구멍이 나 있고, 이곳은 바위너구리 *Dendrohyrax arboreus*, 사향고양이 *Genetta tigrina*, 몽구스 아마도 *Crossarchus obscurus*, 그리고 겨울잠쥐 *Graphiurus murinus* 부터 다람쥐 아마도 *Protoxerus stangeri* 에 이르기까지 많은 동물들의 보금자리가 된다.

하게니아와 비룽가 안부지대를 공유하는 식물은 유럽에서 '성 요한의 풀'이라고 알려진 히페리쿰 *Hypericum lanceolatum* 이다. 히페리쿰은 하게니아보다 더 연약하고 섬세한 나무이며 공원 경계인 2,600미터부터 고산지대인 3,700미터까지 더 넓은 고도의 생육환경에서 서식한다. 히페리쿰은 비룽가 안부 전체에 걸쳐 12~18미터 정도 자란다. 그러나 히페리쿰은 나무 기둥이 더 가늘어 하게니아처럼 육중한 이끼 쿠션을 지탱하지 못한다. 작고 뾰족한 잎사귀와 노란 광택이 나는 꽃들이 수없이 얽혀 있는 사이로 스페인 이끼를 닮은 가늘고 긴 어스니아 *Usnea* 지의류 다발이 걸려 있다. 히페리쿰 나무는 또한 겨우살이과에 속하는 로란투스 *Loranthus luteo-aurantiacus* 의 숙주이기도 하며, 이 식물은 고릴라들이 좋아하는 먹이이다. 히페리쿰 나무의 가지는 유연하고 가늘기 때문에 고릴라들이 땅바닥과 가끔 나무 위에서 잠자리를 만들 때 이것을 빈번하게 사용하는 것 같다.

하게니아와 히페리쿰과 함께 안부지대와 비소케 경사면 아래쪽의 일부를 구성하고 있는 가장 흔한 나무는 베르노니아 *Vernonia adolfi-friderici* 이다. 베르노니아 나무의 크기는 대략 7.5~9미터 정도이며 잎이 하늘을 가리도록 빽빽하게 자라기 때문에 종종 아래에서 사는 풀들이 잘 자라지 못한다. 베르노니아의 잎은 넓고 부드러우며, 가지는 아주 단단하고 라벤더 꽃 모양의 작은 흰색 꽃송이가 나온다. 고릴라들은 견과류 맛이 나는 눈 bud 을 좋아하는 것 같다. 나무에 앉거나 가지를 아래쪽으로 구부려 사람들이 포도송이에서 포도를 따 먹듯 눈을 하나하나 따 먹는다. 습기를 먹었거나 썩은 나무의 목질 역시 고릴라들의 식단에 포함된다. 정말로 광대한 비룽가에서 베르노니아 나무는 고릴라들이 먹고 놀고 그리고 잠자리를 만드는 데 여러모로 유용하게 쓰인다. 우리는 부러진 가지 흔적들을 통해 이곳에 머물렀던 집단의 개체수를 가늠할 수 있다.

우리가 지나다니는 길은 오른쪽으로 경사진 초본지대와 약간 왼쪽 아래로 안부지대가 펼쳐진 곳 사이에 있다. 이 길은 마을에 나 있는 길보다 더 명확하게 보인다. 코끼리와 버팔로들이 지나갈 뿐만 아니라 홍수가 지나가는 길이기도 하기 때문이다.

처음 한 시간 반 정도 올라가는 길은 가장 가파르다. 고도가 높아질수록 나는 숨이 거칠어진다(저자는 폐기종에 시달려 왔다: 옮긴이). 인부들이 잠시 쉬면서 담배를 피우고 싶어 하자 반가운 기분이 들었다. 그들이 고른 장소는 개울이 한가운데로 지나가고 주위에 코끼리와 버팔로의 배설물들이 쌓인 작은 초목 개간지였다. 공기는 매우 맑았고 개울물은 달고 차가웠다. 햇빛이 찬란해질 조짐을 보이며 짙은 안개와 가랑비가 물러나기 시작했다. 나는 처음으로 비소케의 가파른 경사면에 초본이 꽉 들어찬 이 지대에 감사함을 느꼈다. 여기는 고릴라들이 살기에 더없이 좋은 곳으로 보였다. 우리의 서쪽에 펼쳐질 비룽가의 깊은 심장부에 무엇이 있을지 찾고 싶은 열정이 샘솟았다.

걱정스럽게도 인부들은 마을에서 출발할 때보다 더욱 말이 줄었다. 그렇지만 그들은 목적지가 얼마 남지 않은 것처럼 기꺼이 계속 올라갔다. 우리는 좀 쉬운 경사면으로 한 시간 이상 올라가 긴 목초지대가 시작되는 곳에 도착했다. 이곳은 잔디와 토끼풀 그리고 야생화가 가득 덮여 있고, 레이스처럼 하늘거리는 지의류가 핀 거대한 하게니아 나무들이 이곳 전체에 걸쳐 보초처럼 서 있었다. 이 모든 모습들이 역광에 비추어져 어떤 카메라로도 기록할 수 없고 눈으로도 믿을 수 없는 장엄한 광경을 만들어 냈다. 나는 비룽가지대 전체에서 아직 이곳처럼 인상적인 장소를 보지 못했다.

1967년 9월 24일 오후 4시 30분 정각에 나는 카리소케 연구센터 Karisoke Research Centre를 설립했다. '카리Kari'는 캠프 남쪽으로 보이는 카리심비 산에서 앞의 두 글자를 딴 것이고, '소케soke'는 캠프지 바로 아래에서 시작하여 북쪽으로 3,710미터 높이에 있는 비소케 산의 뒤 두 글자를 딴 것이다.

장소를 선정하고 나서 다음 단계는 르완다인 인부들로 캠프 직원을 구성하는 일이었다. 많은 인부들이 자원했고, 나는 즉시 이들과 함께 텐트를 세우고, 물을 끓이고, 장작을 줍고, 중요한 장비와 짐을 풀었다. 나의 텐트는 물살이 빠른 개울 옆에 세워졌다. 내 텐트에서 비소케 산 경사면 방향으로 1백 미터쯤 떨어진 곳에 인부들 중 선발된 직원들이 머무를 텐트가 세워졌다.

산악고릴라 연구를 새로 시작할 수 있게 되었을 때의 의기양양한 기분을 회상하는 일은 조금도 어렵지 않다. 그때는 비룽가의 광야에 세운 두 개의 조그만 텐트가 국제적으로 명성을 얻은 연구처가 되어 세계 각국에서 모인 학생들과 과학자들이 이용하게 될 곳이라고는 생각하지 못했다. 때로 나는 개척자로서의 외로움을 감당해 내야 했지만 후임자들은 결코 알지 못할 커다란 기쁨을 얻었다.

카리소케 연구센터가 세워진 초기에 나와 르완다인들 사이에는 심각한 언어장벽이 존재했다. 여러 언어들을 능숙하게 구사하는 알리에트 드뭉크는 며칠 후에 캠프를 떠나야 했다. 나는 스와힐리어밖에 할 줄 몰랐고 르완다인들은 키냐르완다어밖에 할 줄 몰랐다. 따라서 우리들의 의사소통이란 대부분 손짓과 끄덕거림 또는 표정으로 이루어졌다. 그러나 아프리카인들은 언어를 빨리 배우는 재주가 있었다. 그들은 책에 의존하지 않기 때문이다. 그러므로 내가 그들에게 스와힐리어를 가르치는 것이 그들이 나에게 키냐르완다어를 가르치려고 애쓰는 것보다 훨씬 쉬웠다.

그날 고용했던 르완다인 인부들 대부분이 남아 헌신적인 조력자가 되었다. 그들 중 몇몇은 숲에 있는 것을 좋아했기 때문에 나는 사눼퀘가 나에게 했던 것처럼 그들에게 추적하는 기술을 가르쳤다. 캠프에 머물러 있는 것을 좋아하는 다른 이들에게는 텐트 청소, 빨래, 설거지, 그리고 간단한 요리법 등을 가르쳤다. 나무꾼은 강하고 대담하며 아무리 구하기 쉽고 심지어 죽은 나무라도 다른 동식물이 살고 있는 나무는 절대로 베어서는 안 된다는 제1원칙에 무조건 따르는 사람이어야 했다. 나무꾼의 인간 본성은 추적꾼이나 캠프 내에 있는 직원보다 항상 더 빨리 바뀌는 결과를 가져왔다.

* * *

1967년에 르완다의 볼캉 공원에는 여남은 명의 직원과 별로 있을 이유가 없는 듯한 관리인 한 명밖에 없었다. 그들은 대부분 이 삼림지대와 전혀 친하지 않았으며, 숲 속에 들어가는 것보다 가족이나 친구들이 있는 마을에 남아 있는 편을 더 좋아했다. 공원 자체는 농림부 산하 산림수자원국Directeur des Eaux et Forêts의 관할 지역이다. 그러나 지금도 마찬가지이긴 했지만, 공원 관리를 위한 중앙 기관도 없었다. 공원 안에서 꿀을 따는 사람, 방목하는 사람, 밀렵하는 사람들 대부분이 공원 직원들의 친구나 친척들이었기 때문에 그들은 자유로이 와서 공원을 휘젓고 다닐 수 있었다. 이곳에 사는 유럽인들이 때때로 산을 오르거나 야영을 할 때를 제외하곤 공원 관계자들은 어떤 관심도 보이지 않았다. 실제로 내가 르완다에 도착했을 때 몇몇 유럽인들이 와서 비룽가 쪽에는 고릴라가 있더라도 아주 드물며, 그곳에서 고릴라를 찾는 일은 시간낭비가 될 것이라고 말했다. 그 말을 듣고 나 역시 다른 방법을 생각해 볼 참이었다.

밀렵꾼poacher이라는 단어는 '자루에 무엇을 집어넣다'라는 뜻을 내포하고 있다. 이 단어는 프랑스어로 '자루'나 '주머니'를 일컫는 말인 poche에서 유래했다. 비룽가에서 밀렵꾼에게 주로 희생되는 동물은 부시벅*Tragelaphus scriptus*과 다이커*Cephalophus nigrifrons* 두 종류의 영양이다. 밀렵꾼들은 이 우아한 동물을 창이나 화살로 직접 공격하거나 철사 또는 밧줄로 만든 올가미를 땅에 묻어 위장한 후 지나가는 동물의 발이 걸리면 튕겨져 올라와 매달려서 천천히 죽는 덫을 쓴다.

공원 내에서 밀렵을 할 때면 밀렵꾼이나 방목자들은 하게니아 고목의 큰 구멍 주위에 지은 이키부가ikibooga라는 아주 간단한 구조의 건물에서 산다. 사냥운에 따라 다르지만 밀렵꾼들은 보통 몇 날 밤을 숲에서 보낸다. 그리고 대부분 밤에 야영장 주변에서 해시시(대마로 만든 마약: 옮긴이)를 피운다. 다음 날 사냥하는 동물이 클수록 용기를 북돋워 주기 위한 해시시가 많이 필요하다. 사냥하러 이키부가에서 멀리 떨어질 때면, 바트와 밀렵꾼들은 해시시 파이프와 여분의 철사 올가미, 훈제한 영양고기, 또는 마을에서 가져온 음식들을 하게니아 나무 깊숙이 숨겨 놓는다. 방목자들 역시 이비안지ibianzy라고 부르는 우유통을 이

키부가 근처의 수풀이 우거진 곳에 숨겨 놓는다. 방목자나 밀렵꾼의 불법 행각을 혼내 주기 위해 어디를 뒤지면 되는가를 알게 되는 데는 그리 오래 걸리지 않았다.

밀렵꾼들은 보통 홀로 또는 작은 무리를 이루어 영양 같은 작은 사냥감을 찾으며, 영양 가죽끈에 직접 만든 금속 방울을 달아 준 개와 함께 다닌다. 사냥감의 흔적을 쫓아갈 때는 방울 안에 이파리를 채워 넣는다. 개가 신선한 사냥감의 냄새를 맡아 더 이상 조용할 필요가 없게 되면 밀렵꾼들은 잎을 제거하고 사냥감을 추격하게 한다.

비소케의 위쪽 경사면에서 고릴라를 추적하던 중 갑자기 밀렵꾼들이 악쓰는 소리와 사냥감을 쫓는 개들의 목에 걸린 방울이 시끄럽게 울리는 소리를 얼마나 많이 들었는지 일일이 헤아릴 수 없다. 때때로 150~270미터 아래에 있는 안부지대에서도 이런 일이 일어났다. 거의 지쳐 가는 다이커나 부시벅이 비소케 경사면의 울창한 수풀에 닿을 때까지 초원을 왔다 갔다 하며 교묘히 도주 방향을 바꿔 용케 도망가는 모습을 본 적이 있다. 사냥감이 가시나무나 엉겅퀴 같은 피난처 가운데에서 숨을 고르고 있을 동안 밀렵꾼과 개들은 당황하여 초원을 빙빙 돌 뿐이었다. 텐트 두 개와 나 그리고 몇 명의 카리소케 직원이 있는 것을 보면 밀렵꾼들이 겁먹지 않을까 생각한 적도 있다. 그러나 연구 초기에는 심지어 창과 활을 휘두르는 밀렵꾼들이 개와 함께 텐트 말뚝을 넘어 다니며 연구소 뜰 한가운데를 가로질러 사냥감을 쫓아다닌 적도 있다.

한번은 밀렵꾼 무리들을 은밀히 뒤쫓던 중에 내 앞에 있는 나무 뒤에 웅크리고 있는 한 소년을 발견했다. 다른 밀렵꾼들이 비소케 경사면 아래의 울창한 수풀 밖으로 부시벅을 몰아내는 동안 그 소년은 영양을 향해 활을 겨누려고 했다. 나는 비룽가의 밀렵꾼 우두머리인 무냐루키코Munyarukiko의 열 살짜리 아들을 겨우 잡아 소년과 그의 무기를 우리의 숙소로 데려왔다. 나는 소년을 데리고 있으면서 그의 아버지나 서열이 높은 밀렵꾼들과 교섭을 할 요량이었다. 그들과 직접 얼굴을 맞대고 적어도 경사면에는 남아 있는 고릴라들의 안전을 위해 덫을 놓거나 사냥하는 것을 즉시 중지할 것을 약속받아야만 했다. 우리의 인질은 캠프에서 이틀간 즐겁게 지냈고, 우리의 협상에서 비소케 경사면을 고릴라를 위한 불가침 지역으로 정하여 앞으로 덫을 놓거나 사냥을 하지 않겠다는 약속의 매력적인 중재인 역할을 수행했다. 내가 기억하는 한 무냐루키코는 한동안 약속을 지켰다. 그러나 수많은 코끼리, 버팔로, 영양이 살았던 1967년의 안부지대는 밀렵꾼들의 사냥터가 되었고, 특히 공원 경계의 저지대에서는 수많은 동물들이 희생되었다. 따라서 카리소케에서 안부지대의 다른 동물들과 함께 고릴라들의 생존을 위한 반밀렵활동의 중요성은 더욱 커져 갔다.

동물들이 올가미에 걸리기 전에 덫을 제거하는 일은 언제나 수고가 따른다. 막 덫에 걸린 다치지 않은 영양을 풀어 주어 그들이 가고 싶은 곳으로 뛰어가는 것을 지켜보는 일 또한 그에 못지않게 어렵다. 덫을 튀어 오르게 하는 데 필요한 유연한 막대는 주로 대나무가 사용된다. 덫에 쓰인 대나무는 초목지대에서는 쉽게 발견되지만 대나무 숲 속에서는 잘 보이지 않는다. 대나무가 빼곡히 들어찬 숲 속의 대나무 스프링 덫은 몇 시간 동안 찾아야 나올 만큼 감쪽같이 숨어 있기 때문에 마치 대나무 스프링 덫에 둘러 싸여 있는 것 같은 환각에 사로잡힌다. 나와 추적꾼들은 항상 덫을 찾아 기묘한 자세로 울창한 대나무 숲을 걷거나 기어다닌다. 갑자기 흙으로 얕게 덮은 올가미에 손목이나 발목이 우연히 걸리기도 한다. 우리는 항상 올가미들을 숙소까지 들고 와서 다시 쓸 수 없도록 태우거나 야외 화장실에 던져 버린다. 같은 이유로 올가미가 걸려 있던 막대도 자른다.

2.5~3.5미터 정도의 함정은 바닥에 끝이 뾰족한 대나무 막대들을 박아 놓기 때문에 그 안으로 떨어진 동물은 무엇이라도 끔찍한 일을 당하게 된다. 나도 예기치 못하게 그런 경험을 한 생명체 중 하나였다. 하루는 혼자 팡가라고 불리는 벌채에 쓰이는 칼 같은 것을 가지고 쐐기풀 숲을 헤치며 가고 있었다. 갑자기 충격과 함께 함정을 웃자란 쐐기풀에 쓸리면서 나는 2.5미터 아래 구덩이로 떨어졌다. 다행스럽게도 그곳은 오래되어 막대가 썩고 내려앉은, 버려진 함정이었다. 머리 위로 푸른 하늘을 보며 지금이 이른 아침이라는 것을 깨닫자 공포감이 밀려오기 시작했다. 직원들은 아마 해가 저물 때까지 여러 시간 동안 나를 찾지 않을 것이다. 운 좋게도 팡가도 같이 떨어져서 나는 함정의 무너진 쪽을 조금씩 깎아 가면서 함정 꼭대기에 가까운 덩굴뿌리 같은 것에 닿을 때까지 기어 올라갔다. 이때야말로 내 키가 180센티미터나 되는 것이 반갑기 그지없는 인생의 몇 안 되는 때였다. 그날 늦게 나는 함정 안으로 아무것도 떨어지지 않도록 단단한 나뭇가지들을 깔아 놓았다.

주로 검은딸기 숲에서 발견되는 목줄 올가미는 돌아다니던 영양의 머리가 줄기나 과일에 닿으면 즉시 당겨지는 형태의 덫으로, 이 덫에 걸린 동물은 천천히 질식해 죽어 간다. 헛된 몸부림은 올가미를 더욱 세게 조일 뿐이다.

사냥감의 수가 점점 줄어들기 때문에 지금은 거의 사용하지 않는 사냥 방법으로서 버팔로가 지나간 흔적을 따라 나무둥치로 만든 바리케이드를 세우고 뒤에서 매복하는 방법이 있다. 나무둥치들은 항상 절벽으로 나열되어 있는데, 절벽 끝의 한쪽에 열린 곳을 하나 만들고 그 쪽으로 버팔로를 몬다. 이것과 비슷한 방법이 옛날 미국 원주민들 사이에서 쓰였는데, 이들은 울타리를 죽 둘러 버팔로를 포위하고 절벽으로 몰았다. 밀렵꾼과 개가 뒤에서 사냥감을 모는 동안 창을 든 다른 밀렵꾼은 아래에서 불쌍한 동물이 떨어지기를 기다린다. 추적꾼들과 내가 숲 속에서 매복의 흔적들과 마주칠 때마다 추적꾼들은 그들의 선조로부터 들은 대학살의 이야기를 회상한다. 나머지는 때때로 절벽 아래에서 발견되는 버팔로 묘지가 말해 준다.

캠프에 오는 사람들은 의도하지 않게 다른 형태의 덫을 '발견'하기도 하지만, 다행스럽게도 이렇게 발견되는 덫은 아주 소수이다. 새로 온 연구원들은 울창한 수풀을 통과할 때면 양 손발을 모두 써서 기어간다. 때로 앞으로 가려고 한 손을 뻗어 내딛으려 할 때 본능적으로 얼어붙는 일이 생긴다. 손을 내려놓으려고 한 바로 그 자리에 아주 정교하게 숨겨져 있는 쇠올가미와 마주치기 때문이다. 올가미의 철사줄 한 끝을 계속 따라가 보면, 그것이 지름 60센티미터, 높이 180센티미터는 되는 큰 나무둥치 세 곳에 1미터 높이로 연결되어 있다. 그러면 올가미로 둘러진 바닥을 손으로 살짝 누르기만 해도 팽팽하게 당겨졌던 나무가 풀리면서 즉사할 정도로 내려친다는 것을 즉시 깨달을 것이다. 침착하게 수풀 밖으로 다시 돌아 나온 다음 팽팽한 철사줄을 잘라 버린다. 위험에 처하는 생명 없이 거대한 통나무가 천둥소리를 내면서 바닥을 내려친다.

그런 형태의 덫이 어떤 목적으로 쓰이는지는 여전히 알 수 없다. 그 뒤로도 여러 번 발견된 그 덫은 버팔로를 죽이기에는 충분히 높지 않고, 영양을 죽이기엔 심하게 무겁다. 영양을 잡으려면 훨씬 간단한 방법을 쓸 수 있다. 아마도 이런 덫은 야생멧돼지 *Potamochoerus porcus* 를 잡기 위한 것일 가능성이 가장 크다. 카리소케의 젊은 직원들이 말하길 공원이 불법 경작에 시달렸던 1967년에 멧돼지가 굉장히 많이 잡혔던 것 같다고 했다.

심지어 내가 이곳에 온 후에도 특히 아래쪽에 사는 야생동물의 수는 밀렵당하는 수를 쫓아가지 못했다. 이런 이유로 밀렵꾼들의 활동지는 점점 더 고지대 숲으로 들어간 곳이나 고릴라들의 서식처로 확장되고 있다.

보통 의도적으로 고릴라를 잡으려고 한 것은 아니지만 고릴라들도 덫에 걸린다. 고릴라는 힘이 엄청나기 때문에 발목이나 손목에 철사줄이 감긴 채로 덫을 끊고 도망갈 수 있다. 나는 손목에 철사줄이 감겨 있는 고릴라를 세 마리 보았다. 그들은 모두 먹이를 다듬거나 고정시키기 위해 손 대신 발을 사용하는 법을 터득했다. 그렇지만 세 고릴라들은 모두 점점 약해졌고 관찰하던 무리 속에서 사라졌다. 그리고 그 후로 다시는 보이지 않았다.

네 번째의 철사줄 희생자에 대한 기록은 자세히 남아 있다. 그 고릴라는 44개월의 어린 암컷으로서 태어나던 순간부터 죽는 순간까지 우리가 지켜본 녀석이었다. 항상 생기가 넘치고 놀기 좋아하며 보는 사람을 홀딱 빠지게 하던 어린 고릴라는 어느 날 아침 위장되어 있던 철사줄 올가미에 걸렸다. 고릴라는 순식간에 올가미에 발목을 조여 장대에 매달렸다. 다른 고릴라들은 흥분하여 올가미 주변에서 뛰고 가지를 부러뜨리고 가슴을 두드리며 울부짖었다. 그렇지만 그들은 새끼 고릴라를 어떻게 구해야 할지 몰랐다. 그날 늦게 어린 고릴라는 필사적인 노력 끝에 매달렸던 장대에서 내려올 수 있었지만 여전히 철사줄이 발목에 감긴 상태였다. 철사줄은 점점 더 발목의 살을 파고들어 갔다. 어린 고릴라는 몸이 점점 더 약해졌다. 다른 고릴라들은 어린 고릴라가 그들을 따라잡을 수 있도록 걸음의 보조를 맞추어 주었지만, 어린 고릴라는 이미 생을 마감할 때가 가까워 오고 있었다. 발목이 썩어 들어간 어린 고릴라는 60여 일간의 고통 끝에 폐렴의 합병증으로 죽었다.

다른 두 경우는 좀 더 자란 고릴라들의 손목에 올가미가 감긴 경우였다. 이때는 우두머리 은색등이 와서 즉시 송곳니로 철사줄을 손끝까지 물어 당겨 빼내었다. 확실히 이 은색등은 어린 고릴라가 죽은 집단의 은색등보다 덫을 마주친 경험이 더 많은 듯했다. 어른 암컷인 다른 고릴라는 어렸을 때 덫에 당한 것 같았다. 처음 관찰을 시작했을 때 이미 성체였던 그 고릴라는 양쪽 손 모두 손가락이 몇 개씩 없었기 때문이다. 나중에 그녀가 새끼를 낳았을 때, 나는 심한 장애에도 불구하고 새끼를 보살피는 어미의 섬세한 손놀림에 감동을 느낄 수밖에 없었다.

몇몇 고릴라 집단들은 다른 집단들보다 더 '덫에 현명하게 대처하는' 것처럼 보인다. 아마도 그전에 덫에 의한 피해를 심각하게 경험해서일 것이다. 어느 날 나는 한 집단이 일부러 치명적인 철사 올가미에 묶여 팽팽하게 대나무 장대가 휘어져 늘어서 있는 곳을 한참 비껴나가 걷는 것을 관찰했다. 그 덫들은 설치된 지 얼마 안 되었는데도 이미 다이커 한 마리가 걸려 필사적으로 몸부림치다가 죽어 있었다. 고릴라들이 더 이상의 피해를 입지 않도록 추적꾼들과 캠프의 방문객들 그리고 나는 이 일대에 흩어져 수없이 많은 덫을 철거했다. 나는 덫으로 쓰이는 장대를 부러뜨릴 때마다 생기는 소음으로 인해 고릴라들이 경사면 아래쪽의 빽빽한 수풀 속으로 숨어들지나 않을까 우려되었다. 그러나 고릴라들은 별로 개의치 않는 것 같았다. 아마도 그들은 우리를 알고 있고, 따라서 밀렵꾼들과 연결시켜 인지하지 않기 때문일 것이다.

경사면에 있는 모든 덫을 제거했을 때 갑자기 높은 수풀에 가려 잘 보이지 않는 고릴라들로부터 엄청난 비명이 터져 나왔다. 우리는 공포에 휩싸여 달려갔고, 덫에 걸린 동물이 올가미 매듭과 싸우느라 올가미를 지지하고 있던 장대가 덜썩거리는 것이 보였다. 고릴라가 덫에 걸렸다고 생각한 나는 주위에 다른 고릴라들이 있었음에도 불구하고 나도 모르게 '안 돼! 안 돼!' 하고 소리를 질렀다. 나는 고릴라들이 가까이 있을 때는 아무 소리도 내지 않는다는 제1규칙을 어겨 버렸고, 고릴라들은 당연히 나의 행동에 놀라 도망가고 말았다. 덫에 걸린 것이 고릴라가 아니라 다이커인 것을 알았을 때 내가 얼마나 안도했는지 모른다.

오랜 야외 조사 기간 동안 덫에 걸린 영양을 구해 주는 것은 우리의 일상사가 되었다. 영양 구조의 첫 번째 단계는 머리를 덮어씌우는 일인데, 우리는 이때 주로 외투를 사용한다. 눈을 가리면 영양이 몸부림치면서 생길 수 있는 다소 위험한 상황을 제어할 수 있기 때문이다. 그 다음엔 뼈가 부러지거나 연골과 근육이 찢어지는 일을 막기 위해 다치기 쉬운 다리를 못 움직이게 고정시킨다. 다리를 고정시키는 일은 힘과 민첩성이 필요한데, 덫에 걸린 동물은 목숨을 걸고 필사적으로 움직이기 때문에 믿을 수 없을 만큼 힘이 세진다. 이 과정이 끝나야 올가미를 벗기는데, 덫에 걸린 동물이 어느 정도 상처를 입었는지 점검을 하고서야 풀어 주게 된다. 풀려났을 때 잘 서 있을 수 있으면 머리에 덮어씌웠던 것을 벗겨 낸다.

불쌍한 영양의 다리에서 올가미를 막 벗겨 주려 할 때 고릴라들이 떠나간 쪽을 보고 주체할 수 없는 웃음이 터져 나왔다. 6미터 정도 떨어진 곳에서 젊은 수컷 고릴라 네 마리가 나란히 큰 하게니아 나무 가지에 앉아 있었다. 고릴라들은 우리의 행동이 정말 신기하다는 듯 눈을 떼지 않고 집중해서 보고 있었다. 고릴라들은 마치 마음속으로 우리의 행동에 도덕적인 지지를 보내 주고 있는 것 같았다. 더 높은 곳에서 호기심에 가득 찬 표정으로 우리를 쳐다보고 있는 나머지 고릴라들이 보였다. 응원석에서 성원을 보내 주는 고릴라들을 보니 만사가 잘 돌아가는 것 같았다. 우리가 영양의 머리에 덮었던 것을 벗겨 내자 마자 영양은 단번에 껑충 뛰어 수풀 속으로 사라졌다. 고릴라 네 마리는 짧게 가슴을 두드리더니 쇼가 끝난 것을 알고 산 아래쪽으로 내려갔다. 고릴라들의 호기심은 정말 놀라울 뿐이다.

* * *

카리소케에서 가축을 비소케 산과 카리심비 산, 그리고 미케노 산 사이에 있는 안부지대 밖으로 몰아내고 밀렵꾼들의 활동을 완전히 차단하는 데는 약 4년이 걸렸다. 그러고 나서야 고릴라들은 바글거리는 경사면을 떠나 안부지대로 서식처를 확장했다. 그러나 고릴라들이 캠프에서 멀리 떨어진 곳까지 이동하여 덫이나 밀렵꾼들이라도 만나면 우리는 고릴라들을 다시 안부지대로 '몰아오는' 일을 한다.

고릴라를 몰아오는 일은 그들이 덫과 밀렵꾼에 의한 잠재적 위험을 안고 있는 지역에 있을 때만 실시된다. 이런 결정은 항상 마지못한 상황에서 이루어진다. 고릴라들을 몰아오는 일은 집단을 혼란시키고 그들의 통상적인 이동 양상을 변화시키기 때문이다. 그러므로 이 방법은 어쩔 수 없는 상황에서만 적용된다.

고릴라들을 몰기 위한 작업에는 캠프의 모든 직원들과 자원하는 학생들이 동원된다. 이들은 내가 예전에 밀렵꾼들의 이키부가를 급습했을 때 발견한 밀렵꾼 개의 방울을 들고 다닌다. 위협을 느낀 고릴라들은 한곳에 모여 촉각을 곤두세우지만 우리는 고릴라들 앞에 모습을 드러내지 않는다. 우리는 고릴라 집단 뒤쪽의 약 50여 미터 떨어진 곳에서 큰 활 모양으로 조용히 퍼진다. 일단 위치가 정렬되면 한꺼번에 개의 방울을 흔들어 대고 밀렵꾼들이 사냥할 때 내는 소리를 흉내 내어 몰기를 개시한다. 우리의 가짜 '공격'이 전개되면 고릴라들은 보통 안전한 방향인 비소케의 경사면 쪽으로 이동을 시작한다. 우리는 계속 소리를 지르진 않지만 고릴라들이 움직일 수 있을 정도로는 빈번하게 소리를 낸다. 또는 고릴라들이 주위를 돌다가 다시 원래의 자리로 돌아올 때 소리를 질러 막기도 한다. 고릴라들은 보이지 않는 몰이꾼들로부터 도망을 치면서 도주로에 설사 같은 분변을 남기고, 두려워할 때 내는 독특한 냄새로 대기를 가득 채운다. 집단에 은색등이 두 마리가 있으면 우두머리인 은색등이 맨 앞에서 암컷과 새끼들을 고려해 이동 속도를 조절한다. 우두머리보다 지위가 낮은 은색등은 집단의 맨 뒤에서 보초 역할을 하며 가운데의 약한 개체들을 방어하는 태세로 이동한다. 보통 약 15분간 이동하면 이동 속도가 떨어지고, 고릴라들은 짧은 휴식기를 갖는다. 일단 고릴라들이 위험 지역에서 벗어나 익숙한 안부지대로 돌아오면 그날은 외부와의 어떤 접촉도 없이 그들끼리 지낼 시간을 갖는다. 이 강력하고 효과적인 방법은 되도록 사용되지 않는다. 그러나 내 생각에는 만일 고릴라 집단이 밀렵꾼이나 덫으로 둘러싸였을 때 스스로의 방어기제로만 맞서야 하는 상황이 오는 것과 비교해 본다면, 두 가지 나쁜 방법 중에서 고릴라를 안전한 곳으로 몰아오는 것이 그래도 덜 나쁜 방법이다.

안부지대를 순찰하면서 나는 곧 자신들의 덫이 손상되는 것에 대해 밀렵꾼들이 가볍게 여기지 않는다는 것을 깨달았다. 그들이 불쾌한 감정을 표현하는 방법 중 하나는 수무sumu를 사용하는 것이다. 수무는 아프리카어로 '독'이란 뜻이지만 중앙아프리카에서는 일반적으로 흑마술과 같은 뜻으로 쓰인다. 때때로 밀렵꾼들은 나무에서 가지를 두 개 잘라 서로 엇갈리게 묶은 다음 덫이 놓였던 곳을 따라 죽 위치시킨다. 이 기독교인들의 것 같은 상징물은 그 막대기가 있는 곳을 건너가는 사람에게 죽음을 불러온다는 의미를 갖고 있다. 숲에서 밀렵방지 순찰을 도는 몇 사람은 십자 막대기에 두려움을 느끼고 그곳 안쪽으로 들어가길 꺼린다. 나는 그들의 우려를 가라앉히기 위해 여러 번 대화를 나누었지만 수무는 르완다인들, 특히 유명한 우무쉬치(주술사)들이 많이 거주하는 멀리 자이르의 키부 지방 근처 사람들의 일상에는 막대한 영향을 미친다.

가장 일반적인 수무는 폼비(바나나 맥주)가 들어간 액체이다. 그러나 다른 방법들도 있다. 저주를 내리고 싶은 사람이 지나다닐 만한 길에 동물의 갈비뼈를 묻어 두면 뼈가 묻힌 곳에 그림자가 드리우기만 해도 효과가 있다고 한다. 값이 더 많이 드는 수무로는 높은 지위의 우무쉬치가 마법의 단어와 저주를 내릴 사람의 이름을 부르면서 염소나 닭의 목을 내리치는 방법이 있다. 염소나 닭의 목이 갈라지는 순간 희생자는 어디에 있든지 치명적인 병에 걸리게 된다고 한다. 나는 정말로 수무를 당해 사람이 죽는 것을 본 적이 있다.

캠프에서 일하는 모든 아프리카인들은 시시때때로 수무의 독에 노출된다. 만일 수무에 걸렸다고 생각이 되면, 사람들은 보통 폼비에 이상한 것들을 넣어 마신다. 그러면 그들은 우무쉬치의 힘이 자신을 지켜 줄 것이라고 확신하게 된다. 수무에 걸린 이들의 운명의 날이 다가오면 그들은 매일 가장 좋은 옷을 입고 자신의 장례를 준비하기 시작한다. 이런 방법으로 그들은 갖고 있는 가장 좋은 옷과 함께 묻혀서 어느 누구도 그 옷을 가져갈 수 없다고 믿는다. 아주 뛰어난 우무쉬치에게 저주를 풀 수 있는 치료를 받으려면 한 달치 봉급에 맞먹는 엄청난 돈이 필요하다. 처음 저주를 풀기 위한 돈을 요청받았을 때 나는 장난이라고 생각했다. 그러나 직원 몇 명이 바로 내 눈앞에서 문자 그대로 비썩 말라 가는 모습을 보게 되자, 이방인들은 이해하기 어렵겠지만 나는 수무의 힘이 아프리카인들에게는 너무나 강력하다는 것을 믿을 수밖에 없었다. 결국엔 나도 그들의 흑마술을 받아들이게 되었다. 작은 오두막에 사는 주술사에게 한 달치의 약값을 지불하고 난 후, 직원이 멀쩡하게 회복되어 다시 평상복을 입고 나오는 모습을 보고 나는 놀란 표정을 감출 수가 없었다.

모든 수무가 죽음을 의미하는 것은 아니다. 캠프에서 일하겠다고 찾아온 세레게라Seregera는 주술이 깊이 스며든 자이르의 키부 지방에서 온 나이 많은 아프리카인이었다. 나는 그의 외양과 태도가 사뭇 위압적이라고 느꼈다. 캠프의 젊은 세 직원들은 그를 보자 잔뜩 겁을 먹었다. 그중 한 명인 카냐라가나가 용감하게도 세레게라가 수무를 갖고 왔다는 증거를 가져왔다. 어느 늦은 오후 자기가 한 대담한 행동에 완전히 겁먹은 카냐라가나가 내 텐트로 들어와서는 주머니에서 무언가를 꺼냈다. 머리가 쪼글쪼글한 것이 미라 같고 일부분엔 머리카락도 약간 붙어 있는 인형이었다. 자세히 들여다보니 그 '머리'는 나무로 대충 조각한 것으로 멀리서 보면 내 매부리코 얼굴과도 닮아 있었다. 그는 머리에 붙어 있는 머리카락이 내 것이라고 말했다. 세레게라는 일주일 동안 내 머리빗에 붙어 있던 머리카락을 모아 왔던 것이다. 카냐라가나에 따르면 머리카락을 원래 주인의 머리모양대로 인형의 머리에 다 붙이면 주술사가 그것을 빻아 저주를 내릴 사람의 음식이나 차에 넣는다고 한다. 이 저주를 받는 사람은 바로 호두머리 다이앤 포시였다. 얼마 안 있으면 나는 머리카락을 모은 남자의 명령에 복종하는 신세가 될 운명이었다. 나는 인형을 카냐라가나에 돌려주고 세레게라가 그것을 잃어버렸는지 눈치 채기 전에 돌려 둘 것을 부탁했다. 그러고 나서 바로 머리빗을 정리하기 시작했다. 이후 나는 항상 머리빗을 말끔하게 정리하는 습관을 들였고, 이 습관은 심지어 미국에 있을 때조차도 변하지 않았다.

처음에는 아무도 눈치 채지 못했지만 세레게라는 밀렵꾼이었다. 무냐루키코가 소총을 구하자 그 역시 소총을 한 자루 구했고 비룽가에서 가장 악독한 코끼리 살육자가 되려던 참이었다.

밀렵꾼은 수무를 자주 사용한다. 아마도 흑마술에 쓰이는 많은 재료들이 숲의 동식물로부터 왔기 때문이 아닌가 생각된다. 그들은 귀와 혀, 고환, 그리고 손가락을 얻기 위해 해시시로 담력을 얻어 은색등을 죽인다. 우무쉬치는 고릴라의 일부분들을 다른 재료와 함께 섞어 끓인다. 이것을 마시는 사람은 은색등의 사내다움과 힘을 얻는다고 알려져 있다. 캠프의 몇몇 젊은이들은 윗대의 어른들이 은색등 약물의 힘을 믿는다고 마지못해 인정했지만, 그들 자신은 그런 전통을 경멸한다고 했다. 다행스럽게도 지금은 이런 일이 줄어드는 추세이다. 고릴라들, 특히 은색등은 두개골과 손을 얻기 위해 살해당하기도 한다. 이 끔찍한 전리품은 관광객들이나 루엥게리 혹은 기제니에 사는 유럽인들에게 20달러에 팔린다. 이런 풍습은 금방 사라졌지만 그 짧은 기간에 열 마리 이상의 은색등이 살해당했다.

밀렵꾼의 범죄가 워낙 잔인하기 때문에 비록 가축떼가 공원의 식생을 망치더라도 나는 와투치인들이 가축을 데리고 공원에 몰래 들어와 방목하는 것에는 꽤 쉽게 관용을 베풀 수 있었다. 비룽가 화산지대에서 가축을 방목하는 전통은 적어도 4백 년 이상 된 것이다. 그리고 그곳에 있는 대부분의 초원과 언덕의 이름은 와투치 목동이 붙였다. 가축을 돌보는 일은 와투치 가족의 남자 구성원이 맡은 일이며, 많게는 일가의 삼대가 같이 가축을 기르기도 한다. 어른들이 소를 몰고 나가면, 가장 어린 아들은 이키부가에 남아서 송아지와 영원히 꺼지지 않는 모닥불을 지킨다. 통나무를 우묵하게 파내 그 안에 소젖을 받도록 만들어진 이비안지는 아버지로부터 아들에게로 전해지며, 이것은 숲 속 이키부가 주위에 숨겨져 있다.

심지어 가축과 공원 내에서 가축들이 풀을 뜯는 지역도 대대로 전해 내려온다. 와투치 가의 자손들은 내가 오기 훨씬 이전부터 카리소케의 목초지를 이용해 왔고, 공원 보호 구역 안을 침입한 줄 알면서도 이 땅을 자기의 것처럼 생각한다. 한 와투치인 가족의 우두머리는 나이를 가늠할 수 없는 위엄 있는 노인으로, 그의 이름은 루체마Rutshema이다. 그의 두 아들 무타룻콰Mutarutkwa와 루벵가Ruvenga, 그리고 어린 손자들까지 모두 그를 도와 300여 마리나 되는 가축들을 돌보고 있으며, 이들의 가축떼는 공원 안에서 가장 큰 무리 중 하나이다.

비소케와 카리심비 사이의 목초지에서 오랫동안 터를 일구어 온 많은 와투치인들 중 하나인 이 가족에 대해 내 생각을 말하자면, 나는 이들에게 공원 경계 밖으로 가축을 데리고 나가라고 주장하기가 정말 힘들다. 그들의 우두머리는 아마 이렇게 물을 것이다. '음, 그런데 왜 당신이 이런 일을 하죠?' 15년 전부터 지금까지 나의 대답은 매우 간단하다. 누구도 공원 안에서 보전에 대한 목표에 대해 타협할 수는 없다. 나는 이렇게 되물을 것이다. '동식물을 보호하기 위해 만들어진 공원이 원래의 상태로 남아 있도록 해야 하나요, 아니면 개인적 이익을 위해 침입자들에게 착취당해야 하나요?'

여러 해 동안 나는 가축을 공원 밖으로 몰아내느라 고릴라들을 관찰해야 하는 수없이 많은 날들을 허비했다. 불쾌하긴 마찬가지이지만 그래도 시간이 좀 덜 드는 일은 여러 다른 와투치인들의 가축들을 섞어 버리는 것이다. 이렇게 하면 수컷들 간에 큰 혼란이 생겨 각 집단마다의 고유한 혈통이 뒤죽박죽되어 버린다. 몇 년에 걸친 다이앤 포시 대 가축의 전쟁은 와투치인들이 가축을 공원 밖의 다른 곳으로 데리고 감으로써 끝났다. 신기하게도 루체마 가족의 일원인 무타룻콰는 이 일로 어떤 원한도 품지 않았을 뿐더러 나중에 나의 가장 절친한 친구들 중 하나가 되었다. 그리고 그는 밀렵꾼을 몰아내기 위해 조직한 공원 내 순찰활동대의 지도자가 되었다.

* * *

비룽가에 광대하게 펴져 있는 불법 방목 문제를 한눈에 볼 수 있는 가장 좋은 방법은 공중에서 보는 것이다. 나는 1968년 어느 이른 아침에 자이르에 있는 두 개의 활화산과 자이르, 르완다, 그리고 우간다에 걸쳐 있는 여섯 개의 휴화산 위를 날아갔다. 그 비행은 천상의 경험이었다고밖에 표현할 길이 없다.

우리는 가장 동쪽의 화산인 4,127미터 높이의 무하부라 산Mt. Muhavura에서부터 시작했다. '길을 제시하는 사람'이라는 뜻의 무하부라는 선한 영혼만이 머무를 수 있다는 신성한 산으로 여겨진다. 이 산은 인간의 불법 목축에 대한 구전이나 문서로 기록된 역사가 길다. 무하부라의 대략 3분의 1이 1930년에 고릴라 금렵 구역이 만들어진 우간다에 속해 있다. 처음에 이 금렵 구역은 약 4,200헥타르였으나 개간에 대한 압력이 높아지자 1950년에 2,100헥타르로 줄어들었으며, 그때 이후로 점점 더 줄어들고 있다. 싸락눈으로 얼어붙은 위쪽의 황폐한 경사면은 산 아래쪽 주변의 울창한 대나무 숲이나 경작지와 선명하게 대조되어 보였다. 산은 내가 상상했던 것보다 훨씬 더 황폐되어 있었다. 지의류밖에 자라지 않는 바위지대가 점점 넓어지고 있었기 때문이다.

편평한 목초지로 이루어진 띠가 무하부라 산과 가장 볼 게 없는 3,475미터 높이의 가힝가 산Mt. Gahinga 사이를 가르고 있다. 가힝가는 '경작의 언덕'이라는 뜻이다. 옛날부터 이 주위의 길은 르완다 농민들이 농기구를 사기 위해 우간다 대장장이에게 가는 길목이었기 때문이다. 비교적 언덕이 고른 이 산은 대나무와 히페리쿰이 정상을 둘러 빽빽이 들어서 있다. 산의 꼭대기에는 비탈이 가파른 분화구가 있는데, 이 분화구 내부는 늪처럼 되어 있다. 가힝가는 무하부라보다는 고릴라들이 살 수 있는 가능성이 약간 더 많지만, 규모가 작고 고릴라들은 죽순이 나오는 철에만 대나무를 찾는다. 가힝가와 동쪽의 무하부라, 그리고 남서쪽의 사비니오 사이는 충분히 좁기 때문에 고릴라들이 가힝가에서 옆의 산으로 이동할 수 있다. 그렇지만 인간, 특히 밀렵꾼들이 이 통로를 이용한다면 고릴라들은 산 사이를 다니는 위험을 감수하려 하지 않을 것이다.

우리는 이어진 산들 중 세 번째 산인 3,645미터 높이의 사비니오

산Mt. Sabinio으로 비행했다. 산등성이가 뾰족하고 톱니 같은 모양을 한 사비니오는 '이빨의 수호자'라는 뜻을 갖고 있다. 사비니오는 비룽가 지대에서 가장 오래된 산으로, 아래에서 올려다본 것만큼이나 위에서 내려다본 모습도 인상적이었다. 산의 맨 윗부분은 황량해 보이지만 그 아래는 여러 종류의 다른 나무들 사이로 히페리쿰 나무들이 푸르게 자라고 있다. 사비니오의 아래쪽에는 넓은 대나무지대가 펼쳐져 있는데, 다른 모든 산들이 그렇듯 경작지대와 맞닿아 있다. 영양들이 이동하는 산등성이는 길이 매우 좁아 밀렵꾼을 끌어들인다. 영양이 올가미에 걸릴 확률이 큰 까닭이다. 그러나 역시 같은 이유로 이 산은 비룽가지대에서 가축을 방목하는 사람들에게는 인기가 없다.

아주 가는 띠처럼 생긴 초지대가 사비니오와 작고 대나무로 덮인 화산인 무지드Muside를 가른다. 무지드는 비소케 산에서 12킬로미터 가량 떨어져 있는 작은 대나무 언덕들로 이루어져 있다. 1969년 당시에는 이 작은 언덕들로 이루어진 산맥들은 앞에서 말한 동쪽에 있는 세 개의 화산과 서쪽에 있는 세 개의 화산 사이의 연결통로로 이용되었다. 따라서 고릴라들은 양쪽에 있는 여섯 개의 산들을 자유로이 다닐 수 있었고, 양쪽의 고릴라들은 서로 고립된 개체군이 아니었다. 그렇지만 좁은 통로가 점차 경작으로 잠식당하면서 두 지역 사이의 고릴라들은 영원히 분리되었다.

비소케 상공에 이르자 조종사는 비행기의 고도를 캠프 아주 가까이로 낮추었다. 캠프 직원들은 우리가 차 한 잔 하러 들렀다 갈 거라고 생각했을 것이다. 3,170미터 높이의 비소케는 '가축들이 물 마시는 곳'이라는 뜻을 갖고 있다. 그러나 이 이름은 비소케 산 정상에 있는 큰 분화구 호수를 가리키는 말이 아니라 오래전부터 가축에게 물을 먹이는 장소로 쓰여 왔던 북쪽 사면의 은게지 호수Ngezi Lake를 말한다. 나는 이때 처음으로 비소케 산의 거대한 분화구 호수를 보았다. 지름이 120미터는 되고, 경사가 가파른 양옆으로는 고산지대 식물들이 꽃을 피웠다. 또한 아직 거의 망가지지 않은 이 산의 엄청남을 결코 다 깨달을 수 없을 정도였다. 경사면의 대부분을 초본이 덮고 있어 고릴라들이 살기에 이상적인 환경이었다. 동쪽을 제외하고 산의 나머지 부분은 카리심비와 미케노 산으로 이어지는 안부지대로 이루어져 있다. 나는 이곳을 비룽가 화산지대의 심장부라고 표현한다. 비소케는 아마도 산악고릴라를 위한 최후의 안식처가 될 것이다.

이곳의 분위기로 보아서 경작지를 넓히기 위해 공원의 땅이 얼마나 많이 불법 점유되어 왔는지 한꺼번에 깨달을 수 있었다. 1929년에 여섯 개의 휴화산들 중 르완다 측의 영역을 표시하기 위해 심은 상록수들의 띠는 황폐해진 초소를 지키는 지친 병사의 모습 같았다. 상록수들 너머로 하게니아 나무가 연기를 내며 타고 있었다. 하게니아가 사라진 자리에는 제충국 밭이 들어설 것이다. 비소케 산에서 2,700미터, 그리고 카리심비 산에서는 2,950미터 높이까지 숲이 약탈당했다.

제충국 산업이 확대되면서 8,900헥타르의 땅이 볼캉 국립공원에서 제외되었고, 이 일은 코끼리나 버팔로들과 마찬가지로 고릴라의 서식 범위에 커다란 영향을 미쳤다. 공원에서 제외된 땅은 대부분 대나무로 이루어진 지대였으나 그중에는 하게니아 숲도 포함되었다. 오늘의 비행을 하기 1년 전인 1967년에 나는 비소케 산 기슭에서 원래의 서식처를 거의 빼앗긴 한 고릴라 집단을 만났다. 제6집단으로 분류된 이 연구 지역 주변부 집단은 이후 계속 비소케 산 위쪽으로 밀려 올라가야 했다. 따라서 이들은 우리의 주요 연구 집단들과 이동 범위가 접하거나 겹치게 되었다. 이 고릴라 집단을 처음 만난 곳은 손상되지 않은 하게니아 숲지대였고, 나중에 이곳은 관광객들을 위한 캠핑장과 주차장으로 바뀌었다. 14마리의 고릴라들은 여전히 거대한 제충국 밭 사이의 개간되지 않은 작은 땅을 찾아다니고 있다. 제6집단은 원래의 식생이 남아 있는 작은 조각땅을 따라다녔는데, 이 중 어느 것도 폭이 15미터를 넘지 않았다. 고릴라들은 콩, 완두콩 그리고 감자 등의 작물은 무시한 채 숲의 자투리만을 따라다녔으며, 예전에 그들의 서식처가 어디였는지를 확인하려는 듯 산으로부터 밭으로 300미터까지 내려오곤 했다. 때때로 마을 사람들이 캠프로 찾아와 나에게 고릴라들을 비소케의 경사면으로 다시 돌려보내 달라는 요청을 한다. 그러나 이런 일이 생기면 보통 마을 사람이 오기 전에 캠프 직원들 중 이미 누군가가 조처를 취해 둔 상태였고, 따라서 고릴라들에게는 아무런 해가 가지 않았다. 또 한번은 샴바 근처에 있는 비소케의 낮은 동쪽 경사면에서 제6집단을 만난 적이 있다. 나는 깊은 숲에서 관찰하는 것에 적응이 되었기 때문에 마을 사람들의 목소리와 가축들이 우는 소리가 들리는 가운데 고릴라들을 관찰하는 낯선 상황에 쉽사리 익숙해지지 않았다. 숲 안쪽에 사는 고릴라들은 인간의 목소리를 듣기만 해도 즉시 도망을 가는 반면에 제6집단의 고릴라들은 바로 50미터 아래에서 들리는 문명의 소음을 무시하는 듯했다.

1975년에는 공원과 농지 사이의 경계를 표시하기 위해 유칼립투스 묘목과 어린 상록수들이 새로 들어섰다. 나중에 경계를 더욱 뚜렷이 보이게 하기 위한 시시한 노력 끝에 12개의 주석 론다벨이 르완다 쪽 경계 안에 5킬로미터 간격마다 배치되었다. 표면상으로 주석 오두막은 직원들이 공원 내에서 순찰활동을 편하게 하기 위한 숙소로 마련된 것이었다. 만일 직원들이 관리를 했더라면 이 계획은 효과적일 수도 있었겠지만, 공교롭게도 이 오두막은 거의 쓰이지 않았다. 나중에 직원들은 론다벨을 허물거나 관광객들을 위한 공원 기슭의 주차장에 옮겨 놓았다.

비룽가 위를 날아다니고 있는 이 시기는 앞으로 숲에 닥칠 또 하나의 재앙이 아직 다가오지 않았을 때이다. 이로부터 3년 후에 들리는 말에 의하면 '보전'의 목적으로 폭이 10미터가량 되는 4킬로미터의 길을 만들었다고 한다. 자이르와 르완다 사이의 국경을 따라 공원 안에 만들어진 이 길은 나무와 풀을 베고 태워서 그 위에 아무것도 남아 있지 않았다. 지도에 따르면 새로운 국경선은 국경의 윤곽 파악에 대한 편의에 의해서 만들어진 것이었다. 산지우림대에 걸쳐 생겨난 긴 상처 자국은 토네이도가 휩쓸고 지나간 자리 같았다. 유럽인 기술 보조원은 열성적으로 자신들의 계획을 찬양했다. 아무것도 없는 이 지대는 명확히 눈에 띄는 곳이기 때문에 앞으로는 밀렵꾼이든 사냥감이든 르완다와 자이르 사이에 있는 이 불모지를 지나가지 않을 것이라는 게 그의 생각이었다. 나는 고릴라나 코끼리, 버팔로 또는 영양이 반대쪽에 있는 친척들을 만나러 가려면 어디에 가서 비자를 얻어야 하는지 그에게 따져 묻고 싶었다.

다음으로 우리는 비소케와 4,436미터 높이의 미케노 산 사이에 있는 우리의 뒤뜰인 안부지대로 날아왔다. 비룽가 화산지대에서 가장 오래된 두 화산 중 하나인 미케노는 '풍요롭지 못한'이라는 뜻을 갖고 있으며, 인간이 접근하기 어렵기 때문에 거주할 수 없는 불편한 곳을 의미한다. 내 입장에서는 이곳이 이번 공중 조사에서 가장 향수를 자극하는 곳이었다. 카바라의 캠프에서 떠나온 지 거의 1년이 지났지만,

비행기가 작은 풀밭이 보이는 방향을 향해 울창한 숲 위를 훑고 지나갈 때 나는 흥분을 억제할 수 없었다. 과거와의 재결합을 시도하려고 할 때 대부분 그렇지만 나 역시 참담하게 실망했다. 내 기억 속의 이상적인 초원이었던 곳은 가축으로 가득 들어찼고, 우리 직원들을 위해 제공되었던 오두막은 사라졌다.

비행기는 카바라를 뒤로 하고 우박이 덮여 바위 표면이 빛나고 있는 미케노 산의 봉우리들을 향하여 1,200미터 상공으로 솟구쳐 올랐다. 비행기가 하늘로 오르는 동안 나는 카바라에서 본 것을 잊어버리려고 했다. 그러나 거기에 가축 방목자들이 있다면 틀림없이 밀렵꾼도 있을 것이라는 생각에 괴로워졌다. 내가 처음으로 만났던 그 고릴라들은 어떻게 되는 것인가? 의기소침해 있던 기분은 깎아지른 절벽과 협곡 그리고 견고한 정상의 미케노가 발산하는 엄청나게 아름다운 광경을 가까이서 보게 되자 어느 정도 누그러들었다. 험준한 산의 모습은 마치 힘이 있고 초자연적인 것처럼 보였다.

아쉬움을 뒤로하고 우리는 자이르 서쪽에 있는 두 개의 화산을 향해 더 멀리 날아갔다. 두 화산 중 하나는 어떤 여자를 기려 이름을 따온 3,469미터의 니라공고 산Mt. Nyiragongo이고, 또 다른 하나는 지휘자를 의미하는 3,055미터의 냐무라기라 산Mt. Nyamuragira이다. 카바라에서 일하던 때 언제나 예측 불가능한 이 두 화산은 마치 미케노의 활발한 여동생 같다는 생각이 들곤 했다. 검은 용암이 손가락처럼 흘러내려 진초록의 숲을 몇 킬로미터에 걸쳐 가로지른 모습은 하늘에서도 여전히 잘 보인다. 여러 번의 작은 분출을 통해 만들어진 이것들은 옛날에 카바라의 밤하늘을 붉은 빛으로 물들였을 것이다. 지금 고릴라들에게 살 곳을 제공해 주는 휴화산이 몇백만 년을 거쳐 형성되어 온 것과 같은 방식으로 이들도 여전히 성숙해지기 위해 연기를 뿜어내고 있다. 유황 냄새가 가득하고 마치 사탄이 나올 것 같은 분화구 위를 날아다니는 것은 정말 흥미로운 일이었다.

우리는 다시 4,506미터 높이의 카리심비를 조사하기 위해 르완다로 돌아왔다. 선한 영혼이 산의 정상에 가면 불멸의 존재가 된다는 전설을 가진 카리심비는 은심비nsimbi에서 유래했는데, 이는 별보배조개의 껍질을 뜻하는 단어다. 자주 싸락눈으로 덮여 있는 카리심비 산의 정상을 표현하기에 은심비보다 더 적합한 말은 찾을 수 없을 것이다. 카리심비의 가장 꼭대기는 3,700미터 높이의 넓은 목초지로 둘러싸여 있으며, 작은 호수와 도랑이 수없이 많다. 예상했던 대로 초지는 가축으로 가득 찼다. 모두 3,000마리는 될 듯한 가축들이 방목자 주위에 아무렇게나 퍼져 있었다.

카리심비의 초지를 떠난 지 5분 후에 우리는 루엥게리의 잔디밭 활주로에 도착했다. 비행기의 엔진들이 잠잠해졌고, 나에게는 단 90분 만에 수백만 년의 시간을 거쳐 왔다는 벅찬 느낌이 밀려왔다.

위: 중앙아프리카의 비룽가 산지는 자이르, 르완다 그리고 우간다에 걸쳐 있는 두 개의 활화산과 여섯 개의 휴화산으로 이루어져 있다. 사진 전경에는 산지 동쪽에 있는 무하부라, 가힝가, 사비니오 산이, 사진 원경에는 비소케, 카리심비, 미케노 산이 보인다. 카리소케 연구센터는 비소케 산에서 3,000미터 떨어진 곳에 있다. (다이앤 포시)

뒤 페이지: 이 고릴라 가족사진은 다이앤 포시가 연구를 처음 시작했던 콩고민주공화국의 키부 지방에서 찍은 것이다. 왼쪽에 보이는 우두머리 주위로 16마리의 집단 구성원들이 모여 있다. (다이앤 포시 ⓒ 내셔널 지오그래픽 소사이어티)

위

왼쪽: 제4집단의 우두머리인 엉클 버트가 하게니아 나무에서 자란 갈륨 덩굴을 먹고 있는 동안 나무 아래 근처에서 그의 새끼가 놀고 있다. 어린 고릴라들은 성체만큼 많은 먹이를 필요로 하지 않기 때문에 어른들이 먹이를 먹는 시간을 종종 놀면서 보낸다. (다이앤 포시)

오른쪽: 팬치와 그녀의 새끼가 함께 휴식을 즐기고 있다. 새끼는 생애 첫 한 달 동안을 어미와 떨어지는 일 없이 보낸다. 밤에는 어미와 같은 잠자리에서 자고, 낮에는 보호받을 수 있도록 어미의 배쪽에 안겨 이동한다. (다이앤 포시)

옆 페이지

위: 파도 같은 안개가 안부지대를 자욱하게 감싸 산 정상을 가린다. 이런 때는 안부지대에 내려와 있던 고릴라들이 비소케의 경사면으로 돌아가려고 할 때 길을 잃는 것 같다. (다이앤 포시)

아래: 비소케의 안개 낀 경사면에서 수풀 속에 있던 제8집단의 미성년 수컷인 검은등 기저가 관찰자를 지켜보고 있다. 비소케는 강우량이 연평균 1,800밀리미터에 이른다. 고릴라들이 무척 좋아하는 산 근처의 대나무 숲지대는 대부분이 제충국 밭으로 바뀌었지만, 초본 지표식물들은 여전히 고릴라들에게 풍부한 먹을거리를 제공한다. (다이앤 포시)

뒤 페이지: 무리의 고릴라들이 쉬고 있는 동안 4개월짜리 새끼 고릴라 무라하가 다른 고릴라들에게 인사를 하기 위해 뒤뚱뒤뚱 걸어가고 있다. 무라하의 곁에서는 어미 팬치가 주의 깊게 지켜보고 있고, 아비인 이카루스는 근처에서 햇볕을 쬐고 있다. 고릴라 집단은 새끼 고릴라가 생존할 수 있도록 항상 보호하고 지킨다. (다이앤 포시)

위

첫 번째: 제5집단의 성체 고릴라들이 다이앤 포시를 받아들이자, 그들은 다이앤을 그들 사이에 앉게 해 주었으며 새끼들은 의심 없이 그녀를 받아들였다. (피터 베이트 Peter G. Veit)

두 번째: 제5집단의 어린 암컷인 퍽이 다이앤에게 인사하고 있다. 다이앤 포시는 고릴라들에게 다가갈 때 평상시에 고릴라들끼리 주고받는 음성 신호를 사용하여 자신의 접근을 고릴라들에게 알린다. (반 롬페이 H. van Rompaey)

옆 페이지: 어느 비 오는 날 고릴라들이 쉬는 동안에 다이앤의 특별한 친구인 제4집단의 은색등 디지트가 하품을 하자 송곳니가 드러났다. 암컷 고릴라의 송곳니는 이보다 작다. (다이앤 포시)

위: 르완다의 볼캉 공원이나 자이르의 비룽가 공원에서 활동하는 밀렵꾼들은 늙은 하게니아 나무 구멍에 임시로 만든 잠자리인 이키부가에서 밤을 보낸다. 이곳에서 밀렵꾼들은 덫이나 활, 창으로 밀렵한 영양의 고기를 훈제하기도 한다. (다이앤 포시)

옆 페이지: 비룽가에서 밀렵으로 가장 많이 희생당하는 동물은 영양이다. 이들은 현장에서 직접 잡히거나 흙과 잎사귀로 감춘 작은 구멍에 숨겨진 올가미 덫에 걸린다. 올가미는 대나무나 다른 장대에 팽팽하게 연결되어 있다가 동물이 올가미 위를 지나갈 때 받는 압력으로 튀어 오른다. 사진의 다이커도 올가미 덫에 걸려 희생되고 말았다. 대부분의 경우 발목에 감긴 올가미를 빼내려고 계속 잡아당기다가 구조되기 전에 죽는다. 부시벅처럼 더 큰 영양은 때때로 탈출하기 위해 발을 물어 끊는다. 고릴라들도 영양을 잡기 위해 설치한 덫에 자주 걸린다. (다이앤 포시)

오른쪽: 은색등 넌키의 첫 번째 새끼였던 46개월짜리 리가 밀렵꾼의 덫에 걸렸다. 60여 일 동안 올가미의 철사줄은 발목뼈까지 깊이 파고들어 갔고, 결국 리는 괴저와 폐렴으로 숨졌다. 고릴라 사망 요인의 2/3는 밀렵꾼에 의한 것이다. (다이앤 포시 ⓒ 내셔널지오그래픽 소사이어티)

위: 다이앤 포시가 조직한 반밀렵활동 감시자들이 숲에서 야영 준비를 하고 있다. 이들은 공원 보호 구역 내에서 덫을 제거하고, 무기를 압수하며, 덫에 걸린 동물들을 구조하는 일을 한다. 이처럼 능동적인 보전활동은 비룽가 산지대에 남아 있는 동물들의 생존에 결정적으로 중요하다. (다이앤 포시)

옆 페이지: 은색등은 흑마술을 의미하는 수무의 목적으로 밀렵당하고 있다. 밀렵꾼들은 고릴라의 귀와 혀, 생식기와 손가락을 절단해 다른 것들과 함께 끓이는데, 이것을 마시면 고릴라와 같은 힘을 얻는다고 믿는다. 오늘날 밀렵꾼들은 외국의 동물원에 팔기 위해 새끼 고릴라를 잡으며, 다른 동물을 잡기 위해 설치한 덫에 고릴라가 걸리기도 한다. (다이앤 포시)

넌키 집단의 성체 암컷 판도라의 손은 밀렵꾼의 덫에 불구가 되었지만, 그녀는 무사히 살아남았을 뿐더러 새끼까지 낳아 잘 키워 냈다. (앤 피어스 Ann Pierce)

비소케의 동쪽 경사면에서 서식하는 집단의 고릴라인 먼스터(Munster). 이 집단의 행동권은 볼캉 공원 경계에 인접한 경작지 위쪽이며, 이곳에서는 1제곱킬로미터당 300명의 사람들이 거주하고 있다. 1969년에는 9,000헥타르의 땅이 제충국 경작지로 바뀌면서 르완다가 관리하는 비룽가 공원의 영역은 거의 반으로 줄어들었다. 그래서 우리는 고릴라들이 몇 년 동안 그들의 조상이 예전에 쓰던 땅을 찾아가 혼란스러워할 때마다 그들을 비소케의 경사면 쪽으로 몰아오는 일을 해야 했다.

(앤 피어스)

진흙길에는 고릴라의 발과 손목 자국이 선명하게 남는다. 자국의 크기는 개체의 나이를 판가름하는 데 좋은 정보를 제공한다. 이 사진의 주인은 은색등이다. 수풀이 빽빽하게 우거진 숲에서는 버팔로나 코끼리가 지나간 다음에도 고릴라들이 먹던 식물 부스러기나 분변을 주의 깊게 찾으면 고릴라가 이동한 흔적을 따라갈 수 있다. (다이앤 포시)

3 카리소케의 풍경

풍문을 통해 들은 카바라의 운명은 나를 어느 때보다도 카리소케에서의 연구에 집착하도록 만들었다. 그러나 카바라에 있는 고릴라들이 겪을 운명을 생각하면, 새로운 고릴라들을 찾아내고 그들과 익숙해지리라는 즐거운 기대조차도 마음을 편하게 하지 못했다.

카바라에서 나는 세 집단의 50마리 개체들을 조사했다. 카리소케에서의 첫해에 나는 캠프 주위의 2,200헥타르에 분포하는 네 개 집단의 고릴라 51마리를 관찰하는 데 주력했다. 발견된 순서대로 번호가 붙여진 이 집단들은 제4, 5, 8, 9집단이었다. 때때로 만나는 다른 집단들은 연구 지역의 가장자리에 살거나 다른 산에 사는 낯선 무리들이었다.

주요 연구 집단들에 대한 관찰 시간을 동등하게 분배하려고 했기 때문에 한 집단에게 성공적으로 다가갈 때까지 며칠이 그냥 지나갈 때도 있었다. 매일 한 집단씩 관찰하기에는 길이 길고 오래되었으며, 르완다인 캠프 직원들은 아직 노련한 추적꾼이 아니었기 때문에 부담이 컸다.

6개월이 별 탈 없이 지나자 사람들은 이제 스스로 추적에 나서도 될 만큼 자신감을 얻었다. 그러나 어느 정도 시간이 지났음에도 직원들은 캠프에서 한 시간 거리 이상 나가는 것은 좋아하지 않았다. 특히 이틀이나 사흘 이상 지난 오래된 흔적을 추적할 때면 항상 마지못해 길을 나섰다. 오래된 흔적은 그만큼 추적해야 하는 거리도 멀어지는 것을 뜻하기 때문이다. 오래된 흔적을 추적하러 나갈 때면 혼자보다는 둘이서 같이 가도록 한다. 그들은 아직 이곳 지형에 대부분 익숙하지 않고, 야생동물이나 밀렵꾼과 마주치는 것에 대한 불안감을 갖고 있기 때문이었다.

르완다인에게 고릴라를 추적하는 법을 가르치는 일은 가끔씩 카리소케를 찾아오는 학생들을 교육시키는 것보다 훨씬 쉬웠다. 현장 감각, 특히 그들의 시각은 훨씬 예민했다. 나는 항상 어떤 사람을 훈련시킬 때는 추적하는 경로를 결정짓는 요소들에 대해 설명하며 이틀 정도 길을 안내했다. 때로는 고릴라가 실제 이동한 흔적에서 의도적으로 멀어짐으로써(물론 의도하지 않은 경우도 종종 있지만) 나를 뒤따르는 사람이 이런 실수를 깨닫는 데 얼마나 오랜 시간이 걸리는지 확인하기도 했다. 또 다른 유익한 교육 방법은 추적하는 고릴라의 손가락 자국이 남겨진 축축한 땅의 일부분을 따라 은근슬쩍 나의 손가락 자국들을 반대 방향으로 죽 남겨 놓는 것이다. 사눼퀘는 이런 작은 속임수를 얼마나 좋아했던지! 훈련을 받는 사람들은 내 손가락 자국을 발견하고는 흥분하여 그 자국을 자신 있게 따라가다 결국 고릴라의 자취가 없다는 것을 알게 될 것이다. 이 방법은 어려운 흔적들, 특히 풀이 무성한 초지나 돌이 많은 경사지처럼 단 하나의 발자국으로 인해 추적에 필수적인 단서가 사라질 수 있는 지역에 남겨진 흔적들에 대해 추적하는 사람이 실수를 범하지 않도록 교육하는 데 최고의 방법이다.

수풀이 무성한 지역에서 고릴라의 흔적을 따라가는 것은 아이들의 게임과 같다. 대부분의 식물들은 고릴라 집단이 이동한 방향으로 구부러지며, 띄엄띄엄 있는 축축한 진흙 웅덩이나 통로에서 발견된 손가락 자국과 고릴라의 배설물 무더기는 통과한 방향을 알 수 있게 하는 또 다른 단서를 준다. 평상시에 차분히 이동할 때 고릴라들은 다른 개체의 뒤를 따르지 않는다. 이런 경우 그 집단의 고릴라 수만큼 많은 흔적들이 남으므로 나는 항상 흔적들 중에서 가운데 것을 찾아가려고 노력했다. 그러나 고릴라들이 주요 경로를 벗어나 먹이를 먹기 시작할 때마다 수없이 많이 막다른 길에 이르곤 했다. 결국 나는 두 개의 수풀층 흔적으로 잘못된 흔적들을 구분할 수 있다는 것을 배웠다. 즉 고릴라가 일행을 따라가기 위해 다시 돌아오기 전까지 무리에서 벗어나 혼자 이동한 경로에서는 수풀의 윗부분이 집단의 이동 방향으로 굽어지고, 아랫부분은 반대 방향으로 굽어지는 것이다.

빽빽하고 키가 큰 수풀 속에서는 집단의 흔적 앞부분에 식물이 흐트러진 흔적이나 고릴라가 먹이를 먹기 위해 올라갔던 나무의 가지를 멀리서 살펴봄으로써 멀리 돌아가며 추적하는 시간을 꽤 절약할 수 있다. 이 방법은 코끼리나 버팔로 무리가 자주 지나다니기 때문에 고릴라의 자취가 거의 완전히 사라져 버릴 수 있는 산등성이에서 특히 많은 도움이 되었다. 코끼리의 발자국 때문에 생긴 작은 구덩이들 사이에 남은 흔적들은 세 부분으로 된 고릴라의 전형적인 배설물 무더기이거나 엉겅퀴 껍질과 셀러리 줄기처럼 먹이를 먹고 남은 부분이다. 또 고릴라의 이동 흔적은 버팔로의 이동 흔적과 부분적으로 합쳐지거나 구불구불하게 들어오고 나오는 경우도 종종 있다. 버팔로의 흔적과 섞여 버리거나 고릴라의 흔적을 나타내는 시각적 단서들이 희미해질 때마다 버팔로의 갈라진 발굽이 남겨 놓은 발자국을 손끝으로 만져 보면 내가 지금 잘못된 길에 있다는 것을 깨닫는다. 고릴라들은 먹이를 구하기 위해 항상 신선하고 깨끗한 수풀을 찾아다니므로 결코 버팔로의 흔적을 따라 이동하지는 않는다.

하지만 아쉽게도 반대의 경우는 그렇지 않다. 버팔로는 다른 야생의 소과 동물들처럼 흔적이 남겨진 길을 매우 좋아하며 특히 수풀이 우거진 곳에서는 이런 습성이 더 두드러진다. 고릴라의 흔적을 만날 때마다 버팔로들은 마구간으로 들어가는 소들처럼 그 흔적을 종종 따라간다. 어떤 때는 버팔로가 쫓아다니던 고릴라를 내가 교대해서 따라다니고 있는 것을 알게 되기도 한다. 정말 화가 났거나 아마 재미로 그런 것일 수도 있지만 고릴라가 버팔로를 향해 곧장 돌아서서 공격하는 경우도 두 번 있었고, 때문에 버팔로도 재빨리 돌아선 다음 나를 향해 후퇴하기도 했다. 돌이켜 생각해 보면, 고릴라와 버팔로와 내가 줄줄이 마주치는 상황은 로렐과 하디 영화(1920~1930년대를 풍미했던 코미디언 듀오로 슬랩스틱 코미디의 대가였다: 옮긴이)에 나올 법한 모든 구성 요소를 다 갖추고 있었다. 이런 때 내가 선택할 수 있는 사항은 두 가지다. 하나는 근처에 있는 나무로 올라가는 것이고, 다른 하나는 몰려오는 버팔로들 주위의 수풀 속으로 머리를 박고 뛰어드는 것이다. 운이 없게도 그곳은 쐐기풀밭이었던 적이 너무 많았다. 나는 항상 버팔로들에게 우선

통행권을 양보했다. 이것은 누구라도 동물의 왕국에서 일할 때 첫 번째로 지켜야 할 사항이다.

때때로 지나간 흔적을 찾을 만한 단서가 없어져 네 발 달린 녀석들이 틀림없이 날개가 생긴 것이라고 생각하게 될 때도 있지만, 고릴라의 흔적을 추적하는 것은 재미있는 도전이다. 확실히 집단의 고릴라들보다는 외톨이 은색등의 흔적을 추적할 때, 일주일 이상 지난 흔적을 따라갈 때, 고릴라의 흔적이 잘 나오지 않는 초지나 용암 바위지대를 지나갔을 때, 그리고 고릴라가 지나간 길이 발굽동물들이 지나간 길과 겹쳤을 때는 재미가 더해진다.

어느 날 아침 나는 외톨이 은색등의 흔적을 추적하느라 덩굴이 빼곡히 감긴 채로 있는 하게니아 나무 아래의 축축한 터널에서 포복한 상태로 기어가던 중이었다. 다행스럽게도 4~5미터 앞에 햇빛이 들어오는 개방지가 다시 보이기 시작해서 배낭을 끌며 열심히 앞으로 기어나갔다. 터널 끝에 다다랐을 때 우울한 터널에서 몸을 밖으로 끌어내기 위해 터널 밖의 수풀 아래에 보이는 것을 움켜쥐었다. 나는 밖에 있는 '그것'을 잡고 나올 수 있었으나 너무나 놀란 버팔로의 왼쪽 다리를 놓기도 전에 곧바로 몇 미터 앞의 쐐기풀밭으로 뛰어들어야 했다. 그리고 버팔로가 놀랐을 때 내는 냄새를 풍기는 배설물을 내 머리카락과 옷에서 다 씻어 내는 데 며칠이 걸렸다.

고릴라를 추적할 때는 걸어가는 것보다 기어가는 편이 더 많은 것을 얻을 수 있다는 사실을 우연히 알게 된 일도 있다. 약 24시간 전에 홀로 돌아다니던 고릴라가 지나갔던 자리를 따라 은색등이 내는 인간의 땀 냄새와 비슷한 자극성의 강한 체취가 남아 있었다. 내가 그날 기어가지 않고 걸어서 고릴라를 따라갔다면, 결코 바닥에 남아 있던 후

각 단서의 중요성에 대해 눈치를 채지 못했을 것이다. 고릴라의 피부에는 두 가지 유형의 땀 분비선이 있다. 성체 수컷의 겨드랑이 부분에는 4~7개의 큰 아포크린선apocrine gland(세포 내에 모인 분비물이 세포막의 일부와 함께 배출되는 샘: 옮긴이)이 있어서, 기분이 좋지 않은 은색등에게서는 냄새가 아주 강하게 분비되지만 성체 암컷은 미약하게 분비된다. 손바닥과 발바닥에도 아포크린선이 있지만, 대부분은 에크린선eccrine gland(세포 내에 모인 분비물이 다른 성분을 포함하지 않고 배출되는 샘. 땀샘의 대부분은 에크린샘이며 체온 조절에 관여한다: 옮긴이)이 분포하며, 이 땀샘은 땅을 디딜 때 손발의 마찰을 줄이는 데 중요한 역할을 담당한다. 두 종류의 땀샘은 지상에서 이동하며 후각 신호를 이용하는 동물, 특히 성체 수컷 고릴라들에게 진화적으로 적응되어 온 결과일 것이다.

고릴라들이 막 지나간 길에서 가장 강하게 나는 냄새는 분변으로부터 나오는 냄새이다. 건강한 고릴라의 분변은 덩어리가 소시지처럼 줄줄이 이어진 형태를 띠고 있으며, 질감이나 냄새가 말의 것과 비슷하다. 고릴라들이 서두르는 일 없이 천천히 이동할 때는 세 분변 덩이가 소시지처럼 붙어 있고, 각 덩이는 식물의 섬유사로 이어져 있다. 고릴라들이 야생 검은딸기*Rubus runssorensis*나 매실 크기의 피게움*Pygeum africanum*과 같은 과일을 먹었을 때는 씨, 심지어는 과일이 통째로 분변에서 발견된다. 이것들은 고릴라들이 어디에서 왔는지에 대한 중요한 실마리가 된다. 분변이 어느 정도 지났는지는 주위에 몰려 있는 파리의 수와 분변 표면에 보이는 파리 알의 개수로 가늠할 수 있다. 새 분변이 생기고 나서 채 몇 분이 되지 않아 파리들은 셀 수 없을 만큼 많은 작고 하얀 알을 슨다. 날씨에 따라 조금씩 다르긴 하지만 이것들은 대체로 여덟 시간에서 열두 시간이 지나면 구더기로 변한다. 고릴라들이 지나간 흔적이 얼마나 오래되었는지 판단할 때는 항상 기상 조건을 염두에 두어야 한다. 쨍쨍한 햇빛 아래에서는 몇 시간만 지나도 분변이나 먹다 버린 나뭇잎이 마르기 때문에 이것들이 마치 오래된 것처럼 보인다. 반대로 비가 오거나 안개가 심하게 끼면 햇빛이 강한 날과 정반대의 효과가 나타난다.

나는 연구 초기에 신선한 분변과 먹다 버려진 잎사귀들을 갖고 캠프로 돌아와 다양한 기상 조건에서 이것들이 어떻게 변하는지 기록했다. 이 간단한 작업을 여러 번 반복하면서 고릴라들이 지나간 흔적이 얼마나 오래되었는지를 보다 정확하게 판단할 수 있게 되었다.

수유 중인 암컷의 분변은 종종 하얀 막으로 덮여 있다. 아마도 이것은 새끼의 생애 첫 4~6개월 사이에 어미 고릴라가 새끼의 분변을 먹기 때문인 것으로 생각된다. 설사는 점액질에 싸여 있거나 혈액이 묻어 나오는 경우도 있는데, 집단 내의 한 개체에서만 설사 흔적이 나타날 경우에 이 개체는 건강 상태에 문제가 있다는 것을 의미한다. 만일 고릴라가 이동한 흔적을 따라 많은 수의 설사 흔적이 발견되었다면, 이것은 고릴라들이 다른 집단의 고릴라들이나 아니면 대부분 밀렵꾼에 의해 놀랐음을 의미한다. 이런 형태의 분변은 도주 흔적에서 언제나 발견된다. 고릴라들이 도주한 흔적을 따라가는 시간은 무섭도록 길다. 왜냐하면 그 길의 끝에 어떤 결과가 기다리고 있을지 점점 더 걱정이 되기 때문이다.

때로 여러 집단의 고릴라들에게서 조충*Anoplocephala gorillae*이 발견되는데, 조충 감염은 계절적 변이나 서식처의 유형과는 관계가 없는 것으로 나타난다. 2.5센티미터 길이의 이 거대하고 납작한 절편은 대부분 밤에 잠자리에서 배설되는 분변에 섞여 나온다. 다음 날 아침에 발견되는 분변은 활발히 기어 다니는 조충들로 마치 살아 있는 것처럼 보인다.

고릴라들은 연령대와 성에 상관없이 모두 자신의 분변을 먹는 것으로 관찰되며, 때로는 다른 개체의 분변을 먹는 것도 볼 수 있다. 분변을 먹는 행동은 대부분 먹이행동이나 이동이 제한되는 우기에 긴 낮 시간 동안 일어난다. 고릴라들은 분변이 땅으로 떨어지기 전에 한 손으로 엉덩이를 스윽 닦아 받는다. 분변을 한 입 깨물어 씹어 먹는 고릴라의 입은 즐거워 보인다. 분비물을 먹는 행동은 인간을 포함하여 대부분의 척추동물에게서 영양 결핍이 심한 경우에 나타난다. 고릴라들이 분변을 먹는 행동은 영양적 기능 때문이라고 생각이 되는데, 분변을 섭취함으로써 비타민, 특히 소장에서 만들어져 대장에서 합성되는 비타민 B_{12}를 쉽게 얻을 수 있기 때문인 것으로 보인다. 이러한 행동은 날씨가 춥고 음습한 기간에 주로 관찰되기 때문에 '분변식'은 고릴라들에게 추운 날 데워 먹는 즉석식품 정도로 생각되지 않을까 싶다.

분변의 크기는 연령과 성별에 따라 어마어마한 차이를 보인다. 은색등의 것은 8센티미터가량이며, 새끼의 것은 1~2.5센티미터 정도 된다. 밤에 잠자리에서 배변한 분변의 성분을 분석해 보면 연구 집단이나 주변 집단의 고릴라 구성을 파악할 수 있다. 또한 대부분의 출산은 밤에 일어나며 잠자리에서는 한 개체가 24시간 동안 만들어 내는 분변 중 반이 쌓이기 때문에 분변은 연구 집단 내에서 출생이나 이주가 일어났는지도 파악할 수 있는 믿을 만한 근거가 된다.

주행성 동물인 고릴라는 매일 밤 다른 장소에 잠자리를 만든다. 고릴라가 만드는 잠자리는 98%가 먹이로 쓰지 않는 식물들로 이루어져 있다. 엉겅퀴나 쐐기풀, 셀러리처럼 먹이로 이용하는 식물은 잠자리를 만들기에는 적합하지 않기 때문이다. 어른 고릴라가 만든 잠자리는 튼튼하고 견고하다. 때로는 로벨리아*Lobelia giberroa*와 세네키오*Senecio erici-rosenii* 같은 커다란 식물을 이용해 타원형의 잎사귀 같은 목욕통 모양의 잠자리를 만들기도 한다. 고릴라들은 잠자리의 가장자리를 신경 써서 만든다. 이 부분은 가지들이 여러 겹으로 얽혀 있고, 잎이 많이 달린 끝 쪽이 잠자리의 중앙으로 가게 되어 고릴라들이 누웠을 때 바닥을 쿠션처럼 만들어 준다. 고릴라들은 잠자리를 나무에 만들 때도 있고 바닥에 만들 때도 있지만, 어른 고릴라는 무게 때문에 보통 바닥에 잠자리를 많이 짓는다. 우기에 고릴라들이 잠자리로 가장 선호하는 장소는 나무둥치 안의 빈 곳이다. 이런 곳에 잠자리를 마련할 때는 이끼나 푸석한 흙만 사용한다. 이 잠자리에서는 나뭇가지를 써서 만든 잠자리에 누웠을 때처럼 나뭇가지에 찔리지 않을 뿐더러 썩은 나무껍질이나 뿌리는 아침 간식으로 먹을 수 있다.

어린 고릴라들이 짓는 잠자리는 종종 잎사귀들이 허술하게 모여 있는 정도밖에 되지 않는다. 그렇지만 오랜 연습 끝에 누울 수 있을 만큼 튼튼한 잠자리가 된다. 우리가 관찰한 고릴라들 중 스스로 잠자리를 만들어 그 안에서 혼자 잔 가장 어린 고릴라의 나이는 34개월이었다. 보통 어미가 가장 최근에 낳은 새끼 고릴라는 동생이 태어나기 전까지 어미의 잠자리에서 함께 잔다.

고릴라들은 잠자리를 만들 장소를 선택할 때 어느 정도 기준이 있는 것 같다. 공원의 경계 지역이나 밀렵꾼들이 빈번히 지나다니는 곳 근처에서 밤을 보낼 경우에 고릴라들은 주변이 눈에 잘 들어오도록 둥근 언덕이나 개방된 경사면을 잠자는 장소로 선택하는 경향이 있다. 다른 고릴라 집단이 근처에 있을 때도 위와 같은 장소를 선택한다. 낮에 쉬는 잠자리를 지을 장소를 고를 때는 덜 까다롭지만, 햇볕이 좋은 날에는 나무가 울창한 곳이나 그늘진 곳보다는 햇빛이 적당히 잘 드는 장소를 고른다.

여러 해 동안 캠프 바로 뒤에 있는 경사면은 제4집단과 제5집단의 행동권에 포함되어 있었다. 나는 은색등이 아래쪽에서 밤에 잘 잠자리를 만드는 동안 30여 미터 위쪽에서 암컷과 어린 고릴라들이 잠자리를 짓고 있는 것을 자주 보았다. 이런 배열 때문에 암컷과 어린 고릴라들에게 접근하는 것은 불가능하다. 제4집단이나 제5집단의 고릴라들이 캠프 뒤쪽에 잠자리를 만들면, 나는 이른 새벽에 아직 잠에서 깨지 않은 고릴라들을 볼 수 있다는 희망에 그들에게 매우 조심스럽게 접근하곤 했다. 거의 실패 없이 나는 캠프 아래쪽에서 커다란 수풀 사이에 가려진 채로 잠자고 있는 보초 은색등에게 접근했다. 갑자기 뛰어오르며 비명을 지르는 은색등과 나 둘 중에 누가 더 놀랐는지는 알기 어렵다. 이제 완전히 잠이 깬 은색등은 다른 가족들을 '지키러' 언덕 위로 올라갔고, 다른 고릴라들도 모두 완전히 잠에서 깨어 버렸다.

바닥에 만든 잠자리가 다섯 달 정도 유지되는 데 비해서 나무 위에 지은 잠자리의 흔적은 잠자리의 위치와 기상 조건에 따라 4년까지도 간다. 로벨리아 줄기로 만든 잠자리의 흔적이 모여 있는 곳에 가면 고릴라들이 어떤 장소를 얼마나 자주 또는 오래 사용하는지에 대해 종종 흥미로운 정보를 얻을 수 있다. 로벨리아는 잠자리를 만드는 데 쓰여 잎이 많은 윗부분이 부러져도 계속 자란다. 1년에 5~8센티미터 자라는 로벨리아 줄기가 3미터 높이로 둥글게 누워 있는 곳은 약 30년 전에 고릴라들의 잠자리였던 장소일 수 있다.

잠자리를 만드는 습성에 대해서는 나쁜 날씨로부터 보호의 기능을 제공한다거나 나무 위에서 살던 고릴라 조상의 원형이 남아 있는 내재된 행동일 것이라는 등의 견해가 있다. 두 가지 모두 그럴듯하다. 나는 동물원 안에서 태어난 고릴라들이 다른 고릴라들을 보고 배운 적이 없어도 본능적으로 주위의 적당한 물체들을 주워서 야생의 고릴라들과 같은 방식으로 몸 주위나 아래에 배열하는 것을 수없이 보아 왔다. 한번은 어떤 아가씨의 챙 넓은 밀짚모자가 바람에 날려가 고릴라가 있는 우리 안에 떨어진 것을 본 적이 있다. 암컷 고릴라가 모자를 재빨리 집더니 잠자리를 '짓기' 위해 정성을 들여 모자를 한 올씩 찢기 시작했다. 그녀는 재료를 우리 안에 있는 다른 고릴라들에게 빼앗기지 않으려고 철저히 지키면서 잠자리를 만들었다.

보통의 고릴라 집단은 하루의 40%를 쉬는 데 사용하고, 30%는 먹는 데, 나머지 30%는 이동하거나 먹으면서 이동하는 데 보낸다. 카리소케 연구센터 주변의 2,200헥타르 땅에는 7개의 주요한 식생지대가 있고, 각 지대들은 날씨와 계절에 따라 고릴라들을 유혹하는 다양한 식물들을 제공한다.

서쪽에 있는 세 화산들(비소케, 카리심비, 미케노 산) 사이에 있는 안부지대는 30미터를 넘는 언덕이나 산등성이가 없어 비교적 편평하다. 이 안부지대에서 가장 빈번하게 눈에 띄는 식물은 하게니아 나무와 히페리쿰 나무지만, 덩굴식물의 종류 역시 아주 다양하고 바닥에는 초본식물이 풍부히 자란다.

베르노니아지대는 비소케 산의 낮은 경사면뿐만 아니라 안부지대 일부에도 있다. 베르노니아 나무의 꽃, 나무껍질 그리고 목질은 고릴라들이 좋아하는 먹이이다. 이 나무들은 고릴라들의 잠자리나 놀이터로 매우 자주 사용되기 때문에 그전에 고릴라들이 머물렀던 베르노니아지대에는 나무들이 잘 자라지 못한다.

안부지대와 비소케 산 낮은 경사면에도 쐐기풀밭이 약간 있기는 하지만, 가장 큰 쐐기풀밭은 비소케 산의 서쪽 기슭에 벨트 모양으로 뻗어 있으며 폭이 300미터부터 600미터까지 다양하다.

대나무지대는 공원의 동쪽 경계를 따라서만 분포하며, 제5집단의 고릴라들이 계절에 따라 이곳으로 이동하기도 한다. 제4집단의 행동권에 포함되는 안부지대에는 일부에서만 적은 양의 죽순이 자란다. 일단 죽순이 나기 시작하면 고릴라들은 산의 경사면을 떠나 대나무가 모여 자라는 곳의 방향으로 오차 없이 이동한다. 이것은 먹이를 얻을 수 있는 계절과 장소에 따라 고릴라들의 행동반경이 강하게 좌우됨을 시사한다.

잡목림은 비소케 산 경사면의 산등성이를 따라 쉽게 볼 수 있다. 또 분포 범위가 좁기는 하지만 안부지대의 언덕에서도 찾을 수 있다. 나는 잡목림지대를 다른 식생지대와 별개로 구분하는데, 이곳에서는 검은딸기나 피게움처럼 맛난 과일이 열리는 나무들의 밀도가 높은 반면, 고릴라들이 나무껍질을 이용할 수 있는 나무들은 거의 없기 때문이다.

자이언트로벨리아 나무지대는 비소케 산의 위쪽 경사면인 3,500미터부터 3,800미터까지 걸쳐 있다. 이 지역에서는 건기 동안 고릴라들이 많이 관찰된다. 고산지대에 서식하는 식물은 새벽에 내리는 안개를 많이 머금고 있기 때문이다. 이 지역의 식물들은 건기 동안 고릴라들에게 수분을 제공한다.

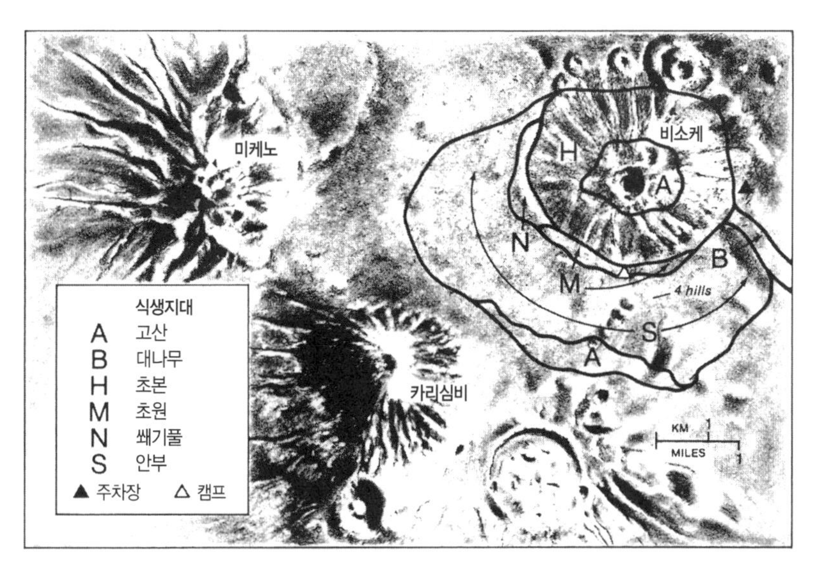

카리소케 연구센터 연구 지역의 주요 먹이 식생지대

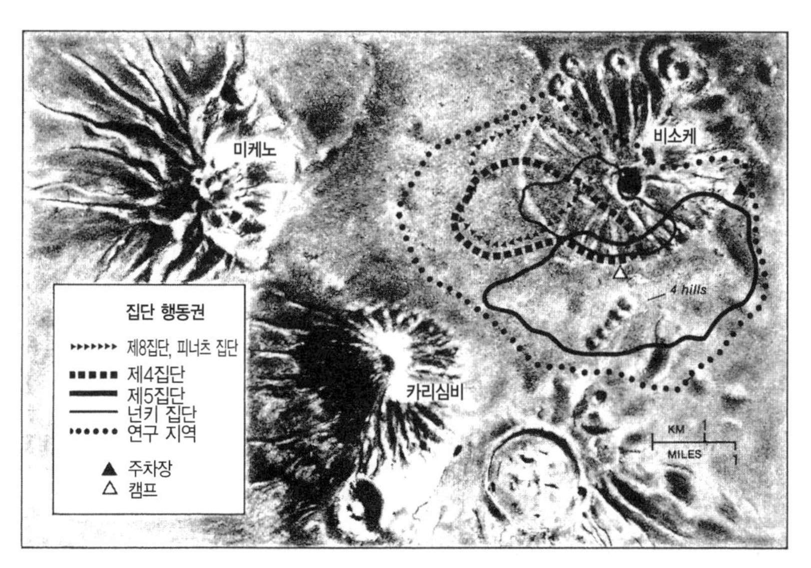

카리소케 연구센터 연구 지역 내의 각 집단의 행동권

산 정상부는 아프리카식의 고산지대가 대부분을 차지하며, 주로 야트막한 풀이 자라는 개방지나 이끼가 덮인 초지로 구성되어 있다. 이곳에는 고릴라들이 이용할 수 있는 식생 자원이 거의 없다.

먹이 자원이 제한되거나 익숙하지 않은 지역을 여행할 때 고릴라들은 더 빨리 이동한다. 이러한 이동 양상은 외톨이 은색등이 이동할 때와 집단이 안부지대로 행동권을 넓히면서 관찰되었다. 안부지대로의 행동권 확장은 1960년대 후반의 비소케 산 경사면의 경우에서처럼 다른 집단과 행동권이 심하게 겹치는 것을 피해서 진행되어 왔다. 산 넘고 물 건너 고릴라들이 지나간 긴 흔적을 따라가면서 나는 은색등이 다른 고릴라들에게 이렇게 말하지 않을까 떠올리곤 한다. '어이, 좋아. 다음 언덕은 어떤지 보러 갈까!' 종종 이 고릴라들은 서식처로는 정말 어울리지 않는 곳에서 여정을 마치고는 먹을거리가 있는 오아시스를 찾아 주변을 탐색하며 다닌다. 고릴라 구성원들로부터 적당한 곳을 다시 찾으러 가자는 요구가 있을 때까지 그 집단은 그곳에 머무르는 것이다. 안개가 끼어 산꼭대기가 가리워지는 날은 때때로 그들의 여행 경로가 확실히 이상해지는 것 같다. 고릴라들은 길을 잃거나 원래의 이동 경로로부터 완전히 벗어난 곳으로 가곤 한다.

경사면보다는 안부지대에서 새로운 행동권을 얻기가 더 쉽다. 안부지대의 너른 땅은 수없이 다양한 종류의 식물을 풍성히 마련해 주기 때문이다. 고릴라는 연구지 내에 있는 7개 지역에서 대략 58종류의 식물을 먹는다. 고릴라의 먹이 중 전체의 86%는 잎사귀, 새순, 줄기가 차지하고, 과일은 겨우 2%만이 포함될 뿐이다. 배설물, 진흙, 나무껍질, 뿌리, 굼벵이, 달팽이도 고릴라의 식단에 포함되지만 식물의 잎에 비하면 훨씬 적은 양이다. 가장 주요한 식물성 먹이로는 엉겅퀴와 쐐기풀, 그리고 2.5미터나 자라는 셀러리이다. 우툴두툴한 갈륨 덩굴은 고릴라 식단의 대부분을 차지하는데, 그 이유는 이 덩굴이 다른 식물과 달리 어디에서나 자라기 때문이다. 따라서 갈륨은 성체보다는 어린 고릴라들의 식단에서 더 중요한 비율을 차지한다.

고릴라가 안부지대와 경사지대 양쪽 모두에서 키 큰 풀이 자라는 서식처를 더 풍요롭게 한다는 가설이 있다. 가축과 버팔로는 날카로운 발굽으로 식물의 가지를 절단하여 발 아래로 뭉그러뜨린다. 그렇지만 고릴라는 손바닥과 발바닥에 도톰한 패드가 달려 있어 식물의 잎과 가지를 땅 아래로 누른다. 그러면 반쯤 묻힌 가지의 마디에서 새로 싹이 나오기 시작한다. 따라서 고릴라가 지나간 자리에는 오히려 더 빨리 싹이 나오게 되는 셈이다. 고릴라만 지나다니는 곳, 고릴라와 소과 동물들이 모두 사용하는 곳, 아무도 이용하지 않는 곳을 선정하여 방형구를 표시하고 6주 동안 관찰한 결과 고릴라들이 머문 방형구에서 가장 많은 풀이 자라는 것으로 밝혀졌으며 특히 쐐기풀과 엉겅퀴가 많이 자랐다.

좋아하는 먹이가 한철에만 자라거나 일부 지역에만 모여 있을 때 고릴라들은 먹이 자원을 두고 경쟁하기도 한다. 한 예가 피게움 과일나무다. 이 나무는 참나무처럼 18미터 높이까지 자라며 일부 산마루에서만 분포하는데, 나무가 드물 뿐더러 과일은 1년에 두 달에서 세 달 동안만 열리기 때문에 나무가 있는 산마루는 과일이 열리는 철이 되면 고릴라들의 방문이 끊이지 않는다. 육중한 은색등들이 작은 과일을 따먹기 위해 조심스럽게 나뭇가지를 올라가는 모습은 정말 구경할 만하다. 은색등들은 무리에서 지위가 높기 때문에 지위가 낮은 고릴라들이 아래에서 차례가 돌아올 때까지 기다리는 동안 먼저 나무에 오른다.

과일을 입과 손안에 가득 집어넣으면, 고릴라들은 가장 가까운 튼튼한 나뭇가지를 골라 자리를 잡고 수확한 별미를 먹는 즐거움을 누린다.

다른 귀한 먹이 자원은 겨우살이 종류다. 이 식물은 고도 3,000미터 지대에서 히페리쿰 같은 나무에 엉성하게 붙어 자란다. 따라서 몸무게가 많이 나가는 어른 고릴라보다는 아직 덜 자란 고릴라들이 잎이 많이 달린 줄기를 따기가 더 쉽다. 어린 고릴라들이 따다가 떨어뜨리는 로란투스 잎사귀를 기다리며 나무 밑에 앉아 있는 어른 고릴라들을 종종 볼 수 있다. 수확물을 밑에서 먹으려고 힘들여 나무 아래로 기어 내려오는 실수를 하는 어린 고릴라들은 보통 훔쳐 가려는 어른 고릴라들에게 괴롭힘을 당한다.

또 다른 특별식은 딱딱한 큰 버섯을 닮은 기생식물인 잔나비불로초 *Ganoderma applanatum*(영지버섯의 일종: 옮긴이)이다. 선반처럼 단단한 삿갓은 나무에서 떼어 내기가 무척 어렵다. 때문에 어린 고릴라들은 종종 나무둥치에 서툴게 매달려 별미를 갉아 먹는다. 버섯을 부러뜨려 떼어 낼 수 있는 어른 고릴라들은 더 우위에 있는 고릴라들로부터 버섯을 보호하기 위해 떼어 낸 버섯을 꼭 끌어안고 몇십 미터 떨어진 곳으로 가는 것을 볼 수 있다. 생산의 희귀성과 고릴라들의 선호성이 맞물려 버섯은 집단 내 다툼을 야기하는 데 한몫을 한다. 그중 대부분은 은색등이 나타나면서 끝나는데, 은색등은 버섯을 자기가 먹으려고 가져가 버린다.

먹이가 좁은 장소에 제한되어 나기 때문에 고릴라들이 붐비는 상황일 경우에도 역시 집단 내 다툼이 발생한다. 가장 흔한 예는 안부지대에 있는 대나무 숲에 다가갈 때마다 관찰할 수 있다. 또한 건기 동안 비소케의 산등성이에서 야단법석을 떨며 흙을 먹는 동안에도 집단 내

다툼이 관찰된다. 이 흙에는 칼슘과 칼륨이 풍부하게 들어 있다. 제5집단의 고릴라들은 여러 해 동안 굴처럼 생긴 한 '구멍'에서 흙을 즐겨 먹었다. 고릴라들이 흙을 너무 파헤쳐서 산등성이의 나무뿌리는 울퉁불퉁하게 드러나 있었다.

먼저 우두머리가 굴 안으로 들어가는 동안 나머지 구성원들은 먹음직스런 흙구덩이 밖에서 기다렸다. 커다란 은색등이 얽혀 있는 나무뿌리들 너머의 암흑 속으로 마술처럼 사라지는 것을 보고 있자니 기분이 오싹해졌다. 만찬에 다녀온 흙투성이의 은색등이 다시 모습을 드러냈다. 그가 다른 고릴라들을 위해 굴에서 나오고, 고릴라들은 지위 순서대로 차례차례 깊은 어둠 속으로 사라졌다. 연이어 들리는 비명과 꿀꿀거리는 소리가 그곳이 고릴라들로 붐비고 있음을 말해 주었다.

제4집단은 모래가 많은 경사면에 흙구덩이를 골랐다. 해가 지나면서 이곳은 모래 목욕을 하고 둥지를 틀기 위해 제비들이 많이 모여드는 곳이 되었다. 제4집단도 제5집단처럼 건기 동안에 이 메마른 지역으로 찾아와 손에 가득 흙을 담아 먹는다. 나는 이 장소를 몇 시간 동안 관찰했지만, 고릴라들이 제비를 잡으려고 하거나 제비 새끼와 알을 건드리는 것을 보지 못했다.

주로 식물을 먹는 고릴라는 손과 입으로 먹이를 잘 다듬어 식사를 준비해야 한다. 고릴라가 손과 입으로 먹이를 다듬는 능력은 천부적이라고 할 수 있다. 아마도 그 때문에 고릴라들이 서식처 주변의 사물을 이용하여 도구를 만들어 사용하는 것을 본 적이 없을 것이다. 이와는 대조적으로 야생의 침팬지는 먹이를 모으거나 물을 마실 때 나뭇가지나 잎을 이용하는 것으로 유명하다.

고릴라가 먹이를 구하기 위해 도구를 사용하는 일은 아마 일어나지 않을 것 같다. 주변의 먹이 자원이 도구의 사용을 필요로 하지 않을 정도로 충족되기 때문이다. 건기가 시작되고 넉 달이 지난 1969년의 어느 날 흰개미 한 무리가 연구지를 통과해 지나가고 있었다. 나는 고릴라가 침팬지처럼 나뭇가지를 써서 썩은 나무둥치 아래 있는 흰개미를 건져 내길 기대하고 있었다. 그렇지만 고릴라들은 흰개미를 전혀 먹을거리로 생각하지 않았고, 흰개미가 점령한 곳을 피해 주변의 풀이 난 곳으로 건너갔다.

따뜻하고 햇살이 좋은 날이면 먹이를 먹는 시간과 쉬는 시간 동안 만족감이 최고에 달한 고릴라들이 종종 위장이 울리는 것처럼 부드럽게 가르랑거리는 소리를 낸다. 나는 이 소리를 '트림 소리belch vocalization' 라고 이름 붙였다. 일반적으로 고릴라들은 기분이 좋을 때 나움naoom, 나움, 나움 하는 두 음절의 트림 소리를 낸다. 이 소리는 근처에 있는 다른 개체들에게로 연쇄반응을 일으키기 때문에 고릴라들의 위치와 개체 식별이 가능해진다. 관찰자는 고릴라들로부터 완전히 또는 일부분만 가려져 있는 수풀 속에서 고릴라들을 만나려고 할 때 이 소리를 모방함으로써 고릴라와 의사소통을 시도할 수 있다. 나는 트림 소리를 따라 하면서 고릴라들에게 나의 존재를 알리고 주변에서 나뭇가지가 부러지는 것과 같은 소리에 놀라는 것도 가라앉힐 수 있었다. 쉬고 있는 고릴라들 한가운데에 앉아 만족스러운 트림 소리를 내는 합창단원 중 하나가 되는 것은 정말 특별한 경험이다.

트림 소리는 가장 흔한 형태의 집단 내 의사소통 방법이다. 좀 더 긴 형태의 트림은 만족감을 뜻한다. 그렇지만 약간 짧은 트림 소리는 어린 고릴라를 부드럽게 꾸짖는, 훈육할 때 내는 소리이다. 다른 고릴라를 징계할 때 내는 좀 더 강한 소리는 '꿀꿀거림pig-grunt'이다. 이 소리는 마치 돼지가 돼지우리에서 먹이를 먹는 것처럼 거칠고 톡톡 튀는 소리이며, 주로 집단이 어떤 곳에 자리를 잡으면서 은색등과 다른 고릴라들 사이에 마찰이 생길 때 은색등이 낸다. 암컷 고릴라들은 먹이나 통행 우선권에 대해 갈등이 생길 때 이 소리를 내고 새끼들에게도 소리를 내기도 하는데, 특히 이유기의 막바지 동안 꿀꿀거리는 소리를 많이 낸다. 어린 고릴라들은 형제나 친구들과 거친 놀이를 하다가 다툼이 생길 때 꿀꿀거리는 소리를 내기도 한다.

대개의 책에서는 고릴라가 주로 내는 소리를 포효와 비명, 그리고 '뤄어wraaghs'로 구분하고 있다. 고릴라들이 나에게 익숙하지 않던 연구 초기에는 나 역시 이 소리들을 가장 많이 들을 수밖에 없었다. 나는 고릴라의 음성 신호에 관심이 매우 많았기 때문에 몇 달 동안 그들의 소리를 녹음하여 케임브리지 대학교로 가져가 분석했다. 높은 주파수의 경계음이 집단 내에서 일상적으로 나는 소리로 바뀌어 가는 걸 듣는 일은 꽤 보람 있었다. 나는 나중에 고릴라들에게 좀 더 가까이 다가가기 위하여 이 녹음한 소리를 사용하곤 했다.

1972년 말 카리소케 연구센터에 첫 학생들이 왔다. 그들과의 첫 번째 수업 내용은 고릴라의 트림 소리를 흉내 내는 것이었는데, 몇몇 학생들은 끝내 그 소리를 흉내 내지 못했다. 어떤 학생의 트림 소리는 염소가 '매에' 하고 우는 소리와 완전히 똑같았다. 그러나 몇 주 뒤에 고릴라들은 그 학생의 독특한 인사법에도 적응하게 되었다.

* * *

때로 고릴라가 가까이 있다는 것을 알아차리기도 전에 고릴라와 갑자기 마주치는 일이 생긴다. 이런 때는 굉장히 사나운 대접을 받게 되는데, 특히 고릴라 집단들끼리 충돌하는 동안이거나 고릴라가 밀렵꾼이 자주 다니는 곳 같은 위험한 지역을 지나가고 있을 때 또는 최근에 새끼가 태어난 경우에는 아주 심하다.

이런 상황에서 집단의 우두머리 은색등은 당연히 매우 보호적인 전략을 취할 수밖에 없다. 언젠가 나는 제8집단을 관찰하러 키 큰 수풀이 우거진 가파른 언덕을 여러 시간 올라간 적이 있었다. 갑자기 유리창이 깨지듯 주변의 대기가 산산조각 나는 것 같았다. 집단의 수컷 고릴라 다섯 마리가 굉음을 내면서 내게로 돌진했다. 예전에도 그랬지만 고릴라들이 공격할 때의 상황을 잘 파악할 수가 없었다. 고릴라들이 내지르는 소리는 거의 귀를 먹게 할 정도여서 소리가 어느 방향으로부터 들려오는지 알 수가 없기 때문이다. 내가 알 수 있었던 것이라고는 키 큰 풀들이 넘어지는 방향으로 보아 이 폭주 경운기들이 위쪽에서 달려왔다는 것밖에 없었다.

우두머리 은색등이 1미터 앞에서 나를 알아보고는 재빨리 멈춰 섰다. 그 때문에 뒤에서 달려오던 네 마리의 다른 수컷이 갑자기 멈추면서 엉켜 버렸다. 그 순간 나는 천천히 아래로 몸을 낮추면서 최대한 복종적인 자세를 취했다. 고릴라들은 머리털을 곤두세우고 송곳니를 완전히 드러냈으며, 보통 갈색 빛을 띠는 홍채가 노란색으로 빛나 고릴라라기보다는 고양이에 가까운 눈빛이었다. 그들이 두려워하면서 내뿜는 냄새가 퍼져 나갔다. 반 시간은 족히 다섯 마리의 고릴라들은 내가 살짝 움직이기만 해도 괴성을 질러 댔다. 30여 분이 지나자 나는 천천히 풀을 씹는 척할 수 있었다. 마침내 그들은 굳은 표정으로 언덕 위로 올라가면서 시야에서 사라졌다.

나는 그제서야 120미터 떨어진 경사면 아래에서 올라올 때 사람들이 소리를 질렀던 일이 기억났다. 그곳은 연구 초기에 와투치 목동들이 길을 따라 가축들을 자주 먹이러 다니던 곳이었다. 목동들은 여기저기서 고릴라들의 비명 소리가 들리자 풀을 먹이던 가축들을 몰고 숲에서 나오는 길이었다. 나중에 들은 이야기로는 사람들이 내가 고릴라들에게 갈기갈기 찢어졌을 것이라고 생각했다고 한다. 일어나 걸어 내려오는 나를 보고 그들은 내가 무시무시한 고릴라의 분노로부터 특별한 수무로 보호받고 있다고 생각했다.

사람들이 떠난 후 나는 다시 제8집단과 얼마간 거리를 유지하면서 그들이 제9집단과 충돌한 흔적을 찾기 위해 따라가기 시작했다. 길 위에 난 고릴라들의 흔적은 제9집단 역시 나에게 돌진해 왔으나 나와 마주치기 전에 그만두었다는 사실을 말해 주고 있었다. 내가 발견한 것은 경사면을 내려올 때 바로 내 아래쪽에 있었던 은색등 한 마리뿐이었다. 외톨이 은색등을 보고 제8집단이 왜 내게 돌진했는지를 이해할 수 있었다. 내가 다가가는 소리가 빽빽한 숲 사이로 들려왔을 때 고릴라들은 아마도 내가 어느 집단에게도 받아들여지지 못하는 외톨이 은색등이라고 생각했을 것이다.

고릴라가 달려드는 것이 단지 방어를 위한 것이고 결코 신체적인 피해를 주려고 하지 않는다는 사실을 알고 있다 해도, 고릴라가 달려들면 사람들은 본능적으로 달아나려고 한다. 따라서 고릴라는 거의 반사적으로 사람들을 쫓아가려는 충동을 느낀다. 나는 언제나 고릴라가 부드러운 천성을 갖고 있다는 것을 의심해 본 적이 없으며, 고릴라가 달려드는 행동은 기본적으로 허세 부리는 것이라고 확신한다. 하지만 고릴라들이 내지르는 터질 듯한 괴성을 듣고 엄청나게 빠른 속도로 달려드는 모습을 보고도 다가오는 고릴라들을 피하지 않으려면 주변의 수풀을 필사적으로 잡고 있어야만 한다. 주변에 아무것도 없었다면 나는 아마 틀림없이 뒤돌아 달렸을 것이다.

고릴라가 나에게 달려들었던 거의 모든 다른 경우처럼 이번 사건도 고릴라들이 나의 존재를 알아차릴 수 없도록 가파른 언덕 아래에서 고릴라들이 있는 곳 아래로 곧바로 올라간 나의 실수 때문이었다. 학생들이 경험한 것도 거의 마찬가지 상황에서이다. 연구지 밖에 있던 고릴라 집단과 마주쳤던 조사자들 몇몇은 달려드는 고릴라들에게 즉각적인 반사행동을 보인 탓에 엉망이 된 옷을 갈아입으러 캠프로 돌아와야 했다. 고릴라들은 얼굴을 알고 있는 사람이 가만히 바닥에 엎드려 있으면 해치지 않고 그냥 지나갔다. 그러나 그럴 때도 지나쳐 가는 고릴라들에게 살짝 얻어맞곤 한다. 고릴라를 보고 도망가는 사람들은 운을 바랄 수도 없다.

아주 유능한 학생 한 명도 역시 같은 실수를 한 적이 있었다. 그도 나처럼 제8집단에게 다가가려 언덕 바로 아래서 접근해 올라갔다. 그는 고릴라들이 근처에 있는지 모른 채 밀렵꾼들이 다니는 지역의 울창한 수풀 사이를 팡가로 시끄럽게 헤치며 올라갔기 때문에 누가 다가오는지 모르는 우두머리 은색등의 화를 돋우었다. 그 학생은 본능적으로 뒤돌아 달리기 시작했고 고릴라는 도망가는 무언가를 공격하러 뒤쫓아 갔다. 고릴라는 그를 때려눕히고, 가방을 찢고, 송곳니를 그의 팔에 막 박으려고 하는 순간 익숙한 관찰자임을 알아챘다. 은색등은 '미안해하는 얼굴 표정을 짓고' 뒤도 돌아보지 않고 나머지 고릴라들이 있는 쪽으로 즉시 돌아갔다고 한다.

연구 대상 집단이 아닌 고릴라들의 공격을 받고 도망갔던 또 다른 사람은 고릴라들에게 접근할 때 자신을 알리는 소리를 내어 고릴라들을 진정시키는 방법을 항상 무시하던 사람이었다. 그는 고릴라들에 대해 거의 적대적으로 행동하여 종종 고릴라들을 깜짝 놀라게 했다. 그는 거의 1년 동안 습관화된 고릴라들 속에서 무사히 일할 수 있었지만 마침내 운이 다했다. 시끄러운 관광객 무리를 이끌던 그는 바로 아래쪽에서 충돌하고 있던 두 집단을 향해 다가갔고, 즉시 은색등의 공격을 받았다. 은색등은 그를 10미터나 굴려서 갈비뼈를 세 개 부러뜨렸고, 그의 목 뒤를 깊이 물었다. 만일 목 앞쪽의 대동맥이 관통당했으면 생명에 치명적인 위협이 될 뻔했다. 그는 겨우 살아남아 '아슬아슬하게 살아남은' 모험담을 자랑하며 다닐 수 있게 되었다. 물론 그는 고릴라들에게 다가갈 때 지켜야 할 사항을 무시했다는 것은 결코 말하지 않았다.

또 다른 사건은 다른 고릴라들이 경고음을 냈음에도 불구하고 관광객 한 명이 제5집단의 새끼 고릴라를 '껴안으려고' 하면서 일어났다. 그가 새끼 고릴라에게 미처 손을 올려놓기도 전에 어미와 은색등이 새끼를 보호하기 위해 달려들었다. 그는 뒤돌아 도망가다가 넘어졌고, 부모 고릴라는 그 위로 올라가 그를 물고 옷을 찢었다. 몇 달 후 루엥게리에서 본 그는 여전히 팔과 다리에 심한 상처가 남아 있었다.

고릴라들이 공격한 일화들은 상당히 왜곡되어 전해진다. 인간이 그들의 영역을 침범해 들어오지 않았더라면, 고릴라들은 의심할 여지없이 다른 고릴라들의 침입으로부터 가족을 지키기 위해서만 공격적인 행동을 할 것이다. 나는 아직도 고릴라들이 사람에게 익숙해지는 것이 염려스럽다. 나의 아프리카인 직원들을 고릴라들에게 습관화시키지 않은 것도 그런 이유에서다. 이전부터 고릴라들에게 아프리카인은 밀렵꾼으로만 인식되어 있기 때문이다. 고릴라가 아프리카인을 보고 친구인지 적인지 구분하는 것은 창이나 화살, 총알로부터 생명을 지키는 것보다 덜 중요한 일이다.

활과 화살, 창과 총으로 무장한 백 명 가까이 되는 사람들이 산악 고릴라들의 마지막 은신처로 남은 이 공원에 마음대로 드나들도록 허락을 받은 것은 정말 이해할 수 없는 일이다. 침입자들이 비룽가의 야생동물을 마음대로 학대하지 못하도록 강력히 대응해야 한다. 능동적인 보전활동이야말로 가장 효과적인 방법일 것이다.

* * *

적극적인 보전활동이라는 것은 간단하다. 이것은 아프리카인 각자가 공원에 대한 자부심을 가질 뿐만 아니라 그들이 물려받은 소중한 유산을 지키는 것에 대한 책임감을 가지도록 개인적인 동기를 제공하는 것으로부터 시작된다. 동기가 부여되고 나면 아주 기초적인 물품들, 예를 들어 부츠와 작업복, 비옷, 충분한 음식, 그리고 적당한 임금 같은 것들로 실행될 수 있다. 따라서 장비를 갖춘 수백명의 밀렵방지 활동대가 카리소케부터 비룽가의 심장부로 들어가면서 덫을 치우고, 침입자의 총기를 압수하고, 덫에 걸린 동물들을 발견하여 풀어 주는 일을 하게 될 것이다. 르완다와 자이르 정부는 밀렵꾼, 덫, 가축지기, 농부, 양봉업자들이 가득 차 있던 성역에 불법 경작과 밀렵된 동물의 고기와 가죽, 상아의 거래를 강력히 규제하는 법을 실행해야 할 것이다. 적극적인 보전활동 때문에 장기 보전을 위한 다른 접근 방법을 실행할 수 없는 것은 아니다.

이론적인 보전정책은 적극적인 보전활동과 극명히 대립되는 결과를 가져온다. 르완다처럼 가난한 나라는 실질적인 접근보다 이론적인 접근이 더욱 매력적이다. 이론적인 보전정책이란 볼캉 공원을 둘러싼 기존의 길을 확장하고 공원 본부와 관광객의 숙박 시설을 개선하며, 공원 경계에 사는 고릴라들을 인간에게 익숙하게 만들어 관광객을 끌어들이는 등 관광을 통한 성장을 모색하여 보전 사업이 수반되게 하는 방식의 정책이다. 이론적 보전정책은 특히 르완다 정부와 공원 관계자들이 지지하는 방식으로 당연히 그들은 볼캉 공원이 국제적인 관심을 얻는 동시에 국토가 좁은 나라에서 공원의 경제성을 추구하는 것을 정당화하기 위해 열심이다. 이런 노력으로 볼캉 공원을 찾는 관광객의 수는 점점 늘고 있다. 1980년에 관광을 위해 방문한 사람의 수는 1979년의 두 배가 넘었다.

그러나 그들은 200여 마리의 남아 있는 고릴라와 하루하루를 살아남기 위해 분투하는 비룽가의 야생동물에게 즉각적인 도움이 필요하다는 것을 미처 깨닫지 못했다. 고릴라와 공원의 다른 야생동물에게는 기다릴 수 있는 시간이 없다. 덫 하나, 총알 한 방이 고릴라를 죽일 수 있다. 따라서 보전활동은 위기에 처한 존재들을 위해 집중되어야 한다. 직접적인 활동을 펼치고 난 후에야 다른 이론적인 보전정책을 수행하는 일이 가능해질 것이다. 지역 사람들에게 고릴라를 사랑하고 관광객을 끌어들이기 위한 교육을 시키는 일은 242마리의 고릴라들이 살아남아 다음 세대 관광객들에게 즐거움을 제공할 수 있도록 하는 데 도움이 되지 못한다.

대중의 관심과는 먼 곳에서 소수의 사람들이 공원과 야생동물을 보호하기 위해 쉬지 않고 일하고 있다. 그들 중 한 명이 폴랭 은쿠빌리 Paulin Nkubili다. 그는 르완다의 여단장으로서 공원에서 밀렵된 야생동물의 밀거래를 강력하게 처벌한 인물이다. 그의 노력으로 고릴라의 손과 머리를 기념품으로 거래하는 시장이 사라졌다. 와투치족의 루체마 집안 사람들 역시 보이지 않는 곳에서 야생동물을 지키는 사람들이다. 원래 공원 안에서 불법으로 가축을 키우던 그들은 이제 적극적인 보전 활동가가 되어 공원의 밀렵방지 순찰활동을 이끌고 있다. 카리소케 연구센터의 명예직원인 폴랭 은쿠빌리와 순찰대원들은 모두 개인적인 동기로 시작하여 예상 밖의 열정으로 활동하였으며, 이 일로 사적인 이득을 바라지 않았던 사람들이다. 비룽가의 미래는 이러한 사람들의 손에 달려 있다.

4 고릴라 가족의 삼대 : 제5집단

나를 비소케 산의 제4집단에게로 처음 안내해 준 사람은 역설적이게도 밀렵꾼들이었다. 활과 화살을 들고 다이커를 사냥하던 바트와족 두 명이 비소케 경사면에서 터져 나온 소리를 듣고 나에게 고릴라가 있는 곳을 알려 주러 캠프로 왔다.

나는 밀렵꾼들을 따라 그곳으로 갔고, 카리소케 캠프를 세운 후 고릴라들과 처음으로 만난 것에 의기양양해져서 캠프로 돌아왔다. 그날 밤 야장을 정리하면서 나는 캠프 바로 뒤에 있는 비소케 경사면에서 고릴라들이 가슴을 두드리는 소리와 그 밖의 다른 소리를 들었다. 그 소리는 그날 아침 제4집단이 떠난 곳으로부터 1.5킬로미터쯤 떨어진 곳에서 났다. 일반적으로 고릴라 집단은 하루에 400미터 정도밖에 이동하지 않으므로, 나는 이들이 카리소케의 두 번째 연구 집단인 제5집단이 될 고릴라들임을 깨달았다.

다음 날 아침 나는 전날 밤에 소리가 났던 곳으로 올라가서 고릴라들이 남긴 흔적들을 수집하고 캠프보다 한참 높은 곳에 있는 산등성이를 수색했다. 나를 보자마자 한 마리를 빼고 모든 고릴라들이 즉시 숨어 버렸다. 젊은 고릴라 하나가 가슴을 두드리는 등 과시행동을 하며 가지 사이를 건너다니다가 잎이 두껍게 쌓인 바닥으로 처박히고 말았다. 나는 지체 없이 그 녀석의 이름을 이카루스Icarus라고 붙였다. 나중에 15개체들로 이루어진 집단임을 알게 된 제5집단의 다른 구성원들은 먹이를 먹던 곳에서 5~6미터 떨어진 곳으로 가서 수풀 사이로 조심스럽게 나를 살펴보고 있었다. 그러나 악동 이카루스는 곡예를 보는 것 같은 나무타기 실력을 자랑하려고 하거나, 야생 셀러리 줄기를 씹고 있는 최초의 인간을 주의 깊게 보기 위해 대담하게도 다시 나무로 올라갔다.

제5집단과 처음 만난 30분 동안 나는 집단 내에 암컷과 어린 개체들을 보호하는 자세로 있던 은색등 두 마리가 있음을 깨달았다. 그 두 수컷들이 내는 불협화음 때문에 그들의 위치를 쉽게 파악할 수 있었다. 나이가 더 많고 깊은 쿼어 소리를 내던 으뜸 수컷은 베토벤Beethoven이라는 이름을 지었고, 높은 소리를 내는 젊은 은색등은 바르톡Bartok이라고 이름을 붙였다. 따라서 나중에 찾은 성숙한 검은등은 브람스Brahms라고 이름 짓지 않을 수가 없었다. 놀라서 눈이 휘둥그레진 새끼를 안고 있는 네 마리의 암컷들도 보였다. 암컷 고릴라 중 하나가 이카루스가 신나게 돌아다니던 나무 밑에 조용히 앉았다. 가슴에 새끼를 꼭 안고 있는 그녀는 이카루스가 까부는 것을 염려하는 듯했다. 나는 확실히 그녀가 어린 광대의 어미라고 생각했다. 둘의 얼굴 모습이 매우 닮았고 이카루스가 정기적으로 그녀를 찾아갔기 때문이다. 특별한 이유 없이 나는 그녀의 이름을 에피Effie라고 지었고, 그녀의 품에 안겨 있던 밝은 눈의 새끼는 파이퍼Piper라고 이름 붙였다. 고릴라들과 내가 만난 지 거의 한 시간 정도 지나자 그들은 먹이를 구하기 위해 다른 장소로 이동했다. 나의 기본 규칙 중 하나는 한 집단이 떠나려고 선택할 때 결코 따라가지 않는 것이기 때문에 나 역시 이카루스가 잠깐 동안 나뭇가지를 들고 나무에 올라가 있었음에도 그곳을 떠나 돌아왔다.

나는 규칙적으로 제5집단을 찾아가 관찰했기 때문에 그들과의 습관화는 원만하게 진행되었다. 카리소케에서의 첫해에 나는 제5집단의 고릴라들에게 5~6미터 내로 접근할 수 있었다. 베토벤은 다른 수컷들인 바르톡이나 브람스가 자신의 집단 내에 머무는 것을 용인하는 듯했다. 그가 두 수컷들을 암컷과 새끼들을 지키는 경비병으로서 의지하고 있는 것처럼 보였기 때문이다. 지위가 가장 높은 암컷인 에피와 두 살 가량의 딸인 파이퍼, 그리고 대여섯 살 정도인 이카루스가 베토벤과 가장 가까운 위치를 차지했다. 베토벤은 자식들이 그의 넓은 은색등을 타고 놀며 응석 부리는 것을 받아 주는 좋은 아비였다. 집단에서 두 번째로 지위가 높은 암컷은 마체사Marchessa로 에피를 무척 조심스럽게 대했다. 그러나 한 살 반가량 된 마체사의 딸 팬치Pantsy는 주저 없이 파이퍼나 이카루스와 어울렸다. 팬치는 만성 천식에 걸린 것 같았는데, 그 때문에 목소리가 변하게 되어 그런 이름을 갖게 되었다(이름의 'pant'는 '숨이 거친', '헐떡거리는'이라는 뜻이다: 옮긴이). 팬치는 눈과 코가 자주 심하게 말라 있었으나 마체사는 팬치의 얼굴을 닦아 주려 한 적이 없었다. 네 마리의 암컷들 중 나머지 두 암컷들은 한동안 이름을 붙일 수 없었다. 빽빽한 수풀 속에 숨어 있기만 해서 누가 누구인지 구분을 할 수 없었기 때문이다. 리자Liza와 아이다노Idano는 나에 대한 경계심이 없어지고 나서야 서로 구분이 되었고, 제5집단에서 가장 마지막으로 이름을 붙일 수 있었다.

이카루스의 지칠 줄 모르는 호기심과 대담함 때문에 나는 제5집단에게 쉽게 다가갈 수 있었다. 이카루스는 종종 막 자라 나온 어린나무부터 늙고 육중한 나무까지 모든 하게니아 나무 위를 뛰어다니며 위험한 과시행동을 보였다. 하루는 이 악동 녀석이 올라서기에 충분히 단단하지 않은 나뭇가지에서 장난을 치려고 하다가 가지가 부러지면서 땅으로 처박히고 말았다. 부스럭거리는 소리가 채 진정되기도 전에 베토벤과 바르톡의 포효로 공기가 진동했다. 두 수컷은 마치 추락사고의 책임이 나에게 있는 것처럼 여긴 암컷들 앞에서 위협적인 자세로 서 있었다. 3미터 앞까지 왔을 때, 그들은 멀쩡한 상태로 다른 나무를 올라가고 있는 이카루스를 발견했다. 장난꾸러기 녀석은 천사처럼 순진한 표정을 짓고 있었으나 두 수컷들은 긴장을 풀지 않았다. 대기는 긴장한 두 수컷들이 내는 자극성의 냄새로 가득 찼다.

그때 당황스럽게도 이카루스의 여동생인 파이퍼가 그가 떨어졌던 부러진 나무 위로 올라갔다. 파이퍼는 어설프게 빙빙 돌고, 발로 차고, 가슴을 두드리기 시작했다. 파이퍼는 나와 고릴라들의 관심을 자신에게 돌리기 위해 자존심도 누그러뜨리는 것 같았다. 아무리 대단한 예술가에게도 그렇게 열정적인 관객들은 없을 것이다. 마치 한순간에 내가 뛰어올라 파이퍼를 낚아채기라도 할 것처럼 은색등들의 시선이 나와 파이퍼 사이를 오갔다. 서로 눈이 마주치기라도 하면 은색등들은 고함을 내질렀다. 갑자기 이카루스가 긴장감을 깨 버렸다. 파이퍼가 올라간 나무로 따라 올라가 은색등들 뒤에서 술래잡기놀이를 시작한 것이다. 그제서야 세 은색등들은 가슴을 두드리며 긴장을 풀고는 수풀 뒤로 사라졌다. 나는 꽉 잡고 있어 땀에 젖어 버린 풀들을 놓았다.

경사면에 있는 고릴라들은 항상 인간이나 심지어는 접근해 오는 다른 고릴라들보다 위쪽에 있어야 안전하다고 느끼기 때문에, 고릴라 집단에게 다가가려고 할 때는 아래쪽에서 그들이 있는 곳으로 곧장 올라가지 않는다. 그렇지만 몇 번은 빽빽한 수풀이 가로막아 어쩔 수 없이 바로 아래에서 올라간 적이 있다. 무거운 나그라 녹음기를 들고 올라갔던 때가 생생히 기억난다. 나는 먹이를 먹고 있던 고릴라들이 있는 곳에서 바로 아래 5미터까지 올라와 내가 있음을 알리는 소리를 부드럽게 냈다. 나는 근처 나무에 마이크를 설치하고 녹음기를 땅바닥에 고정시켰다. 호기심에 가득 찬 새끼 고릴라들과 어린 고릴라들이 이상한 물건들을 구경하기 위해 나무 위로 올라가 내려다보았다. 그들은 나를 알아보고 무른 베르노니아 묘목 사이를 활보하며 놀기 시작했다. 어린 고릴라들이 곡예를 하며 내는 시끄러운 소리가 울려 퍼지자 보이지 않는 경사면 먼 곳에서 들리던 어른들의 먹이 먹는 소리가 그쳤다. 예상했던 대로 은색등들은 즉시 암컷들을 데리고 신경질적으로 울부짖으며 내가 있는 곳으로부터 3미터 거리 내로 다가왔다. 고릴라들이 내지르는 소리가 너무도 갑자기 커졌기 때문에 녹음기의 측정기 바늘이 요동쳤다. 나는 녹음되는 소리의 크기를 조절하고 싶었지만 조금만 움직였다가는 극도로 흥분한 고릴라들에게 공격을 받을 것 같았다. 나는 마이크 따위는 까맣게 잊어버리고 '절대로 여기서 살아 나가지 못할 거야!'라고 중얼거렸다. 녹음 테이프가 다 돌아갔지만, 나는 바로 위에서 내려다보고 있던 은색등과 신경질적으로 공회전하고 있는 녹음기를 무력하게 쳐다보는 수밖에 없었다. 고릴라들이 모두 시야에서 사라졌을 때도 나는 녹음기를 끌 수 없었다. 그날 밤 오두막에서 낮에 녹음했던 것을 들으며 고릴라들의 포효 소리 사이에서 새어 나오던 나의 독백을 듣고 나는 웃지 않을 수 없었다. 너무나 공포스런 상황에 놀라 내가 중얼거렸던 것을 까맣게 잊고 있었던 것이다.

나는 몇 달 동안 그들의 음성을 녹음한 후에 음성 스펙트로그램(음성을 주파수, 음량 등의 단순한 구성 성분으로 나누고 시간에 따른 성분들의 크기 변화를 기록한 그림: 옮긴이)을 분석했다. 은색등이 뤄어 하는 소리를 냈을 때 개체들의 반응은 각각 뚜렷한 차이가 있었고, 다른 소리들 역시 개체마다 달랐다. 이 결과들은 먼 곳에서도 고릴라들이 소리로 각각을 구별한다는 것에 대해 의심의 여지가 없음을 뒷받침하고 있다.

카리소케 연구센터에 온 지 2년이 지난 1969년까지도 우리는 안부지대에서 가축을 다 몰아내지 못했고, 그 때문에 제5집단은 끈질기게 비소케 산 남동부 경사면에만 붙어 있었다. 종종 산등성이를 따라 수색하다 보면 해변 마니아들처럼 일광욕을 즐기고 있는 동물들을 어렵지 않게 찾을 수 있다. 그런 때에는 인간으로 인한 영향을 받지 않은 상태에서 그들끼리 어떤 상호행동들을 하는지 보기 위해 숨어서 관찰하기도 했다.

드물게 해가 나던 어느 날 맛있는 풀이 풍부한 움푹 패인 장소로부터 제5집단의 고릴라들이 내는 만족스런 트림 소리가 들렸다. 나는 조용히 산등성이로 올라가 덤불 아래에 누워 쌍안경으로 평화로운 가족을 관찰하기로 했다. 가장인 베토벤은 햇빛이 동그랗게 비치는 곳에 잠자리를 만들었다. 그가 눕자 주변의 암컷들보다 두 배가 큰 은색 언덕이 생겼다. 그는 몸무게가 어림잡아 160킬로그램, 나이는 40세 정도일 것이다. 등에 난 은색 털은 허벅지와 목 그리고 어깨에까지 났고,

등허리 쪽 부분이 거의 흰색인데 비해 이곳들은 회색빛이 났다. 몸집과 은색 털 말고도 성적 이형성을 나타내는 중요한 부분으로 두드러져 보이는 시상릉과 송곳니를 들 수 있다. 암컷에게서는 이러한 특징들을 관찰할 수 없다.

베토벤은 천천히 몸을 돌려 만족스런 소리를 내면서 등을 땅에 대고 굴렀다. 그러고 나서 가장 최근에 얻은 자식인 6개월짜리 새끼 퍽 Puck을 다정하게 바라보았다. 퍽은 어미인 에피의 품 안에서 요리조리 돌아다니며 놀고 있었다. 베토벤은 퍽의 목덜미를 잡고 부드럽게 들어 올려 안고 때때로 털손질을 해 주었다. 퍽의 모습은 거대한 아버지의 손에 가려 거의 보이지 않았고, 나중에 다시 에피의 품으로 돌아와서야 그녀에게 안겨 있는 것을 볼 수 있었다.

자식과 함께 있는 은색등의 다정한 모습은 고릴라와 지낸 기간 동안 관찰되는 전형적인 장면이다. 자식에 대한 특별한 관대함을 보고 있으면 킹콩 이야기 따위는 생각할 수 없게 된다.

제5집단의 우두머리인 베토벤은 그동안 다른 집단과의 충돌을 통해 얻었거나 제5집단의 전 우두머리가 죽음으로써 얻은 암컷들인 에피와 마체사, 리자, 그리고 아이다노에 대해 번식에 대한 독점적 권리를 갖고 있었다. 베토벤은 바르톡과 브람스가 집단 내에 있는 것을 용인했다. 얼굴이 매우 닮은 점으로 미루어 보아 그들은 베토벤과 혈연관계가 있는 것 같았다. 그러나 두 젊은 은색등은 번식할 나이에 이르자 더 이상 집단 내에 머무를 수 없었다. 에피, 마체사, 리자, 그리고 아이다노는 모두 베토벤에게 속한 암컷들이기 때문에 그들에게는 번식할 수 있는 기회가 없었다. 바르톡과 브람스는 차례로 제5집단을 떠나 근처의 반경 300미터 내외에서 돌아다니는 것이 관찰되었다. 그들은 약 9개월 후에는 적절한 곳을 찾아 아주 먼 곳까지 여행하는 '외톨이 은색등'이 되어 갔다. 이런 경우에 두 은색등들은 모두 다른 집단들과 종종 마주치게 되며, 여기서 암컷을 얻어 자신만의 하렘을 만들고 궁극적으로는 자신의 집단을 만들 기회를 갖게 된다.

1971년까지 바르톡과 브람스 모두 제5집단으로부터 가까운 곳에 있었다. 바르톡은 '코끼리 터널' 위에 있는 비소케 산의 동북부 경사면을, 브람스는 비소케 산과 카리심비 산 사이에 있는 언덕과 안부지대를 선택했다.

연구에 참여한 르완다인들은 지난 4년 동안 뛰어난 추적꾼이 되었다. 그들은 주요 연구 집단뿐만 아니라 외톨이 은색등과 때때로 카리소케 연구 지역에 등장하는 연구 지역 주변부 집단들까지 추적할 수 있게 되었다. 어느 이른 아침에 추적꾼 두 명이 흥분하여 외톨이 은색등의 흔적을 캠프 바로 아래쪽에서 찾았다고 말하고는 나를 첫 번째 언덕이라는 뜻의 음리마 모자Mlima Moja로 데리고 갔다. 우리는 은색등의 잠자리 흔적을 조사하던 중 언덕 아래 120미터쯤 떨어진 곳에서 갑작스러운 비명 소리를 들었다. 소리가 난 곳을 향해 달려갔을 때 우리가 목격한 것은 활과 화살을 들고 있는 밀렵꾼으로부터 도망치고 있는 브람스였다. 우리는 아래로 내려가 브람스가 밀렵꾼과 마주쳐 도망가기 시작한 장소에 도착했다. 고릴라가 있던 곳은 피가 튄 잎들과 설사의 흔적이 있었고, 그 뒤로 인간의 맨발자국이 따라붙었다. 본능적으로 양쪽은 서로를 방어하려고 했다. 브람스는 공격함으로써, 밀렵꾼은 브람스의 가슴에 활을 겨눔으로써.

우리는 거의 세 시간 동안 부상당한 은색등을 찾아 따라갔다. 그러나 그는 가능한 한 인간에게 공격당한 장소에서 가장 멀리 떨어지려 한 것 같았다. 브람스가 때때로 쉬어 간 곳에는 수풀 위에 둥그런 핏자국이 남아 있었다. 간헐적인 포효와 가슴을 두드리는 소리, 그리고 고통과 분노 때문에 극도로 흥분한 동물이 나뭇가지를 부러뜨리는 소리가 들려 우리는 그가 치명적인 부상을 입지는 않았을 것이라 판단했다.

우리가 따라가는 것이 그를 불필요하게 자극할까 우려되었기 때문에 중간에 추적을 그만두었다. 브람스는 그날 늦게 카리심비 산의 낮은 경사면에 도착했다. 다음 날 아침 추적꾼이 비어 있는 그의 잠자리를 발견했다. 잠자리에는 피가 거의 묻어 있지 않았고, 그의 이동 흔적은 카리소케 연구 지역으로부터 멀리 떨어진 카리심비 산으로 이어졌다.

1년이 지난 후에 브람스는 카리심비에 있는 집단들에서 암컷 두 마리를 얻었다. 브람스는 그들과 함께 마침내 자기 자신의 새로운 집단의 시작을 알리는 새끼 두 마리를 얻었다.

브람스와 바르톡은 모두 1971년 6월에 태어난 곳이라 추측되는 제5집단을 떠났다. 그로부터 6개월 전에 베토벤은 제4집단과의 충돌을 통해 브라바도Bravado라고 이름 붙인 아직 출산 경험이 없는 암컷을 얻었다. 출산 경험이 없는 암컷은 보통 외톨이 은색등이나 작은 집단에 합류한다. 큰 집단에는 이미 으뜸 은색등에 대한 암컷들의 서열이 있기 때문이다. 때문에 브라바도가 제5집단으로 들어간 것은 놀라운 일이 아닐 수 없었다. 제5집단에는 이미 베토벤의 오랜 부인들인 에피, 마체사, 리자, 아이다노가 서열을 형성하고 있었기 때문이다.

열 달 동안 브라바도의 행적을 따라 다녔지만 그녀는 결코 제5집단의 가족으로 동화되지 못한 것 같았다. 1971년 10월에 브라바도는 이틀간에 걸친 제4집단과 제5집단의 만남에서 혈연들과 재회할 수 있었다. 그들은 우리가 '만남의 장소'라고 부르는 캠프 바로 뒤의 산등성이에서 마주쳤는데, 그곳은 30미터 정도의 작은 골짜기가 사이를 가르는 두 개의 산등성이로 이루어져 있어 당시 두 집단의 영역을 구분해 주었다. 제4집단과 제5집단은 종종 이곳에서 마주쳤는데, 이곳은 양쪽 집단에게 모두 서로를 가장 잘 볼 수 있는 곳이어서 은색등들의 과시행동의 효과를 높일 수 있었다.

베토벤은 제4집단의 우두머리인 엉클 버트Uncle Bert보다 경험이 많았다. 그는 끊임없이 뽐내며 걷고, 가슴을 두드리고, 가지를 부러뜨리며 과시행동을 하는 엉클 버트에게 꽤 너그러웠다. 엉클 버트는 가슴을 두드리는 과시행동을 하기 전에 보통 길게 '우우' 하는 소리를 냈다. 고릴라 집단끼리 충돌할 때 은색등들이 내는 이 소리는 숲에서 반경 1.5킬로미터까지 울려 퍼진다.

두 집단이 마주친 첫날 베토벤은 엉클 버트가 우우 하는 소리에 대해 가끔씩만 반응을 보였고, 제5집단의 성체 암컷들도 어린 은색등에게 베토벤만큼이나 별로 관심이 없는 듯했다. 하지만 브라바도는 예전에 자신이 속해 있던 집단임을 알아보자 즉시 계곡을 건너갔고, 그 뒤를 이카루스와 파이퍼가 따라갔다. 제4집단의 영역에 도착하자 그들은 젊은 고릴라들과 신나게 뛰어놀았다. 마지막으로 본 지 열 달이 지났지만 브라바도는 여전히 그녀가 태어난 곳을 기억하는 것이 분명했다. 젊은 고릴라들은 브라바도의 주위를 둘러싸고 그녀와 포옹한 후에 놀이를 시작했다.

그날 저녁 엉클 버트는 베토벤 집단의 일원들인 브라바도와 이카루스, 파이퍼가 그의 무리에 섞인 채 베토벤이 있는 쪽으로 이동하는 실수를 했다. 베토벤은 초보 은색등의 무모한 짓을 간과하지 않았다.

그는 가족들을 뒤로하고 과시행동을 하며 엉클 버트가 있는 쪽으로 내려왔다. 두 우두머리는 불과 1미터 거리 내로 접근했다. 그들은 나란히 멈추어 서서 서로를 노려보는 듯했다. 양쪽 집단의 고릴라들은 두 은색등의 긴장 상태를 숨죽이고 지켜보았다.

계속된 긴장을 견디기 어려웠는지 엉클 버트가 갑자기 두 발로 일어서서 가슴을 두드리고 둘 사이의 수풀들을 시끄럽게 내려치기 시작했다. 이런 행동은 그때까지 참고 있던 나이 많은 은색등을 자극시키기에 충분했다. 베토벤은 분노하여 고함을 지르면서 엉클 버트를 공격했다. 창피하게도 젊은 은색등은 신경질적인 비명을 지르며 가족들이 있는 아래쪽으로 도망쳤다. 베토벤은 엉클 버트를 쫓아가는 대신 원래 자리에 다시 앉아 당황스러워하는 제4집단의 개체들을 비웃듯 쏘아보았다. 엉클 버트는 15미터 아래에서 멈추었다. 그는 충분히 안전한 거리라고 느꼈는지 가슴을 두드리고 우우 하는 소리를 내는 과시행동을 재개했다. 그러나 베토벤은 엉클 버트를 무시하고는 가족들이 기다리고 있는 언덕 위쪽으로 올라갔다. 그는 두 번 멈추어서 엉겅퀴를 먹는 척하며 엉클 버트의 행동을 살펴보는 듯했다. 파이퍼가 베토벤의 뒤를 따라 올라갔다. 그러나 이카루스와 브라바도는 아쉬운 표정으로 제4집단이 있는 방향을 응시했다.

엉클 버트는 브라바도를 다시 데려오려고 하다가 한 번 더 큰 실수를 한 적이 있다. 베토벤은 화가 나서 엉클 버트를 공격하러 내려갔다. 이번에 엉클 버트는 가족이 기다리는 곳까지 쉬지 않고 도망가야 했다. 베토벤은 엉클 버트를 오랫동안 정면으로 노려보고는 이카루스와 브라바도를 언덕 위쪽으로 밀고 가 시야에서 사라졌다. 베토벤과 제5집단의 고릴라들 사이에 만족스런 트림 소리가 오갔다. 약간의 휴식 시간이 지나자 제4집단은 소리 없이 아래쪽으로 내려갔다.

두 집단이 마주친 장소가 캠프 바로 뒤였기 때문에, 나는 밤에 두 은색등들이 가슴을 두드리고 우우 하는 소리를 주고받는 것을 들을 수 있을 것이라 기대했다. 그러나 예상 외로 캠프 뒤쪽은 밤새 조용했다. 아마 두 집단은 갈라져서 각각 집단의 행동권 중심부로 돌아간 것 같았다. 그래서 나는 다음 날 아침 '만남의 장소'로 돌아갔다. 그러나 거기서 다음 날의 대결을 준비하기 위해 활기차게 가슴을 두드리고 소리를 내는 등 준비운동을 하고 있던 엉클 버트를 보고 놀라지 않을 수 없었다.

젊은 은색등의 외교 능력이 영 부족하다고 확신하고 있던 나는 두 집단이 머물던 산등성이 사이의 계곡을 올라갔을 때 깜짝 놀랐다. 브라바도가 이카루스와 파이퍼, 그리고 마체사의 어린 딸인 팬치까지 데리고 다시 제4집단의 산등성이로 향하고 있었다. 그들은 제4집단의 젊은 고릴라들과 열렬한 재회 인사를 나눈 뒤 함께 레슬링과 텀블링 놀이를 시작했다.

엉클 버트는 가족들과 10여 미터 떨어진 산등성이의 꼭대기에 올라가 활기차게 뛰고, 가슴을 두드리고, 우우 하는 소리를 냈지만 베토벤으로부터 거의 아무런 반응도 얻어 내지 못했다. 거의 두 시간이 지나서야 베토벤은 천천히 보초 서는 장소로 올라가서 육중하게, 그러나 조용히 그의 암컷과 새끼들이 떠난 제4집단을 내려다보았다. 엉클 버트는 즉시 소리를 멈추었다. 그는 발이 땅을 차고 나가는 듯 과장된 행동을 하며 산등성이를 오르내리는 과시행동을 했다. 두 은색등이 내뿜는 냄새가 25미터 떨어져서 지켜보고 있는 나에게까지 점점 강하게 느껴져 왔다. 베토벤이 천천히 엉클 버트를 보러 올라갔다. 둘은 머리를 꼿꼿이 쳐들고 몸집이 가장 커 보이는 자세를 취하면서 얼굴을 마주 보고 설 때까지 과시하며 다가갔다.

몇 초 후 둘은 로봇 병사처럼 뒤로 돌아서서 갈라졌다. 베토벤은 아래쪽으로 내려갔고, 엉클 버트는 브라바도와 제4집단이 소리 없이 응원하는 위쪽으로 올라갔다. 베토벤이 갑자기 몸을 돌려 제4집단의 한가운데로 뛰어들었다. 모든 고릴라들이 비명을 지르며 베토벤을 저지했지만, 베토벤은 단념하지 않고 제4집단을 공격하며 브라바도가 있는 쪽을 향하였다. 브라바도는 베토벤이 다가오자 무릎을 꿇고 복종하는 자세를 취했다. 베토벤은 브라바도의 목덜미를 움켜쥐고 무리 밖으로 끌고 나갔다. 산등성이를 내려오면서 그들은 제5집단의 나머지 세 고릴라들을 만났다. 베토벤이 따라오라고 위엄 있게 꿀꿀거리는 소리를 내자 어린 고릴라들은 공포에 질린 표정으로 베토벤에게 복종하며 따라갔다. 그들이 제4집단으로부터 25미터 정도 내려왔을 때 엉클 버트가 가슴을 두드리고 우우 하는 소리를 내며 정적을 깨뜨렸다. 베토벤은 즉시 멈추어서 몸을 돌려 엉클 버트를 도전적으로 쏘아보고는 다시 브라바도와 이카루스, 파이퍼, 팬치를 데리고 산등성이를 내려갔다. 아래쪽에 다다르자 젊은 네 고릴라들은 긴장을 푸는 의미로 놀기 시작했다. 베토벤은 엉클 버트가 찾기 어렵도록 빽빽한 풀숲 가운데에 앉았다.

몇 분 후에 엉클 버트가 과시행동을 하며 아래쪽으로 내려왔고, 그 뒤에는 그의 집단에 있는 어린 고릴라들이 그의 대담한 과시행동을 우스꽝스럽게 흉내 내며 따라왔다. 풀숲 속에 숨어 있었지만 엉클 버트가 다가오는 것을 알고 있던 베토벤은 마지막 결전을 벌이려고 생각하는 것 같았다. 그러나 베토벤은 책임감 있게 그의 젊은 고릴라들을 제5

집단이 기다리고 있는 곳까지 데리고 돌아왔다. 이로써 그들의 충돌은 끝이 났다. 다음 날 양쪽 집단의 고릴라들은 자신들의 영역에서 쉬거나 먹이를 먹으면서 앞으로의 이동을 준비했다.

집단 간의 충돌을 관찰하면서 처음 보게 된 이런 특별한 조우는 은색등들끼리 물리적인 충돌을 피하기 위한 특별히 극단적인 경우였다. 나이가 더 많고 경험이 풍부한 제5집단의 은색등은 제4집단의 무모한 신출내기 은색등과 싸웠다면 큰 상처를 입었을 것이다. 대신 베토벤은 의례적인 과시행동을 통해 육체적 부상을 피했다.

몇 년이 지나고 야외에서 몇천 시간을 보낸 후에 나는 암수 고릴라들이 입는 부상의 62%가 외톨이 은색등이나 집단 같은 사회집단 단위 간의 상호작용에서 발생한다는 것을 알 수 있었다. 여섯 개의 비룽가 화산지대에서 찾은 64개의 골격 표본에서 은색등들의 74%는 머리에 입은 상처가 아문 흔적이 있었고, 80%는 송곳니가 부러졌거나 빠져 있었다.

고릴라의 회복 능력에 대해서는 놀라움을 금할 수 없다. 은색등의 공격으로부터 회복된 두 개의 두개골 표본은 은색등의 이빨에서 부러져 나온 듯한 송곳니 조각이 전두골에 박혀 있었다. 두 피해자는 아마도 어린 시절에 공격을 받았을 것으로 생각된다. 송곳니가 뚫은 자리 주변을 가골이 에워싸고 있었기 때문이다. 이 두개골들은 은색등이 엄청나게 강한 힘을 갖고 있다는 것을 단적으로 보여 준다. 은색등 고릴라의 강한 신체와 공격적 행동은 자신의 집단을 평화롭게 지켜 내기 위해 성공적으로 진화한 특징이라고 생각할 수 있다.

* * *

이틀에 걸친 제4집단과 제5집단의 충돌이 있고 나서 일곱 달 후인 1972년 8월에 브라바도는 첫 번째 새끼를 출산했다. 우리는 관찰을 시작한 1967년 이래로 제5집단에서 여섯 번째로 태어난 이 귀여운 수컷에게 커리Curry라는 이름을 지어 주었다. 커리는 다른 새끼들처럼 이 집단 내에서 유일하게 성적으로 성숙한 수컷인 베토벤의 새끼였다. 나는 커리의 출생으로 브라바도와 우두머리 수컷의 관계가 좋아져 그녀의 지위가 좀 나아지기를 바랐지만, 브라바도는 여전히 제5집단에서 서열을 형성하고 있는 암컷들인 에피, 마체사, 리자, 아이다노의 눈치를 살펴야 했다. 커리가 태어나고 오히려 브라바도가 구석에서 보내는 시간이 많아졌기 때문에 어린 커리에게는 사회적 접촉을 할 기회가 매우 적었다. 아홉 달이 지나서야 브라바도는 커리가 베토벤의 다른 새끼들과 털을 골라 주거나 껴안고 같이 놀 수 있게 허락해 주었고, 비로소 커리는 활발하고 사교적인 고릴라로 자랄 수 있게 되었다. 나는 그때서야 브라바도의 오랜 따돌림이 끝났다고 생각했다.

그런데 예상치도 못한 사건이 일어났다. 커리가 열 달이 되던 1973년 4월에 추적꾼이 제5집단과 은색등이 충돌한 후 도망간 자리에서 찢겨진 새끼의 시체를 발견했다. 부검 결과 열 군데가 심하게 물린 것으로 드러났다. 새끼는 은색등에게 물려 대퇴골이 부러졌고 장이 파열되어 복막염으로 바로 사망했다. 신체 부위를 측정하고 사진을 찍으면서 꼭 쥔 주먹 때문에 손톱자국으로 분홍색이 된 양 손바닥이 눈에 들어왔다. 커리는 내 연구가 시작된 이래 처음으로 영아살해의 희생자인 고릴라가 되었다.

커리의 시체를 회수하고 나서 우리는 고릴라들의 이동 흔적을 역추적했고, 외톨이 은색등이 낮에 쉬고 있는 제5집단을 공격했다는 사실을 알아냈다. 수많은 설사 흔적과 핏자국으로 미루어 보아 집단과 은색등 사이에는 심한 폭력 충돌이 있었음이 분명했다. 커리는 싸움이 일어난 곳으로부터 500미터쯤 떨어져 있었지만 다른 고릴라들은 거의 1.5킬로미터를 더 도망쳐 엉성한 잠자리를 만들었다. 제5집단과 다시 만날 수 있게 되었을 때 베토벤과 마체사, 아이다노는 심한 상처를 입은 상태였다.

커리가 죽고 나자 브라바도의 행동은 이해할 수 없이 변했다. 그녀는 집단의 젊은 고릴라들과 적극적으로 사교놀이에 동참했다. 마치 어린아이처럼 쫓아다니고 레슬링을 하는 브라바도에게서 어미였을 때의 근심하던 모습은 찾아볼 수 없었다. 나는 커리의 갑작스런 죽음에 너무나 슬펐기 때문에 브라바도에게서도 마찬가지로 스트레스의 징후가 보일 것으로 예상했었다. 나중에야 알게 되었지만, 처음 출산한 새끼가 살해당했을 때 대부분의 암컷은 꼭 브라바도와 같은 행동을 보인다. 다른 개체들과 사회적 결속을 강화하려는 이러한 행동은 새끼를 잃은 충격을 이기려는 방법인 것 같다. 또한 몇 달 동안 쉼 없이 새끼를 돌봐야 하는 상황에서 갑자기 해방되었을 때의 자유 때문으로도 설명될 수 있다.

커리가 죽고 나서 두 달 후에 제5집단은 은색등 한 마리와 검은등 한 마리로만 구성된 연구 지역 주변부 집단과 물리적 충돌을 겪었다. 브라바도와 그 당시에 여덟 살가량이었던 에피의 딸 파이퍼가 제5집단에서 새로운 집단으로 이주했다. 이 집단은 카리소케의 연구 지역에서 상당히 멀리 떨어진 곳이었기 때문에 우리는 1973년 6월 이후로 다시는 그들을 볼 수 없었다. 나는 어릴 때부터 계속 지켜보아 온 두 암컷을 볼 수 없다는 사실에, 그리고 현실적인 이유로는 그들의 앞날이 카리소케 연구 기록에서 영원히 사라지게 된다는 사실에 무척 상심했다.

두 마리의 암컷이 이주해 가고 브람스와 바르톡이 떠나 제5집단의 개체수는 1967년 처음 발견했을 때의 15마리에서 1973년 6월에는 10마리로 줄어들었다. 이 숫자는 그 기간에 태어난 네 마리의 새끼를 포함한 것이다. 커리가 죽고 얼마 지나지 않아 또 다른 사건이 일어났다. 늙고 수줍은 아이다노가 몹시 쇠약해져 갔다. 베토벤은 아이다노가 죽기 전 며칠 동안 이동 속도를 줄여 그녀가 따라올 수 있게 하였고, 그녀가 죽은 날 밤에 옆에서 잤다. 부타레Butare 대학교에서 실시한 아이다노의 부검 결과 그녀는 만성 장염과 복막염에 늑막염을 앓았고, 직접적인 사인은 세균성 간염인 것으로 밝혀졌다. 또한 아이다노는 커리가 죽은 날 있었던 끔찍한 폭력 충돌 때문에 새끼를 유산한 것으로도 밝혀졌다.

제5집단에 남아 있는 세 암컷인 에피, 마체사, 그리고 리자 중 가장 우위 암컷인 에피는 가장 뛰어난 어미였고, 내가 본 중 가장 성품이 한결같은 고릴라였다. 에피는 끈기 있고, 침착하고, 모성본능이 강했으며 새끼들의 아비인 베토벤과 누구보다도 긴밀한 관계를 유지했기 때문에 새끼들을 성공적으로 키워 낼 수 있었다. 에피는 새끼를 키우는 데 있어서 일관된 규율을 지키는 동시에 애정 표현을 적절히 해 주었기 때문에 사랑과 안정감 속에서 자란 새끼들은 자신감 넘치는 어른 고릴라가 되었다. 에피와 그녀의 세 자손인 14개월의 턱Tuck, 55개월인 퍽, 그리고 1973년에 11살가량일 것으로 추측되는 이카루스 사이에는 특별한 친밀감이 존재했다. 네 마리는 항상 끈끈하게 묶여 있어 제5집단 내에서도 작은 가족을 이루는 듯했다. 그들은 닮았을 뿐더러 다른 집단과 충돌했을 때 보여 주는 행동도 매우 비슷했다. 세 마리의 자손들은 모두 에피의 코무늬를 빼닮았고 목 주변에 회색 털이 나 있으며, 정도의 차이는 있었지만 모두 사시이거나 외(外)사시인 것이 에피와 매우 비슷했다. 에피의 핏줄에게서 나타나는 전형적인 특징 때문에 이들은 다른 개체들과 혼동되지 않았다.

제5집단에서 두 번째 서열의 모계 집단은 마체사의 무리이다. 마체사는 처음 발견했을 때인 1967년에 스물다섯 살가량으로 에피보다 나이가 많았으나 에피만큼 성공적으로 자손을 남기지는 못했다. 그 당시에 유일한 새끼는 17개월 된 딸인 팬치뿐이었다. 팬치가 네 살 반가량 되던 1971년 1월에 마체사는 지즈Ziz라고 이름 붙인 야윈 아들을 낳았다. 마체사의 일족도 다른 고릴라들과 구분되는 신체적 특징을 갖고 있었는데, 개체마다 조금씩 차이가 있긴 하지만 두 개나 그 이상의 손(발)가락이 서로 붙어 있다. 비룽가 산지대의 다른 집단에서도 역시 관찰되는 이런 특징은 근친교배에 의한 것이라 생각된다. 합지는 사시처럼 이 지역 동물들에게는 더 이상 핸디캡이 아닌 듯했다.

지즈는 정말로 마마보이였지만 마체사는 에피의 자녀교육법을 따라 해 보려고 하지 않았다. 지즈는 마체사 곁에 찰싹 붙어서 잠시라도 마체사가 시야에서 사라지면 신경질적으로 화를 냈다. 지즈는 세 살이 되어서도 젖을 먹었고, 마체사가 저지하려 하면 심하게 앙탈을 부렸다.

리자는 1973년 말까지 집단에서 서열이 가장 낮은 암컷이었다. 리자의 큰딸인 니키Nikki는 브라바도와 파이퍼가 다른 곳으로 이주해 간 즈음에 역시 제5집단에서 이주해 나갔다. 니키는 밤중에 제5집단과 외톨이 은색등이 만났던 곳에서 5.5킬로미터가량 떨어진 곳으로 도망갔다. 니키가 갑작스레 떠나면서 리자의 곁에는 귀여운 세 살짜리 딸인 퀸스Quince만이 남게 되었다. 퀸스는 리자와 달리 다른 고릴라들과 쉽게 친해졌고, 특히 놀이를 시작하거나 털을 골라 줄 때 인기가 있었다. 퀸스는 심지어 어린 시절에도 에피나 마체사의 새끼들을 안아 주고 털을 손질해 주는 등 강한 모성본능을 보였다. 퀸스는 지즈보다 겨우 일곱 달 먼저 태어났을 뿐인데도 지즈가 마체사의 품에서 잠시 떨어지거나 마체사가 젖을 먹지 못하게 할 때면 언제나 지즈를 돌봐 주었다.

연구 기간 동안 많은 새끼들을 관찰한 결과 한 살 반에서 두 살 사이에 시작되는 이유기는 새끼들에게 정신적으로 가장 힘든 때라는 것을 알 수 있었다. 이 시기에 어미는 보통 정상적인 발정 주기를 회복하거나 이미 새끼를 임신하고 있는 경우도 있다. 마체사가 오랫동안 수유하는 것은 아마도 그녀의 출산 주기가 길기 때문인 것으로 생각된다. 살아남은 새끼들만 고려했을 때 마체사의 출산 주기는 평균 52주로, 45주인 에피보다 더 길다.

같은 모계 혈통인 마체사와 팬치, 그리고 지즈는 보통 집단의 변두리에서 쉬었다. 그에 비해 에피의 자손들은 베토벤과 가장 가까운 곳에서 지내며, 심지어 리자보다도 베토벤과 더 가까웠다.

여덟 살로 접어들 무렵 발정이 시작된 팬치는 마체사와 떨어져 점차 혼자 지내는 시간이 많아졌다. 젊은 암컷 고릴라들의 회음부가 처음으로 부풀어 오르기 시작하는 시기는 여섯 살 5개월에 시작한 경우부터 11마리가 여덟 살 7개월에 시작한 경우까지 개체마다 다양한데, 일반적인 시기는 일곱 살 반 정도이다.

한 달에 이틀부터 닷새 사이에 걸친 발정 주기 동안 젊은 수컷들, 특히 이카루스가 팬치에게 관심을 보였다. 팬치는 아직 성적으로 미성숙한 열한 살짜리 이카루스를 종종 유혹했다. 그녀가 이카루스에게 교태를 부리면, 베토벤은 꿀꿀거리는 소리를 내며 달려와 이카루스가 팬치에게 교미 자세를 취하기 전에 둘을 갈라놓았다. 이런 이유로 이카루스는 베토벤이 가까이에 있을 때는 팬치의 유혹을 무시하려고 애썼지만, 다른 때는 그녀에게 적극적으로 화답했다.

보통의 젊은 암컷 고릴라처럼 팬치도 애교를 부리며 새로 얻은 성적 능력을 과시했다. 대부분의 집단과 마찬가지로 제5집단도 발정기에 접어든 암컷이 있을 경우에는 이제 막 청년기에 접어든 암컷이건 번식 능력이 있는 암컷이건 집단의 다른 동성 개체들이나 나이 차가 많이 나는 개체들과 교미를 흉내 낸 듯한 행동을 많이 시도한다. 동성 간의 올라타는 행동은 암컷들에게서보다는 수컷들에게서 두 배가량 더 자주 관찰되며, 연령대가 확연히 다른 개체들 간의 올라타는 행동은 대부분 어른 수컷이 미성년인 개체를 올라타는 것으로 관찰된다. 한 번도 관찰되지 않은 두 가지 경우는 성적으로 미성숙한 개체가 성체 수컷을 올라타거나 수컷이 어미를 올라타는 것이었다.

제5집단에 마지막으로 새끼가 태어나고 2년의 공백 기간이 지난 1974년 8월에 리자는 귀가 뾰족한 새끼 파블로Pablo를 낳았다. 성적으로 성숙해 가던 팬치도 결코 어린 퀀스보다는 못했지만 모성본능을 표출하기 시작했다. 팬치는 아직 새끼를 낳아 본 적 없는 또래의 전형적인 암컷 고릴라들처럼 생기 넘치는 새끼 파블로에게 특별한 관심을 보였고, 엄마 노릇을 해 보기 위해 파블로를 '유괴'할 기회만 보고 있었다. 팬치의 새끼 납치는 정교함과는 거리가 멀었지만, 사교적인 파블로는 팬치의 등에 업혀 가거나 심지어 팬치의 팔에 거꾸로 매달려 있어도 거의 울지 않았다. 리자는 아들을 다시 데려오기 위해 항상 팬치의 행동을 조용히 주시했다.

리자는 천성이 착하고 책임감이 강한 어미였다. 그녀는 세상에 데려온 작은 인형이 어리광 부리며 노는 모습을 정말 좋아하는 것 같았다. 파블로에게는 모든 규칙은 깨라고 있는 것이었고, 관찰자들은 심심할 때의 놀잇감이었으며, 가족들은 자기와 놀아 주기 위해 만들어진 피조물들이었다. 무척 외향적인 파블로는 한 살이 되기 전에 다른 어린 고릴라들의 관심을 받으며 자신의 무대를 넓혀 갔다.

파블로의 출생으로 리자는 집단 내에서 자신의 지위를 향상시킬 수 있었다. 리자는 많은 시간을 베토벤 곁에서 보내게 되었다. 리자의 이런 새로운 상황은 파블로가 태어났을 때 40개월이었던 딸 퀸스에게 유리했다. 퀸스는 다른 어느 고릴라들보다도 베토벤에게 오랫동안 털 고르기를 할 수 있었는데, 이것은 앞으로 퀸스가 집단 내에서 자신의 사회적 위치를 향상시키고 이복형제들과의 가족 연대를 강화할 수 있게 하는 데 유리하게 작용할 것이다.

파블로가 태어나고 6개월가량 지났을 때 팬치는 베토벤의 새끼를 가졌다. 여러 달이 지나자 이 8년 9개월 된 암컷의 인생은 엄청나게 바뀌었다. 팬치는 모든 다른 구성원들과 사회적 교류를 끊고 집단의 변두리에 있는 어미 마체사 근처에 자리를 잡았다. 팬치가 임신한 지 3개월이 지나자 발정기에 돌아온 마체사 역시 우두머리의 새끼를 가졌다. 그러나 1975년 12월에 태어난 마체사의 새끼는 하루밖에 살지 못했다. 우리는 새끼가 태어난 곳 주변을 집중적으로 추적했으나 끝내 주검은 어디에서도 발견되지 않았다.

팬치의 첫 번째 자식이며 마체사의 손자인 반조Banjo는 1975년 10월에 태어났다. 전체적인 외양으로 판단해 볼 때 반조는 다른 신생아들보다 훨씬 자주 운다는 점을 빼고는 건강해 보였다. 새끼를 키워 본 경험이 없는 팬치의 미숙함은 새끼를 다루거나 데리고 다닐 때 여실히 드러났다. 그녀는 새로 얻게 된 책임감에 대해 당황하고 낙담하는 것 같았다.

마체사가 알 수 없는 이유로 태어난 지 하루 되는 새끼를 잃었을 때 반조는 3개월이었다. 그때는 마체사만이 팬치와 가깝게 지냈기 때문에 마체사는 팬치를 에피 일족의 적대적인 행동으로부터 보호했다. 마체사와 에피 일족 사이에 작은 다툼이 증가했는데, 아마 에피가 다섯 번째 새끼를 가졌기 때문인 것 같았다. 우위에 있던 에피는 평소와는 달리 베토벤의 관심을 빼앗아 가는 마체사와 팬치에게 너그럽지 못했다.

집단 내의 마찰은 1976년 4월에 제5집단과 주변 집단 사이에 일어난 물리적 충돌을 계기로 정점에 달했다. 두 집단이 만났던 자리에는 곳곳에 핏자국과 은색등의 털뭉치, 흩뿌린 설사 자국, 그리고 수없이 많은 부러진 가지들이 남아 있었다. 긴 도주로를 따라가서 만난 것은 인대와 근막이 드러나 있는 채로 상완골의 앞부분이 팔꿈치의 피부를 뚫고 나와 있던 베토벤이었다. 당시 열네 살이었던 이카루스는 아버지를 도와 격렬한 전투를 치렀다. 그의 팔과 머리에는 깊게 물린 상처가 여덟 군데나 남아 있었다.

마흔일곱 살 정도로 추정되는 베토벤은 다른 집단과 충돌할 때 점차 이카루스에게 의존하는 일이 많아졌다. 이카루스는 번식이 가능한 나이에 도달한 시기였기 때문에 자신의 암컷을 얻을 수 있는 새 집단에 관심이 많았다. 반대로 베토벤은 오랫동안 하렘을 지배해 왔고 다른 집단과의 접촉에는 별로 흥미가 없었다. 이 부자팀은 아버지가 뒤에서 든든히 막아 주고 아들이 다른 집단의 은색등과 대면하는 방식으로 적절히 꾸려져 나갔다. 그들 사이에는 혈연관계를 바탕으로 한 끈끈한 애정이 있었기 때문에 베토벤은 이카루스에 대해 계속 우위 관계를 유지할 수 있었다.

심각한 충돌이 있고 나서 몇 주가 지났다. 베토벤과 이카루스는 긴 햇살을 받으며 나란히 누워 서로의 부상을 위로해 주는 듯 부드러운 트림 소리를 내고 있었다. 아들의 상처는 아비의 그것보다 훨씬 빨리 회복되었고, 이카루스는 베토벤에게 필요한 긴 휴식 기간을 지루해하기 시작했다. 젊은 은색등은 여러 마리의 고릴라들과 함께 먹이를 먹기 위해 낮 잠자리에서 종종 100여 미터까지 나가곤 했다. 혼자 남겨진 베토벤은 수신이 잘 되지 않는 라디오를 듣기 위해 애쓰는 노인처럼 몸을 한쪽으로 젖혀 멀리서 가족들이 내는 소리를 듣고 있었다. 집단의 우두머리, 그리고 중재자로서의 임무에 충실한 베토벤은 무리의 끝에서 10분이나 15분쯤 떨어진 곳에서 거의 홀로 육중한 몸을 이끌고 이동했다. 정말로 이카루스가 서열을 전복시켜 권력을 차지하려고 마음먹었다면 베토벤이 상처에서 회복되는 여섯 달 동안 가능성은 확실히 충분했다.

베토벤이 회복되어 가던 기간에 이카루스는 암컷들 사이를 뛰어다니며 자신의 새 위신을 세워 가고 있었다. 베토벤이 잠자리에 남아 있을 때마다 젊은 수컷은 팬치에게 가장 자주 관심을 보였다. 팬치와 그녀의 갓난 아들인 반조는 마체사의 도움을 받고 있었지만 이카루스와 에피, 그리고 그녀의 두 딸인 퍽과 턱의 위협과 공격행동이 빈번해졌다. 팬치와 마체사는 집단 내의 다른 고릴라들, 특히 이카루스로부터 30미터 정도 거리를 두어 집단 내에서 감도는 긴장으로부터 도망치려고 했다. 마체사는 제5집단에서 유일하게 팬치의 이복형제인 이카루스와 피가 섞이지 않은 고릴라였다. 그러나 마체사는 오랫동안 베토벤과 함께 지내 왔기 때문에 이카루스가 마체사를 공격하는 대신 팬치를 희생양으로 삼을 가능성도 있는 듯했다.

반조가 6개월에 접어들자 팬치는 점점 숙련된 어미가 되어 갔다. 대부분의 새끼들이 넉 달 정도까지만 배쪽으로 안겨 다니고 그 이후부터는 등에 업혀 다니도록 교육받지만, 그녀는 이카루스의 잦은 공격으로부터 새끼를 보호하기 위하여 새끼를 항상 가슴과 배쪽으로 매달고 다녔다. 반조는 항상 꼭꼭 숨겨져 왔기 때문에 제대로 관찰하기가 어려웠다. 그래서 어느 날 반조가 보이지 않았지만 우리는 크게 신경쓰지 않았다. 팬치는 여전히 마체사와 함께 집단의 무리들로부터 멀리 떨어져서 빽빽한 수풀 속에 숨어 먹이를 먹고 있었다. 그러나 3일이 지나자 우리는 반조가 사라졌다고 확신했다. 팬치는 3년 전에 브라바도가 커리를 잃은 후 보였던 모습과 정확히 똑같이 어린아이처럼 신나게 뛰어놀았다.

직원들과 나는 곧 잃어버린 새끼를 찾아 숲을 철저히 추적하기 시작했다. 이건 마치 짚더미 속에서 바늘을 찾는 일과 다름없었다. 밤마다 우리는 빈손으로 캠프에 돌아왔다. 심지어 반조가 보이지 않는 것으로 기록된 시점부터 일주일 전후가량 집단이 이동한 장소를 따라 120헥타르를 돌아다녔지만 아무것도 얻을 수가 없었다. 우리가 찾은 것은 잔 나뭇가지가 부러져 있고 설사 흔적이 있는 집단 내 분쟁의 현장뿐이었다. 제5집단의 행보를 추적했으나 다른 집단을 만나 충돌한 흔적은 전혀 보이지 않았다.

이 사건을 마체사의 생후 하루 만에 없어진 아기의 경우처럼 미해결인 채로 남겨 두고 싶지 않았기 때문에 나는 반조가 없어진 날부터 생겨난 고릴라의 배설물들을 모두 모아 오기로 결정했다. 반조는 아무런 흔적도 남기지 않고 사라졌고, 그동안 내가 별로 생각하지 않았던 유일한 단서는 배설물이었다. 어쩌면 고릴라들도 침팬지에게서 보고된 것처럼 동족끼리 잡아먹을 가능성도 있다는 생각에 소름이 오싹하게 돋았다. 그 당시에 나는 제5집단을 9년째 관찰하고 있었으므로 배설물들과 잠자리의 모양, 그리고 옆 잠자리와의 떨어진 거리를 보고서도 제5집단의 잠자리임을 구분할 수 있었다.

직원들과 나는 밤 잠자리에서 수집한 고릴라들의 배설물을 날짜와 개체별로 표시를 한 봉투에 담아 자루 한가득 끌고 캠프로 돌아왔다. 그러고 나서 우리는 그것들을 하나하나 흩어 내용물을 분석하는 지루한 작업을 시작했다. 반조의 실종에 단서를 제공할 만한 것을 찾기 위해 수많은 시간을 단조로운 작업으로 보냈다. 배설물 분석을 시작하고 일주일 만에 우리는 에피와 여덟 살짜리 딸인 퍽의 배설물에서 아주 작은 뼈와 이빨 조각들을 발견했지만 불행하게도 이 뼛조각들은 너무 적어 새끼 고릴라 두개골의 일부분밖에 되지 않을 듯했다. 배설물 분석을 계속 진행하여 에피와 퍽의 배설물에서 약간의 털을 더 찾아냈다.

어미 없이는 살아 있을 것이라고 생각할 수 없는 사라진 고릴라를 찾기 위해 우리는 계속 수사를 진행해 나갔다. 우리는 반조가 사라질 즈음의 일주일간 고릴라들이 이동한 흔적을 모두 재추적하여 남아 있는 배설물을 모아 왔다. 우리는 더욱 세밀한 분석을 진행하여 약간의 뼛조각을 더 찾아낼 수 있었다. 이동 도중에 생겨난 배설물은 잠자리에서의 배설물에 비해서 누구의 것인지 구분해 내기가 훨씬 어렵다. 그렇지만 에피와 퍽의 배설물에서 나왔던 것과 유사한 뼛조각들이 나오기 시작했다. 배설물 분석을 모두 마치자, 우리는 다 합쳐서 새끼 고릴라의 새끼손가락 길이밖에 되지 않는 크기의 뼈와 이빨 조각 133개를 추려 낼 수 있었다. 몸체의 나머지 부분이 어딘가에 있을 것이라는 단서는 아무 데서도 찾을 수 없었기 때문에 반조가 동종 살육으로 희생되었을 것이라는 결론은 확실히 내릴 수 없었다. 그렇지만 나는 여전히 이 가능성을 도외시하지 않는다. 뼈와 이빨 조각들은 반조가 사라지고 이틀쯤 후에 잠자리에서 일주일치 이동 분량만큼 먼 곳에서 발견되었다. 이 점 역시 설명이 불가능했다.

야생고릴라들을 관찰하는 몇 년 동안 우리는 여러 번 배설물을 철저히 검사해 왔다. 카리소케의 한 학생은 수천 개의 배설물 덩이로부터 채취한 시료 몇백 개를 16개월 동안 현미경을 붙들고 씨름했지만 뼈나 이빨 조각 비슷한 것도 찾아낼 수 없었다. 반조의 실종과 거의 동시에 같은 집단의 두 개체의 배설물에서 뼛조각이 나온 사실을 우연으로 보기에는 의심할 여지가 많았다. 이후로 다른 새끼들이 사라진 사건이 발생하면 즉시 배설물을 수집하여 분석을 진행할 것이다. 아마도 그때는 고릴라들 사이에서도 동종 살육이 일어나는지에 대한 만족스러운 답을 얻을 수 있을 것이다.

* * *

반조가 사라지고 나서 3일쯤 후에 연구 집단의 새끼를 잃은 슬픔을 어느 정도 보상받을 수 있는 일이 일어났다. 에피의 몸이 둥글어지고 젖꼭지가 두드러지기 시작하면서 출산이 가까워졌다는 신호를 보냈다. 에피는 1976년 만우절에 새끼를 낳았다. 바로 위의 언니인 턱보다 47개월이 어린 귀여운 암컷 새끼 파피Poppy가 태어나자 에피는 한 집단에서 한 번에 네 마리의 새끼를 데리고 있는 최초의 어미 고릴라가 되었다(에피의 큰딸인 파이퍼는 3년 전에 제5집단을 떠났다).

당시에 20개월이었던 리자의 장난꾸러기 아들 파블로와 달리 파피는 정말 예쁘다는 말밖에는 표현할 길이 없는 고릴라였다. 크고 부드러운 암갈색 눈은 길고 우아한 눈썹에 싸여 있었다. 파피는 에피와 그녀의 자식들 누구보다도 사시가 덜했다.

에피의 자식들 특유의 개인적이고 구속받지 않는 성향은 어린 시절부터 피어나기 시작했다. 모두들 길에서 마주치는 자연물에 대한 깊은 호기심을 갖고 있을 뿐더러 내가 갖고 오는 카메라 렌즈나 보온병, 그리고 다른 장비들과 같은 낯선 사물들에게도 관심을 보였다. 이런 물건들에 대한 그들의 호기심은 그들의 행동에 대한 관찰에 도움을 주었다. 왜냐하면 이들은 숲 속으로 숨어 버리는 대신 관찰자의 시야에 더 오래 머물러 있는 성향을 보이기 때문이다. 놀잇감을 제공하려는 의도는 아니었지만 내 물건들은 그들을 강하게 끌어당겼고, 덕분에 나는 개체들 간의 상호작용도 더 많이 관찰할 수 있었다. 그렇지만 내 물건들을 불쑥 채어 가는 꼬맹이들의 손이 너무 많아 미처 단속하지 못한 적도 꽤 많다.

제5집단의 영역에 속하는 곳 일부에서는 이 지역 사람들이 음탕가-탕가*mtanga-tanga*라고 부르는 딱딱하고 포도만 한 크기의 과일이 열린다. 음탕가-탕가는 코끼리들이 무척 좋아하는데, 이 과일이 한창 열릴 때쯤이면 코끼리들은 과일을 먹느라 정신을 못 차린다. 하지만 고릴라가 이 과일을 먹는 것은 관찰된 적이 없다. 그렇지만 에피의 자식들은 놀이를 할 목적으로 나무 높이 올라가 과일을 따서 바닥으로 떨어뜨렸다. 아직 어렸던 퍽은 이빨 사이에 줄기를 집어넣고 꽉 잡는다거나 가슴을 두드리는 등 이 과일을 과시용 물건으로 사용했다. 이걸로 가슴을 두드리면 공명이 생겨 깊은 소리를 낼 수 있게 된다. 나도 따라 해 보려고 했지만 같은 소리를 낼 수 없었다. 이 과일은 게임이 어떻게 시작되느냐에 따라서 제5집단의 어린 고릴라들에게 축구공, 미식축구공 또는 야구공 노릇도 했다.

베토벤의 상처가 낫는 동안은 제5집단의 낮 동안 쉬는 시간이 길어졌다. 베토벤은 잠을 제대로 자지 못하는 것 같았다. 그는 하루에 몇 시간 동안 입을 벌린 채로 코를 골며 꾸벅꾸벅 졸았고, 마치 꿈을 꾸는 듯 짧은 팔다리를 뒤척거렸다. 때때로 멀리서 인간의 목소리 같은 낯선 소리를 들으면 얼굴 근육을 찌푸렸다. 베토벤이 회복기에 접어든 석 달 후 무렵부터 어린 고릴라들 몇 마리, 특히 퍽이 지겨운 일상을 견디기 힘들어하기 시작했다.

퍽은 에피와 두 어린 여동생들인 턱과 파피와 함께 지내는 것이 어느 정도 만족스러웠지만 때때로 지루한 낮 시간 동안 가장 먼저 싫증을 표시하곤 했다. 그는 집게손가락으로 다른 팔 위를 툭툭 두드리거나 뭔가 재미있을 만한 것을 찾으며 하품을 해 대곤 했다. 때로 붕붕거리며 날아다니는 파리는 꽤 흥밋거리가 된다. 그는 종종 일어나 벌레를 잡은 다음 재빨리 두 손바닥으로 감옥을 만들어 가두었다. 에피나 다른 형제들처럼 퍽도 사시였기 때문에 얼굴 앞 몇 센티미터 거리에 있는 파리로 초점을 맞추기 위해서 퍽의 두 눈은 거의 붙다시피 했다. 그러고 나서 그는 보통 엄지와 검지로 불쌍한 파리를 누르고 몇 조각으로 잘게 찢은 다음 작은 조각들을 하나씩 유심히 살피고 나서 버리곤 했다. 해부 시간이 길어질수록 퍽의 얼굴은 더욱 골몰한 표정을 지었다. 아랫입술이 점점 처져 퍽은 고릴라라기보다는 침팬지와 가까운 모습으로 변했다. 더 이상 남은 파리 조각이 없으면 퍽의 입술은 불만에 찬 듯 쭈글쭈글해졌고, 그는 다시 새로운 놀잇감을 찾아 둘러보기 시작했다.

이 시기에 파리를 대신할 퍽의 장난감들은 주로 내 배낭에서 나왔다. 카메라, 렌즈, 쌍안경 등 창의력이 풍부한 퍽은 이 모든 것들을 들여다보고 여기에 반사되는 자기 모습을 비추어 보았다. 그는 쌍안경을 항상 반대 방향으로 보았는데, 이렇게 보아야만 렌즈가 그의 넓은 눈 사이에 맞기 때문이었다. 퍽이 멀리 있는 풀이나 손가락을 보고 하는 행동을 보면 나는 확실히 그가 인간의 행동을 흉내 내는 것에 그친 것이 아니라 실제로 쌍안경을 통해 볼 수 있다고 느꼈다. 퍽은 한 손의 손가락을 쌍안경 바로 앞에서 흔든 다음 쌍안경을 날쌔게 내려놓아 손가락과의 거리를 측정하려는 것처럼 행동하곤 했다. 주변의 사물이 실제와 다르게 보인다는 당황스러움은 재미있을 뿐더러 신기하게 느껴졌을 것이 분명하다.

퍽은 내 300mm 렌즈로 한쪽 축을 중심으로 빙빙 돌아가면서 멀리 있는 수풀이나 다른 고릴라들을 훑어보는 '넬슨 제독 게임' 을 개발했다. 대부분의 고릴라들은 자신과 같은 종의 동물이 그런 이상한 물건을 다룬다는 것을 신기해하면서 쳐다보았다. 퍽은 300mm 렌즈로 '퀴리 부인 게임'도 만들었는데, 이것은 렌즈를 바닥으로 조심스럽게 조준하여 잎사귀 하나를 집중적으로 보는 놀이다.

어떤 장비들은 무척 값나가는 것들이었으나 퍽은 모든 장비들을 조심스럽게 다루었고 다른 고릴라들이 만지지 못하도록 보호했다. 때때로 고릴라들은 퍽이 내 물건들을 살펴보는 놀이를 마치기 전에 먹을 거리를 찾으러 떠나기도 한다. 나는 곧 값비싼 렌즈나 쌍안경이 퍽의 손에 들려 수풀 속으로 사라지는 것을 보고 충격을 받는 일에 익숙해지게 되었다. 그렇지만 그들이 떠난 길에 버려져 있는 물건들을 주우러 수풀 밑을 기어 다닐 때는 항상 내가 바보가 된 것 같다.

베토벤이 거의 다 회복되어 가던 어느 느긋한 날 낮이었다. 나는 쉬고 있는 동물들의 모습을 가까이에서 담을 수 있는 아주 좋은 기회를 포착했다. 퍽이 내 목에 걸려 있는 니콘 카메라를 잡아당기며 달라고 떼를 썼지만 나는 항복하지 않았다. 10여 분이 지나자 퍽은 심통스런 표정을 지으며 포기하고는 낮 잠자리를 짓기 위해 1미터쯤 옆으로 갔다. 마치 이 일이 정말 고되다는 표정을 지으며 과장스러운 동작으로 잠자리를 만들기 위해 잎사귀들을 철썩철썩 아래로 눕혔다. 엉성하게 만든 잠자리에 일부러 '철썩' 드러누웠지만 퍽은 다른 고릴라들이 잠자리에 들 때까지 거의 한 시간 동안이나 안절부절못하며 얼굴을 찡그리고 있었다. 나는 우울한 녀석의 화가 누그러지길 바라면서 고릴라들에게 낯선 물건을 먼저 건네지 않는다는 나의 규칙 하나를 깨고 〈내셔널 지오그래픽〉을 퍽에게 건네주었다. 나는 얼굴이 큼지막하게 나온 컬러 사진을 유심히 보며 잡지를 한 장 한 장 넘기는 퍽의 정교한 손놀림에 놀랐다. 그는 보고 있는 것이 좋거나 싫다는 아무런 내색을 하지 않았지만, 적어도 지루해하지 않는다는 것은 확실했다.

30분쯤 후에 퍽은 잡지를 내려놓았고, 다른 고릴라들은 먹이를 먹으러 이동했다. 갑자기 퍽이 일어나서 내게로 달려오더니 마치 쉬는 시간 동안 내내 이런 보복행동을 계획했던 것처럼 두 손으로 내 몸을 찰싹 때렸다. 퍽이 비닐 비옷을 때리면서 시끄럽고 거슬리는 소리가 났기 때문에 멀리 시야 밖에 있는 베토벤이 꿀꿀 소리를 냈다. 다시 일어서 양손으로 때렸을 때보다 더 세게 때리려고 하던 퍽은 아버지의 엄한 소리를 듣고 시무룩해졌다. 그때 일이 터졌다! 베토벤이 불쾌한 듯 꿀꿀거리는 소리를 내며 우리에게 달려와 정확히 내 앞에 멈춰 섰다. 베토벤은 눈썹을 찌푸리고 입술을 꽉 다물며 내 반대쪽에 있던 퍽을 노려보았다. 제5집단의 우두머리는 퍽이 토라진 얼굴로 얌전하게 언덕을 내려갈 때까지 조용히 자리를 지켰다.

꽤 회복되고 나서 베토벤은 다시 오후 식사 시간 이후에 집단의 행로를 이끌고 구성원들에게 일어나는 일을 관찰하는 자신의 임무를 되찾아 갔다. 나는 그들이 이동하는 모습을 보려고 하다가 깜짝 놀랐다. 퍽이 한참 자위행동을 하는 중이었다. 그는 목을 약간 뒤로 젖히고 눈을 감고 있었으며 오른손의 집게손가락으로 생식기 부분을 만지면서 미소 같은 표정을 짓고 있었다. 약 2분 동안 퍽은 자기만의 즐거움에 푹 빠져 있다가 멈추고 털을 고르고 나서 다른 고릴라들을 따라서 내려갔다. 퍽이 가 버린 것에 감사하면서 나는 다시 가방을 싸고 도둑맞았던 물건들을 회수하기 시작했다. 그때 갑자기 퍽이 다시 돌아왔다. 그는 내 옆에 멈춰 서서 두 발로 일어나 마지막으로 한 번 세게 치고 가려는 듯하더니 잠시 그렇게 있다가 다른 고릴라들을 따라 다시 내려갔다.

그날의 만남은 내 기억에 아주 선명하게 남아 있다. 그것이 내가 본 유일한 고릴라의 자위행동이었다. 베토벤의 꾸지람 때문에 생긴 이상한 방식의 자기만족인 것처럼 보이긴 했지만, 퍽이 그의 행동의 결과를 즐겼다는 것은 명백해 보였다. 또한 그날은 퍽이 우리가 만난 두 시간 동안 나에 대한 적대감을 유지했다. 집단에 소속된 고릴라가 사소한 말다툼 끝에 서로에 대한 분노를 얼마나 유지하는지 알아낸 것은 대단히 의미 있는 일이다.

* * *

에피의 자식인 퍽과 달리 리자의 온순한 여섯 살짜리 딸인 퀸스는 베토벤이 심한 팔 부상을 입은 것에 매우 슬퍼하는 것 같았다. 보통 베토벤의 털을 가장 열심히 골라 주던 퀸스는 베토벤이 상처에서 회복되기까지 6개월 동안 한 번도 털을 골라 주려 하지 않았다. 그 대신 그녀는 마치 위로해 주려는 것처럼 많은 시간을 베토벤의 옆에 앉아서 그의 얼굴을 응시하곤 했다.

서열이 낮은 리자와 그녀의 자식인 퀸스, 파블로는 대부분의 시간을 베토벤의 곁에서 보내게 되었다. 아마도 퀸스가 아버지의 사랑을 많이 받고 있고, 베토벤은 막내아들의 응석을 받아 줄 수 있을 정도로 성품 좋은 아비였기 때문일 것이다. 일단 베토벤의 부상이 다 낫자 퀸스의 얼굴에서 근심 어린 표정이 사라졌고, 그녀는 다시 베토벤의 넓은 등을 고르기 시작했다. 퀸스는 종종 베토벤의 곁에 가만히 앉아 쓰다듬어 주기를 기다리는 강아지처럼 그의 얼굴을 바라보았다. 베토벤이 몸을 돌려 응시에 답해 줄 때마다 퀸스는 기뻐서 몸을 떨었다. 언젠가 긴 낮잠 시간이 끝나고 퀸스가 다른 고릴라들과 놀고 난 후에 베토벤의 곁으로 돌아왔다. 어린 딸이 돌아와 곁에 앉고 나서 베토벤은 먹이를 먹으러 가는 이동을 알리는 일련의 트림 소리를 내었다. 다른 고릴라들로부터 비슷한 소리가 흘러나왔고, 퀸스와 베토벤의 나지막한 합창이 이어졌다. 이들의 소리는 고릴라보다는 마치 비글(개의 한 품종: 옮긴이) 가족이 내는 소리 같았다.

퀸스는 동생인 파블로에게 상당한 애정과 관심을 쏟았다. 장난기가 많은 파블로는 항상 가족의 품에서 벗어날 궁리를 했고, 이 모험심에 가득 찬 새끼 고릴라를 나나 다른 관찰자들의 무릎이나 머리 또는 등에서 떼어 와 다시 데려가는 것은 언제나 리자와 퀸스의 몫이었다.

파블로가 두 살 반쯤 되었을 때의 일이다. 제5집단의 관찰이 거의 끝나 가는 맑은 날 고릴라들이 먹이를 먹으러 잠자리에서 이동하는 중이었다. 파블로는 고집불통인 천성대로 다른 고릴라들을 따라가지 않기로 했다. 대신 폭신한 내 무릎 위에 자리를 잡고 미동도 하지 않았다. 심지어 리자가 돌아와 우리 둘 모두에게 위압적인 목소리로 꿀꿀거렸을 때조차 말이다. 나는 아무 힘이 없는 것처럼 느껴지게 보이길 바라면서 상반신을 뒤로 눕혀 그녀가 고집 센 아들을 데리고 가도록 자세를 취했다. 리자는 꿀꿀거리는 소리를 더욱 세게 내뿜으면서 파블로의 한쪽 팔을 잡아당겼다. 그러나 파블로는 리자의 꿀꿀거림을 즉시 받아치면서 다른 한 손으로 내 상의를 꽉 잡아당기며 상황을 악화시켰다. 나는 부드럽게 꿀꿀거리는 소리를 내며 파블로의 손을 살살 펴서 어미가 있는 쪽으로 밀었다. 리자의 등에 업힌 파블로는 시야에서 사라질 때까지 입을 뾰로통하게 내밀며 나를 쳐다보고 있었다.

대부분의 다른 어린 고릴라들처럼 파블로도 못 말리는 장갑 절도범이었다. 어느 날 파블로는 내가 눈치 채기도 전에 장갑을 채 가버렸다. 전리품이 생긴 데 기뻐서 그는 신나게 뛰어가며 베토벤을 향해 장갑을 흔들어 보였다. 파블로는 장갑을 날카로운 가지들로 만들어 놓은 잠자리 위에 있던 베토벤의 무릎 위로 힘껏 던졌다. 갑자기 늙은 은색등이 깜짝 놀라 뛰어올랐고 주위에 있던 고릴라들은 놀라서 흩어졌다. 조금 후에야 위협의 신호가 아닌 것을 깨닫고 모두들 다시 자기 자리로 돌아왔지만, 그들은 우두머리를 여전히 야릇한 표정으로 쳐다보았다. 베토벤은 부끄러워하며 다시 잠자리로 돌아갔고 버려진 장갑의 존재에 대해서는 잊어버리고 말았다.

그즈음 파블로의 장난기는 최악의 상태였다. 배낭에 들어 있는 물품들과 야외 관찰 기록장들을 지키기 위해 나는 종종 문어가 되어야 했다. 어느 늦은 오후에 세 시간 정도의 관찰을 마치고 난 후 나는 행동을 기록한 관찰 기록장을 잠시 바닥에 내려놓았다. 그날의 관찰이 꽤 잘 되었던 탓에 나는 만족스러운 기분으로 카메라 장비들을 정리하기 시작했다. 바로 그때 갑자기 파블로가 내 앞에 나타나 관찰 기록장을 낚아채 가버렸다. 나는 그를 뒤쫓아 가기 시작했지만 이 악당은 바로 베토벤의 옆으로 뛰어가 앉더니 내 소중한 관찰 기록들을 한 장 한 장 찢기 시작했다. 나는 하는 수 없이 앉아서 관찰 기록지가 작은 종잇조각으로 변하는 것을 보고 있을 수밖에 없었고, 부모인 리자와 베토벤은 회의적인 표정으로 파블로를 바라보고만 있었다. 다음 날 아침 아직 남아 있는 것들을 찾을 수 있으리라는 희망을 갖고 파블로의 잠자리를 뒤지기 시작했지만, 슬프게도 쓸 수 있는 것이 하나도 없었다. 학문 세계에서 그는 한마디로 '비열한 자료 도둑'이었다.

야단맞는 것에는 이골이 난 파블로는 종종 베토벤의 거대한 몸 위에서 야단법석을 떨며 노는 데 다른 어린 고릴라들을 끌어들였다. 파블로보다 27개월 나이 많은 턱은 파블로의 가장 좋은 놀이 상대였다. 파블로가 베토벤의 은색 등 위에서 작은 네 손발로 쿵쿵거리다가 잠을 깨우기라도 하면 언제나 혼나는 쪽은 나이가 좀 더 많다는 이유로 턱이었다. 그럴 때면 모른 척하고 순진무구한 표정으로 옆에 있는 파블로는 베토벤이 턱의 몸 어딘가를 붙들고 커다란 이빨을 드러내며 꿀꿀거리는 소리를 내는 동안 베토벤의 시야에서 벗어났다.

희생양 턱은 불공평한 대우를 받았을 때 인간의 아이가 하는 것처럼 행동했다. 인상이 천천히 찌푸려지며 그녀는 애처롭게 훌쩍거렸다. 턱의 훌쩍임이 오래가거나 커지기라도 하면 베토벤이 다시 턱에게 시선을 돌려 입을 벌렸다 닫으면서 이빨이 부딪치는 날카로운 소리를 내고는 턱을 어미인 에피에게 돌려보냈다. 턱은 결국 어미에게 돌아가 혼자 털고르기를 했다. 돌아간 턱은 마치 화가 난 인간의 아이처럼 머리나 피부를 할퀴면서 분을 삭이는 것처럼 보였다.

1976년 중반으로 접어들자 베토벤은 심각한 부상에서 완전히 회복되었다. 그는 마치 줄에서 풀려난 강아지처럼 신나게 움직이기 시작했다. 그는 나에게 다가오는 새로운 방법을 개발했는데, 모른 척하면서 가까이 다가온 후 가슴을 두드리면서 잎사귀들을 내 머리 위로 내리치고 바닥을 쿵 하고 치며, 심지어 바닥을 구르면서 발로 허공을 차면서 짓궂은 표정을 지어 보이는 것이었다. 위엄 없어 보이긴 했지만 몇 달 동안의 무기력함 끝에 보인 그의 행동은 반갑기 그지없었다. 그동안 나는 베토벤의 생존 가능성에 대해 의구심을 품은 적도 여러 번 있었다. 특히 어마어마한 양의 냄새 나는 고름이 흘러 벌레들이 수없이 달려들 때는 더욱 그러했다. 상처가 팔꿈치에 있었기 때문에 베토벤은 상처를 혀로 핥을 수도 없었고, 이것이 상처가 다 낫는 데 시간이 오래 걸리게 된 원인이라는 것은 의심의 여지가 없었다. 확실히 이 늙은 수컷이 건강한 모습을 되찾은 것은 고릴라의 놀라운 상처 회복 능력을 보여 주는 예가 될 것이다.

집단의 가장은 다시 암컷과 새끼들에게 둘러싸이게 되었고, 열네 살 반이 된 이카루스는 가장자리를 지키는 역할을 하기 위해 중심으로부터 멀어졌다. 어느 날 제5집단과 만나기 위해 추적꾼을 제5집단에서 20여 미터쯤 떨어진 곳에 남겨 두고 혼자 낮게 기어서 다가가던 도중이었다. 나는 거대한 하게니아 나무 위에서 나를 조용히 내려다보고 있던 이카루스와 시선이 마주쳤다. 이카루스는 엉뚱한 곳에 있는 자이언트판다처럼 보였다. 거대한 은색 몸을 가지에 기대고 있던 그는 두 다리를 그네 타는 것처럼 앞뒤로 흔들거렸다. 내가 나무 아래에 다다랐을 때 그는 소방수처럼 나무둥치를 미끄러지듯 내려왔다. 이카루스는 물끄러미 내 얼굴을 쳐다보고 나서 나와 다른 고릴라 사이에 목욕통처럼 생긴 잠자리를 짓기 시작했다. 그가 나를 의심하지 않는다는 듯 잠이 들어 버렸기 때문에 나는 어쩔 수 없이 그곳에서 관찰을 하기로 했다. 그렇지만 나는 그의 신뢰감을 얻은 것이 기뻤다. 젊은 은색등이 깊이 잠든 동안 나는 그의 거대한 머리에 지그재그로 나 있는 무수한 상처와 흉터를 보았다. 이 자국들은 그가 그동안 다른 집단의 수많은 어른 수컷들과 상대해 왔음을 말해 준다.

이카루스의 오랜 상처들에 대해 생각하고 있는 동안, 뒤에 남겨 두고 온 추적꾼이 무심코 나뭇가지를 밟았다. 그 소리는 겨우 희미하게 들릴 정도였다. 그렇지만 이카루스는 즉시 잠에서 깨어 소리가 난 곳을 쳐다보고는 그의 놀랄 만한 보초 솜씨에 감탄한 나를 뒤로하고 쥐를 쫓는 고양이처럼 소리가 나는 쪽으로 다가가기 시작했다. 그러나 네메예 역시 이카루스만큼이나 뛰어났다. 젊은 추적꾼은 자신이 추적당하고 있다는 사실을 즉시 깨닫고 이카루스가 다가오기 전에 낮은 포복 자세로 재빨리 도망쳐 나갔다.

이때가 반조가 죽은 지 넉 달 정도 될 즈음이었다. 이카루스는 성적으로 절정기에 이른 것 같았다. 그는 계속 팬치와 교미를 시도하려고 했다. 베토벤은 팬치에게 더 이상 성적 관심을 보이지 않았고 그의 두 자식이 교미하는 모습을 보고 갈라 세우려 하지도 않았다. 마체사 역시 발정기가 돌아왔고 베토벤은 마체사가 받아들일 준비가 된 주기에 도달했다는 것에 더 관심이 많았다.

두 모녀는 며칠 간격으로 새끼를 가졌다. 팬치는 이복형제인 이카루스의 새끼를, 마체사는 팬치의 아비인 베토벤의 새끼를 임신한 것이다. 마체사는 새끼를 가지자 제5집단의 가장자리에 남아 있는 반면, 팬치는 에피의 핏줄들과 많은 시간을 보내게 되었다. 팬치는 이카루스와 새로 얻은 '시어머니'에게 다가가는 데에 신중을 기했다. 그녀는 종종 부드러운 트림 소리를 냈고, 에피와 그녀의 딸들인 퍽, 턱, 그리고 파피와 직접적인 대면을 피했다.

한번은 낮의 긴 쉬는 시간 동안 팬치가 어미와 암컷 형제들 바로 곁에서 쉬고 있던 이카루스에게 가고 있는 것을 관찰한 적이 있다. 팬치는 젊은 수컷 옆에 누워 오른쪽 손등으로 이카루스의 등과 머리를 톡톡 쳤다. 즐거운 표정을 한 이카루스는 그녀의 팔과 털을 토닥이면서 그녀의 행동에 화답하고 있었다. 마침내 그는 일어나 팬치의 눈을 응시했다. 그는 호기심 어린 듯 이마와 입술을 찡그리고 형용할 수 없는 미소를 띠었다. 그는 팬치의 엉덩이로 다가가 전율하며 그녀를 꼭 껴안았다. 둘은 한참 동안 부드럽고 읊조리는 것 같은 트림 소리를 주고받았다. 그들은 나나 에피, 그리고 호기심에 가득 차서 구경하고 있는 누이들은 아랑곳하지 않는 듯했다.

마체사와 팬치의 출산 예정일이 가까워지자 제5집단은 두 암컷의 늘어난 먹이량을 맞추기 위해 이동 속도를 느슨히 조절했다. 출산 석 달 전쯤 마체사는 언제나처럼 무리의 맨 뒤에서 이동했고, 따라서 제5집단을 추적할 때 가장 먼저 만나는 고릴라였다. 다른 고릴라들이 시야에서 사라지면 그녀는 나의 존재에 위협을 느끼고 비명을 지르거나 두 발로 일어서서 가슴을 두드렸다. 몸이 무거운 마체사가 가슴을 두드리는 것은 쉬운 일이 아니었다. 나는 마체사가 주먹 쥔 손으로 가슴을 두드릴 때마다 거대한 배에서 다섯 쌍둥이가 튀어나올지도 모른다는 생각을 했다. 게다가 무리 가까이에서 쉬고 있는 마체사의 모습을 보고 있자면, 나는 어쩔 수 없이 그녀의 한쪽 다리를 실로 묶고 배에 바람을 집어넣어 거대한 검은 풍선을 만들어 띄우는 상상을 하게 된다!

폭우가 쏟아지던 1976년 12월의 어느 날 무리의 맨 뒤에서 발견한 고릴라는 마체사가 아니라 팬치였다. 놀랍게도 팬치는 오른쪽 얼굴 전체에 심한 부상을 입은 상태였다. 오른쪽 눈이 부어오른 채로 감겨 있고, 양쪽 코에서와 마찬가지로 계속 진물이 흘러나오고 있었다. 고릴라들의 이동 흔적을 역추적해 보았지만 다른 집단이나 외톨이 은색등의 흔적도 찾을 수가 없었다. 아마도 팬치가 다시 한 번 에피와 그녀의 나이 든 두 딸들에게 공격당했다는 결론밖에 나오지 않았다. 팬치는 두 팔로 배를 껴안고 부풀어 오른 턱을 가슴에 묻은 채 두 달 반 동안 집단의 가장자리에서 홀로 지냈다.

1977년 2월 말경 나의 주요한 두 가지 관심사는 팬치의 건강 상태와 마체사의 부풀은 배였다. 마체사의 부푼 배에서 쌍둥이가 나올 것만큼이나 확실히 팬치는 죽어 가고 있었다. 1977년 2월 27일 밤에 마체사는 신다Shinda라고 불리는 약골의 사내아이를 낳았다. 신다는 아프리카어로 '극복하다'라는 뜻이다. 사흘 후에 팬치도 긴 황갈색 털을 가진 여자아이를 낳았고, 나는 아이의 이름을 자이르에서 최근에 분출한 화산의 이름을 따서 무라하Muraha로 지었다. 마체사는 다시 한 번 할머니가 되었다.

삼촌인 신다와 조카 무하라는 여러모로 대조적인 모습을 보였다. 마체사의 배에 붙어 올챙이처럼 보이는 신다는 분홍색 피부에 빛나는 검은색 털이 듬성듬성 나 있었다. 신다가 유일하게 무하라와 닮은 점은 돼지코였다. 새끼들이 태어난 지 첫 달이 되었을 때 무라하는 아기 삼촌과 달리 주위를 민첩하게 살펴볼 수 있었고 꽃이나 움직이는 물체에 초점을 맞출 수도 있는 것처럼 보였다.

마체사와 팬치의 거의 동시 출산은 둘을 강력한 방어팀으로 묶어 주었다. 특히 새로 태어난 두 아이의 아비인 베토벤과 이카루스가 둘을 보호해 주기 시작했다. 아마 처음으로 집단 내에서 둘의 안전에 대한 토론이 도마 위에 오른 것 같았다. 출산한 후 팬치의 건강이 빠르게 회복된 것도 역시 다행이었다.

두 건의 출산 때문에 리자는 베토벤으로부터 멀어졌다. 파블로가 세 살이 되어 가기 때문에 리자는 발정기에 돌아왔을 것이다. 그렇지만 베토벤은 리자를 본체만체했다. 또한 제어가 안 되는 그녀의 아들도 다른 어미들에게 더 이상 용납되지 않았다. 파블로에게 무라하와 신다는 새로운 장난감이었다. 제멋대로 새끼들에게 접근하는 그의 행동 때문에 이카루스나 베토벤, 혹은 둘 모두에게서 꿀꿀거리는 소리가 수없이 자주 터져 나왔다.

이제 어느 고릴라도 파블로가 나나 다른 관찰자들과 놀려는 것으로부터 '보호하려고' 들지 않았다. 나는 파블로를 내 배낭에 넣고 캠프로 돌아와 그가 말썽 부릴 나이가 지날 때까지 데리고 있는다면 다른 고릴라들이 좋아하지 않을까 하고 생각했다.

파블로는 강아지처럼 날뛰는 성격과 잡고 던지는 힘이 강한 손발 때문에 통제할 수 없는 고릴라가 되어 버렸다. 파블로의 이빨은 작지만 날카로워 내 바지와 내복을 쉽게 뚫었다. 나는 언제나 그가 나에게 깨무는 놀이를 하지 못하도록 해야 했다. 깨물릴 때마다 내가 반사적으로 움찔하면 주변에 있던 동물들이 놀라기 때문이었다. 마침내 나는 몰래 파블로를 콕 찌르면 즉시 나를 물었던 이빨을 거두는 것을 알았다. 어린 녀석은 후퇴해서 찔린 곳을 보고는 나를 비난하듯 응시했다. 조용히 관찰을 지속하기 위해서는 좀 더 살살 찌르는 편이 나을 것 같았다.

파블로는 이제 겨우 세 살밖에 되지 않았는데도 성적 행동에 관심을 많이 보였다. 그는 종종 나이 든 수컷들의 음경을 건드려 보았지만 번번이 베토벤이나 이카루스, 지즈에게 떠밀려 났다. 자기보다 20개월 어린 파피와 여러 번의 놀이 기간을 거친 후에 파블로는 어린 암컷의 뒤에 올라탈 수 있게 되었다. 성적 놀이를 하면서 파블로는 기묘한 미소를 지으며 등을 대고 누워 발기된 음경을 이리저리 건드려 보았다. 같이 놀 다른 어린 고릴라들이 없을 때면 파피는 파블로 옆에 앉아 그가 하는 행동을 유심히 지켜보거나 심지어는 그의 음경을 빨기도 했다.

에피도 리자처럼 마체사와 팬치의 출산 후 베토벤의 곁에서 보내는 시간이 줄어들었다. 집단의 가장자리에서 많은 시간을 보냄으로써 에피는 자신과 어린 딸인 파피가 다툼에 끼지 않도록 현명하게 대처했다. 어느 날 한 학생이 무리와 5미터쯤 떨어진 곳에서 편안한 표정으로 먹이를 먹고 있는 에피를 관찰하고 있었다. 어미로부터 2미터쯤 떨어져 있는 파피는 세네키오 나무에서 혼자 그네를 타고 놀고 있던 중이었다. 관찰자는 두 고릴라를 모두 관찰할 수 있는 곳에 자리를 잡았다. 그때 먹이를 먹던 에피가 갑자기 몸을 휙 돌려 파피를 바라보았다. 에피의 놀란 시선을 따라가 보니 파피가 나무에서 떨어져 목이 가느다란 나뭇가지가 갈라진 틈새에 끼어 매달린 것이었다. 가지가 목을 조르는 동안 파피는 겨우 다리를 차서 앞뒤로 움직일 수 있을 뿐이었다. 에피는 지체 없이 새끼에게 뛰어갔고, 상당히 고생한 끝에 겨우 파피를 끌어내릴 수 있었다. 두려움에 휩싸인 에피의 얼굴 표정은 인간의 부모가 자식이 위험에 처해 있을 때 짓는 표정과 다를 바 없었다. 새끼를 구하려고 하는 도중에 에피는 나무라는 듯이 관찰자를 쏘아보았다. 1분 1초가 급한 상황에서 어떤 도움이라도 바란 의미일 수도 있었겠지만, 관찰자는 현명하게도 움직이지 않은 채로 있었다. 그런 상황에서라면 올바른 선택을 하기가 어렵다. 만일 그가 경솔히 움직이기라도 했다면 무리의 고릴라들이 히스테릭한 발작을 일으켜 파피를 더 위험한 상황에 빠뜨렸을 것이다. 마침내 에피가 나뭇가지에 걸려 있던 파피를 구해 냈다. 파피는 다시 숨을 고르고 나서 훌쩍거리더니 에피의 젖꼭지를 4분 동안이나 물고 있었다. 에피가 새끼를 배쪽으로 안아 보호하는 자세를 취하고 다른 곳으로 갔다. 이후에는 그들에게 어떤 일이 일어났는지 모른다.

이 특별한 관찰은 암컷 고릴라의 강한 모성을 보여 주는 예로 기록될 것이다. 파피에게서 등을 돌려 먹이를 먹고 있던 에피는 놀랍게도 둘을 모두 보고 있던 관찰자보다도 먼저 파피가 소리도 지르지 못하고 곤경에 처해 있는 것을 발견했고, 즉시 무언가 잘못되었다는 것을 깨달아 새끼를 죽음으로부터 구해 냈다.

신다와 무라하가 태어나자 제5집단은 원래 이용하던 지역에서 남서쪽으로 꽤 멀리 이동했다. 그들은 결국 두 마리의 은색등과 검은등으로 이루어진 작은 집단을 만났다. 이들과의 물리적 충돌로 말미암아 베토벤과 이카루스, 퍽, 그리고 에피가 심한 부상을 입었다. 에피의 부상은 다른 고릴라들보다 훨씬 심각했고, 팔의 상처를 제외한 다른 상처들은 모두 목 뒤쪽, 머리, 어깨 등에 있어 털을 제대로 고를 수도 없었다.

일주일이 채 지나지 않아 에피의 상처에서는 고름이 심각하게 흘러나왔고, 다섯 살 난 딸인 턱이 없었더라면 그녀의 상처는 낫는 데 훨씬 더 오래 걸렸을 것이다. 턱은 에피의 털고르기 담당을 자처해 세심하고 열성적으로 임무를 수행했다. 그녀는 이 직무에 방해가 되는 어떤 동물도 에피의 주위에 오지 못하도록 하였고, 심지어 에피의 손도 사양했다. 턱은 6주 후 에피의 상처가 다 나을 때까지 물린 상처를 끊임없이 찾고 핥았다.

에피의 상처가 아무는 동안 턱은 고개를 좌우로 돌리는 사뭇 이상한 인사를 개발했는데, 이 인사는 에피의 상처를 치료해 주러 다가갈 때만 사용했다. 나는 턱이 무슨 말을 하려는지 결코 알 수 없었다. 어린 암컷이 어미에게 다가가서는 내 눈이 따라가지도 못할 정도로 빠르게 고개를 돌렸다. 거의 1분간이나 고개를 저은 후에 턱은 상처를 핥기 시작했다. 나는 턱의 움직임을 따라잡으려다 어지러워졌고, 에피는 나만큼이나 딸의 이상한 행동에 놀란 듯 턱을 쳐다보았다. 턱의 이상한 인사는 에피가 다 나은 후에 다시는 볼 수 없었다.

제5집단은 아마도 그 이후에 다른 집단을 만나지 않았기 때문에 남서쪽으로 훨씬 더 멀리 내려가 내가 한 번도 가본 적 없는 곳에 도착했다. 베토벤은 방향을 잘못 잡은 듯 무리를 이끌고 카리심비 산 가까운 4,000미터 높이의 아고산대 지역으로 올라갔다. 거기서 고릴라들은 넓은 초원과 늪지대로 둘러싸인 낮은 히페리쿰지대에 머물렀다. 그러나 이곳은 밀렵꾼들이 빈번히 활동하는 곳이었다. 숲지대가 좁아 창이나 올무로 동물을 쉽게 잡을 수 있기 때문이었다.

그 고원은 캠프에서 몇 시간이나 걸리는 곳이기 때문에 밀렵꾼들은 우리가 철거하는 것보다 더 빨리 덫을 새로 설치할 수 있었다. 제5

집단의 고릴라들이 덫에 걸려 희생되는 것은 시간문제인 것 같았다. 나는 결국 어쩔 수 없이 추적꾼과 자원한 학생들과 함께 제5집단의 고릴라들을 원래의 서식처인 비소케 산 근처로 몰아오기로 했다.

고릴라 몰기는 일단 순조롭게 진행되었다. 베토벤은 보이지 않는 '밀렵꾼'들을 감지하고 가족을 비소케 방향으로 이끌었다. 그리고 지금은 인간이나 고릴라와 마주쳤을 때 모두 현명하게 행동할 줄 아는 이카루스가 무리의 뒤를 보호하면서 따라왔다. 내가 그를 처음 만난지 겨우 10년 만인 1977년에 이카루스는 자식을 보았고, 더불어 아비의 집단에서 부대장의 자리를 확고히 했다. 나는 가끔 이카루스의 넘치는 자신감에 깜짝 놀라곤 했다. 이카루스는 9년 전 집단을 떠나 밀렵꾼들과 홀로 상대해 왔던 브람스와 달리 자신을 천하무적이라고 여기는 것 같았다. 제5집단을 초원 꼭대기에서 원래 서식처로 몰아오는 일을 감독했던 한 학생이 말하길, 이카루스가 보이지 않는 밀렵꾼들에 대해 이상할 정도로 예민해져 있었고 한번은 이카루스가 숨어서 추적꾼들을 기다렸다가 튀어나와 '덤불이 폭발했다'라고 표현한 적도 있다.

제5집단을 비소케 산의 사면으로 이동시키고 나서, 나는 그들이 '집'에 돌아왔다는 생각에 마음이 놓였다. 그렇지만 다른 위험이 다가오고 있었다. 죽순이 자라날 시기가 곧 돌아왔다. 죽순의 절정기는 6월과 12월이고 이때 죽순은 고릴라들의 주식의 90%를 차지한다. 그러나 대나무가 자라는 곳은 고릴라 서식처의 단 5분의 1에 지나지 않고, 그마저 원래 공원 구역이었던 경작지와 맞닿아 있다.

공원과 제충국 밭 사이에 완충지대가 없기 때문에 농부 중 누군가가 영양을 잡기 위해 공원 안에 덫을 설치할 것이라고 생각하는 것은 어렵지 않다. 카리소케 직원들과 나는 항상 고릴라들이 이동하기 전에 머물렀던 볼캉 공원의 동쪽 경계를 따라 좁은 대나무지대를 순찰하러 다녔다. 그러나 이번엔 미처 우리가 탐색을 마치기 전에 고릴라들이 대나무 지역으로 내려오게 된 것이다.

고릴라들의 안전이 염려스러웠지만 예전에 베토벤이 대나무지대에서 쇠올가미에 걸린 네 살짜리 퍽을 구해 낸 적이 있다는 것에 생각이 미치자 걱정이 다소 누그러들었다. 베토벤은 덫에 대한 '감각'이 있는 것 같았다. 언젠가 그가 무리를 이끌고 다이커, 부시벅, 그리고 고릴라들이 빈번히 지나다니는 길을 일부러 피해 가는 것을 관찰하고 나서 나는 베토벤의 감각에 대해 확신을 갖게 되었다. 그 길에는 덫이 많이 깔려 있었다.

추적꾼인 르웰레카나와 내가 제5집단에 접근하고 있던 순간, 우리는 '잠보 블러프'라고 불리는 공원 경계 지역에서 마을 주민의 갑작스러운 비명을 들었다. 고릴라에게 어떤 위험이 닥칠 것 같다는 두려운 느낌에 우리는 비명 소리가 난 곳으로 달려갔다. 다행스럽게도 고릴라들은 모두 나뭇가지 위에 앉아 제충국 밭에서 괭이질을 하던 그 농민을 신기하게 내려다보고 있던 중이었다. 고릴라들은 공원 경계 근처의 사람들은 두려워하지 않는 듯했다. 숲의 심장부에서 인간의 목소리가 들리면 모든 동물들이 두려움에 떨지만 그곳은 이미 그들에게 인간을 빈번하게 볼 수 있는 곳으로 인식되었기 때문이다. 마찬가지로 오랫동안 제충국 농사를 지은 사람들은 고릴라를 방해하지 않고 지낸다. 제충국 밭이 고릴라들에게 별로 매력이 없다는 것을 알고 있기 때문이다.

고릴라들이 공원 경계로 돌아오는 계절이 되면 마을 사람들도 신이 난다. 마을 사람들은 함께 '은가지(고릴라)! 은가지!' 하고 산을 향해 부른다. 그날 제5집단은 잠보 블러프를 잠시 둘러본 후에 먹이를 먹기 위해 이동하는 중이었고, 농민들은 일을 끝내고 돌아가던 길이었다. 그런데 고릴라들을 따라가려고 숲을 올라가던 중에 아래쪽에서 새로운 외침이 들렸다. 갑자기 사람들이 "니라마카벨리Nyiramachabelli! 니라마카벨리다!"라고 외쳤다. 니라마카벨리란 '남편 없이 홀로 숲 속에서 사는 나이 든 여자'라는 뜻이다. 비록 나의 새 이름이 시적이긴 했지만, 내가 그 말에 담긴 뜻을 결코 좋아하지 않는다는 사실은 인정해야겠다.

4킬로미터의 대나무 숲이 안전해졌다고 판단될 때까지 몇 주 동안 추적꾼들과 나는 고릴라들이 매일 다니는 길에 덫이 놓여 있는지 조사하고 다녔다. 이때가 1977년 7월의 늦은 오후였을 것이다. 제5집단은 공원 경계 근처에 대나무가 빽빽이 둘러져 있는 찻잔처럼 오목한 곳에서 낮 동안 쉬기로 했다. 고릴라들은 이 작은 공간에 함께 있는 것이 불편하게 여겨진 듯이 보였다. 30여 분 후에 여섯 살 반의 지즈는 불편함을 참지 못했는지 자리에서 일어나 주변의 대나무 숲 사이를 돌아다니기 시작했다. 즉시 어미인 마체사와 새끼를 등에 업은 누이 팬치가 그를 따라가기 시작했다. 또다시 이동하는 것이 짜증났지만 무리의 다른 고릴라들도 지체 없이 마체사의 혈족들을 따라가기 시작했다. 베토벤은 맨 뒤를 돌보며 따라왔다.

고릴라들이 모두 어두운 대나무 숲 속으로 사라지고 난 후 갑자기 숲 속에서 위협적인 비명 소리가 터져 나왔다. 베토벤이 길고 거칠게 꿀꿀거리는 소리를 내었고, 이어서 다른 고릴라들에게서도 걸걸한 꿀꿀 소리가 나왔다. 비명 소리는 귀가 찢어질 정도로 강도가 높아졌다. 이 갑작스러운 소동은 3분가량이나 지속되었고, 그들은 마치 갑자기 밀렵꾼들과 마주쳤을 때 생기는 것과 유사한 발작적인 공포 상태였다.

고릴라들이 도망가려고 하지 않은 것으로 보아 두려움의 원인이 확실히 밀렵꾼은 아니었다. 그렇다면 덫이 유일한 설명이었다.

나는 대나무 숲 아래로 기어들어 갔으나 고릴라들로 이루어진 검은 벽에 가려 주변을 맴돌 수밖에 없었다. 다른 고릴라들이 주위를 에워싸고 베토벤이 거친 꿀꿀거리는 소리를 내면서 무언가를 하고 있었다. 곧 그의 은색 등은 엉클어진 검은색으로 변했다. 나는 고릴라들이 지나가는 유일한 통로에 있었기 때문에 다시 그곳을 빠져나와야만 했다. 몇 분 후에 베토벤과 지즈, 그리고 다른 고릴라들이 숲 밖으로 나왔다. 그들은 나를 본체만체하고 트림 소리를 내면서 서로를 다독이기 시작했다. 그들은 곧바로 스트레스를 받았을 때의 피난처인 비소케 경사면으로 향했다. 나는 멀리서 누가 쇠올가미에 상처라도 입었는지 보려고 뒤쫓았지만 그들을 따라잡는 데 실패했다.

다음 날 아침 르웰레카나와 나는 어제의 사건 장소를 다시 찾았다. 우리는 부러진 가지들과 풀이 주변에 널부러져 황폐해진 반지름 5미터가량의 원 자국을 찾았다. 그곳은 설사와 수북한 고릴라 털 타래로 덮여 있었고, 인간의 맨발자국도 찍혀 있었다. 누군가가 거기에 있었다. 그리고 어제의 사건에 대한 증거도 명백해졌다. 바로 그날 아침에 밀렵꾼이 약 200제곱센티미터의 작은 구덩이에 올가미와 진흙을 같이 채워 넣었던 것이다. 동물이 그곳을 지날 때까지 올가미의 위치를 유지시켜 주는 대나무 막대와 쐐기는 이미 사라졌다. 게다가 밀렵꾼은 덫이 설치된 주위로 고릴라들이 지나간 흔적을 지우려고까지 했다.

르웰레카나와 나는 네 발로 기어가면서 희미한 인간의 발자국을 발견했다. 그 흔적은 바로 전날 제5집단의 잠자리로 쓰였던 곳 바로 아래로 이어졌고, 우리는 아직 튀어 오르지 않은 또 다른 쇠올가미 덫을 찾았다. 전날 밤 잠자리에서 제5집단의 고릴라들은 이 쇠올가미를 보았을 것이다. 그래서 비좁은 곳에 모여서 밤을 보냈고, 곧 다른 곳으로 떠났던 것 같았다. 르웰레카나와 나는 인간의 흔적을 따라 공원 경계까지 계속 기어가면서 아직 작동되지 않은 쇠올가미를 여덟 개나 더 찾았다. 우리는 고릴라들에게 잠재적으로 치명적인 쇠올가미를 몰수하고 올가미를 지지하고 있던 대나무 막대를 모두 잘랐다. 우리는 제충국 밭이 있는 공원 경계에서 더 이상 발자국을 따라잡을 수가 없었다. 마을 사람들이 빈번하게 지나다니면서 만들어진 수많은 발자국들과 섞여 버렸기 때문이다. 밀렵꾼을 그들의 대문 앞까지 따라가서 잡는 것은 불가능한 듯싶었다. 그래서 우리는 제5집단을 보러 다시 산을 올라갔다.

덫의 희생자는 지즈였다. 이 어린 수컷의 몸에는 그날의 증거가 또렷이 남아 있었다. 오른쪽 손목에 가늘고 깊게 살이 패인 상처가 마치 팔찌처럼 둘러져 있었고 두툼한 오른쪽 손바닥에는 찰과상이 있었으며, 이두근부터 손목까지 깊은 상처가 그어져 있었다. 그날 일을 돌이켜 보면 아마 베토벤이 결정적인 행동을 취했던 게 분명하다. 경험 많은 늙은 은색등은 올가미와 지즈 사이에 자신의 이빨을 집어넣고 꽉 조인 올가미가 느슨해져 아들의 손이 자유롭게 움직일 수 있을 때까지 아래로 잡아끌었을 것이다.

지즈는 절대로 올가미를 자기 힘으로 풀 수 없다. 올가미에 걸린 손은 팽팽하게 매달려 있어 그의 이빨이 닿지 않았다. 내가 한 손에 장갑을 낀 채로 다른 쪽 손의 올가미를 풀어내는 게 불가능하듯이 베토벤의 두터운 손가락은 꽉 조인 올가미와 지즈의 살 사이를 들어가기는 어려울 것이다. 또한 어른 고릴라는 확실히 낯선 물체를 손으로 만지는 것을 싫어한다. 베토벤은 아마도 한 손으로 지즈의 팔을 고정시키고 나서 지즈의 팔을 감고 있는 올가미 사이로 이빨을 집어넣었을 것이다. 그러고 나서 그는 지즈의 손목에서 쇠줄을 잡아당겼을 것이다. 지즈의 손에 남아 있는 긁힌 흔적이 그 증거이다.

일주일 동안 지즈는 걸을 때나 놀 때 오른쪽 손을 쓰려고 하지 않았다. 대나무지대에서 보낸 나머지 여름 동안에는 더 이상 사건이 발생하지 않았다. 덫을 놓았던 자들은 제5집단의 고릴라들이 카리소케의 연구자들에 의해 매일 관찰되고 있다는 사실을 확실히 깨달았을 것이다. 우리의 밀렵방지활동 덕분에 침입자들은 새 덫을 깔아서 얻은 것보다 잃은 것이 더 많았다.

* * *

무라하와 신다는 이제 거의 6개월이 다 되었다. 태어날 때부터 확연히 달랐던 두 새끼 고릴라들의 차이는 시간이 지날수록 점점 더 벌어졌다. 신다는 야위고 앙앙거리며 우는 새끼였다. 마체사는 신다가 석 달이 될 무렵부터 계속 등에 매달리게 하려고 했지만, 신다는 여전히 어미의 배쪽에 올챙이처럼 착 달라붙어 있는 채로 지냈다. 하지만 조카인 무라하는 태어난 지 넉 달이 될 때까지도 팬치가 등에 매달리도록 하지 않았다.

무라하는 태어나는 순간부터 폭신폭신하고 밝으며 생동감 넘치는 털뭉치였다. 팬치는 마체사와 달리 무라하라는 존재에 기뻐하는 표정이 너무나 역력했다. 낮에 쉬는 동안 입가에 커다란 미소를 머금은 팬치는 종종 새끼를 머리 위로 살랑 흔들어 주었다. 두 모녀는 마치 인간의 킥킥 웃는 소리처럼 낄낄거렸다. 팬치가 무라하를 흔들어 주는 것은 기능적인 목적이 있기도 했다. 이러한 행동은 새끼가 묽은 노란색 변을 보도록 자극한다. 노란색 변은 주요 먹이 공급원이 어미의 젖인 아주 어린 새끼에게서 볼 수 있는 일반적인 분비물이다. 마체사가 신다를 이런 식으로 흔들어 주는 것은 한 번도 관찰된 적이 없다. 그래서 그녀의 배쪽 털은 항상 붉은 빛이 도는 누런색의 얼룩이 져 있었다. 팬치는 또한 무라하가 그녀의 거대한 배 위에서 미끄럼을 타고 엄마의 큰 손발과 레슬링을 하는 등 혼자 놀 수 있도록 많은 시간을 할애했다. 이런 놀이를 할 때 무라하의 즐거운 표정은 이빨을 드러내고 씩 웃는 '벅스 버니'처럼 보였다.

이빨이 나기 시작하는 출생 후 석 달부터 무라하는 항상 나뭇가지들을 갉아 보려고 시도했다. 무라하가 나뭇가지들을 잡으려고 애쓰는 모습은 마치 술 취한 사람이 여러 겹으로 보이는 술잔을 잡으려고 애쓰는 것처럼 보였다. 같은 나이의 삼촌인 신다는 주위의 풀들을 멍한 눈으로 바라보는 것에 만족하는 듯 보였고, 상당히 여러 번 시도한 끝에 어미의 무릎에 놓여 있던 버려진 잎사귀를 집어 들 수 있었다.

보통의 새끼 고릴라들은 6개월이 되면 어미의 손이 닿는 거리인 약 2미터까지 벗어날 수 있지만, 무라하는 이미 넉 달째에 어미로부터 3미터 거리까지 뒤뚱거리며 걸을 수 있게 되었다. 걸을 때 양손이 몸을 상당히 잘 받쳐 주고 있었지만, 두 다리는 종종 너무 익은 국수 가닥처럼 힘없이 주저앉았다. 새끼 고릴라들의 운동 능력 발달 양상은 비슷하다. 태어나는 순간부터 새끼 고릴라는 어미의 배쪽을 손과 팔로 꽉 잡을 수 있어야 한다. 특히 빠르게 이동하는 긴박한 상황에서는 어미가 새끼를 안아 줄 틈이 없을 수도 있기 때문이다. 새끼 고릴라들의 짧은 다리와 몽톡한 발가락은 어미의 배 주변의 넓고 평평한 곳을 약하게 잡는 역할밖에 하지 못한다.

4개월째의 무라하는 나에게 잊지 못할 기억을 선사해 주었다. 제5집단이 비소케 산의 낮은 경사면에서 평화롭게 휴식을 취하고 있을 때였다. 나는 팬치로부터 2.5미터 정도 떨어진 곳에서 그녀를 관찰하고 있었다. 팬치는 이카루스가 팔을 뻗으면 닿을 거리에 누워 있었고 무라하는 부모 사이에서 안겨 있었다. 무라하가 나를 신기한 듯 바라보더니 아무 두려움 없이 내 쪽을 보고 일어나는 것이었다. 새끼가 내 쪽으로 가기 시작하자 팬치와 이카루스가 모두 묘한 표정을 지으며 자리에 앉았다. 무라하가 점점 더 가까이 다가왔다. 수풀이 난 곳을 걸어올 때 무라하는 서툰 걸음을 멈추고 주저앉았다. 내 다리까지 도착하자 새끼는 함박웃음을 지었다. 30센티미터짜리 작은 생명에게 내 다리를 올라가는 일은 마치 청바지로 된 산을 오르는 기분일 것이다.

내 곁에 도착하자 무라하는 오른손으로 꼼꼼히 내 바지를 만져 보기 시작했다. 그러더니 바지를 만지던 손가락을 코에 대고 냄새를 맡았다. 이카루스와 팬치는 자식의 탐험을 호기심 어린 눈으로 쳐다보았고, 나는 감히 움직일 생각을 못하고 숨마저 참고 있었다. 무라하가 내 무릎 위로 오르려고 한 순간, 팬치가 무관심한 듯 일어나더니 하품을 하고 나서 미안해하는 표정으로 나를 바라보았다. 그녀는 어슬렁거리며 내 쪽으로 다가와 무라하의 엉덩이를 냄새 맡고 핥아 주며 관심을 보이는 척하더니 무라하를 살살 집어 올려 잠자리 쪽으로 다시 돌아갔다. 팬치는 대단히 외교적으로 행동한 것 같았다.

팬치와 이카루스는 다시 자리를 고쳐 잡았다. 그러나 무라하의 눈에는 '방랑벽'의 본성이 다시 반짝거렸다. 무라하는 팬치의 옆구리를 다시 한 번 떠나 뒤뚱거리며 걸어와 내 무릎 위로 기어올랐다. 다소 당혹스러워진 눈빛을 한 팬치가 아이를 다시 데려가려고 내 시선과 마주치지 않으면서 다가왔다. 다시 한 번 무라하의 엉덩이를 보려는 척하더니 한 팔로 무라하를 감아올리고 주변의 풀숲으로 사라져 버렸다. 고릴라들로부터 분명한 신뢰의 표시를 받은 그날의 떨린 기억은 결코 사그러들지 않을 것이다.

팬치는 잠깐이나마 내가 무라하와 같이 있게 해 주었지만, 제5집단의 다른 어린 고릴라들이 무라하의 근처에 오는 것에는 주의를 기울였다. 겨우 14개월밖에 안 된 어린 파피는 아직 자신도 새끼이면서 작년까지 퀸스와 파블로가 그녀에게 했던 것처럼 두 4개월짜리들의 '엄마'를 자처하고 나섰다. 파피는 몇 걸음 앞으로 걷다가 앉아서 혼자 털 고르기를 하거나 계속 하품을 하는 척하며 어미의 품에서 벗어나 있는 새끼가 사정권 안에 들 때까지 접근하는 '어-흠' 접근에 능수능란했다. 아직도 마체사의 배에 착 달라붙어 있는 신다는 제5집단의 어린 고릴라들에게 별로 인기가 없었다. 새끼 고릴라들의 성별에 따른 선호의 차이일 수도 있고, 마체사가 신다를 과보호하기 때문일 수도 있다.

내가 관찰한 고릴라들 중 가장 모성본능이 강한 퀸스는 마체사나 팬치가 새끼들을 껴안고 털 골라 주기를 못하게 하면 꽤 낙담한 표정을 지었다. 일곱 살의 퀸스는 이제 어른이 되는 데 1년 정도를 앞두고 있었다. 그녀와 세 살짜리 남동생 파블로는 침팬지 같은 부루퉁한 얼굴이 서로 닮았다. 무라하와 신다에게 접근하지 못하게 되면 둘 모두 아랫입술을 축 늘어뜨리고 걸어 다녔는데, 이런 표정은 고릴라들에게는 흔치 않다.

파블로에게 1977년 초반은 시련기였다. 젖을 뗐을 뿐 아니라 그의 장난을 받아 주던 다른 고릴라들에게서 꾸지람을 받는 일이 점점 늘어났기 때문이다. 세 살까지 자기 뜻대로 잘 살아온 파블로에게 훈육의 매란 청천벽력이었다. 나는 파블로가 인간의 아이라면 어떨까 상상해 본다. 아마 그는 내 야외 관찰 기록장과 필름 같은 자기의 소중한 장난감들을 가방에 꾸린 다음 그를 반겨 줄 새 가족을 찾아 떠날지도 모르겠다.

파블로에게 가장 좋은 때는 어미가 발정기에 들어서는 두세 달간이다. 이 시기가 되면 리자는 무리의 가장자리에서 나와 다른 고릴라들과 교태를 머금은 놀이를 한다. 파블로가 세 살이 된 해 리자의 발정 주기가 다시 돌아왔을 때 그녀의 가슴은 심하게 쭈글이였다. 파블로가 좋아하는 왼쪽 가슴은 굉장히 부풀어 오른 반면 오른쪽 가슴은 납작하게 매달려 있었다. 리자가 발정기에 들어가면 파블로는 더욱 마음대로 젖을 빨 수 있었다. 다른 고릴라들의 관심이 증가하여 리자의 주의가 흐트러지기 때문이다. 하지만 베토벤은 그녀의 구애를 여전히 모른 척했다.

턱은 파블로가 부르면 같이 놀거나 털을 골라 주기 위해 자주 나갔지만, 에피는 파블로가 파피를 불러내 야단법석을 떨며 놀려고 끈질기게 시도하는 것을 참는 데 거의 인내의 한계에 도달했다. 어느 날 에피가 파피의 다리를 잡아당기는 파블로에게 꿀꿀거렸을 때, 파블로가 뻔뻔스럽게 에피의 팔을 살짝 물었다. 다른 고릴라들을 물었을 때는 심하게 야단맞지만, 에피는 그냥 파피를 다시 안기만 했다. 파블로는 대담하게도 파피에게 다시 다가가기 위해 에피로부터 안전한 거리에 자리를 잡았다. 몇 분이 지나자 파피는 스스로 파블로에게 다가와서 같이 놀기 시작했지만, 놀이가 거칠어지자 이내 울기 시작했다. 즉시 에피가 달려와서 꿀꿀거리는 소리를 내었고 파블로는 재빨리 물러섰다.

어미 덕분에 마음이 놓인 파피는 다시 파블로에게 돌아가서 좀 전에 했던 과정을 되풀이했다. 그러나 이번에는 에피가 파피를 잡아채더니 파블로를 무는 시늉을 하고 나서 파피를 안고 잠자리로 돌아가 버렸다. 인생의 불공평함에 좌절한 듯 파블로는 거의 1분 동안이나 앉아서 머리를 쥐어뜯었다. 파블로의 얼굴은 우그러졌다. 결국 파블로는 다시 일어나서 에피와 나를 쳐다보더니 훌쩍거리며 무리의 가장자리에 있는 어미 리자를 찾으러 가 버렸다.

파피는 제5집단의 '어린 연인'이었다. 파피에게는 마음을 끌어당기는 무언가가 있었다. 파피는 결코 사고를 저지르는 일이 없었다. 파블로와 달리 그녀는 카메라나 필름 같은 낯선 물체에는 결코 관심을 보이지 않았으며, 그녀의 주위에서 찾을 수 있는 것들에 만족했다. 버려진 새 둥지는 파피가 특별히 좋아하는 장난감이었다. 파피는 지푸라기 몇 개만 남을 때까지 둥지를 몸이나 바닥에 두드렸다. 파피는 둥지에서 풀들을 하나하나 뽑는 것도 좋아했는데, 어쨌거나 결국엔 지푸라기 몇 개만 남고 끝났다.

파피는 때때로 껴안아 주길 기다리는 것처럼 관찰자들의 무릎 위에 우아하게 앉아 있는 것을 좋아했다. 보통 나와 학생들이 그녀의 관심을 받는 '영예'를 누릴 때마다 베토벤이나 에피, 그리고 다른 고릴라로부터 꿀꿀거림이나 위협도 함께 받는다. 종종 베토벤은 파피를 보러 와서 머리 위로 부드럽게 안아 올려주기도 하고, 어린 고릴라들인 퍽, 턱, 퀸스, 파블로 모두 파피가 관찰자들과 있을 때 다시 파피를 데려오려고 했다. 다른 고릴라들의 파피에 대한 열성적인 관심은 말썽꾸러기 파블로가 인간과 만나려고 올 때 아무도 흥미를 갖지 않는 것과는 사뭇 대조적이다.

에피의 세 번째 딸인 턱은 파피가 태어난 이후로 어미의 관심에서 멀어질 수밖에 없었다. 그렇지만 이 불쌍한 셋째 딸은 질투하는 기색을 전혀 내비치지 않았다. 턱이 에피의 털을 열심히 고르고 나서 에피가 파피의 털을 고르는 것을 보고 있을 때 턱의 표정이 침울하게 변하는 것을 몇 번 보았을 뿐이다. 나는 턱을 '가운데 딸의 비애'라고 부른다. 우울함을 이겨 낼 수 있는 것은 전적으로 턱의 착한 천성이다. 어미에게 안기고 싶을 때면 턱은 에피가 파피를 안고 있느라 양손을 쓸 수 없을 때에도 에피 곁으로 와서 매달려 있는다. 파피가 다른 고릴라들과 놀러 나가면 그제서야 턱은 에피의 팔에 안길 수 있는 기회를 차지한다. '엄마는 결국 내 거야'라고 생각하는 것 같은 표정으로.

신뢰감을 주는 성격의 에피는 자식을 안전하게 키울 뿐만 아니라, 베토벤의 하렘에서도 가장 우위인 암컷의 지위를 유지하고 있었다. 어느 비 오는 날 오후에 에피와 팬치는 히페리쿰 가지로 장대비 속에서도 가능한 한 아늑하게 지낼 수 있도록 목욕통 같은 잠자리를 만들었다. 초라한 잠자리를 지은 베토벤은 점점 더 쏟아지는 비를 체념한 듯 자리를 잡았다. 30여 분이 지나고 에피와 팬치가 더 편한 자세를 잡으려고 할 때였다. 갑자기 베토벤이 일어나 에피 쪽으로 다가오더니 그녀를 쏘아보았다. 에피는 자세를 바꾸고 그를 모른 척했다. 베토벤은 다소 불끈한 표정으로 다시 6미터 옆에 있는 팬치의 잠자리로 갔다. 그는 젊은 어미의 머리 위에서 잘난 척하며 과장된 자세로 서 있었다. 그의 의도는 뻔했다.

나는 당연히 팬치가 잠자리에서 나와 베토벤에게 복종의 자세를 취할 것이라고 예상했다. 그러나 그녀는 지위에 걸맞지 않은 행동을 했다. 베토벤을 똑바로 쳐다보고 거친 꿀꿀거리는 소리를 낸 것이다.

베토벤은 가능한 한 최대한의 체면을 차리고 분한 표정을 지으며 에피의 잠자리로 돌아갔다. 그는 살살 에피의 손과 어깨를 건드렸으나 에피는 파피를 꼭 안고 있기만 했다. 역시 잠자리 안에 같이 있었던 턱도 어미를 더욱 세게 껴안았다.

흠뻑 젖은 베토벤은 그럭저럭 에피의 등 뒤로 거대한 몸을 집어넣었다. 베토벤의 몸 대부분은 잠자리 밖으로 벗어났지만 표정은 편안함 자체였다. 그는 에피의 관용을 기꺼이 받아들인 것처럼 보였다.

에피와 마체사 모두 두 살 미만의 어린 새끼를 키우고 있었기 때문에 리자만이 베토벤의 하렘에서 유일하게 발정 주기가 돌아오는 암컷이 되었다. 그렇지만 그녀는 여전히 1년 동안 베토벤의 관심 밖에 있었다. 리자는 계속 관심을 갈구했고 거치적거리는 고릴라 없이 무리 사이를 마음껏 돌아다녔다. 또 리자는 나이 많은 암컷의 성적 관심을 수용하는 유일한 고릴라였던 퍽에게 자주 교미하는 자세를 취했다. 퀸스가 어른으로 분류되는 여덟 살이 되었을 때 마침 리자의 발정기도 딸과 거의 같은 시기에 찾아왔다. 퀸스는 어미와 달리 지즈나 이카루스가 교미 자세를 취하려고 하는 것을 언제나 기꺼이 수용했다. 다만 그녀가 새끼인 신다와 무라하와 함께 '엄마 놀이'에 열중하고 있을 때를 제외하고 말이다.

1977년 12월 파블로가 완전히 젖을 뗀 지 아홉 달이 지났지만 리자는 의도적으로 털을 고르고 돌보는 행동을 다시 시작했고 젖의 양도 많아졌다. 그녀의 이런 행동은 분만을 앞두거나 사산한 암컷에게서 나타나는 전형적인 모습이었다. 최근에 리자가 임신한 암컷이 하는 것처럼 많은 시간을 무리의 가장자리에서 보내는 모습이 관찰되었다. 나는 그녀가 아마 유산을 했겠지만 추적꾼과 내가 잠자리에서 그 흔적을 찾지 못한 것이라고 생각했다. 다시 무리의 중앙으로 들어온 리자는 여섯 달 동안 파블로를 신경 써서 키웠다. 그리고 예상하지 못했던 일이 일어났다.

1978년 7월 비소케의 동쪽 경사면에서 서식하는 연구 지역 주변 집단인 제6집단과의 물리적 충돌이 있고 난 후에 리자가 사라졌다. 여덟 살짜리 딸 퀸스와 네 살이 다 되어 가는 파블로를 제5집단에 남겨 두고 리자가 다른 집단으로 이주해 갔을 리가 없었다. 따라서 제6집단에서 원래의 일원이었던 것처럼 편안히 지내고 있는 리자를 발견했을 때 놀라움을 금할 수 없었다.

리자는 은색등의 자식이 있는 집단에서 이주해 나간 것으로 관찰된 두 번째 암컷이었다. 두 경우 모두 원래의 집단에서 번식할 기회를 낭비하고 있다는 공통점이 있었다. 둘 모두 유아에서 청년기로 진입한 새끼가 있었고, 새끼의 이유를 마친 후에 발정기가 돌아왔지만 배우자에게서 1년 가까이 무시당했다. 게다가 두 암컷의 새끼 모두 46개월이나 되었는데도 때때로 어미의 젖을 빠는 것이 관찰되었는데, 이들의 번식 기회 낭비는 긴 수유기가 다음 번 임신을 막는 원인이 된다는 가설로 지지될 수 있다. 암컷들이 새 집단으로 이주해 간 지 14개월 내에 모두 다시 임신을 했기 때문이다. 두 암컷은 이주해 감으로써 번식에 이득을 얻었을 뿐 아니라 지위도 향상시킬 수 있었다. 암컷의 지위는 그 집단에 얼마나 먼저 소속되는가에 따라 결정되는데, 두 암컷은 모두 이주해 간 집단에서 첫 번째로 들어간 암컷이었기 때문이다.

놀랍게도 파블로는 리자가 떠나간 것에 대해 별로 슬퍼하는 기색을 보이지 않았다. 그는 낮 시간의 대부분을 베토벤 근처에서 보냈고 밤에는 베토벤과 함께 잤다. 파블로에게는 또한 안아 주고 털을 골라 주는 누이 퀸스가 있었다. 그는 종종 엄마와 같은 관심을 기울여 주는 퀸스에게로 갔다.

리자가 이주해 간 그달에 퀸스는 성숙한 암컷이 되었다. 퀸스는 새끼였을 때부터 온화하고 남을 배려하는 성격을 지닌 고릴라였고, 아버지와 남동생 그리고 이복형제들을 한결같이 따뜻하게 대했다. 퀸스는 준비된 엄마처럼 보였고, 나는 이카루스가 퀸스의 첫 번째 새끼의 아비가 될 거라고 예상했다.

그러나 퀸스는 리자가 제5집단을 이주해 나간 것에 매우 낙담한 모양이었다. 비록 그칠 새 없이 베토벤과 어린 고릴라들의 털을 골라 주고 있었지만, 그녀만의 특별한 생동감과 자연스러움이 천천히 사라져 갔다.

리자가 나간 지 석 달 후인 어느 날 아침 퀸스의 잠자리에서 핏자국이 발견되었다. 가능성이 없는 것은 아니지만, 퀸스는 이제 여덟 살이었기 때문에 그녀가 임신을 하거나 유산을 하기에는 너무 어린 나이였다. 며칠이 더 지나자 퀸스의 건강이 빠르게 악화되고 있는 것이 분명해졌다. 그렇지만 그녀는 가족들의 털을 고르고 엄마 역할을 계속해 나갔다.

잠자리에서 비정상적인 분비물이 발견된 지 2주가 지나자 퀸스는 이동할 때 다른 고릴라들을 따라잡기 위해 온 힘을 짜내어야 했다. 그녀는 무릎과 손목, 팔꿈치로 고통스럽게 기어갔다.

베토벤은 제5집단에서 유일하게 어린 암컷에 대한 걱정을 심각히 드러내는 고릴라였다. 그는 무리의 이동 속도를 퀸스가 따라올 수 있을 정도로 늦추고, 그녀가 다른 고릴라들로부터 괴롭힘당하는 것을 막아 주었다. 퀸스의 몸이 더 약해질수록 다른 고릴라들, 특히 에피의 세

딸들로부터 발로 차이거나 꿀꿀거리는 등의 폭행이 더 잦아졌다. 퀸스는 스스로를 지키기 위해 미약하게 꿀꿀거리는 소리를 내고 발로 차는 척하며 일생 동안 친하게 지내 왔던 그녀의 가족들을 깨물었다.

인간에게는 비이성적이고 가슴 아픈 일로 보이겠지만 고릴라들이 왜 이런 행동을 하는지 설명할 수 있을 것 같다. 약해진 퀸스는 적대적인 행동 앞에서 건강한 것처럼 대항할 수 없었다. 그녀는 복종행동이든 강한 방어행동이든 다른 고릴라들과의 사회행동을 할 힘조차 없었다. 퀸스가 약해질수록 그녀로부터 일상적으로 주고받던 반응을 더 이상 이끌어 낼 수 없어진 다른 고릴라들이 그녀에게 끈질기게 대화를 시도했던 것 같다. 내 생각엔 퀸스가 받았던 대우를 '잔인함'이라는 개념으로 설명할 수는 없을 것 같다. 병세 말기에는 그녀도, 그녀를 '공격한' 고릴라들도 모두 비정상적 행동을 보였기 때문이다.

잠자리에서 처음 피가 발견된 지 25일 후인 1978년 10월에 온순했던 퀸스는 결국 죽고 말았다. 나는 제5집단의 밤 잠자리 장소였던 쓰러진 나무 아래에서 아직 온기가 남아 있는 퀸스의 여윈 사체를 발견했다. 다른 고릴라들은 50여 미터 이상 떨어진 곳에서 돌아다니고 있었다. 인부들이 숲의 서늘한 어둠 속에서 퀸스를 가능한 한 조용하고 빠르게 옮겼다. 루엥게리 병원측은 나중에 그녀의 사인을 말라리아로 밝혔다. 나는 젊은 암컷을 내 카리소케 오두막에서 몇십 미터 떨어진 곳에 그녀가 태어난 산의 흙과 함께 묻었다.

* * *

퀸스의 죽음으로 파블로는 리자가 제5집단에서 살았다는 유일한 증거로 남았다. 낙천적인 어릿광대 파블로는 누이의 죽음에도 불구하고 여전히 집단의 익살꾼이었다. 그는 밤에는 베토벤과 함께 자고 낮에는 주로 그즈음 가장 친한 놀이 상대인 파피와 장난치러 나갔다. 에피는 비 오고 추운 날엔 잠자리에 파피와 턱뿐만 아니라 파블로도 옆에서 재워 줄 정도로 파블로에게 너그러웠고, 여섯 살 반짜리 턱과 함께 정기적으로 그의 털을 골라 주었다. 네 살의 파블로는 엄마와 퀸스가 없어도 완벽히 만족스럽게 살고 있는 듯 보였다.

에피의 핏줄들과 가까이 지내는 까닭에 파블로도 주변 자연에 대한 호기심을 넓혀 갔다. 한번은 파블로와 턱이 빽빽한 수풀 속에 숨어 혼자 자고 있던 새끼 다이커를 찾았다. 파블로는 낑낑거리며 우는 새끼 영양의 다리와 털을 잡아당기고 몸을 콕콕 찔러보거나 머리를 들어 냄새를 맡는 등 호기심을 마음껏 발산했다. 파블로만큼이나 동물에 관심이 많은 턱은 떨고 있는 다이커의 몸을 건드려 보고 냄새를 맡는 것에 만족했다. 턱은 파블로에게 꿀꿀거리고 손을 치우면서 새끼 영양을 괴롭히는 것을 막으려 했지만 그를 말릴 수 없었다. 한 시간 가까이 탐구놀이를 하자 턱과 파블로는 장난감에 흥미를 잃어버렸다. 그들은 새끼 다이커를 숨을 곳 없이 트인 곳에 놓아주었다. 새끼 다이커가 사냥꾼보다 먼저 어미에게 발견되었기를 바란다.

언젠가 어린 고릴라들이 다이커를 심각하게 마음먹고 잡으려고 하기보다는 장난스럽게 좇아다니는 것이 관찰된 적이 있다. 다이커부터 개구리까지 움직이는 것은 거의 무엇이든 어린 고릴라들을 유혹하는 것 같았다. 신기하게도 어린 고릴라들은 쐐기벌레나 카멜레온은 따라가지 않는다. 쳐 내거나 조심스럽게 밀어 버린다.

퀸스가 죽기 넉 달 전인 1978년 6월에 퍽이 알 수 없는 이유로 에피와 그의 누이들과 떨어져 홀로 보내는 시간이 많아졌다. 먹이를 먹을 때나 이동할 때 무리의 맨 뒤에서 퍽을 발견하는 일이 잦아졌다.

이런 일이 계속되던 어느 날 나는 무리와 20미터쯤 떨어진 이 젊은 수컷이 적어도 14개월 이상 다른 고릴라들이 가지 않았던 베르노니아 숲지대에서 꾸물거리고 있는 것을 보았다. 숲지대의 성긴 바닥층에는 고릴라의 먹이가 되는 풀들이 거의 나지 않기 때문에, 갑자기 턱이 죽어 가는 하게니아 나무 꼭대기를 응시하는 이유가 궁금했다. 나무의 밑동에서 10여 미터까지는 덩굴과 관목으로 둘러싸여 있었다. 나무의 중간 부분은 살아 있는 것 같은 흔적이 보였지만 그 위부터는 죽은 마른 가지들로 덮여 있었다.

30분가량 퍽은 나무를 측량하는 듯 쳐다보더니 나무 밑동의 덩굴을 잡고 올라가기 시작했다. 바닥에서 5미터쯤 올라갔을 때, 퍽은 잠시 멈추고 양손으로 큰 나무껍질을 벗겨 냈다. 거기에는 살아 있는 꿀벌들로 가득 찬 커다란 벌집이 있었다. 나무껍질을 벗겨 낸 순간 퍽은 기둥을 타고 내려오는 소방수처럼 재빨리 네 발로 내려왔다. 그는 땅에 닿자 문자 그대로 전속력으로 다른 고릴라가 있는 곳으로 달려갔다. 나 역시 같은 속도로 반대쪽을 향해 달리기 시작했다. 하게니아 나무에서 순식간에 화난 벌떼들이 새어 나와 웅웅거리며 하늘을 가려 버렸다.

한참을 돌아서 나는 제5집단을 따라잡을 수 있었다. 퍽은 마치 아무 일도 없었다는 듯 고릴라들의 한가운데에서 얌전히 먹이를 먹고 있었다. 퍽이 다른 고릴라들의 시야에서 벗어나 14개월 동안 한 번도 가지 않은 곳에 있던 벌집을 기억해 낸 그날의 관찰은 특별히 흥미로웠다. 퍽은 끊임없이 나를 놀라게 한다.

1978년 11월 14일 퍽이 새끼를 낳았다! 제5집단을 계속 관찰해 오던 학생으로부터 자기 눈을 의심하는 소식을 들었을 때, 나는 "그럴 리가 없어It can't be!"라고 소리쳤다. 퍽의 첫 번째 새끼는 캔츠비Cantsbee가 되었다.

젊은 '수컷'인 줄로만 알았던 퍽은 훌륭한 어미가 되었고, 에피는 제5집단에서 두 번째로 할머니가 되었다. 퍽은 에피가 그녀에게 했던 것처럼 새끼를 안전하게 키워 냈다. 1978년 말까지 에피의 혈족은 캔츠비가 태어난 지 얼마 되지 않아 베토벤의 새끼를 임신한 에피와 캔츠비를 키우는 열한 살의 퍽, 여섯 살 반인 턱, 그리고 32개월인 파피까지 서로의 보호 속에 긴밀하게 지냈다.

제5집단에 석 달간의 평화가 찾아온 후 에피는 임신한 지 두세 달 정도 되는 태아를 유산했다. 프랑스의 방송 촬영팀이 2주 동안 쉴 새 없이 따라다녔기 때문에 생긴 스트레스 때문이었다. 이전까지 에피는 새끼를 출산하는 데 평균 43개월의 간격을 두고 있었다. 그녀는 인간의 방해로 말미암아 주기적 번식에 실패했고, 1980년 6월까지 다시 새끼를 가지지 못했다. 가장 최근에 태어난 에피의 새끼에게는 매기Maggie라는 이름을 지어 주었는데 매기 역시 다른 형제들과 마찬가지로 베토벤과의 사이에서 태어난 새끼였다.

매기까지 태어나 에피의 혈족이 늘어가고 있던 시기에 마체사의 혈족 역시 확고한 우두머리인 베토벤과 그의 아들 이카루스 아래에서 번성하고 있었다. 1980년까지 마체사는 베토벤과의 사이에서 태어난 열네 살 반의 딸 팬치와 함께 팬치와 이카루스와의 사이에서 태어난 41개월의 손녀 무라하를 성공적으로 키워 냈고, 1980년 12월에 두 번째 손자인 조지Jozi(원문에는 Zozie라고도 표기되어 있음: 옮긴이)를 보았다. 그리고 마체사의 다른 두 자식들인 아홉 살 반의 지즈와 42개월의 신다가 마체사의 모계를 구성하고 있었다.

팬치가 에피의 아들인 이카루스와의 사이에서 새끼를 낳음으로써 에피의 혈족에 소속되었지만, 마체사의 혈족은 13년 동안이나 에피보다 하위에 머물러야 했다. 팬치와 이카루스가 짝이 되자 하위의 모계 혈통이 상위의 모계 혈통과 유전자 풀을 공유하게 되었으며, 마체사는 제5집단에서 이카루스와 혈연관계가 없는 유일한 개체로 남았다.

1980년 8월 5일 제5집단을 관찰하는 학생은 비소케의 경사면에서 먹이를 먹고 있는 대부분의 고릴라들을 보고 있었다. 관찰을 시작한 지 30여 분 후에 30미터 아래의 안부지대에서 이카루스의 후트 시리즈와 가슴 두드리는 소리가 들렸다. 제5집단의 고릴라들은 소리가 난 곳으로 향했고, 그 학생도 고릴라들을 따라갔다. 이카루스가 베르노니아 나무 아래에서 더 이상 움직이지 않는 마체사를 발로 차고, 주변의 풀을 쳐 대고, 가슴을 두드리고 있었다. 늙은 암컷은 다행스럽게도 자신에게 무슨 일이 일어나고 있는지는 의식할 수 없을 듯했다. 마체사는 아마 죽었거나 혼수 상태였다.

고릴라들은 주위에 몰려들어 이카루스의 행동을 지켜보았다. 에피를 제외하고 모든 고릴라들은 마체사의 사체를 잠깐씩 살펴보았다. 두 시간 가까이 과시행동을 하고 난 후에 이카루스는 베르노니아 나무 아래에서 마체사의 다리를 붙들고 나와 두들기기 시작했다. 이 폭행은 세 시간이나 더 지속되었고 베토벤만이 때때로 찾아와 그가 마체사의 사체를 끌고 가려고 할 때마다 저지했다. 마체사는 22개월 전의 퀸스처럼 너무나 가혹한 폭행을 당하고 있었다. 이카루스의 '공격'은 더욱 격해졌다. 때리는 것으로 모자라 온 힘을 실어 마체사의 사체 위로 뛰어내렸다.

다음 날 아침 고릴라들은 여전히 마체사의 사체 주위에 모여 있었다. 이카루스는 밤새 그녀를 몇 미터 떨어진 곳으로 끌고 갔다. 밤 잠자리를 조사한 결과 어린 신다가 베토벤과 함께 잤고, 이카루스는 여전히 죽은 마체사를 폭행하고 있었던 것으로 나타났다. 그가 잠시 쉴 때만 불쌍한 신다는 움직이지 않는 어미의 차가운 팔 아래를 기어 다니거나 젖을 빨려고 했다. 다른 어린 고릴라들은 조심스레 마체사의 입이나 항문을 나뭇가지나 혀로 살펴보았다. 에피의 52개월 된 딸인 파피가 마체사 위로 올라가서 반응 없는 몸을 밀고 때렸다. 무라하는 거의 의례에 가까운 공격을 하던 이카루스가 쉴 때마다 할머니의 곁에 가서 털을 골라 주었다. 죽은 고릴라에 대한 이런 행동은 적어도 제5집단의 경우에는 죽은 고릴라로부터 반응을 이끌어 내려는 본능적인 충동인 것 같았다.

루엥게리 병원에서 마체사를 부검한 결과, 비장에서 생명에 치명적인 여러 개의 수포가 발견되었다. 더욱 중요한 사실은 그녀는 임신이 가능한 것도 아니었고, 임신한 것도 아니었다(여성이 생애의 일정 시기에 도달하면 더 이상 번식이 가능하지 않게 되는 현상인 완경은 나이가 들어서 새로운 자식을 낳는 위험을 감수하는 것보다 이미 낳은 자식이나 손자를 돌보는 것이 자신의 유전자를 효과적으로 퍼뜨릴 수 있다는 '할머니 가설'로 설명되곤 한다. 완경은 인간에게서는 일반적인 현상이며 평균 수명이 짧은 원시부족에서도 많이 나타나지만 다른 영장류에게서는 드물게 보고된다: 옮긴이).

마체사의 죽음을 둘러싼 일들을 인간의 관점에서 보는 것은 심각한 오류를 초래할 수 있다. 그녀의 죽음으로 베토벤은 번식의 기회를 잃어버렸다. 번식이 가능한 유일한 암컷인 에피에게는 마체사가 죽을 당시 겨우 두 달된 새끼인 매기가 있었기 때문에 앞으로 그녀는 2년 반에서 3년까지 다시 새끼를 가질 수 없었다. 마체사가 이카루스와 혈연관계가 없었다는 것이 이카루스의 폭력적인 행동을 설명할 수 있을 것 같지만, 그 부분에 대해서는 조사가 더 필요하다. 다른 고릴라 집단에서는 고릴라가 자연사했을 때 혈연관계가 없는 고릴라들이 죽은 고릴라를 이카루스가 마체사에게 한 것처럼 심하게 대하는 경우가 없었기 때문이다.

* * *

제5집단의 역사를 돌이켜 보면 나는 재미있고 놀랍고 슬프며 부드럽고 사랑스러운 수많은 기억의 파편에 압도당하고 만다. 우리가 관찰한 기간 동안 31마리의 고릴라가 제5집단이라는 가족의 영속성과 유전자군에 기여했다. 우리가 처음 제5집단을 만났을 때 있던 15마리의 고릴라들 중 베토벤과 에피, 이카루스 그리고 팬치만이 남았다.

그리고 나는 이카루스와 팬치, 퍽과 같은 고릴라들이 새끼 시절부터 많은 경험을 쌓고 때로는 큰 시련을 겪으며 훌륭한 부모가 될 때까지 성장하는 단계를 지켜보는 영광을 누렸다.

제5집단의 구성원들은 카리소케의 어느 연구 집단보다도 긴 시간 동안 고릴라 가족이 얼마나 끈끈한 유대관계를 갖는지에 대해 많은 것을 가르쳐 주었다. 베토벤이 우리에게 남겨 준 제5집단이라는 가족의 성공은 인간 사회에도 시사하는 바가 크다.

위: 은색등이 로벨리아로 만든 잠자리에서 기분 좋은 듯 하품을 하고 있다. 휴식 시간은 고릴라의 하루 일과 중 40%를 차지하며, 드물게 햇볕이 좋은 날이나 비바람이 너무 심하게 불어 나무나 수풀이 우거진 곳으로 들어갈 때는 휴식 시간이 더 길어진다. (다이앤 포시)

뒤 페이지: 고릴라 집단의 구성원들은 쉬는 시간에 은색등 근처로 모여든다. 이 사진은 베토벤이 이끄는 제5집단이다. 구성원들이 모여 있게 되는 휴식 시간에는 이동할 때나 먹이를 먹을 때보다 사회 행동이 더 빈번히 일어나게 된다. 앞에 보이는 젊은 성체는 일광욕을 즐기고 있다. (다이앤 포시)

위: 야생 검은딸기(*Rubus runssorensis*) 등의 과일은 고릴라의 전체 먹을거리에서 2%를 차지한다. 청소년기의 고릴라들은 앞니를 사용해 조심스럽게 가시 달린 줄기에서 잎을 훑어 낸다. (다이앤 포시)

옆 페이지: 가장 흔한 초본식물 중의 하나는 사진에 보이는 셀러리(*Peucedanum linderi*)이다. 고릴라들이 좋아하는 다른 먹을거리처럼 셀러리 역시 즙이 많다. 따라서 야생에서 고릴라들이 물을 마시는 일은 거의 관찰되지 않는다. (엘리자베스 에셔 Elisabeth Escher)

위: 성체 암컷이 두 발로 서서 고릴라들이 좋아하는 애벌레가 숨어 있는 썩은 나무껍질을 앞니로 긁고 있다. (데이비드 와츠 David Watts)

옆 페이지

위: 습관화가 되지 않은 고릴라들은 관찰자를 발견했을 때 조용히 도망가거나 가슴을 두드리는 것 같은 위협행동을 한다. 2주 전에 분만한 이 카바라 암컷은 나를 발견하고는 조심스럽게 나무를 타며 가슴을 두드리고 있다. (다이앤 포시)

아래: 제8집단의 위엄 있는 은색등 우두머리인 라피키는 처음 만난 1967년에 약 50살 정도였고, 목부터 어깨, 등 그리고 양쪽 허벅지까지 모두 은색이었다. (다이앤 포시)

젊은 은색등 피너츠는 다른 집단과의 격렬한 충돌 과정에서 머리를 물린 후 10년이 지나도 여전히 상처가 남아 있었다. (스튜어트 펄미터 Stuart Perlmeter)

모든 인간이 고유한 지문을 갖고 있듯이 고릴라들도 각자 구별되는 코무늬를 갖고 있다. 코무늬는 콧구멍 위부터 콧날개(nasal wing)에 지문처럼 새겨져 있는 줄이다. 이 그림은 위의 사진과 비교해 보기 위해 게재했다. 습관화되지 않은 고릴라를 가까이에서 사진을 찍는 일은 거의 불가능하기 때문에 관찰자는 아직 개체 식별이 안 된 고릴라를 만났을 때 쌍안경을 통해 본 모습을 대충 스케치한다. 습관화 과정이 진행되면서 스케치도 더욱 정교해지고 마침내 사진 찍기도 가능해진다. (데이비드 미나드David Minnard)

사진에서 보이는 것처럼 성적으로 미성숙한 암컷은 역시 성적으로 미성숙한 수컷이 올라탈 때 일반적으로 수동적인 자세를 취한다. 그러나 성숙한 암컷은 거의 항상 한두 마리의 성숙한 수컷에게 교미를 먼저 요청한다. (피터 베이트)

위: 손(발)가락들이 합쳐지는 합지는 근친교배를 시사하는 기형이다. 제5집단의 마체사와 그녀의 자식들에게서는 이와 같은 신체적 특징이 나타난다. (피터 베이트)

옆 페이지: 사시나 외사시는 제5집단의 다른 모계인 에피와 그녀의 자손에게서 나타나는 특징이다. 합지와 마찬가지로 사시는 고릴라들에게 별 장애 요소가 되지 않는 듯하다. (피터 베이트)

태어나서 첫 2주 동안 새로 태어난 고릴라의 손바닥과 발바닥은 보통 분홍색이나 옅은 갈색이고, 두 살이 될 때까지 분홍이나 갈색 점이 발바닥에 남아 있을 때도 있다. (데이비드 와츠)

태어난 지 석 달이 되는 캔츠비가 어미의 젖을 빨고 있다. 어미가 다시 발정기에 돌아오는 한 살 반에서 두 살 사이의 이유기는 새끼 고릴라들에게 정신적 충격이 심한 시기이다. (데이비드 와츠)

태어난 지 2주 되는 타이터스가 어미(플로시)의 가슴에 안겨 있다. 새끼는 태어나자마자 어미의 배쪽에 안겨서 이동하며, 넉 달쯤 되면 등에 업혀 다닌다. (다이앤 포시)

위: 우두머리에게 털고르기를 해 주기 위해 두 모계 혈족이 다투고 있다. 그러나 우두머리 은색등은 사회적 지위를 강조할 필요가 없기 때문에 다른 고릴라에게 털을 골라 주는 일이 거의 없다. (다이앤 포시)

옆 페이지: 제4집단으로 이주한 후 거의 1년 동안 마초는 집단에서 지위가 가장 낮은 암컷이었다. 마초는 다른 고릴라들을 대할 때의 불안감을 여덟 달짜리 아들 크웰리에게 표시했다. (다이앤 포시)

아래: 삼손이 팔을 구부리고 엉덩이를 하늘로 들며 시선을 피하는 일반적인 복종 자세로 꼿꼿이 서 있는 아비(라피키)에게 시끄럽게 군 것에 대해 용서를 구하고 있다. (다이앤 포시)

첫 번째: 오거스터스는 야생에서 유일하게 손뻑치기를 한 고릴라로 관찰되었다. 손뻑치기는 네 살이 될 때까지 지속되었다. (다이앤 포시)

두 번째: 새끼 고릴라는 생애 첫 한 달 동안 대부분 어미의 품 안이나 어미의 손이 닿는 거리에서 놀이를 한다. 태어난 지 여섯 달인 클레오가 어미의 머리털를 잡아당기고 있다. 클레오의 얼굴 표정은 이 새끼 고릴라가 얼마나 생기 넘치는지 말해 준다. (다이앤 포시)

5 동물원으로 간 야생의 고아들: 코코와 퍼커

카리소케 연구센터를 세운 지도 14개월쯤 지나 1968년이 저물어 가고 있었다. 나는 왜 이 시기에 볼캉 공원에서 밀렵이 급격히 증가하는지 깨닫게 되었다. 연말에 암거래 시장에서는 밀렵된 고기와 장식품의 수요가 증가하고 이것들은 비싼 값으로 거래된다. 노련한 밀렵꾼들은 이 시기에 상당한 수입을 벌어들이기도 한다. 그러나 이 기간 동안 밀렵단속을 하는 유일한 조직은 공원 관리직원들이 적극적으로 참여하라는 의미에서 임금과 음식, 제복을 지급하는 조건으로 내가 만든 것뿐이었다.

당시의 상황이 이러했기 때문에 크리스마스 바로 며칠 전 르완다인 관리소장이 아무 소식 없이 일행 몇 명을 데리고 방문하자 나는 너무나 기뻤다. 그들이 이곳에 찾아온 것은 공원이 밀렵방지활동에 대한 책임감을 받아들일 준비가 되었다는 것을 의미했기 때문이었다. 그러나 관리소장이 한 단체로부터 새끼 고릴라를 잡아 달라는 부탁을 받고 왔다는 말을 들었을 때 나는 망연자실할 수밖에 없었다. 내가 이곳에 온 1967년 9월 이후로 한 번도 캠프에 온 적이 없는 이 관리소장은 독일의 쾰른에서 온 시 공무원이 동물원에 데려갈 산악고릴라 새끼를 요청했다고 말했다. 그들은 그 대가로 랜드로버 한 대와 볼캉 공원 보전을 위해 사용할 금일봉을 주기로 했다고 한다.

나는 관리소장에게 왜 르완다 당국에서 이러한 제안에 대해 고려할 가치가 없는지에 대해 장황하게 설명했다. 나는 고릴라 가족의 유대감이 얼마나 강하고, 또 그 때문에 한 가족을 이루는 고릴라들을 모두 죽이지 않는 한 그 무리 내에서 새끼 고릴라를 잡아가는 것이 불가능하다고 거듭 강조했다. 그러나 새끼 한 마리를 잡아가기 위해 고릴라를 대량 학살한다면 국제적으로 파문을 일으킬 수도 있다는 언급은 젊은 공원 관리소장에게 별 영향을 주지 못했다. 그는 이 문제에 대해 진지하게 고민하는 듯이 보였지만, 내 생각엔 그것으로 끝이었다. 순진한 나는 대부분의 공무원들이 고릴라를 정치적, 경제적인 목적에 얼마든지 이용할 수 있는 상품으로밖에 생각하지 않는다는 걸 몰랐다. 당국의 보전정책 업무 담당자들은 밀렵이나 외국의 동물원으로부터 야생동물을 보호하는 것에 대해 전혀 알지 못하는 사람들로 채워졌다. 비룽가를 공유하고 있는 세 나라에서 고릴라는 우선 보전 대상이 아니었다.

크리스마스 기간 동안 어마어마한 수의 영양과 버팔로, 코끼리들이 희생되었다. 그렇지만 내가 알기로는 고릴라들은 모두 밀렵으로부터 무사했다. 1969년 2월까지 카리소케에서의 고릴라 연구와 인간 관찰자에 대한 습관화는 원만히 진행되었다. 심지어 가축이나 인간에 의

한 서식지 침식도 상당히 줄어들었다. 그러나 3월 4일에 루엥게리 근처 마을에 사는 친구가 캠프로 찾아와 6주 전에 어린 고릴라 한 마리가 밀렵꾼들에게 잡혀갔으며, 지금은 관리 사무소에 있는 작은 우리에 갇혀 있다고 알려 왔다.

나는 지체 없이 산 아래로 내려가 공공기관으로 쓰이는 수많은 건물들을 헤집고 다녔다. 다 쓰러져 가는 건물 뒤에 있는 작은 광장엔 오두막이 여러 채 있었는데, 그중 제일 큰 것이 관리소장의 새 랜드로버를 위한 차고로 바뀌어 있었다. 한 무리의 아이들이 랜드로버와 통나무들 사이에 놓인 관처럼 생긴 상자 주위에서 깔깔거리고 있었다. 상자 옆에는 철사로 만든 우리가 버려져 있었다. 나는 아이들을 밀치고 나무 상자에 달린 문을 살며시 열어 몸을 가능한 한 구석 깊이 숨기고 있는 포획물을 보려고 했다. 갑자기 겁먹고 분노에 찬 작고 검은 털뭉치가 내가 있는 쪽으로 튀어나왔다. 나는 깜짝 놀라 문을 꽝 닫았고 주위엔 이유를 모르고 밀려난 아이들이 다시 까르르 웃었다.

나는 상자를 가지고 꽤 잘 꾸며진 관리소장의 사무실로 들어갔다. 관리소장의 만류에도 불구하고 나는 상자를 열어 새끼를 나오게 했다. 털뭉치는 다시 한 번 앞으로 돌진했다. 관리소장이 미처 도망가기도 전에 털뭉치의 이빨은 관리소장의 다리를 물었다. 그러고 나서 새끼 고릴라는 재미있는 광경을 보느라 시끌벅적한 관중이 모여 있는 창가로 달려갔다. 새끼 고릴라는 창문 밖 구경꾼들 때문에 유리창이 부서질 것 같은 광경에 놀라 창문들 사이를 뛰어다니며 설사를 했다. 그리고 심한 탈수 증세 때문에 그것을 핥아 먹었다. 나는 빈 재떨이에 물을 담아 새끼 고릴라를 다시 상자 안으로 들어가도록 유인했다.

나는 관리소장에게 어떻게 새끼 고릴라를 잡았는지에 대해 간단히 묻고는 절망에 빠진 상태로 가능한 한 빨리 새끼 고릴라를 캠프로 데려가기로 했다. 관리소장과 대화하는 데 쓰는 1분 1초가 새끼 고릴라의 생명을 줄이고 있었기 때문이다. 물론 새끼 고릴라가 살 수 있다는 것을 전제로 말이다. 관리소장은 아무런 죄책감 없이 밀렵꾼 우두머리인 무냐루키코에게 새끼 고릴라를 포획하기 위해 밀렵꾼들을 조직해 달라고 했다. 새끼 고릴라를 잡기 위해 얼마나 돈을 주었는지는 모르고 내가 알 바도 아니다. 밀렵꾼들은 카리심비 산에 올라가 새끼가 있는 아무 집단이나 공격했다. 나중에 들은 이야기로는 새끼를 잡기 위해 그 집단에 있던 고릴라 10마리를 죽였다고 한다.

새끼는 팔과 다리를 대나무에 묶인 채로 공원 주변에 있는 작은 마을에 옮겨져 왔다. 그리고 2주 동안 일어서거나 돌아누울 수도 없는 철제 우리에 갇힌 채로 옥수수와 바나나, 빵을 먹으며 루엥게리에 도착했다. 거기서 관처럼 생긴 나무 상자로 다시 옮겨졌고, 밀렵꾼이 새끼 고릴라의 상태가 너무 안 좋아져 무슨 일이 일어날지도 모른다고 말했기 때문에 식사 목록에 수프가 추가되었다.

보호자를 잃은 고릴라가 관짝 같은 우리에 갇혀 제대로 먹지도 못하고 철사에 묶여 팔다리에 상처가 난 상태에서도 어떻게 살 수 있었는지 모르겠다. 새끼 고릴라는 내가 고릴라의 소식을 듣기 전 2주 동안 있었던 루엥게리에서 어떻게 살려는 의지를 찾았던 것 같다. 나는 관리소장과 시간낭비를 하고 싶지 않았기 때문에 새끼 고릴라를 캠프로 데려간다고 통보하고 나와 버렸다. 관리소장은 내가 새끼를 데려가는 것에 대해 아쉬워하지 않았다. 그는 오히려 새끼 고릴라를 데리고 있다가 고릴라가 죽어 버리면 난감한 상황에 처하게 될 뻔한 일이 해결되어 다행스러워하는 눈치였다.

새끼에게 가능한 한 빨리 자연의 음식을 주고 싶었지만, 지금 당장 새끼에게 급한 것은 수분과 비타민, 그리고 당분이었다. 그러나 필요한 약들을 조달하기 위해서는 우간다의 키소로까지 가야만 했다. 따라서 새끼 고릴라의 산행은 다른 날로 연기되었다.

나는 랜드로버 릴리에 고릴라 상자를 싣고 시끌벅적한 루엥게리를 빠져나와 비소케 산 아래의 조용한 유럽인 부부가 사는 집에 도착했다. 일단 그곳에서 나는 새끼 고릴라를 아이들이 들어가서 노는 넓은 놀이상자로 옮기고 다음 날 캠프로 가기 위한 산행을 준비했다. 새끼가 놀이상자에서 안정을 찾자, 갈륨 덩굴과 엉겅퀴를 조금 넣어 주었다. 새끼는 그것들을 바로 먹기 시작했고 얼마 후 불안해 하며 잠들었다. 나는 새끼 고릴라가 자다가 깨서 울 때마다 달래 주기 위해 놀이상자 옆에서 잠을 청했다.

긴 그날 밤 동안 나는 새끼 고릴라가 다시 살 수 있다면 반드시 야생으로 돌아갈 수 있도록 하리라 다짐했다. 새끼 고릴라는 아마 세 살 반에서 네 살쯤 된 듯했다. 그리고 이 정도 나이면 어른 고릴라들의 보살핌 속에서 충분히 살아갈 수 있을 것이라고 판단되었다. 나는 얼마 전에 영원히 자연의 품으로 돌아간 제8집단의 늙은 암컷 고릴라 코코의 이름을 따서 새끼 고릴라의 이름을 코코Coco라고 지었다. 코코는 반드시 쾰른 동물원의 다른 철제 우리가 아닌 제8집단으로 돌아갈 것이다.

다음 날 아침 작은 코코의 두 번째 여행이 시작되었다. 유럽인들의 집에서 비소케 산 아래까지 가는 거친 바위길은 코코에게 충분히 고통스러웠다. 코코는 덜컹거리는 길 위에서 놀람과 메슥거림 때문에 계속 울었다. 비소케 산 아래에 이르러 나는 놀이상자를 캠프까지 옮겨 줄 짐꾼 여덟 명을 고용했다. 시끄러운 소리들과 멀어지고 가파른 산길을 올라 바위굴 반대쪽에 도착했을 때 코코는 익숙한 숲의 풍경에 관심을 보였다. 때때로 코코는 야생에서 어미와 떨어졌을 때 내는 소리와 비슷한 구슬픈 소리를 냈다. 나는 코코가 잡히기 전의 생활을 회상하는 것이 아닐까 생각했다. 내가 해 줄 수 있는 것은 고릴라 소리를 내주는 것과 다섯 시간 동안의 힘든 여행을 빨리 끝마치고 놀이상자에 새 풀들을 넣어 주는 것밖엔 없었다.

카리소케의 직원들은 내 방 옆에 새끼 고릴라를 위한 작은 방을 마련해 두었다. 나는 일꾼 한 명을 캠프로 보내 창문에 코코와 유리창 모두를 보호하기 위해 철망을 박고, 내 방과 코코의 방 사이에 문을 만들어 달라고 부탁하는 쪽지를 보냈다. 그리고 코코의 방에는 먹이와 잠자리로 쓰일 풀들을 깔아 주고 바닥과 천장 사이에 어린 베르노니아 나무를 박아 코코가 나무에 올라갈 수 있도록 해 줄 것도 부탁했다. 우리가 도착했을 때 코코의 방은 작은 고릴라 서식처의 모형으로 변신해 있었다.

"춤바 타야리!" 캠프 앞의 초지에 코코를 실은 짐꾼들의 모습이 보이자 직원들은 준비가 다 되었다고 외쳤다. 나 역시 직원들의 노력에 정말로 감동했다. 한쪽엔 물을 마시는 곳이 있는데, 그 위에 큰 돌을 올려 두어 탈수증 걸린 새끼 고릴라가 한 번에 많은 물을 마실 수 없게 되어 있었다. 시끌벅적한 키냐르완다어와 상자 안의 비명 소리가 어우러진 끝에 일꾼들은 겨우 놀이상자를 방 안으로 밀어 넣어 나무들 사이에 놓았다. 이제 축복받은 조용함 속에 새끼 고릴라와 나만 남게 되었다.

나는 코코가 어떤 반응을 보일지 걱정하면서 조심스럽게 놀이상자의 덮개를 열었다. 새끼가 움츠려 있을까, 공격적일까, 아니면 지쳐서 움직이지 못할까? 코코는 곧바로 상자를 나와 우리가 만들어 준 수풀 사이로 황홀한 듯 걸어가서는 진짜인지 확인하는 것처럼 잎사귀와 가지들을 톡톡 쳐 보았다. 건강 상태가 좋지 않았기 때문에 코코는 내 곁에서 간신히 방 안을 한 번 돌아보았다. 그러고는 서서 거의 1분간 나를 쳐다보더니 머뭇거리며 내 무릎 위로 올라왔다. 나는 미치도록 코코를 껴안아 주고 싶었지만 코코가 인간에게 가진 첫 번째 신뢰를 깨뜨릴 것 같은 두려움에 그렇게 하지 못했다.

코코는 몇 분간 내 무릎에 조용히 앉아 있다가 창문 아래에 있는 긴 의자로 다가가 비소케 산의 산비탈을 바라보았다. 꽤 힘들게 의자 위로 올라가 창문 건너편의 산을 오랫동안 응시했다. 코코가 갑자기 흐느끼기 시작했고, 두 눈에서 눈물이 흘렀다. 나는 이전에도 이후에도 고릴라가 그렇게 우는 것을 보지 못했다. 날이 완전히 어두워지고 나서야 코코는 수풀로 만들어 준 잠자리로 돌아갔다.

나는 돌아왔을 때 코코가 계속 곤히 잠들어 있길 바라며 한 시간 동안 코코의 오두막에서 자리를 비웠다. 하지만 코코의 방문을 열었을 때 내 시야에 들어온 것은 완벽한 난장판이었다. 코코의 방 한쪽 벽에 붙어 있던 음식물 보관용 선반 위에 직원들이 설치해 두었던 '고릴라 방지gorilla-proof' 매트는 이미 선반에서 떨어져나가 버렸다. 포장이 뜯겨진 상자와 캔 사이로 설탕, 밀가루, 잼, 쌀 그리고 스파게티를 맛보고 있는 코코가 보였다. 대약탈의 흔적에 대한 순간적인 당황은 곧 기쁨으로 바뀌었다. 코코는 어쨌든 이런 아수라장을 만들 수 있을 만큼 호기심과 에너지를 갖고 있는 생명체였던 것이다.

다음 이틀 동안 코코는 갈륨, 엉겅퀴 그리고 쐐기풀과 같은 자연의 음식을 조금씩 늘려 갔다. 그리고 약간의 전투 끝에 코코에게 필요한 온갖 약이 들어간 우유도 받아들이게 되었다. 그러나 코코는 여전히 창밖을 바라보고 있을 때 종종 눈물을 흘렸다. 하루는 캠프 뒤의 경사면에서 제5집단의 소리가 들렸다. 코코는 다른 고릴라들의 소리를 듣자 여느 때보다도 더 슬퍼하는 것 같았다. 나는 재빨리 라디오를 크게 틀어 고릴라들의 소리가 들리지 않게 하려고 했지만 그날 코코는 거의 하루 종일 창밖을 쳐다보며 조용히 낑낑거렸다. 코코는 그의 이웃들이 가까이에 있다는 사실을 알게 되었다.

3일째 되던 날 새로운 환경에 대한 약간의 만족감이 줄어들기 시작한 것 같았다. 코코의 상태는 갑자기 악화되었다. 이런 변화는 이후로 들어온 모든 고아 고릴라들에게 공통적으로 나타났다. 꽤 용기 있고 살려는 의지가 강한 고릴라들도 있었지만 모두들 이곳에 오기까지 겪은 엄청난 정신적 고통과 열악한 사육 환경 때문에 겪은 신체적 고통을 극복하기 힘들어했다. 도움의 손길은 보통 너무 늦게 찾아왔다. 코코는 먹는 것을 모두 거부했다. 피가 섞인 설사를 했고, 풀더미 위에 아무렇게나 누워 덜덜 떨었다. 내가 할 수 있는 일이라고는 다른 고릴라들의 모습이 담긴 테이프를 틀어 주어 코코를 반 혼수상태에서 깨우는 것밖엔 없었다. 코코에게 항생제를 놓기 시작했지만 어떤 약도 듣지 않았다. 코코의 건강은 위험 수위에 이르렀다.

여섯째 날 밤 나는 코코가 살아 있는 마지막 밤이 될 것 같은 예감이 들어 코코를 내 침대로 데리고 왔다. 내가 코코에게 줄 수 있는 것이라고는 따뜻한 체온과 안전함밖에 없었다. 그러나 다음 날 아침 우리는 설사로 흠뻑 젖은 침대 위에 함께 누워 있었고 코코는 여전히 살아 있었다. 코코는 약간 기운을 차린 듯 보였고, 나는 그날 밤에 코코가 위기를 넘긴 것이길 기대했다. 약을 먹이고 나서 나는 코코를 안고 밖으로 나갔다. 코코의 방과 연결된 큰 울타리를 만들어 코코가 원할 때마다 햇볕을 쬐러 나갈 수 있도록 했다. 방과 야외 울타리 사이의 문은 닫혀 있어 신선한 잎과 나무를 넣어 주기 전에 방을 깨끗이 청소할 수 있었다.

코코를 위한 새 공간을 정리하고 있을 때 갑자기 캠프로 달려오는 짐꾼들의 목소리가 들려왔다. 밖으로 뛰어나와 보니 짐꾼 여섯 명이 어깨에 긴 장대를 메고 그 위에 큰 맥주통 같은 것을 실은 채로 도착해 있었다. 수송책임자가 코코의 상태가 심각했을 때 방문했었던 루엥게리 친구의 쪽지를 건네주었다. '그들이 다른 고릴라를 잡았네. 이 녀석도 당신이 돌봐 주길 바라고 있어. 그런데 이 녀석을 어떻게 보내야 할지 몰라서 내가 임시변통으로 이런 걸 만들었네. 먼저 와 있는 고릴라에게 행운이 있길 바라네. 이 녀석은 어떨지 모르겠지만.' 의심스럽긴 했지만 나는 짐꾼들에게 돈을 지불하고 통을 받았다. 코코를 햇빛 비치는 야외 우리에 가 있게 한 다음 통을 들고 코코의 방으로 들어갔다. 관리소장은 아마도 코코가 죽을 줄 알고 내게 떠넘겼던 데에 화가 난 듯했다. 그래서 쾰른 동물원에 갈 대체품으로 다른 고릴라를 잡은 것 같았다. 나중에 전해들은 이야기로는 이 새끼 고릴라도 카리심비 산 근처에서 여덟 마리의 고릴라가 있던 집단에서 잡아 왔고, 역시 다른 고릴라들은 새끼를 보호하기 위해 싸우다가 모두 죽었다고 한다.

나는 맥주통의 판 하나를 살짝 들어올렸다. 코코와 달리 새로 온 고릴라는 통 속에서 나오려 하지 않았고 구석으로 계속 숨어들어 갔다. 나중엔 코코를 방으로 불러와 유인해 보기도 했지만 아무런 반응도 보이지 않았다. 결국 나는 두 고릴라들만 남겨 두고 내 방에서 그들의 반응을 지켜보았다. 코코는 새로 온 고릴라에게 무척 관심을 보였다. 통 속을 엿보면서 새로 온 고릴라가 움직일 때마다 끙끙거렸다. 때때로 그들은 서로 닿을 만큼 가까이 있었지만 손이 서로 닿을 때마다 재빨리 물러나곤 했다.

여전히 고릴라는 통 속에서 나올 기미를 보이지 않았다. 결국 나는 통을 살살 눕혀 고릴라를 풀잎이 깔린 바닥으로 나오게 했다. 나는 밖으로 나온 네 살 반에서 다섯 살가량의 암컷을 보고 경악하고 말았다. 이 녀석은 코코보다도 더 야위었다. 머리엔 칼에 베인 듯한 상처가, 팔과 다리에는 철사로 묶여 생긴 상처가 생겨 고름이 나오고 있었다. 상처와 감염 정도로 보아서 이 녀석은 코코와 비슷한 정도로 잡혀 있었지만 밀렵꾼들 숙소에서 한 주 정도 더 있었던 것 같았다.

내가 나타나자 새로 온 고릴라는 다시 도망가서 테이블 아래 어두운 곳으로 들어갔다. 코코는 처음 만나는 고릴라들이 주로 하는 행동처럼 새 고릴라 앞에서 왔다 갔다 했다. 불과 몇 시간 전까지 극심하게 앓고 나서 다시 생에 의욕을 보이는 코코가 대견했다. 그렇지만 새로 온 고릴라가 같은 모습을 보여 줄 수 있을지 걱정되었다. 나는 녀석의 뚱한 얼굴 표정을 따서 이름을 퍼커Pucker(주름살이라는 뜻: 옮긴이)라고 붙여 주었다.

나는 신선한 셀러리, 엉겅퀴, 갈륨, 그리고 직원들이 모아 두었던 나무딸기들을 주었다. 퍼커는 친근한 음식들을 보자 관심을 보였다. 그러나 아마도 이것들이 지난날을 떠오르게 했는지 퍼커는 코코가 그랬던 것과 똑같이 끙끙거리며 울기 시작했다. 마치 새로 온 녀석이 불쌍하다는 듯 코코는 산딸기 더미에서 잘 익은 것을 고르며 역시 끙끙거리고 입술을 오므렸다. 나는 방을 나와 창밖에서 그들을 지켜보기로 했다. 퍼커가 천천히 나오더니 머뭇거리며 산딸기를 집으러 다가갔다. '나누어 먹기'를 처음 해 보는 듯 두 고릴라 사이에서 꿀꿀거리는 입씨름이 오갔다. 두 어린 고릴라들은 꿀꿀거리면서 산딸기를 양껏 집어 각각 방 안 반대편 구석으로 옮겼다. 경쟁심은 살고자 하는 의지를 강하게 해 주는 법이다.

두 고릴라들의 첫 대면은 서로가 서로에게 필요한 존재라는 걸 알게 된 동시에 약간의 경쟁심이 발동한 복잡한 만남이었다. 그러나 그날 밤 두 고릴라는 한 잠자리에서 이따금 훌쩍거리며 서로를 껴안고 잤다.

3일이 지나서야 퍼커도 코코처럼 영양 성분이 들어간 우유를 받아들이게 되었다. 퍼커도 코코가 처음 캠프에 왔을 때처럼 매우 심각한 상태였기 때문에 나는 하루 종일 퍼커 곁을 지켜야 했다. 이것 외에도 잡혀 들어온 두 고릴라들에게는 다른 공통점이 있었다. 퍼커도 코코처럼 바나나를 무척 좋아했다. 그런데 바나나는 비룽가 화산지대에서는 자라지 않는 식물이다. 낯선 음식에 입맛이 길들여질 정도로 충분히 오랫동안 밀렵꾼들에게 잡혀 있었다는 뜻이다.

퍼커가 심하게 앓고 있는 동안 코코는 나에게 매달리고 나를 껴안고 노는 등 급격히 나에게 의존하기 시작했다. 자신에게 관심을 보이지 않는다 싶으면 점점 큰 소리로 끙끙거리고 발끈했다. 때문에 빈 창고 선반 높은 곳에 틀어박혀 잠자리를 마련한 퍼커는 어린 코코의 심기를 불편하게 하지 않으려는 듯 트림과 같은 소리를 조그맣게 내었다. 코코의 존재와 나에 대한 코코의 완벽한 신뢰는 퍼커의 의기소침함을 극복할 수 있도록 도움을 주었다. 퍼커는 서서히 먹을 것에 대해 흥미를 보이기 시작했고, 코코가 자신이 좋아하는 음식을 빼앗으려 할 때 적극적으로 지키기도 했다.

이때는 정말 힘든 시기였다. 새로 온 요리사는 우유에 영양제를 넣고 젖병을 소독해 달라는 말을 듣고 일을 그만두었다. 그는 거만한 말투의 스와힐리어로 "나는 유럽인들에게 음식을 만들어 주는 요리사이지, 동물들을 위한 요리사는 아니라구요"라고 했다. 다른 사람들도 매일 숲에서 신선한 먹이를 채집해 와야 하고, 그보다 더 신선한 배설물들을 매일 청소해야 하는 일들에 지쳐 곧 떠날 준비를 하고 있었다. 이 시기엔 캠프에서 멀리 떨어진 곳에서 불법으로 가축들에게 풀을 먹이는 무타룻콰만이 내게 큰 도움이 되었다.

어느 날 젊은 추적꾼인 네메예와 나는 고릴라들을 위해 여느 날처럼 크고 맛나고 잘 익은 산딸기를 골라 따고 있던 도중 무타룻콰와 만났다. 산딸기를 따는 우리의 어리숙한 솜씨를 보더니 이 무투치 남자는 가젤처럼 뛰어올라 울창한 수풀 속으로 사라졌다. 우리가 산딸기를 여남은 개쯤 땄을 때 무타룻콰는 사라질 때와 마찬가지로 소리 없이 다시 나타났다. 그는 수줍게 웃으며 손을 내밀었다. 그의 양손에는 큰 로벨리아 잎에 내가 한 번도 본 적이 없을 만큼 많은 싱싱한 산딸기가 가득 담겨 있었다. 나는 너무나도 놀랍고 기뻐서 산딸기를 받았다. 어마어마한 양의 산딸기는 무타룻콰가 고릴라들을 위해 준 선물의 시작에 지나지 않았다.

다행스럽게도 코코는 하루 세 번 먹어야 하는 영양제 우유를 아주 잘 먹기 시작했다. 오히려 코코는 퍼커의 몫까지 먹으려 했다. 퍼커는 코코가 왜 맛없는 이상한 혼합물에 열의를 보이는지 의아해했지만 다시 한 번 경쟁심 덕분에 문제가 해결되었다. 코코가 퍼커의 우유를 빼앗으려고 끌끌거리며 우유 그릇을 잡아당길수록 퍼커는 우유를 지키려고 애를 썼다. 결국 퍼커는 오만상을 찌푸리면서 코코가 빼앗으러 오기 전에 우유를 모두 마셔 버렸다.

코코의 의도하지 않은 도움은 무척 유용했다. 코코와 달리 퍼커는 캠프에 온 지 여드레가 지나도록 내가 만지는 것을 싫어했을 뿐만 아니라 내 곁으로 오려고 하지도 않았다. 밀렵으로 인해 바뀌어 버린 생활 때문에 반 년 정도 나이가 위인 퍼커는 코코보다 훨씬 더 내성적이고 우울해졌다. 나는 퍼커가 앞으로는 더 이상 불행해지지 않을 거라 확신했지만, 퍼커는 여전히 방이나 야외 울타리 밖으로 사람의 목소리가 들릴 때면 극도로 불안해했다.

퍼커가 내게 처음으로 다가온 것은 쿵쾅거리며 벽과 바닥의 매트를 찢어 버리는 '집 부수기 놀이'에 정신이 없어진 코코를 '보호'하려는 것 같은 상황에서였다. 코코는 벽과 바닥에 깔린 매트가 잘게 부서지고 씹을 수 있다는 것을 알았다. 코코의 끈질김이라면 얼마 못 가 숙소의 모든 천장을 다 정복할 수 있을 것 같았다. 천장마저 코코의 화장실로 변하는 것을 막기 위해 보강 공사를 하는 데 여러 주가 걸렸다.

때로 코코에게 놀자고 장난을 치면, 퍼커는 꿀꿀거리는 소리를 내거나 내 다리를 살짝 깨물고는 어린 코코를 먼 곳으로 끌고 가 버렸다. 퍼커는 분명히 우리의 '놀이'에 동참하고 싶거나 자기도 안아 달라고 하고 싶은 모양이다. 그때는 아직 퍼커가 나를 완전히 받아들이지 않았을 때인데도 말이다. 질투 섞인 약간은 신경질적인 퍼커의 행동에 무척 마음이 아팠다. 퍼커는 분명 밀렵꾼들에게 잡혀 있었던 끔찍한 기억을 잊지 못했을 것이다. 그렇지만 나는 다시 코코와의 놀이에 열중했다. 코코가 원해서이기도 하고, 우리의 모습을 보고 의기소침한 퍼커가 자신의 동굴에서 나올 수 있도록 유도하기 위해서였다.

퍼커가 온 지 거의 2주일이 되어 가는 어느 날 밤 코코와 놀고 있던 의자로 퍼커가 살금살금 다가왔다. 퍼커는 코코의 한쪽 팔을 잡더니 깔깔거리는 어린 코코를 내 무릎 위에서 밀쳐 내려고 했다. 코코가 움직이지 않으려 하자 퍼커는 코코의 입술을 찰싹 때리고는 코코를 안고 있던 내 손을 코코로부터 떼어 내려고 했다. 나는 조심스럽게 퍼커를 톡톡 건드렸다. 퍼커는 이내 꽁무니를 빼고 도망가 버렸다. 이로써 우리는 처음으로 서로를 만졌다. 채 이틀이 지나지 않아 내가 코코를 안으려고 할 때면 퍼커는 내 손을 살짝 만지곤 했다. 나는 퍼커가 가까이 있을 때마다 밀렵꾼 숙소에 있을 때 생긴 상처를 치료하려고 약을 발라 주려 했지만, 퍼커는 곧 구석으로 숨어 버리고 그날은 더 이상 내게 오려고 하지 않았다.

* * *

마침내 코코가 완전히 기운을 회복하고 캠프 주변의 나무와 수풀이 펼쳐진 자연으로 적응 연습을 할 준비를 마쳤다. 퍼커는 상처가 완전히 낫지 않았고 아직은 코코만큼 친해지지 않았기 때문에 첫 번째 산행은 코코와 둘이서만 가기로 했다. 코코는 드넓게 펼쳐진 바깥 광경에 위축되었는지 내 등에 꼭 업혔다. 갈륨과 다른 먹을거리가 풍성하게 널려 있는 하게니아 나무둥치에 앉았을 때도 코코는 결코 내 무릎을 떠나지 않았다.

30여 분간의 '야생' 적응 훈련 장소는 캠프의 오두막으로부터 50미터밖에 떨어지지 않은 곳이다. 야외 우리에 혼자 남아 코코와 내가 떠나는 것을 보던 퍼커는 조용히 흐느끼기 시작하더니 곧 흐느낌이 대성통곡으로 바뀌었고, 우리가 시야에서 사라질 때쯤엔 비명으로 끝맺었다. 코코는 퍼커의 울음 소리를 신경 쓰지 않는 듯했지만 나는 예정보다 일찍 돌아오기로 했다. 그러나 퍼커는 예의 방식대로 갑자기 먹는 데 열중하는 척하며 우리를 못 본 체했다. 퍼커의 행동은 버릇없는 어린아이처럼 보여 우스꽝스러웠지만 나는 퍼커의 마음 한켠에 깊은 결핍감이 자리하고 있음을 느낄 수 있었다.

나는 며칠 더 코코와 둘이서만 산책을 나갔고, 항상 우리 뒤에는 퍼커의 울음과 비명이 오두막에 남아 있었다. 코코는 캠프 주위의 환경에 빨리 적응해 나갔다. 고릴라 친화적이지 않은 캠프 환경은 주로 훤히 트인 풀밭과 시끄러운 닭들, 그리고 항상 끈기있고 쾌활한 개 신디로 구성되어 있다. 코코는 신나게 닭들을 뒤쫓아가 꼬리깃털을 잡고 놀았다. 코코는 신디의 등에 매달리는 것도 좋아했는데, 그럴 때면 신디는 끊임없이 뱅뱅 돌아 결국 둘 다 녹초가 되어 쓰러지곤 했다.

두 고릴라들을 데리고 나갈 준비를 하던 어느 날 아침 예고 없이 공원 직원들이 찾아왔다. 고릴라들은 소란스러운 공원 직원들이 들고 있던 창과 총을 보자 기겁을 하고 오두막의 방으로 뛰어 들어가 가장 높은 선반 위에 숨었다. 둘은 하루 종일 그곳에서 서로를 꼭 껴안은 채로 지냈다. 공원 직원들은 이제 고릴라들을 쾰른 동물원으로 보낼 채비를 하라고 다그쳤다. 적어도 퍼커의 경우는 사실이었기 때문에 아직 고릴라들이 회복되지 않았다고 설득하여 이 침입자들을 캠프에서 제거하는 데 한 시간이나 걸렸다. 그리고 겁먹은 고릴라들을 다시 바깥으로 나오게 하는 데는 이틀이 더 걸렸다.

오래 지나지 않아 두 고릴라들은 다소 제약 없이 자연 속에서 자유롭게 신디와 뛰어놀 수 있게 되었다. 좋은 품성과 활기찬 성격의 신디는 코코와 퍼커의 절대적인 신뢰를 차지했다. 신디와 두 고릴라와의 관계는 무척 인상적이었다. 왜냐하면 밀렵꾼들은 고릴라를 사냥할 때 분명히 개를 이용하기 때문이다. 어린 고릴라들이 끔찍한 일을 겪은 후 인간과 개를 다시 받아들이는 정도가 다르다는 것은 정말 특이한 일이다. 아마도 두 해 이상 다른 개를 만나지 못한 신디가 짖는 법을 잊어버려서 두 고릴라들이 왔을 때 짖지 않았기 때문일 수도 있고, 또 신디의 짖지 않는 행동과 좋은 품성이 전에 만났던 개들과 유사성을 가지지 않아 고릴라들이 이들을 같은 종으로 인식하지 못했을 수도 있다.

두 악동들이 놀이에 열중하기 시작하면 신디는 녀석들의 놀이 상대가 되어 주느라 무척 고단해진다. 고릴라들은 신디를 가볍게 깨물고, 찰싹 치고, 올라타고, 수염을 뽑고, 킁킁 냄새를 맡고, 뽀뽀하고, 빨고, 쫓아다닌다. 어떤 때는 신디가 자신이 개인지 고릴라인지 구분할 수 없는 게 아닌가 하는 생각도 든다. 하지만 코코와 퍼커가 자기만 남겨 두고 나무 위에 올라가 놀 때면 신디는 개와 고릴라의 가슴 아프지만 명확한 차이를 아는 것 같았다.

날씨가 허락되어 멀리 나갈 수 있는 날이면 신디와 고릴라들은 야외에서 하루 중 가장 즐거운 시간을 보낸다. 어린 고릴라들은 한 번도 캠프 주변의 드넓은 초지를 건너 본 적이 없지만, 올라가서 놀 수 있는 나무가 있고 고릴라들의 먹을거리가 많은 곳으로 가려면 반드시 초지를 가로질러야 했다. 캠프에서 비교적 가까운 숲지대는 꽤 많았으나 나는 항상 코코를 한 팔로 안고, 퍼커를 업거나 다리에 매달고 그곳을 왕복했다. 고릴라들이 완전히 회복되었을 무렵엔 둘이 합쳐 몸무게가 80킬로그램이 나갔으니, 이 꼼지락거리는 짐들을 데리고 다니기는 여간 힘든 일이 아니었다.

나는 코코가 스스로 걷도록 해 보았지만 그것은 코끼리에게 날아 보라고 하는 것이나 마찬가지였다. 코코는 혼자 남겨지면 울기 시작했고 구슬프게 후-후-후 하는 소리를 내어 다시 안아 주지 않으면 안 되게끔 했다. 퍼커는 코코에 비해 더 독립적이어서 나는 한 번도 퍼커를 완전히 내 의지대로 다룰 수 없었다.

오두막 밖으로 나선 첫날 퍼커는 종종 교활함이 섞인 표정으로 먼 산을 응시하곤 했다. 퍼커는 고릴라가 풀밭이 아니라 나무가 울창한 산속에서 살아야 한다는 것을 알고 있다는 것 같았다. 퍼커의 마음속에서 일어나는 갈등은 어느 날 캠프 뒤의 산 경사면에서 난 제5집단의 소리를 듣고 살아난 것 같았다. 두 어린 고릴라들은 그때 오두막 뒤의 풀밭에서 놀고 있었고, 나는 제5집단의 소리가 들리자마자 라디오를 크게 틀어 고릴라들의 소리가 잘 들리지 않게 하려고 했다.

퍼커는 조금도 주저하지 않고 소리가 들리는 산 쪽으로 달려갔고, 그 뒤를 코코가 따라갔다. 나는 산의 경사면을 막 오르려던 고릴라들을 따라잡았다. 고릴라들은 관광객들처럼 길이 잘 나 있는 곳을 선택했다. 이곳은 코끼리들이 주로 이용하는 길로써 길 위에 찍힌 코끼리의 발자국에 물이 고여 있었다. 그럭저럭 앞서 가던 코코가 코끼리 발자국으로 생긴 거대한 웅덩이 앞에 서서 막 포기하려고 하고 있었고, 퍼커는 뒤에서 끈질기게 기어오르며 코코에게 진흙을 튀기고 있었다. 코코는 나를 보자 얼른 안겨 왔고, 퍼커도 하는 수 없이 다시 내려왔다.

제5집단으로부터 소리가 들리지 않더라도 퍼커는 종종 코코에게 산으로 올라가자고 꾀었다. 다행히도 코코는 바나나를 사용하면 다시 내게 돌아왔기 때문에 나는 언제나 주머니에 바나나를 숨기고 다녀야 했다.

어느 날 새로운 산책 장소에서 갑자기 퍼커가 산 방향에 있는 하게니아 군락으로 달려가기 시작했다. 평소와 다르게 코코도 내 품에서 뛰어나와 재빨리 퍼커를 뒤쫓기 시작했다. 나는 고릴라들이 산 쪽으로 뛰어가 멈춘 후에 바나나를 달라고 할 줄 알았다. 그러나 고릴라들은 한 나무 밑에서 크리스마스 선물을 기다리며 굴뚝을 바라보는 아이들처럼 나무를 뚫어지게 쳐다보았다. 나는 고릴라들이 이처럼 넋을 잃고 나무를 바라보는 걸 본 적이 없다. 왜 고릴라들이 나무를 바라보는지 알 수 없었다. 갑자기 두 녀석들이 나무를 타고 올라가기 시작하자 나는 더욱 어리둥절해졌다. 1미터가량 올라가더니 고릴라들은 멈추고 서로에게 꿀꿀거리는 소리를 냈다. 그러고는 갑자기 큰 영지버섯을 깨물어 먹기 시작했다. 예전에 이 버섯이 하게니아 나무를 뚫고 나와 딱딱하게 굳어 자란 것을 본 적이 있다. 이 버섯은 드물게 나는 종류인데 나는 이전에 코코와 퍼커처럼 이 버섯에 관심 있는 고릴라를 본 적이 없었다. 코코와 퍼커는 꽤 애를 썼지만 줄기에 붙은 부분은 제대로 뜯어 먹지 못했기 때문에 떼어 낸 나머지 큰 조각들로 만족할 수밖에 없었다. 그러나 반 시간이 지나자 줄기에는 버섯이 있던 자국만 남았다. 고릴라들은 마지못해 나무에서 내려왔지만, 나무를 뒤돌아보는 고릴라들의 눈은 반짝거렸다. 두말할 필요도 없이 다음 날 나는 직원들 모두에게 영지버섯을 본 적이 있는지 묻고 다녔다!

겨우살이과에 속하는 기생성 화관목인 로란투스*Loranthus luteo-aurantiacus*는 코코와 퍼커를 다투게 하는 또 다른 희귀한 음식이었다. 다행스럽게도 직원 중 한 명이 이 식물이 많은 곳을 자세히 알고 있었다.

카리소케의 관찰 기록에서 고릴라들은 종종 죽은 줄기에 생긴 빈 구멍에서 애벌레나 구더기들을 잡는다. 그러나 놀랍게도 포획된 두 개체들은 산딸기의 유혹도 무시할 정도로 열심히 애벌레와 구더기를 잡았다. 코코와 퍼커는 정확히 어느 부분의 나무껍질을 벗겨야 애벌레들이 많이 나오는지를 알고 있는 듯했다. 심지어 그들은 나무껍질을 벗겨 만찬을 즐기는 도중에도 다른 나무껍질을 벗겨 더 많은 애벌레를 찾아내곤 했다. 두 고릴라는 벌레를 발견하는 즉시 반으로 갈라 조각들을 맛나게 씹어 먹는다. 보기에 상당히 속이 메슥거리기는 하다. 코코와 퍼커가 이 음식들을 몹시 좋아한다는 사실을 알고 나는 신선한 풀과 과일의 채식 식단에 잘게 다진 삶은 쇠고기를 추가했다. 고릴라들은 새 메뉴를 식사 시간에 가장 먼저 먹었다.

자유로운 야외에서의 놀이 시간이 끝나면 코코와 퍼커는 안전한 오두막으로 들어온다. 오두막에서는 하루에 세 번 야생의 고릴라들이 주로 먹는 풀들이 영양제를 섞은 우유와 함께 주어진다.

보통 아침 7시에 일어나는 코코와 퍼커는 절대로 조용히 나를 깨우는 법이 없다. 고릴라들은 두 방 사이에 있는 철문을 난폭하게 쾅쾅거리며 두드린다. 우리 셋이 아침 인사로 포옹을 하고 나면, 나는 둘에게 영양제를 탄 우유를 넓은 접시에 부어 주고 고릴라들은 우유를 게눈 감추듯 먹어 버린다. 그러고 나서 바나나와 산딸기를 밖으로 던져 악동들을 방에서 내쫓은 다음 방을 말끔하게 청소한다. 그동안 다른 직원들은 먹이가 되고 잠자리로도 쓰일 신선한 풀들을 구하러 나간다. 그리고 오두막의 문이 열리면, 고릴라들은 다시 약간 소독약 냄새가 나는 '싱싱한 숲'으로 돌아온다.

날씨가 흐리거나 추운 날에는 고릴라들은 기꺼이 한 시간 동안 얌전히 앉아서 새 풀더미가 마련될 때까지 먹이를 먹는다. 날씨가 화창한 날엔 고릴라들이 밖에서 놀도록 한다. 샘솟는 에너지를 레슬링하고, 서로 쫓아다니고, 나무에 오르는 데 사용하게 하기 위해서이다.

낮 12시 20분부터 1시 사이에는 고릴라들이 모두 오두막으로 들어오게 하여 아침에 하던 것처럼 약과 신선한 음식들을 먹인다. 두 악동들은 오후엔 오두막에서 쉬는 것을 더 좋아하지만 오후 일과도 날씨에 따라 진행된다. 오후 4시엔 시든 잎을 청소하고 잎이 많이 붙은 새 베르노니아 가지를 넣어 준다. 이 가지는 밤에 고릴라들의 잠자리 재료로 쓰인다. 5시에는 녀석들끼리만 식사를 한다는 것을 제외하고는 한 시간 동안 아침과 같은 일과가 진행된다. 흥얼거리는 것 같은 소리와 만족스러운 트림 소리는 옆방의 내 타자기 소리에 묻혀 조용하게 하루 일과의 마지막을 맞는다.

일단 코코와 퍼커가 배부르게 식사를 마치면, 신디를 포함한 우리 넷은 작은 숲처럼 꾸며진 고릴라들의 방에서 서로 뒤쫓고, 구르고, 레슬링하며 집안을 들썩거리게 한다. 돌이켜 생각해 보면 이때가 캠프에서 가장 즐거웠던 시간인 것 같다. 낮 동안에는 사람들이 오두막 주변을 왔다 갔다 하여 다소 위축되어 있던 퍼커도 이 시간이 되면 힘이 넘쳐흐르는 듯 활기차게 움직였기 때문이다.

휴식 시간 동안 나는 나의 존재에 대해 완전히 습관화되지 않은 야생고릴라들에게서 볼 수 없었던 행동에 대해 많은 것을 배울 수 있었다. 깔깔거리며 서로 간지럼 피우기 놀이는 끝날 줄 모르고 길게 이어졌다. 나는 망설이다 처음으로 코코를 간지럽혀 보았다. 그리고 코코가 간지럼 놀이를 잘 받아들이자 나중에 퍼커에게도 시도해 보았다. 몇 주가 지나서 나는 가벼운 '간질간질' 놀이에서 배꼽을 집중적으로 간질이는 '우치-구치-구우-줌' 간질이기를 시도했다. "우치-구치-구우-줌"이라는 단어는 어느 사전에도 나와 있지 않지만, 이 단어를 들었을 때 인간이나 유인원 모두가 웃을 수 있다. 나중에 야생의 어린 고릴라에게도 이 간질이기 방법을 써 보았는데, 역시 코코와 퍼커처럼 흥미 있게 반응했다. 그러나 야생의 고릴라에게 낯선 행동을 한 것은 매우 드문 일이며, 관찰자는 야생동물의 일상적 행동을 방해하는 행동을 해서는 안 된다는 것을 명심해야 한다.

우리의 활기찬 하루 일과가 끝나고 고릴라들이 지치면, 나는 베르노니아의 끝부분을 꺾어 식료품 선반 꼭대기에 잠자리를 만들었다. 잠자리가 완성되면 어린 고릴라들은 잘 시간이라는 것을 안다. 7주가 지나자 코코와 퍼커는 이제 좋아하는 가지를 골라 스스로 잠자리를 만들 수 있게 되었다. 어린 고릴라들이 스스로 잠자리를 만들 수 있게 된 것은 정말 다행한 일이었다. 잠자리를 만드는 일은 야생의 고릴라가 할 줄 알아야 하는 독립적인 행동이고, 이들이 다시 야생으로 나갔을 때 반드시 필요하기 때문이다. 고요한 밤이 되자 나는 두 고릴라와 헤어질 생각에 우울해졌다. 그렇지만 그들은 태어났을 때처럼 자유롭게 제8집단에서 나머지 생을 살아갈 것이다.

예고 없이 코코가 루엥게리에서 물었던 공원 관리소장이라는 사람이 찾아왔다. 코코와 퍼커의 행동은 내 마음속을 그대로 들여다보는 듯했다. 코코는 숨고, 퍼커는 흥미롭게도 오두막의 고릴라 방으로 들어가 문을 쾅 닫아 버렸다.

공원 관리소장은 어린 고릴라들을 쾰른 동물원으로 다시 보내야 한다고 요구하기 위해 캠프까지 먼 길을 올라왔다. 나는 한 번 더 아직 고릴라들이 여행을 할 수 있을 정도로 건강하지 않다고 말했다. 그러나 운이 없게도 고릴라들을 데려갈 수 없다고 반복해서 말하는 동안 옆방에서 고릴라들이 뛰고 깔깔거리는 소리가 들려왔다. 나는 속으로 공원 관리소장이 와 있는 이 운 나쁜 시기에 활기차게 놀고 있는 고릴라들에게 저주를 퍼부었다. 고릴라들을 데려갈 수 없다고 말을 할수록 공원 관리소장은 데려가야 한다고 주장했다. 쾰른 동물원에서는 고릴라들이 아파도 데려오라고 계속 압력을 넣고 있다고 했다. 그가 말하지 않은 게 있다면, 쾰른 동물원에서는 그를 형식상의 고릴라 '동행인'으로 하여 독일 관광을 시켜 주기로 했다는 점이다. 쾰른 동물원과 시 당국은 그가 도착하면 환영 행사를 해 주기로 했다. 자기 나라를 한 발짝도 벗어나 보지 않은 남자에게 이것은 정말 신나는 거래였다.

한참을 에두르던 논쟁 끝에 공원 관리소장은 단호하게 말했다. 코코와 퍼커를 당장 데려가지 못하면 무냐루키코와 밀렵꾼들을 다시 보내 다른 어린 고릴라를 두 마리 잡아가겠다고. 그는 나에게 결단을 요구했다. 그날 나는 고릴라들이 먼 여행을 할 수 있을 정도로 회복되면 보내겠다는 전보를 쾰른 동물원으로 보냈다.

또 다른 학살을 막기 위해 전보를 보낸 것은 고릴라를 연구하기 시작한 이래로 가장 굴욕적인 선택이었다. 그 당시에는 멸종 위기종을 반입, 반출하는 것에 대한 규제가 거의 없었다. 다른 고릴라를 대신 잡아가겠다는 공원 관리소장의 협박 앞에 코코와 퍼커를 포기할 수밖에 없었다. 그가 떠난 후 나는 고릴라들이 있는 방으로 들어가 어린 고릴라들의 열광적인 포옹 세례를 받았다. 나는 배신자가 된 기분이었다.

코코와 퍼커는 열심히 먹고 노는 일상적인 일들을 계속했다. 두 고릴라들을 보고 있으면 시간이 멈춘 것처럼 신나게 여름 캠프를 즐기는 철없는 소녀들을 떠올리게 된다. 나에게는 그들을 바라보고 있을 시간이 얼마 남지 않았다. 특히 내가 그들의 운명을 막기 위해 할 수 있는 일이 아무것도 없다는 것을 떠올릴 때마다 어린 고릴라들이 숲에서 보낼 수 있는 시간이 이제 얼마 남지 않았고 그들 앞의 미래가 매섭게 차갑다는 사실이 나를 무겁게 내리눌렀다. 나는 쾰른의 동물원 관리소장에게 어린 고릴라들을 양육할 수 있는 야생의 집단으로 돌려보낼 수 있게 해 달라고 탄원하는 편지를 보냈다. 그러나 단호한 거절의 답장만 받았을 뿐이다.

그로부터 몇 주 후에 공원 직원들이 고릴라들을 데려가기 위해 캠프로 왔다. 그러나 이번엔 나와 캠프 직원들에게 장총을 휘둘렀다. 코코와 퍼커는 낯선 아프리카인들에게 겁먹었으나 고릴라 방의 창 안쪽에서 쇠창살을 붙들고 비명을 지르며 난폭하게 행동했다. 고릴라들의 갑작스런 행동은 마치 공원 직원들에게 고릴라들을 데리러 그 방에 들어가면 지독한 환영인사를 받을 것이고, 내 도움은 기대하지 말라는 신호 같았다. 캠프에 오기 전에 들었던 분노에 찬 공원 관리소장의 지시도 직원들을 고릴라 방으로 들어가게 할 수는 없었다. 나중에 듣기로는 직원들이 공원 관리소장에게 고릴라가 너무 아파 데려갈 수 없었다고 말했다고 한다.

며칠 뒤 공원 관리소장이 직원들과 함께 새로 만든 관 같은 모양의 상자를 가지고 왔다. 고릴라들을 거기에 실어 르완다의 키갈리까지 간 다음, 비행기로 브뤼셀 국제공항에 내려서 다시 쾰른으로 갈 것이라고 했다. 그 상자에서 공기가 통할 수 있는 곳이라고는 30센티미터짜리 작은 여닫이가 전부였다. 통풍은 전혀 고려하지 않고 만든 것이었다. 게다가 공원 관리소장은 뻔뻔하게도 상자 값을 내가 지불해야 한다고 했다. 결국 그는 주머니에 30달러를 챙기고 만족스러운 표정으로 캠프를 떠났다. 그 대가로 나는 상자를 고릴라들에게 맞는 우리로 완전히 개조해야 한다고 설득하여 몇 주의 말미를 더 얻었다.

이 시기에 야생의 고릴라와 코코, 퍼커를 담은 다큐멘터리를 찍기 위해 〈내셔널 지오그래픽〉의 사진작가인 로버트 캠벨Robert Campbell이 캠프를 방문했다. 밥(로버트의 애칭: 옮긴이)이 합세하여 나와 직원들은 이전의 것보다 크고 천정과 벽에 수십 개의 환기 구멍을 뚫은 상자를 다시 만들었다. 우리는 고릴라들이 상자에 익숙해지도록 하기 위해 상자를 고릴라들의 방에 넣고 거기에 간식과 영양제 우유를 가져다 두었다. 며칠 만에 두 고릴라들은 상자를 이용한 술래잡기놀이를 개발했다. 코코는 둘 중 더 똑똑한 고릴라임을 증명해 보였다. 코코는 상자 주위를 돌며 뛰어가다가 갑자기 방향을 바꾸면 퍼커를 잡을 수 있다는 것을 알고 부주의한 퍼커와 신나게 머리를 부딪쳤다. 코코는 또 술래잡기놀이를 하는 도중에 상자 안에 살짝 숨기도 했다. 퍼커는 상자를 몇 번이나 더 돌고 나서야 코코가 어디로 사라졌다는 걸 알아챘다. 고릴라들은 새로 온 큰 장난감에 더욱 빠져 들었고, 나는 앞으로 그들이 겪을 충격과 우리의 예고된 이별 때문에 슬픔에 빠져 들었다.

끔찍한 그날이 마침내 다가왔고, 밥이 기꺼이 키갈리로 가는 비행기를 탈 루엥게리 공항까지 배웅하기로 했다. 긴 여행을 하기 위한 준비가 마무리되었다. 루엥게리에서 쾰른까지 고릴라들이 안전하게 갈 수 있도록 두꺼운 지침서도 마련했다. 영양제 우유가 든 병을 상자 옆에 달았고, 고릴라들이 앞으로 맛보지 못할 숲에서 따 온 신선한 풀들을 포장했다. 마지막으로 큰 영지버섯 두 개를 상자 안에 넣었다. 고릴라들이 버섯을 잡으러 상자에 들어가는 순간 문이 닫혔다. 몇 분 후에 상자를 운반할 직원들이 도착했다. 거기까지가 내가 견딜 수 있는 전부였다. 나는 오두막을 나와 우리가 셀 수 없이 자주 걸었던 풀밭을 가로질러 달렸다. 이제는 이곳을 달려가 숲으로 가는 일이 없을 것이다. 10년이 지난 지금까지도 그때의 슬픔을 뭐라고 표현할 방법이 없다.

＊ ＊ ＊

몇 년 동안은 쾰른 동물원의 직원 한 명이 주기적으로 잡지와 사진을 통해 고릴라들의 복지를 위해 하는 일들을 전했다. 그러나 사진 속의 코코와 퍼커는 가까스로 우리 생활을 견디고 있었다. 이 책을 쓰고 있는 1978년 나는 코코와 퍼커가 서로 한 달의 간격을 두고 나란히 죽었다는 소식을 들었다(고릴라들의 부검 기록인 부록 6에는 사망일이 각각 1978년 6월 1일, 4월 1일로 기재되어 있다: 옮긴이).

6 카리소케 연구센터로 찾아온 동물들

카리소케에서의 연구 첫해는 카바라에서 보냈던 6개월을 보상해 주고도 남았다. 이 시기에는 바깥세상으로부터의 간섭을 거의 받지 않고 관찰에만 집중할 수 있었기 때문이다. 수줍고 아직은 나에게 익숙해지지 않은 고릴라들을 추적하고 관찰하느라 수많은 날들을 보냈다. 밤에는 주로 텐트의 야영용 침대에 앉아 포장용 상자로 만든 탁자 위에서 그날의 관찰내용을 정리했다. 나는 보통 텐트 천장에 매단 줄에 줄줄이 걸려 있는 옷 사이에 둘러싸여 있었고, 그 주위로는 등유 램프가 따뜻하게 타고 있었다.

특히 등유 램프는 몸서리치도록 춥고 깜깜한 밤엔 착한 램프의 요정처럼 든든했다. 이 한 줄기 불빛은 비룽가 산지대에서 유일하게 밀렵꾼에 의한 것이 아닌 불빛이다. 넓게 펼쳐진 바위투성이의 산악지대와 주위를 둘러싸고 있는 야생의 풍요로움은 내 자신이 세상에서 가장 운이 좋은 사람이라는 생각이 들게끔 한다.

외롭다는 생각은 들 틈이 없었다. 밤중에 물을 마시러 캠프 크리크 Camp Creek 근처를 찾아오는 코끼리와 버팔로들의 소리, 문이 삐걱거리는 것과 같은 나무바위너구리 *Dendrohyrax arboreus* 들의 합창은 밤이 선사하는 고요함의 일부분처럼 나를 둘러쌌다. 정말 환상적인 시간이었다.

내 텐트로부터 180미터 떨어진 곳에는 세 르완다 직원이 거주하는 텐트들이 있었다. 그들은 물을 길어 오고, 불을 때며, 나중에는 고릴라 추적꾼으로 훈련될 것이다. 카바라에서 데려온 닭들인 루시와 데지가 죽자 직원들은 새로운 한 쌍인 월터 Walter 와 월마 Wilma 를 선물해 주었다. 월터는 보통의 수탉들과 달랐다. 매일 아침 월터는 마치 개처럼 나를 따라 캠프 바깥까지 100미터나 나왔고, 오후가 되면 환영의 꼬꼬댁 소리를 내며 마중 나왔다. 밤에는 내 타자기 상자 위에서 얌전히 자며 절대로 자판 위로 깃털을 퍼덕이지 않았다.

1년 반이 지나자 우리의 텐트는 사람들로 만원을 이루기 시작했다. 루엥게리와 기제니에서 온 몇 명의 유럽 친구들이 석유난로와 창문이 딸린 작은 오두막을 지어 주기로 했다. 처음에는 오두막을 짓는다는 것이 망설여지기도 했다. 카바라에서의 대탈출에 대한 상처가 아직 아물지 않았기 때문이었다. 내 회의적인 태도에도 아랑곳없이 첫 번째 카리소케 오두막은 3주 동안의 공동작업 끝에 현실로 나타났다. 거의 일직선으로 늘어선 인부들이 아랫마을로부터 오두막의 기둥으로 쓸 유칼립투스 나무들을 옮겨 왔다. 루엥게리에서 외장을 위해 음바티 mbati 라고 부르는 주석 판이 들어왔으며 내부 벽, 지붕, 그리고 바닥에

깔 르완다산(産) 수공예품 풀 매트도 왔다. 캠프 크리크로부터는 초원을 가로지르는 1.2미터 깊이의 개천에서 바위와 자갈, 그리고 모래를 공수해 와 튼튼하고 쓸모가 많은 석유드럼 화덕을 만들었다. 나와 캠프 직원들은 테이블과 책장을 만들기 위해 큰 널빤지를 문질러 광을 냈다. 그리고 포근한 집 꾸미기의 완성 단계로 화려한 색깔의 아프리카산 천을 사다가 커튼을 만들었다. 해가 지나며 그전보다 더 튼튼한 오두막 여덟 채가 차례대로 들어섰다. 그래도 첫 집만큼 정이 가는 것은 없다.

새 오두막엔 신개념의 보안 체제가 도입되었다. 그것은 두 달 반가량 된 암컷 박서boxer(독일 원산이며 경비견, 정찰견으로 많이 이용됨: 옮긴이) 잡종이다. 이 강아지는 화덕의 타고 남은 숯cinder에 코를 박고 눕는 버릇 때문에 신디Cindy라는 이름을 갖게 되었다. 곧 새 강아지 신디는 캠프의 일부분이 되어 모든 직원들의 사랑을 차지했고, 한순간도 우리의 관심밖에 벗어나 본 적이 없었다. 신디는 2년 후에 고아 고릴라 코코와 퍼커의 좋은 친구가 되어 주기도 했다. 신디는 자신이 개라고 생각하는 수탉 월터, 성가신 큰까마귀*Corvus corax* 한 쌍인 찰스Charles와 이본Yvonne, 심지어는 해가 지고 나서 캠프 크리크에 찾아오는 코끼리와 버팔로들과도 놀았다. 달 밝은 밤에는 물웅덩이 근처에서 코끼리들이 우는 소리만 들리면 신디의 내면에서 잠자고 있던 방랑자 기질이 튀어나온다. 오두막 문을 열어 주면 신디는 곧장 근처의 코끼리 무리로 달려나가 15~20마리 정도 되는 코끼리들의 다리 사이를 이리저리 뛰어다녔다. 작은 강아지 한 마리가 발자국 모양의 팬케이크가 될 위험을 피해 다니고 깽깽거리며 코끼리의 발꿈치를 물고 다니는 모습은 결코 잊을 수가 없는 광경이다.

신디가 9개월쯤 된 어느 늦은 오후였다. 조사를 마치고 캠프로 돌아온 나를 반기는 건 꼬꼬댁거리는 월터뿐이었다. 신디나 직원들 누구도 보이지 않았다. 몇 시간 후에 직원 한 명이 낙담한 표정으로 신디가 캠프 근처에서 방목자나 밀렵꾼들에게 '유괴'당했다는 소식을 들고 나타났다. 진흙길에 난 신디의 발자국은 여섯에서 열 명 정도 되는 맨발자국들이 나타나면서 사라져 버렸다.

신디를 유괴해 간 사람들이 방목자들인지 밀렵꾼들인지 확실하지는 않지만, 나는 일단 캠프 주변에서 불법으로 방목을 하는 사람들의 가축을 훔쳐 신디와 교환할 것을 계획했다. 우리는 어렵지 않게 캠프 근처에 있는 와투치족의 가축을 꽤 여러 마리 끌고 왔고, 캠프 뒤쪽에 있는 큰 하게니아 나무 다섯 그루 사이에 가축들을 몰아넣을 빈 공간을 만들었다. 직원들이 가지를 쳐내어 하게니아 나무 사이의 빈 공간에 틈이 생기지 않도록 할 동안 나는 캠프 안에 있는 끈이란 끈은 모두 다 꺼내 울타리를 엮었다. 자정이 되어서야 우스꽝스러운 모양의 울타리가 완성되었다. 그때까지 도망가지 못하고 울타리 안에 남아 있던 것은 암소 7마리와 황소 1마리뿐이었다. 8마리의 소들을 허술한 우리에 몰아넣고, 양철 판으로 들어가는 곳을 막은 다음 캠프파이어의 불을 다시 밝혔다. 그리고 우리는 불침번을 서서 불법 방목자들이 다시 자신들의 가축을 찾으러 오길 기다렸다.

별빛이 너무 아름다워 마치 헐리우드의 불빛을 보는 것 같았다. 소들의 화난 울음 소리는 캠프 크리크를 지나가는 버팔로와 코끼리들의 울음 소리와 기묘한 조화를 이뤘다. 우리 쪽 직원 한 사람 역시 숲의 정적을 깨고 있었다. 나는 그에게 숲 바깥인 키냐르완다를 향해 신디가 돌아올 때까지 하루에 한 마리씩 소를 죽이겠다고 외치라고 부탁했다. 나는 중간에 가끔씩 졸다 깨기를 반복했으며, 코끼리의 목에 올가미를 걸어 우리 안으로 집어넣으려고 애쓰는 꿈에서 헤메고 있었다. 새벽이 가까워졌을 때 소들의 주인인 무타룻콰가 숲에서 모습을 나타냈다. 그는 신디의 행방에 대한 단서를 들고 왔다. 그는 지난밤에 진짜 용의자를 찾아 추적했고, 무냐루키코가 이끄는 밀렵꾼들이 범인이라는 것을 알아냈다. 그들은 신디를 카리심비 산의 경사면 꼭대기에 있는 이키부가로 데려갔다고 했다.

다음 날 아침 나는 신디 구출 작전을 위해 직원들과 무타룻콰를 폭죽과 할로윈 가면으로 '무장'시켰다. 직원 네 명이 해병대 스타일로 밀렵꾼들의 이키부가로 돌격하여 캠프 중앙에 있던 모닥불에 폭죽을 던졌다. 신디는 밀렵꾼들이 정신없이 도망가느라 어수선한 난리통에서 구조되었다. 신디를 찾아낸 직원들의 말에 따르면 신디는 사냥하고 남은 버팔로의 뼈다귀를 신나게 뜯고 있던 무냐루키코의 개들 사이에서 완전히 풀 죽은 표정으로 앉아 있었다고 한다. 신디를 무사히 캠프로 데려오고 난 후 나는 소들을 무타룻콰에게 돌려주었다.

아홉 달 후에 신디는 한 번 더 무냐루키코의 밀렵꾼들에게 잡혀갔었다. 이번에 그들은 신디의 목에 목줄을 걸어 곧장 카리심비 산 아래 공원 경계에 있는 바트와족의 마을까지 끌고 갔다. 그러나 마을의 존경받는 어른인 무타룻콰의 아버지 루체마는 바트와 밀렵꾼들의 도둑근성에 씁쓸해하며 신디를 구해 내게 돌려보내 주었다. 나는 그때부터 몇 년 동안이나 이 가족에게 많은 신세를 졌다. 게다가 무타룻콰는 훗날 우리 캠프의 직원으로 들어와 비룽가 산 공원 전체의 밀렵단속활동을 관리하는 일을 하고 있다.

신디가 다시 돌아온 지 1년쯤, 그리고 코코와 퍼커가 쾰른 동물원으로 떠난 지 얼마 되지 않았을 무렵 나는 새로운 친구를 맞게 되었다. 호수 도시인 기제니에 있는 주유소에서 눈매가 교활한 한 남자가 작은 바구니 하나를 들고 내 차 쪽으로 가만히 다가왔다. 나는 한참 동안 흥미 없는 척하다가 슬쩍 바구니를 열어 보았다. 바구니 안에는 살아 있다기보다는 죽은 쪽에 가까운 두 살가량의 작은 푸른원숭이*Ceropithecus mitis stuhlmanni*가 들어 있었다. 나는 잽싸게 바구니를 채어 잡고, 밀렵꾼에게 그동안 공원에 살고 있는 보호종을 밀렵한 죄로 감옥에 집어넣겠다고 협박했다. 그가 도망가고 나서 나는 바구니 안의 커다란 갈색 눈을 바라보았다. 그것이 앞으로 11년간 지속될 사랑의 시작이었다.

나는 푸른원숭이가 살 수 있는 환경을 만들어 주어야 했다. 주로 대나무가 많은 비룽가의 저지대에 서식하는 황금원숭이*Ceropithecus mitis kandti*와 푸른원숭이는 고도 3,000미터인 카리소케에서는 살지 않기 때문이다.

아프리카 말로 원숭이라는 뜻의 키마Kima는 다음 날 캠프에 도착했다. 키마의 합류 이후 캠프의 일상은 예전과 달라졌다. 키마는 캠프에 오는 사람 누구에게나 자신의 존재를 잊지 않도록 해 주었기 때문이다.

키마는 곧 루엥게리 시장에서 사 오는 과일과 야채를 먹고 쑥쑥 자라기 시작했다. 그리고 직원들은 공원 아래쪽의 푸른원숭이 서식처인 대나무 숲에서 조심스레 대나무순 약간을 캐 왔다. 채 한 달이 되지 않아 키마는 삶은 콩, 고기, 감자 칩, 그리고 치즈 같은 인간의 음식에도 맛을 들이게 되었다. 키마의 전채hors d'oeuvres 메뉴는 풀, 알약, 필름, 페인트, 그리고 등유 기름에까지 그 범위가 넓어졌다.

원숭이로서의 키마가 가진 공격적 성향은 내가 낡은 양말로 만들어 준 '아기'를 받아들이면서 어느 정도 완화되었다. 나중에 나는 미국에서 키마를 위한 인형을 공수해 왔다. 푸른원숭이처럼 반짝이는 코와 큰 갈색 눈을 한 코알라 인형은 키마가 가장 소중히 여기는 것이 되었다. 다른 푸른원숭이의 행동을 배울 수 없음에도 불구하고 키마는 '아기들'을 데리고 다니며 털고르기를 해 주는 데 많은 시간을 보냈다. 내 신조는 절대로 동물들을 가두어 두지 않는다는 것이기 때문에 키마 역시 캠프와 숲을 자유롭게 드나들며 살았지만, 키마는 결코 캠프를 멀리 벗어나는 일이 없었다. 곧 내 오두막은 매우 깔끔해졌다. 단단히 보관해 두지 않는 물건들은 모두 하게니아 나무 위에 올라가 있거나 조각이 나 있었기 때문이다.

고릴라 조사를 마치고 캠프로 돌아오는 오후가 되면 키마와 신디, 월터, 월마가 기묘한 환영 연대를 구성한다. 쌀쌀한 밤에 키마는 주로 자유롭게 드나들 수 있도록 양 방향으로 문이 열리는 철제 우리에서 잔다. 낮 동안의 기록을 정리하고 있으면 화덕에서는 나무가 탁탁거리며 타고, 오두막 안에서는 캠프 식구인 동물들이 자고, 밖에서는 올빼미, 바위너구리, 영양, 버팔로, 그리고 코끼리의 소리가 들린다.

키마가 오고 2년 후에 나는 케임브리지 대학교에서 일곱 달 동안 머물러야 했다. 내가 자리를 비운 동안 키마는 사고로 한쪽 눈을 잃었다. 키마는 내가 코넬 대학교에서 강의를 하던 1980년까지 9년 동안 상처를 보듬으며 살았다. 악동 같은 성격으로 애를 많이 먹이기도 했지만, 키마의 사랑이 없는 캠프와 내 생활은 결코 전과 같지 않을 것이다.

1980년에 나는 다섯 달 동안의 외출에서 돌아와 신디를 찾았다. 열두 살 반이 되어 이제 죽음과 가까워진 신디는 캠프로 들어서는 나를 곧 알아보았지만 반가움의 표시로 힘없이 꼬리를 흔드는 것밖엔 하지 못했다. 우리는 함께 키마가 묻힌 캠프 뒤 언덕에 올라갔다. 키마의 무덤을 표시하는 나무 팻말 위에 머리를 기대는 신디를 보고 나는 신디를 미국에 데려가기로 마음먹었다. 건강을 많이 회복한 신디는 이제 비행기나 차 소음 등 도시 생활에 익숙해져 있다. 아직 신디는 아프리카에서 살 때는 한 번도 본 적이 없는 고양이가 나타나면 당황해한다. 이웃집의 개 짖는 소리도 신기할 뿐이다. 예전에는 멀리서 밀렵꾼들의 개 짖는 소리만 이따금 들었기 때문에 짖는 것에 익숙하지 않았을 것이다. 지금은 동네의 다른 개들과도 잘 어울리지만 신디는 그래도 짖지 않는다.

* * *

그 이후로도 오랫동안 캠프는 숲에서 온 많은 동물 방문객들의 피난처가 되었다. 1977년의 어느 달 밝은 밤 오두막 창문 밖을 바라보던 나는 눈을 의심했다. 커다란 쥐(큰아프리카도깨비쥐*Cricetomys gambianus*) 한 마리가 닭에게 줄 옥수수 사료를 먹고 있었다. 나중에 루퍼스Rufus라고 이름 붙인 이 쥐는 꼬리길이까지 합한 몸길이가 50센티미터나 되는 놈이었다. 이 녀석들은 아래의 인가 근처에서 사는 종인데 어떻게 여기까지 온 건지 궁금했다. 몇 주 후에 루퍼스는 레베카를 데려왔고, 이어서 로다, 바트랫, 그리고 로빈이 합류했다. 곧 모든 오두막이 쥐 가족들에게 점령당했고, 쥐들이 너무나 빠른 속도로 불어나자 할 수 없이 나는 사건의 발단이 된 옥수수 사료 보관소를 정리해야 했다.

1979년 말까지 캠프의 오두막은 아홉 개로 늘어났다. 오두막들은 큰 하게니아 나무와 히페리쿰 나무 아래에서 자라는 초본들로 둘러싸여 서로 잘 보이지 않았다. 오두막 샛길은 다이커와 부시벅, 그리고 버팔로*Syncerus caffer* 들을 많이 볼 수 있는 장소이기도 하다. 영양과 버팔로들은 밀렵꾼을 피해 캠프에 꽤 가까이까지 와 있는 상태였다. 그네들은 인간에게 익숙해지기엔 정말 수줍음이 많은 동물이다. 이들은 사냥꾼에게는 고릴라보다도 더 빈번한 표적이어서, 아마 카리소케가 그들의 마지막 피난처가 될 듯하다.

캠프 근처에 머물게 된 첫 번째 다이커는 이 고장의 톡 쏘는 맛난 맥주의 이름을 따서 프리머스Primus라는 이름을 지어 주었다. 팔락거리는 흰 꼬리, 보석 같은 큰 갈색 눈, 촉촉한 검은 코의 프리머스가 캠프에 처음 왔을 때의 나이는 약 8개월 정도인 듯했다. 이제 막 뿔이 자라 나오는 부분은 아직 머리털에 묻혀 있지만, 나중엔 강하고 날카로운 뿔이 될 것이다. 캠프에 온 후 한 달 동안 다른 다이커들에게는 전혀 반응을 보이지 않는 것으로 보아 프리머스는 아마 고아인 것 같았다. 나중에 프리머스는 자기가 다이커인지, 닭인지 아니면 개인지 모를 정도로 정체성에 혼란을 겪는 듯했다. 프리머스는 자주 닭들을 따라다녔는데, 위험한 일이 생기면 닭들이 날개를 퍼덕여 알리기 때문이었다.

프리머스는 쌀쌀한 날엔 종종 다른 다이커들은 절대 오지 않는 캠프 중앙의 화롯가 근처에서 지냈고, 날이 좋으면 보통의 다이커들이 하는 놀이인 머리박기나 술래잡기를 하며 보냈다. 또한 닭이나 신디를 쫓아다니며 놀기도 하고, 악동 키마에게 쫓겨 다니기도 했다. 신디는 오래전부터 다이커들은 접근할 수 없는 존재라고 알아 왔기 때문에 추근덕거리며 따라다니는 이 다이커에게 적잖이 놀란 듯했다. 신디와 프리머스, 때로는 키마까지 합세해 놀기 시작하면 오두막들 사이의 주요 '놀이터 경로'에 있던 월터와 월마, 그리고 다른 닭들은 이들에게 다치기 십상이었다. 털과 깃털, 그리고 비명 소리가 얼마나 난무했던지!

프리머스는 때로 사람을 따라다니기도 했는데, 특히 접시를 양손에 잔뜩 들고 있거나 세탁물을 머리에 이고 있는 인부들이 주요 놀잇감이었다. 프리머스는 사람에게 쫓겨 본 적이 없었기 때문에 낯선 사람을 두려워하지 않았다. 아, 이것이 정말 야생동물 보호 구역에서 볼 수 있는 광경이어야 하는데.

프리머스는 캠프를 방문하는 사람들에게 항상 기쁨과 놀라움을 주었다. 어느 날 무장 군인을 동반한 르완다의 주요 인사들에게 밀렵꾼들에게 희생당한 고릴라들의 무덤을 보여 주고 있을 때였다. 보전정책에 대해 이야기를 나누고 있는 우리들 앞에 프리머스가 나타났다. 갑자기 모든 사람들이 대화를 중단했다. 사람들은 놀라며 숨을 죽이고 다이커를 보았다. 나는 밀렵이란 단어가 과거 속으로 사라지고 야생동물이 모든 인간을 신뢰할 수 있는 날이 오길 간절히 바랐다.

한번은 아주 무뚝뚝한 밀렵꾼이 잠깐 캠프에 머문 적이 있었는데, 오두막 사이로 난 길을 따라 걸어가던 중 그가 길가의 나무 밑에서 졸고 있던 프리머스를 발견했다. 겨우 수십 센티미터 떨어진 곳에서 졸고 있는 다이커를 본 밀렵꾼의 놀란 표정은 보지 않아도 상상이 될 것이다. 게다가 밀렵꾼은 전엔 단지 사냥감으로밖에 생각하지 않았던 존재가 자신을 믿고 있다는 사실에 큰 감동을 받기까지 했다.

부시벅은 다이커보다 훨씬 더 은둔형이기 때문에 이른 아침과 황혼 무렵에만 잠깐 캠프 주위에서 볼 수 있을 뿐이다. 그중 가장 큰 부시벅 가족은 몸집이 크고 나이 많은 수컷이 이끄는 무리였다. 그 수컷의 털은 멀리서 보면 진한 회색이었고 몸집이 엄청 컸기 때문에 약간 어두운 데서 보면 버팔로처럼 보였다. 그와 역시 나이 든 그의 짝은 오랜 세월을 덫과 사냥꾼, 그리고 개들을 겪어 본 것이 분명했다.

큰 수컷은 종종 혼자 있었지만 때로 다이커들과 같이 있을 때도 있었다. 이런 관계는 다른 곳에서도 꽤 관찰된다. 다이커는 위험이 닥치면 부시벅보다 먼저 감지하고 경계음을 내기 때문에 부시벅에게는 보초와 같은 존재이다. 위험에 대한 다이커의 감각 능력은 아마 부시벅보다 뛰어난 것 같았다. 부시벅의 다이커에 대한 의존은 몸집이 더 큰 부시벅이 먹이 먹는 시간을 늘리기 위해 진화되어 온 행동인 듯하다.

가장 기억에 남는 부시벅 사건 역시 예고 없이 일어났다. 여느 날처럼 나는 일어나자마자 창밖을 바라보았다. 창밖의 광경은 실제 상황이라기보다는 디즈니 만화영화에 가까웠다. 월터가 이끄는 닭들이 어린 수컷 부시벅에게 살금살금 다가가고 있었다. 호기심 많은 어린 영양은 꼬리를 까딱까딱거리며 점잖게 앉아 있었다. 닭들과 부시벅이 관심의 표시로 부리와 코를 마주 대는 종 간의 인사를 시도했다. 그때 아무것도 모르고 총총 걸어오던 신디가 이 어이없는 광경을 목격하고는, 앞발 하나를 든 채 얼어 버렸다. 신디의 출현은 어린 부시벅에게는 부담스러웠는지 부시벅은 흰 꼬리를 세우고 펄쩍 뛰어오르며 신디를 향해 짖었다.

영양과 마찬가지로 캠프 주변의 버팔로들도 성격과 모습이 다양하다. 특히 홀로 돌아다니던 수컷 한 마리는 캠프에 처음 나타났을 때 금방 눈에 띄었다. 주둥이가 얼룩덜룩한 분홍색이고 인간에게 꽤 사교적이었기 때문이다. 그래서 페르디난드Ferdinand라는 이름도 얻게 된 이 버팔로는 어느 날 황혼이 지던 무렵 처음 나타났다. 그때 나와 직원 두 명은 오두막 앞에서 황혼의 고요함을 망치질과 톱질 소리로 묻어 버리며 목공일을 거의 마쳐 가고 있었다. 발 밑에서 미약하게 떨리는 듯한 느낌이 와 뒤를 돌아본 순간 거대한 소 한 마리가 우리 쪽으로 걸어오는 것이 보였다. 직원 한 명은 쏜살같이 안으로 들어갔으나 나와 다른 한 명은 그냥 서서 지켜보았다. 버팔로는 5미터 정도 거리까지 와서 조금의 두려움도 없는 눈빛으로 태연히 우리를 쳐다보았다. 그는 마치 우리가 뭔가 재미난 걸 보여 주길 원하는 것 같았다. 우리는 다시 망치질과 못질을 계속했고, 페르디난드는 5분 동안 우리가 하는 일들을 재미있게 지켜보다가 뒤도 안 돌아보고 천천히 돌아갔다. 이후에도 우리는 캠프 주위에서 페르디난드와 빈번히 마주쳤다. 페르디난드는 주로 이른 새벽에 나타났고, 사람이 지나가면 천천히 다가왔다. 앞의 다이커와 부시벅과 마찬가지로 이 버팔로는 자연이 우리에게 준 신뢰의 선물이다.

두 번째 버팔로는 처음에 늙은 암컷과 같이 다녔는데, 코에 있는 분홍 얼룩점으로 페르디난드를 구분했던 것처럼 이 녀석 역시 금방 눈에 띄는 특징이 있었다. 엉덩이부터 어깨까지 온몸이 상처로 뒤덮여 있어 녀석의 피부는 마치 시내 지도를 보는 것 같았다. 셀 수 없이 많은 아문 흔적들은 이 녀석이 무수히 많은 밀렵꾼과 덫 혹은 다른 버팔로를 만난 결과일 것이다. 거대한 뿔은 한때는 지금보다 두 배쯤 더 컸을 테지만, 세월과 맞닥뜨리며 부러져 나갔다. 남아 있는 뿔만 보아도 그가 오랫동안 수많은 전쟁을 치루어 냈음을 짐작할 수 있었다.

나는 늙은 수컷 버팔로의 이름을 스와힐리어로 노인이라는 뜻의 음지Mzee라고 붙여 주었다. 음지는 늙은 암컷 한 마리와 같이 다녔는데, 그가 시력을 잃기 시작한 때부터 암컷이 눈 역할을 해 준 듯했다. 그러나 나중에 암컷의 모습은 보이지 않았다. 음지가 카리소케에 모습을 보인 지 2년 정도 된 어느 이른 아침에 음지는 내 목소리를 듣고 친구가 필요하다는 듯 내 쪽으로 천천히 풀을 뜯으러 다가왔고, 내가 등을 어루만지도록 내버려 두었다. 얼마 후 어느 나무꾼이 카리심비와 미케노 산의 실루엣이 보이는 캠프 크리크 근처 오목한 풀숲에서 늙은 버팔로의 사체를 발견했다. 나는 음지의 마지막 안식처로 그보다 더 알맞은 곳이 없다고 생각했다. 평온한 풍광은 버팔로의 위엄 있는 모습과 잘 어울렸다. 비록 일생을 밀렵꾼들의 그늘에서 살았지만, 그는 그들을 잘 피해 생을 마감했다.

음지가 죽기 10년 전만 해도 카리소케에서 실시하는 정기 밀렵방지 순찰 같은 게 없었기 때문에 캠프와 아주 가까운 곳에서도 여러 마리의 버팔로가 밀렵꾼들의 손에 의해 불행하게 생을 마쳐야 했다. 첫 번째 사건은 내가 르완다에 오고 나서 아직 크리스마스가 공원 내 야생동물의 재난 기간이라는 걸 몰랐던 2년째 크리스마스 기간에 일어났다. 나는 1968년 크리스마스 기간에 캠프를 여러 날 떠나 있는 실수를 했다. 캠프로 돌아왔을 때 직원들은 안전상의 이유로 내 오두막 안에서 문을 잠그고 지내고 있었다. 캠프 크리크 근처에서 나는 갈가리 찢긴 밀렵꾼의 개 두 마리의 사체 일부를 발견했다. 근처 언덕 위에 버팔로의 내장이 남아 있었고 가죽은 밀렵꾼이 벗겨 갔다. 직원들의 말에 따르면 밀렵꾼의 개가 숲에서부터 버팔로를 쫓아 초지로, 그리고 캠프의 내 오두막 앞까지 왔다는 것이었다. 목숨을 지키기 위해 싸우던 버팔로는 겨우 개들을 동강 냈지만, 무냐루키코가 이끄는 밀렵꾼들의 창을 피할 수는 없었다. 이것이 내가 캠프를 무장시키고 떠나지 않은 마지막 크리스마스가 되었다.

두 번째 버팔로 학살은 그로부터 일곱 달이 지난 후에 일어났다. 캠프 직원이 카리소케 아래에서 멀지 않은 곳에서 '암소'의 비명 소리를 들었다고 알렸다. 나는 작은 권총을 들고 그들을 따라 소리가 난 곳으로 향했다. 밀렵꾼들이 한발 앞서 역시 덫에 걸린 비명 소리를 듣고 찾아와 두 뒷다리를 팡가로 잘라내 갔다. 우리가 발견한 것은 피와 배설물로 범벅이 되어 나머지 두 다리로 일어서려고 필사적으로 애쓰고 있던 버팔로였다. 버팔로는 여전히 콧김을 뿜으며 우리의 접근을 경계했다. 생이 끝나 가는 순간까지도 용감하게 자신을 지키려 싸우는 동물을 쏘아야 하는 일은 너무나 고통스러웠다. 우리는 비룽가의 위대한 피조물 하나가 또 사라졌다는 사실에 슬퍼하며 캠프로 돌아왔다.

* * *

1978년 초에 나는 효율적인 주간 밀렵순찰대를 조직했다. 순찰대원들은 많이 걸을 수 있고 텐트나 나무 밑에서 야영도 할 수 있으며, 공원을 밀렵으로부터 지키겠다는 굳은 의지를 가진 사람들이었다. 이 뛰어난 르완다인들은 무타룻콰의 지도로 밀렵꾼들의 덫에 걸려 죽어 가는 수많은 동물들을 카리소케로 데려왔다. 다이커, 부시벅, 바위너구리와 같은 동물들이 카리소케에서 회복 기간을 거쳐 다시 자연으로 돌아갔다.

1978년 자이르 공원 당국이 네 살 반에서 다섯 살가량의 고릴라를 구조하여 카리소케에서 치료받을 수 있도록 요청해 왔다. 약 넉 달 전에 영양을 잡는 올무에 걸린 어린 수컷 고릴라는 쇠약하고 탈수증에 걸려 있었으며, 고름이 가득 찬 다리는 썩어 들어가고 있었다. 고릴라를 넘겨받았을 때 이미 녀석의 운명은 결정되어 있었다. 그러나 나는 자이르 공원 관리소장이 죽어 가는 동물을 위해서 얼마나 자비로운 일을 했는지 아부하고, 만일 고릴라가 살아난다면 관리소장의 뜻대로 유럽의 동물원이 아닌 숲으로 돌려보내겠다고 했다.

새 고릴라가 캠프에 오자 몇 년 전 코코와 퍼커가 왔을 때처럼 싱싱한 풀과 산딸기를 준비했다. 어린 고릴라는 익숙한 음식들을 보자 기적적으로 반응했다. 녀석은 음식을 먹고 걸으려 노력했다. 심지어 고릴라는 산의 소리와 냄새, 익숙한 풀들을 보고 만족스러운 트림 소리도 냈다. 죽기 전 엿새 동안 어린 고릴라는 폐렴과 탈수증, 쇼크, 그리고 패혈증과 용감히 싸웠다. 그가 평온하게 죽었다고 하면 우스울지 모르겠다. 그렇지만 적어도 차가운 시멘트 바닥에서 보살핌 없이 홀로 지내다가 죽는 일을 면하고 마지막에 태어난 곳으로 다시 돌아올 기회를 가졌다. 만일 어린 고릴라가 살아났더라면 나는 그의 이름을 스와힐리어로 '용감한'이라는 뜻을 가진 호다리Hodari로 지으려 했다. 부검 결과 고릴라의 폐는 극히 일부밖에 남아 있지 않았다고 한다. 부검을 담당했던 루엥게리 병원의 의료팀은 이런 폐로 어떻게 이만큼 살 수 있었는지 의아해했다.

미케노 산 아래의 남쪽 경사면과 맞닿은 공원 경계 근처에서 어린 고릴라의 밀렵꾼을 찾을 수 있었다. 나는 순찰대원들에게 그의 행동을 감시하여 어린 고릴라의 나머지 가족들의 행방을 알아보려고 했지만 어떤 흔적도 찾을 수 없었다. 그렇지만 우리는 카리심비와 미케노 산 사이의 안부지대에서 수많은 덫을 발견했고, 수많은 밀렵을 적발했다. 순찰대원들이 양손에 올무와 희생된 동물들을 들고 오지 않는 날이 없었다.

어린 고릴라가 죽은 지 몇 달이 흐른 어느 늦은 오후 순찰대원들이 검은색 동물을 데리고 돌아왔다. 나는 덫에 희생된 다른 고릴라일 거라고 생각했다. 오두막 가까이까지 와서야 비로소 길고 힘없이 흔드는 꼬리, 쫑긋한 두 귀, 그리고 에메랄드색 눈을 한 동물의 정체를 알아차렸다. 중년의 나이 정도 된 암캐가 오늘 아침 밀렵꾼들이 영양을 잡기 위해 친 철사 올무에 걸려 빠져나가려고 애쓰다가 순찰대원들에게 발견된 것이었다. 철사줄이 뼈까지 파고들어가 있어서 나는 직원들의 도움을 받아 그 끔찍한 상처를 소독했다. 다른 쪽 다리에도 발 윗부분에 하얀 실 같은 것이 두 가닥 달려 있었다. 이 녀석은 아마 예전에도 덫에 걸려 다쳤다가 회복된 적이 있었던 듯했다.

석 달 동안 이 개는 매일 소독과 붕대 교환을 견뎌 냈다. 얼마 동안 나는 다리를 절단해야 하는 지경에 이르게 될까봐 무척 걱정했었다. 밀렵꾼들의 개들과 수없이 마주쳤지만 백인을 받아들인 개는 처음이었다. 신디처럼 오두막 안에서 등유 램프가 타는 소리, 타자 소리, 라디오 소리를 들으며 완벽하게 침착한 자세를 유지하는 모습은 혹시 밀렵꾼들이 유럽인들이 키우던 개를 훔쳐 가서 키운 건 아닌가라는 생각이 들게 할 정도였다. 개는 캠프 생활에 잘 적응했지만 오두막 밖으로 내보낼 수는 없었다. 밖에 있는 수많은 영양들, 특히 프리머스 역시 캠프를 집이라고 생각하고 있기 때문이다. 사냥은 개의 피에 흐르는 기질이고, 내게 이 개가 영양들이나 키마, 닭들을 쫓고 싶어 하는 충동을 강제로 막을 권리는 없다. 키마는 캠프에 새로 합류한 녀석이 목줄에 묶여 있다는 걸 알고 밖에 나가기만 하면 양철 지붕에 올라가 쿵쿵거리면서 개를 괴롭혔다.

다리가 다 낫자 나는 이 개를 어떻게 해야 할지 난감한 상황에 처했다. 우리가 개의 미래에 대해 논쟁을 벌이는 동안, ABC 텔레비전 사람들이 고릴라를 촬영하기 위해 카리소케에 왔다. 나는 바깥 세계에서 온 아홉 명의 새 얼굴들과 열렬한 인사를 나누었다. 그중 한 사람인 얼

홀리먼Earl Holliman은 배우이자 동물들의 인도적 대우를 위해 '동물을 위한 배우와 시민들Actors and Others for Animals'이라는 조직을 만들어 오랫동안 활동해 온 사람이다. 그는 덫에 걸렸던 개의 이야기를 모두 듣고 나서 즉석에서 개의 이름을 포처Poacher(밀렵꾼이라는 뜻: 옮긴이)라고 지었다. 어느 날 밤 그는 내게 "포처가 캘리포니아에서 사는 것에 대해 어떻게 생각하세요?"라고 물었다. 그 순간부터 나는 기적이란 걸 완전히 믿게 되었다. 몇 주 후에 포처는 비행기를 타고 할리우드로 건너가 수의사에게 전문적인 건강검진을 받았다. 포처는 지금 얼과 함께 살며 동물권을 주장하는 텔레비전 스타가 되어 꽤 많은 돈을 벌어들이고 있다. 그리고 카리소케 직원들은 여전히 신데렐라가 된 포처의 운명에 기여를 했다는 자부심을 갖고 있다.

7 두 고릴라 가족의 자연적인 소멸: 제8, 9집단

카리소케에서의 첫 두 달 동안 나는 비소케 경사면의 서쪽과 남서쪽에 살며 위니Whinny라고 이름 붙인 은색등이 이끄는 제4집단과 경사면의 남동쪽에 살며 베토벤이 이끄는 제5집단의 고릴라들을 매일 골고루 방문했다. 두 집단의 구성원은 총 29마리였으나 그중 절반은 개체를 식별할 수 없었기 때문에 개체들 간의 친족관계를 추정해 보는 수밖에 없었다. 친족관계 추정은 구성원들이 공격적, 적대적 행동을 취하는 비율과 친밀함을 나타내는 빈도에 기초하며 코무늬, 머리털색, 합지, 사시 같은 외형의 유사성도 집단 내에서 친족관계임을 입증하는 중요한 증거가 되었다. 고릴라 집단은 결집력이 매우 강하기 때문에 다행스럽게도 누가 누구의 아비인지 믿을 만하다. 연구 초기에는 거의 두 주요 집단의 구성원들을 구분해 내고 가능한 한 유전적 연관성을 알려 줄 실마리들을 찾는 데 시간을 보냈다.

이 시기에 처음으로 세 번째 집단이 조사 대상에 포함되었고, 나는 이들을 제8집단이라고 이름 붙였다(제6집단은 연구 지역 외부에 서식하는 집단이었고, '제7집단'은 실수였다. 때때로 제5집단에서 떨어져 나와 자유롭게 돌아다니는 개체들을 다른 집단으로 오해했다). 처음에는 150미터 정도 위의 비소케 경사면에서 쌍안경으로 제8집단을 관찰했다. 그 거리에서도 완전히 은색인 나이 든 수컷과 젊은 은색등, 한창 혈기 왕성한 검은등, 어린 수컷 두 마리, 맨 뒤에서 비틀거리며 따라오는 늙은 암컷까지 구분하는 것이 가능했다. 그들은 나의 존재를 모르는 듯 천천히 걸어가면서 가축떼를 만나 숲 속으로 들어가기 전까지 비소케 경사면 근처의 쐐기풀 지역을 누비며 먹이를 찾았다. 모든 구성원들이 때때로 쉬면서 늙은 암컷이 뒤따라올 때까지 기다리는 매너에 나는 감동받지 않을 수 없었다.

다음 날 나는 비소케 서쪽 안부에서 제8집단을 추적하여 2미터 정도의 거리에서 그들을 만났다. 그들은 내가 만나 본 어느 야생동물보다도 조용히 나를 맞아 주었다. 나의 존재를 알아챈 첫 개체는 입술을 꽉 다물고 바위 위에서 과시행동을 하던 젊은 은색등이었다. 나는 그에게 퍼그네이셔스, 줄여서 퍼그Pug라는 이름을 붙였다. 그의 뒤에는 아주 매력적으로 생긴 검은등이 따라다녔다. 그는 입술 사이에서 잎을 몇 초 동안 우물우물한 후 뱉었는데, 이러한 '상징 섭식symbolic feeding'은 약간 불안할 때 나타나는 일반적 대체행동이다. 그 큰 수컷은 수풀을 좀 내리치더니 꽤 만족스러운 듯 으스대며 빽빽한 수풀 사이로 사라졌다. 그에게는 삼손Samson이라는 이름을 붙여 주었다. 다음으로 두 젊은 성체들이 장난스럽게 서로의 등을 뛰어넘으며 물구나

무선 채로 나를 응시하는 모습이 시야에 들어왔다. 그들은 마치 입이 비뚤어지게 씩 웃는 듯한 인상을 주었다. 나중에 그들은 기저Geezer와 피너츠Peanuts라는 이름을 갖게 되었다. 또 나이 많은 암컷이 한 마리 관찰되었다. 그녀는 완전히 무관심한 표정으로 나를 잠깐 쳐다보고서는 털고르기를 받기 위해 피너츠 옆에 앉아서 털이 듬성듬성한 엉덩이를 피너츠의 얼굴에 들이대었다. 늙은 암컷의 털은 밝은 초콜릿색이었기 때문에 나는 그녀의 이름을 코코Coco라고 지어 주었다. 16개월 후에 카리소케에서 처음으로 키우게 된 어린 고릴라 코코는 바로 그녀의 이름을 따서 붙인 것이다.

마지막으로 늙은 은색등이 다가왔다. 나의 모든 연구 기간 동안 그토록 위엄 있고 존경받는 은색등은 결코 본 적이 없다. 은색 털은 턱뼈 양쪽에서부터 시작하여 목과 어깨를 타고 등과 불룩 나온 배를 덮어 허벅지까지 이어졌다. 그는 50살이나 그 이상인 것 같았다. 아마 동물원의 고릴라들을 제외하고 그처럼 나이 많은 고릴라는 볼 수 없을 것이다. 이처럼 멋진 모습을 가진 고릴라에게 어울릴 만한 이름이 바로 생각났다. 스와힐리어로 라피키는 '친구'를 의미한다. 우정이란 상호 존경과 신뢰를 바탕으로 생겨나기 때문에, 왕족의 품위를 지닌 늙은 은색등은 라피키Rafiki라는 이름으로 알려지게 되었다.

기저와 피그는 다른 세 수컷이나 코코와 달리 약간 돼지코 같은 모습이 매우 닮았다. 서로 닮은 외모와 친밀함으로 미루어 보건대 둘은 같은 부모를 둔 것 같았다. 아마도 나이로 보아 제8집단의 최고참 암컷이었을 그들의 어미는 내가 오기 전에 죽었을 것이다. 역시 매우 닮은 외모와 친밀함의 정도로 보아 코코는 삼손과 피너츠의 어미이며 두 수컷이 라피키의 아들임은 의심의 여지가 없었다.

코코와 라피키는 종종 잠자리를 같이 사용하며, 서로에 대한 존경심을 표현하는 데 말이 필요 없는 우아하게 나이 든 오래된 부부 같았다. 코코가 제8집단의 수컷들 사이로 조용히 등장하면 곧 서로 털을 골라 주는 일이 시작되었다. 털고르기는 사회적 행동인 동시에 기능적 행동으로써, 머리털을 입술이나 손가락으로 꼼꼼히 갈라 외부기생충이나 말라 떨어진 피부조각, 씨앗 겉껍질 같은 것들을 골라내는 일이다. 보통 코코를 시작으로 대부분의 제8집단 구성원들이 이를 따라 하고, 몇 분이 지나지 않아 다들 털고르기에 집중하게 된다.

인간의 출현에 의해 나타나는 반응행동response behavior은 오직 제8집단의 개체들에서만 관찰할 수 있었다. 이러한 행동들은 공격적이거나 두려움에 의한 것이라기보다는 과장스럽거나 대담하거나 호기심 어린 것들이다. 보호해야 할 새끼가 없는 이 별난 집단은 내가 처음 나타날 때부터 나의 존재를 받아들이고 신뢰했으며, 나로 인해 심심한 일상에 변화가 생기는 것을 '즐기는' 듯이 보였다. 특히 삼손은 다른 개체보다 나에게 더 많이 반응하였고, 피너츠는 종종 삼손의 행동을 흉내 내었다. 똑바로 서서 거의 동시에 가슴을 두드리고 곧이어 오른쪽 다리를 몇 번 차는 그 둘의 모습은 마치 합창단원들 같았다. 첫 번째 레퍼토리가 끝나면 그들은 자신들의 행동이 나에게 어떤 영향을 주었는지 가늠하려는 듯 나를 쳐다보았다. 또한 삼손은 가지를 꺾을 때 나는 소음을 즐겼다. 그는 꽤 무거웠기 때문에 가지를 꺾는 소리 역시 엄청났다. 한번은 삼손이 내 머리 바로 위에 있던 죽은 나무 위로 올라갔다. 그는 나무꾼처럼 나무가 쓰러질 방향을 신중하게 미리 정했다. 삼손은 몇 번 나무를 세게 들이받은 후 바로 내 옆으로 나무를 쓰러뜨리고는 의기양양한 미소를 지으며 도망가 버렸다.

* * *

종종 나는 고릴라들과 지내며 가장 값진 경험이 무엇이었냐는 질문을 받는다. 그 질문에 대답하기는 너무 어렵다. 고릴라들과 지낸 매 순간마다 새로운 것들을 얻었기 때문이다. 처음으로 내가 인간과 유인원의 장벽을 가로질렀음을 느낀 것은 카리소케에서 연구를 시작한 지 열 달쯤 되었을 때이다. 4.5미터 정도 떨어진 곳에서 먹이를 먹고 있던 제8집단의 어린 수컷인 피너츠가 갑자기 먹는 것을 멈추고 나를 똑바로 쳐다보았다. 그의 눈빛은 헤아릴 수 없이 신비로웠다. 마법에 걸린 듯 나는 탐구심과 수용이 혼합된 것 같은 그의 응시에 답했다. 피너츠의 깊은 한숨과 함께 잊을 수 없는 그 순간이 지나갔다. 피너츠는 다시 먹이를 먹기 시작했다. 나는 환희에 넘쳐 캠프로 돌아와서 리키 박사에게 전보를 쳤다. "마침내 고릴라들이 나를 받아들였어요." *

우리의 눈맞춤이 있은 지 2년 후에 피너츠는 내가 만져 본 첫 고릴라가 되었다. 그날은 여느 날과 다름없이 시작되었다. 이상하게도 이 날은 특별히 기억에 남는다. 다음 날 아침 영국으로 일곱 달 동안 박사논문을 쓰기 위해 떠나야 했기 때문이다. 밥 캠벨과 나는 제8집단을 만나러 비소케 산의 서쪽 경사면으로 올라갔다. 우리는 나무들이 빽빽이 자라고 있는 얕은 골짜기 가운데서 먹이를 먹고 있던 제8집단의 고릴라들을 발견했다. 골짜기로 통하는 산마루를 따라 큰 하게니아 나무

---

* 1972년에 리키 박사가 작고하고 9년이 지난 다음에야 나는 그가 이 전보를 몇 달 동안이나 주머니에 넣고 다녔으며 심지어는 미국의 강연회에 갈 때도 갖고 갔다는 사실을 알았다. 그는 예전에 나에게 제인 구달의 성공적인 침팬지 연구에 대해 얘기해 주었던 것처럼 사람들 앞에서 자랑스럽게 나의 전보를 낭독했다고 한다.

들이 자라며 주변 일대에 장관을 연출했다. 밥과 나는 피너츠가 '재미있는 것 좀 보여 줘'라는 표정을 지으며 집단에서 빠져나와 우리 쪽으로 다가오는 걸 보고 이끼로 덮여 푹신한 하게니아 나무줄기에 앉았다. 나는 우리가 아무런 해를 끼치지 않는다는 걸 알려 주기 위해 천천히 나무에서 일어나 풀을 아작아작 씹어 먹는 척했다.

풀잎 사이에서 나를 응시하는 피너츠의 눈이 빛났다. 피너츠는 당당하고 으스대는 모습으로 나에게 다가오기 시작했다. 갑자기 내 옆에 앉더니 마치 이젠 내가 재미있는 걸 보여 주어야 할 차례라는 듯 나의 '먹기' 기술을 유심히 지켜보았다. 피너츠가 풀을 씹어 먹는 나를 지겨워하는 것 같은 표정을 짓자 나는 머리를 긁었고, 피너츠도 거의 동시에 똑같은 동작을 했다. 그가 나에게 완전히 익숙해진 것으로 보였기 때문에 나는 수풀 위에 누워 천천히 손을 뻗고 손바닥을 위로 향하게 하여 풀 위에 올려놓았다. 내 손을 뚫어지게 보더니 피너츠는 일어서서 손을 뻗어 손가락으로 내 손을 잠시 동안 만졌다. 피너츠는 자신의 용감한 행동에 흥분하여 짧게 가슴을 두드려 흥분감을 표시하고는 무리에 합류했다. 그날 이후로 그 장소는 손과 손이 만난 곳이라는 뜻의 '파시 야 음코니 Fasi Ya Mkoni'라고 불리게 되었다. 이 사건은 고릴라와 함께한 내 인생에서 가장 기억에 남는 일 중 하나이다.

제8집단은 다른 집단들보다 습관화가 더 빨리 진행되었다. 라피키의 너그러운 성격과 더불어 중요한 이유는 그 집단은 보호해야 할 새끼가 없었기 때문이다. 따라서 그들은 강도 높은 방어행동을 보일 필요가 없었다. 그들의 '새끼'는 세심한 관심을 받고 있는 늙은 코코였다. 코코는 라피키보다도 더 늙어 보였다. 깊이 주름진 얼굴에 머리와 엉덩이는 털이 거의 없었고, 주둥이는 희끗희끗했으며, 앞발은 살이 축 늘어지고 털이 없었다. 이빨도 많이 빠졌기 때문에 먹이를 씹지 못하고 우물우물거리며 먹었다. 코코는 종종 한 팔로 둥글게 가슴을 감싸면서 다른 손으로 머리를 톡톡 치는 무의식적인 것 같은 행동을 보였다. 그런 자세로 앉아 눈에서는 끈끈한 액이 나오고 아랫입술은 축 처져 있는 코코의 모습은 측은한 장면을 연출했다. 아마 그녀는 나이 때문에 청력이나 시력도 상당히 저하되어 있을 것이다.

코코와 라피키, 삼손, 그리고 피너츠가 보여 주는 대단히 감동적인 친밀행동은 그들이 가족을 형성한 지 아주 오래되었고 많은 시간들을 공유했을 것으로 미루어 볼 때 그리 놀랄 만한 일은 아니었다. 어느 날 나는 몸을 숨긴 채로 40미터 떨어진 넓게 펼쳐진 열린 경사면에서 먹이를 먹는 제8집단의 고릴라들을 관찰하고 있었다. 고릴라들이 내 존재를 알 수 없는 장소에서 지켜본 이유는 열린 장소에서는 그들과 만나는 것이 좋지 않다고 생각했기 때문이었다. 서로 넓게 퍼져서 라피키가 맨 위에서 올라가고 있었으며, 코코가 꽤 아래쪽에서 먹이 장소와 다른 개체들로부터 점점 멀리 떨어지고 있었다. 라피키가 갑자기 무슨 소리를 들은 것처럼 먹이 먹는 것을 멈추고 날카로운 의문조의 소리를 내었다. 코코가 그 소리를 들은 것이 분명한 것 같다. 왜냐하면 그녀가 헤매기를 멈추고 소리가 들리는 쪽으로 움직였기 때문이다. 라피키는 그녀가 시야에서 사라지면 앉아서 아래쪽을 살폈다. 집단의 다른 구성원들도 코코가 그들을 따라잡을 때까지 기다리는 것처럼 그의 행동을 따라했다. 그러면 코코는 때때로 멈춰 서서 끈기 있는 수컷들이 있는 방향을 찾아 천천히 올라가기 시작했다. 한번은 라피키의 시야 내에서 코코가 일련의 부드러운 트림 소리를 내며 곧장 그의 곁으로 갔다. 그들은 서로의 얼굴을 똑바로 바라보고 포옹했다. 그녀는 팔을 그의 등에 걸쳤고, 그도 똑같이 했다. 둘은 웅얼거리며 그렇게 위로 올라갔다. 젊은 세 수컷들이 그 뒤를 따라가며 먹이를 찾았고, 젊은 은색등인 퍼그네이셔스만이 멀리 떨어진 곳에서 그들을 주의 깊게 지켜보고 있었다. 퍼그는 너무 자주 그 언덕 꼭대기에서 사라졌다.

비소케의 서쪽 경사면을 관찰하다 보면 때때로 거의 450헥타르 안에서 제4집단과 제8집단을 하루에 만날 수 있다. 제4집단과 제8집단을 번갈아 가면서 관찰하면 그들이 하루에 이동하는 범위와 위치에 대한 정보를 얻을 수 있다. 1967년 12월의 어느 날에 '뤄어' 하는 외침소리와 가슴 두드리는 소리가 들리자 우리는 사뭇 놀랐다. 비소케 산과 미케노 산 사이의 8킬로미터에 걸친 안부지대에서 약간 떨어진 이상한 소리의 진원지는 제8집단만이 빈번하게 나타나는 지역이었기 때문이다.

'유령 집단' 찾기가 시작되었고, 마침내 우리는 그들을 찾아 제9집단이라고 이름 붙였다. 스물다섯에서 서른 정도 되어 보이는 한창 나이의 우두머리 은색등은 제로니모Geronimo라고 불렀다. 그는 거대한 눈썹 산 가운데의 털이 붉게 빛나고 호화스런 청흑색 털이 철사줄처럼 가슴 근육을 둘러싸 돋보이는, 대단히 두드러져 보이는 수컷이었다. 제로니모를 수행하는 수컷은 열한 살 정도 되어 보이는 검은등으서 그는 보통 나의 존재를 처음 발견하고 소리를 내거나 가슴을 두드려 일원들에게 알리기 때문에 가브리엘Gabriel이라는 이름을 갖게 되었다. 닮은 정도로 비추어 보아 둘은 아마도 같은 부모에게서 난 형제지간일 것이다. 한 젊은 암컷은 구분하기가 매우 쉬웠는데, 그녀는 최근에 덫에 걸려 오른손을 쓰지 못했기 때문이다. 분홍 손가락들이 부어오른 오른손은 손목에 축 늘어져 붙어 있었고, 그녀는 종종 오른손을 흔들곤 했다. 2주가 지나지 않아 젊은 암컷은 오른쪽 팔이나 발을 써서 식물의 줄기를 고정시키고, 입이나 왼손을 사용하여 껍질을 벗겨 내거나 먹지 않는 부분을 떼어 내는 등의 좀 더 정교한 작업을 하여 먹이를 구할 수 있게 되었다. 그녀는 다친 오른손 대신 오른팔을 가지나 나무기둥에 걸어 나무에 오르내릴 수도 있었다. 그러나 처음으로 그녀를 관찰하기 시작한 지 두 달이 지나지 않았을 때, 우리는 그녀를 더 이상 집단 내에서 볼 수 없었다. 아마 그녀는 죽은 것 같았다. 제로니모의 하렘에 있는 네 마리의 암컷 중 우두머리에게는 앞치마 같은 가슴털 때문에 메이든폼Maidenform이라는 이름을 붙여 주었다. 제로니모는 번식 성공률도 대단해서, 제9집단의 네 성체 암컷은 양육 중인 새끼가 각각 적어도 한 마리 이상씩 있었다.

제9집단의 개체들이 연구 영역에 포함되면서 우리의 관찰 대상은 명확하게 구분되는 네 개 집단의 고릴라 48마리가 되었다. 성체 수컷과 암컷의 비율, 그리고 성체와 미성년 개체의 비율 모두 1968년에 1:1.1로 시작되었다.

제8집단의 늙은 암컷인 코코는 이미 더 이상 번식을 할 수 없는 나이인 것 같았다. 여섯 살가량인 피너츠가 아마 그녀의 마지막 자손일 것이다. 따라서 우두머리인 라피키가 여전히 건재하나 번식할 수 있는 암컷이 없는 제8집단은 최근 번식 연령에 가까워졌거나 도달한 암컷 네 마리가 있는 제4집단에 물리적 충돌을 시도하고 있었다.

연구 초기의 비소케 서쪽 경사면에서의 경우처럼 행동권이 중첩될 때 또는 집단 내의 암수 비율이 지나치게 차이가 날 때 두 사회적 공동체가 마주칠 확률이 높아진다. 얼마 지나지 않아 라피키가 제4집단을 며칠 동안 따라다니며 부추긴 끝에 두 집단은 무력 충돌에 이르렀다.

두 집단은 제8집단의 활동 범위인 비소케 산의 남서쪽에 맞닿은 경사면 끝의 골짜기에서 처음 마주쳤다. 나는 큰 소리로 울부짖는 고릴라들을 따라가서 거의 날아다니는 다섯 마리 은색등들의 공중전을 지켜보았다. 제4집단의 세 마리와 제8집단의 라피키와 퍼그가 나무 사이를 뛰어다니며 서로를 공격했다. 그들은 가슴을 두드리고 가지를 부러뜨려 산산조각 냈다. 그들의 엄청난 근육을 휘감은 털은 흰색부터 어두운 회색까지 색의 명암이 달랐으며 초록색 수풀과 선명한 대조를 이루었다. 은색등들은 너무나 서로의 과시에 몰두하고 있었기 때문에 나의 존재를 의식하지 못하는 듯했다.

고릴라들이 내가 근처에 있다는 사실을 계속 알아차리지 못하길 바라며 나는 근처의 하게니아 나무로 뛰어올라 갔다. 그곳에는 늙은 코코가 한 손은 정수리를 계속 두드리고 다른 한 손은 가슴에 얹은 채로 체념한 듯 나무기둥에 매달려 있었다. 그녀는 물끄러미 나를 바라보다가 주위에서 벌어지고 있는 폭동을 참아 내기 힘든 듯 긴 한숨을 쉬었다. 때때로 피너츠가 코코가 있는 쪽으로 달려와서 그녀가 있다는 것을 재확인했다. 피너츠는 그녀와 짧게 포옹하고 제4집단의 은색등들을 향해 가슴을 두드리면서 제8집단의 두 번째 젊은 수컷인 기저와 합류하곤 했다.

제4집단과 제8집단의 물리적 충돌에서 흥미롭게도 공격보다는 과시행동들이 주를 이루었다. 두 우두머리 은색등인 제8집단의 라피키와 제4집단의 위니가 나란히 걸으며 과시행동을 하는 것을 지켜보면서, 나는 두 은색등이 모두 충분한 경험을 갖고 있으며 따라서 이전의 수많은 충돌을 통해서 서로에 대한 능력을 충분히 알 수 있을 것이기 때문에 공개적인 전투를 피하려는 것 같은 인상을 받았다. 그날 오후

늦게 두 집단은 갈라졌지만, 그로부터 몇 시간 후까지 서로를 욕하는 듯한 후트 시리즈와 가슴 두드리기가 계속되었다.

두 달 후인 1968년 2월이 되자 라피키는 제4집단이나 제9집단과 충돌하려는 시도를 그만두었다. 늙은 코코가 더욱 약해져 무리를 따라가기가 어렵게 되었기 때문이었다. 라피키는 집단의 이동 일정을 조절하고 그녀가 먹이를 먹을 수 있도록 속도를 맞추어 주었다. 2월 23일 제8집단을 만나러 갔을 때 라피키와 코코의 모습은 어디에서도 찾을 수 없었다. 단지 퍼그, 기저, 삼손 그리고 피너츠만이 여름 캠프장에 온 신나는 소년들처럼 레슬링을 하며 놀고 있었다. 집단의 이동 흔적을 역추적하면서 나는 코코와 라피키가 지난 이틀 동안 잠자리를 나란히 만들어 같이 있었다는 것을 알 수 있었다. 그러나 나는 그 후의 이동 흔적을 전혀 찾을 수 없었다. 이틀 후 라피키만이 홀로 제8집단으로 되돌아왔다. 코코의 사체는 끝내 찾을 수 없었다.

늙은 암컷이 사라지고 아마 죽었을 것이라는 추측은 다섯 수컷의 결속력을 약화시켰다. 서로 다투는 일이 자주 관찰되었고, 그들은 행동반경이 겹치는 제4집단이나 제9집단과 다시 충돌하기 시작했다.

제8집단과 제9집단의 첫 충돌은 코코가 사라진 지 겨우 하루 후에 그녀가 마지막으로 목격된 곳으로부터 몇 개의 산등성이를 지난 곳에서 일어났다. 나와 추적꾼은 제9집단이 우리를 알아채기 전에 거대한 하게니아 나무 밑으로 뛰어들어 기대하지 않았던 가까운 거리까지 다가갔다. 수풀이 매우 길게 자라 있었기 때문에 나는 제9집단을 더 잘 볼 수 있도록 나무 위로 기어 올라갔다. 얼마 지나지 않아 요란하게 가지를 부러뜨리는 소리가 들렸다. 하게니아 나무덩굴에 몸을 숨겼을 때 나는 라피키가 보통 집단들끼리 만나기 전에 하는 후트 시리즈나 가슴 두드리기 없이 곧장 그의 무리를 이끌고 제9집단으로 쳐들어가는 것을 보고 놀라움을 금치 못했다. 이 충돌의 시작이 매우 격정적임을 알리는 증거는 공기를 압도하는 은색등의 냄새였다. 그리고 냄새의 대부분은 라피키로부터 나왔다. 거의 동시에 삼손과 피너츠가 제9집단의 젊은 수컷들과 뒤엉키기 시작했다. 얼마 후 라피키는 나와 추적꾼의 존재를 모르는 듯 바로 내가 올라가 있는 하게니아 나무 구멍에 조용히 낮 잠자리를 만들었다. 예전에 나는 고릴라의 후각이 사람의 그것보다 뛰어나다고 생각했다. 그러나 이런 관찰들은 예전의 생각을 뒷받침하지 않는다.

고릴라들이 쉬기 시작하고 30분간은 조용했으나, 나의 실수로 가지가 부러져 마치 총알이 발사되는 것 같은 소리를 내면서 휴식 시간의 고요함은 깨지고 말았다. 라피키가 잠자리에서 뛰어올라 덩굴로 뒤덮인 나무 위를 응시했다. 그러고 나서 그 거대한 은색등은 나무둥치 주위를 과시하며 걸어와 뻣뻣하게 얼어 버린 내가 앉아 있는 곳으로부터 1.2미터 아래까지 다가왔다. 그는 입술을 신경질적으로 깨물며 불쾌한 투로 내 얼굴을 바라보았다. 그것은 그가 스트레스를 받았음을 의미했다. 화가 난 라피키가 나무 아래에서 과시행동을 하는 동안 나는 가능한 한 아무 잘못이 없는 것처럼, 그리고 다리에 쥐도 났기 때문에 하늘을 쳐다보고 하품을 하며 긁는 척했다. 그는 겨우 1, 2미터 거리에서 매달려 있는 추적꾼은 알아채지 못했다.

라피키는 인간의 출현에 대해서는 관대했지만, 제9집단의 개체들에게는 그렇지 못한 것 같았다. 라피키는 제9집단의 고릴라에게 경고음을 내고 가슴 두드리기를 하며 즉시 그들을 쫓아 버렸다. 그는 고릴라에게 습관화된 인간과 인간에게 습관화되지 않은 고릴라들 사이에 있는 것을 즐기는 게 분명했다.

* * *

비소케 산의 북서쪽 경사면에는 피게움 *Pygeum africanum* 나무들이 자라는 산등성이가 여러 개 있고, 제8집단과 제9집단은 모두 이곳에서 머물렀다. 고릴라들은 피게움 나무의 과실을 아주 좋아한다. 그러나 이처럼 자원이 특정 지역에 한정되어 있으면 반드시 사회 집단들 간에 경쟁과 충돌이 생긴다. 제8집단과 제9집단 역시 과일을 얻기 위해 지속적으로 충돌했다.

제로니모보다 더 우세하고 경험이 풍부한 라피키는 제8집단에게 경사면 위쪽의 가장 풍성한 과일나무를 선사하였고, 제로니모가 이끄는 제9집단은 더 아래쪽 나무들을 차지했다. 160킬로그램이 나가는 은색등이 땅에서 20미터나 떨어진 나뭇가지에 올라가 가능한 한 많은 과일들을 입과 손으로 딴 다음 나무 아래로 내려와 배 터지게 먹는 모습은 정말 대단한 광경이었다.

한번은 오랜 식사 시간이 지루해진 피너츠와 기저가 제9집단의 어린 고릴라들이 있는 쪽으로 신나게 뜀박질해 내려왔다. 제8집단의 불쌍한 두 수컷들은 미처 제로니모를 발견하지 못했다. 제로니모는 씩씩거리는 소리를 내며 그들 쪽으로 올라갔다. 두 수컷들은 잠시 두 발로 멈추어 서서 서로의 팔을 꼭 잡았다. 공포에 질린 두 고릴라들은 비명을 지르며 자신의 집단이 있는 쪽으로 잽싸게 몸을 돌려 도망갔다. 제로니모는 그들을 뒤쫓아 산등성이까지 올라갔으나, 거기서 피너츠와 기저를 구하려고 달려온 라피키와 마주쳤다. 현명한 제로니모는 돌아서서 자신의 가족을 홀아비로부터 멀리 떨어진 곳으로 이동시켰다.

코코의 부재는 제8집단의 불안을 야기했다. 제8집단의 남은 고릴라들은 다른 집단과 빈번하게 충돌을 시도했을 뿐 아니라 집단 내에서도 다툼이 늘었다. 결국 퍼그와 기저는 태어난 곳에서 그리 멀지 않은 비소케 산의 북쪽 경사면으로 떠나갔다. 그들이 떠나면서 제8집단에는 라피키와 코코 사이에서 태어난 삼손과 피너츠, 그리고 라피키만이 남게 되었다. 그러나 거의 1년 동안 라피키와 그의 큰아들의 다툼은 끊이지 않았다. 그들의 마찰은 세 수컷들이 다른 집단의 개체들과 만날 때 가장 자주 일어났다. 늙은 아비는 성적으로 성숙한 아들인 삼손을 굴복시키는 데 아무 문제가 없었다. 그가 달려오거나 위엄 있게 걸어오면 삼손은 앞발을 낮추고 엉덩이를 들어 몸을 굽히고 시선을 피하는 복종행동을 취했다. 라피키는 잠시 동안 머리털을 세우고 삼손을 노려보고 나서 짧은 소리를 냈다.

코코가 죽고 나서 3년 후인 1971년 6월에 라피키는 제4집단과의 맹렬한 물리적 충돌을 통해 마초Macho와 메이지Maisie라는 두 암컷을 얻었다. 이 과정에서 피너츠는 3년 전에 아비인 위니의 죽음으로 제4집단의 우두머리 자리를 이어받은 젊은 은색등인 엉클 버트에게 공격받아 오른쪽 눈을 영원히 쓸 수 없게 되었다.

새 암컷들을 얻고 나서 라피키는 꽤 고무된 듯했다. 그는 아들로부터 그의 하렘을 견고히 방어했기 때문에 아버지와 아들 사이의 갈등은 불가피했다. 삼손은 태어난 집단에 남아서 번식할 기회를 허비하는 것임이 분명했다. 그는 1년 전쯤에 퍼그네이셔스와 기저가 했던 대로 집단을 떠날 결심을 세운 듯했다. 삼손은 100~200미터 정도를 떨어져 이동한 후 자신의 새 영역을 만들고 다른 고릴라 집단들과 조우하면서 암컷들을 얻는 외톨이 은색등이 되었다. 태어난 집단을 떠나 외롭게 여행하는 것은 번식할 기회를 갖지 못하는 수컷이 거치는 과정이기도 하다. 삼손이 떠나면서 제8집단에는 라피키와 제4집단에서 온 두 암컷인 마초와 메이지, 그리고 어린 피너츠가 남게 되었다.

뜻밖에도 삼손은 한참 여행하다가 1971년 9월에 다시 제8집단으로 돌아와 메이지를 라피키로부터 빼돌리는 데 성공했다. 14개월 후에 메이지와 삼손이 새끼를 데리고 있는 것이 관찰되었다. 1973년 6월에 라피키는 마초와의 사이에서 쏘어Thor라고 이름 붙인 암컷 새끼를 낳음으로써 자신의 생식력을 증명했다.

따라서 제8집단은 라피키와 그의 어린 암컷인 마초, 열한 살짜리 아들인 피너츠, 그리고 새로 태어난 딸인 쏘어의 기묘한 구성원들로 꾸며지게 되었다. 단출한 새 가족 구성이 마음에 드는 듯 라피키는 더 이상 다른 집단과 충돌하려 하지 않았다. 쏘어가 6개월 정도 되었을 때 라피키가 제4집단과 충돌하는 것이 마지막으로 목격되었다. 왕의 거대한 모습은 여전히 위용 있었으나, 가슴 두드리기나 후트 시리즈의 공명은 점점 그 세기가 줄어들었다. 아마 그가 다른 집단과의 충돌을 피한 것도 나이가 들어 감에 따라 체력이 한계에 이르렀음을 깨달았기 때문일 것이다.

* * *

라피키가 제4집단으로부터 마초를 약탈해 온 지 다섯 달 후인 1971년 11월 나와 추적꾼은 일곱 달 동안 보이지 않았던 제9집단을 집중적으로 찾기 시작했다. 그들이 마지막으로 목격된 곳은 4년 전 그들을 처음으로 발견했던 장소인 비소케와 미케노 사이의 안부지대였다. 활기에 찬 13마리를 발견할 거라는 애초의 기대와 달리 제9집단에는 오직 5마리가 남아 있을 뿐이었다. 한때 힘이 넘쳤던 제로니모의 몸은 여위고 가슴 근육은 움푹 패였으며, 검푸른 머리털은 색이 바래고 듬성듬성 빠졌다. 제로니모의 오른손은 덫에 걸렸던 적이 있는 듯 불구가 되어 쪼그라들었고, 등과 허벅지를 따라 무수한 상처들이 보였다. 앞이마에 있는 빛바랜 붉은 털의 흔적과 전에 제9집단에서 발견한 네 마리의 암컷 중 하나인 메이든폼이 아니었다면 나는 결코 제로니모를 알아보지 못했을 것이다. 그들이 나를 발견하지 못하도록 몸을 숨기려 했으나, 한 시간쯤 후에 그는 인간이 가까이에 있다는 것을 알아챘다. 그는 괴로운 표정을 지으며 두 발로 서서 주변을 탐색하기 시작했다. 공포감을 담은 그의 냄새를 맡고 암컷 두 마리와 새끼가 도망치기 위해 그의 곁으로 다가갔다. 나는 어쩔 수 없이 모습을 드러내야 했고, 다행스럽게도 그들은 나를 알아보고 다시 먹이를 먹기 시작했다.

나는 그 후에 다시 제로니모를 보지 못했다. 그러나 메이든폼을 비롯한 다른 암컷들은 다른 두 집단으로 나뉘어져서 비소케 산의 북서부 경사면과 서부의 안부지대에 걸쳐 관찰되었다. 제로니모가 완전히 사라지게 된 데에는 밀렵꾼이나 자연적인 원인이 있을 수 있다. 확실한 원인은 결코 알 수 없지만 제로니모는 아마도 자연사한 것 같다. 지난 몇 년 동안 배설물에서 점액질이 점차 많아졌고 종종 조충류의 기생충 *Anoplocephala cestoda*이 기어 다녔기 때문이다. 또한 마지막으로 관찰했을 때 그는 매우 수척해 보였다. 그의 죽음은 제9집단이 확고한 사회적 단위로서 기능을 다했음을 의미했다. 우두머리 은색등 없이는 고릴라 집단이 유지될 수 없기 때문이다.

제9집단이 더 이상 비소케 산의 북서부 경사면을 사용하지 않게 되면서, 제4집단과 제8집단이 만나는 횟수가 현저하게 줄어들었다. 두 집단이 각각 영역을 더 얻어서 중복되는 영역이 줄어들었기 때문이다. 라피키는 새로 구성된 가족과 시간을 느긋하게 보내는 것에 만족하는 듯했다. 그러나 피너츠는 때때로 정상적인 사회생활을 할 수 있는 다른 집단을 찾으려는 듯 아주 멀리까지 홀로 돌아다니곤 했다.

이제 11개월 된 어린 쏘어의 사회적 환경은 많은 친구들과 신나게 뛰어놀 수 있는 제5집단의 또래 고릴라들의 그것과는 분명한 차이가 있었다. 쏘어는 같이 놀 친구가 없었기 때문에 학습의 기회가 매우 부족했다. 쏘어의 운동 능력은 또래 집단 속에서 충분한 놀이를 통해 운동 기술이 날로 정교해지는 다른 11개월 고릴라들에 비해 3개월 정도 뒤처졌다. 쏘어는 혼자 놀거나 누군가와 접촉하는 놀이를 할 때 오로지 어미인 마초에게 의지할 수밖에 없었다. 쏘어는 11개월 된 다른 고릴라들보다 3킬로그램 정도 가벼웠고, 다른 고릴라들이 뛰어노느라 종종 어미의 시야에서 사라질 시기가 되어서도 마초로부터 3미터 이상 떨어지지 않았다. 사회적 학습이 부족한 것 외에도 쏘어는 마초가 처음으로 낳은 새끼였기 때문에 마초는 육아에 대한 경험이 부족했다.

7년간이나 함께해 온 내 사랑하는 친구 라피키는 마지막 자손이 11개월 이후로 성장하는 모습을 지켜볼 수 없었다. 1974년 4월, 산중의 위엄 있는 제왕이었던 라피키는 제8집단의 최후의 가족인 마초와 쏘어, 그리고 피너츠를 남겨 둔 채 폐렴과 늑막염으로 생을 마감했다. 죽기 6일 정도 전부터 그는 거의 움직이지도 먹지도 않았다. 그렇지만 이 기간에 마초와 피너츠는 늙은 은색등으로부터 반경 30~60미터 거리를 돌아다니며 먹이를 먹었다.

나는 라피키가 죽었다는 소식을 케임브리지에서 돌아오는 길에 르완다의 키갈리에서 들었다. 영국으로 돌아가는 학생 한 명이 호텔 문을 노크하고 들어와 부패한 냄새가 나고 무언가 물컹한 것이 새어 나오는 커다란 플라스틱 상자를 내려놓았다. 다짜고짜 그 학생은 "라피키의 가죽이에요. 집으로 가져가려고 해요"라고 말했다. 이런 엽기적인 상황은 나에게 가공할 만한 충격으로 다가왔다. 위엄 있고, 강하고, 품위 있는 라피키에 대한 이와 같은 폭력은 참을 수 없는 신성모독이었다. 나는 대드는 그 학생으로부터 즉시 '전리품'을 압수했다.

우리는 당시 열두 살이었던 라피키의 어린 아들 피너츠가 마초와 쏘어와 함께 떠돌아다니는 것을 발견할 수 있었다. 그로부터 4주 후에 끔찍한 일이 벌어졌다. 늙은 우두머리가 죽고 경험 없는 피너츠가 강한 집단 소속감이 없는 성체 암컷인 마초를 '다스리는' 상황에서 엉클 버트가 제4집단을 이끌고 제8집단의 영역으로 들어온 것이다. 피너츠가 엉클 버트의 적수가 되지 못하는 것은 당연했다. 라피키가 죽은 지 27일 후 두 집단 간의 과격한 무력 충돌 와중에 쏘어가 살해당했다. 엉클 버트가 새끼의 머리와 사타구니를 물었다. 이는 전형적인 영아살해 방법으로 새끼는 대부분 공격을 당하는 즉시 죽는다. 마초는 10여 미터 떨어진 밤 잠자리로 갈 때까지 쏘어의 사체를 안고 있었다. 11일이 지나자 마초와 아직 성적으로 성숙하지 않은 피너츠가 교미하는 것이 관찰되었다. 다섯 달 후 엉클 버트는 다시 한 번의 폭력 충돌을 통해 마초를 어린 수컷으로부터 탈환해 왔다.

이후 19개월 동안 피너츠는 암컷을 얻기 위한 시행착오를 겪었다. 태어난 곳에서 번식 기회를 갖지 못하는 모든 다른 젊은 은색등처럼 그도 역시 자신의 집단을 형성하고 다른 집단과의 충돌에서 집단을 지킬 수 있는 기술을 습득하는 과정이 필요했다. 나는 피곤에 지친 피너츠를 발견했다. 내 기억 속의 그는 항상 작은 가족 집단 안에서 신나게 까불며 노는 어린애였다.

마침내 1975년 11월 피너츠가 어린 고릴라와 동행하는 것이 관찰되었다. 나는 새로 발견한 고릴라를 비츠미Beetsme라고 이름 지었다. 새 고릴라는 성별도 확실치 않고 어느 집단에서 왔는지도 알 수 없었다. 비츠미는 관찰자에게 유달리 관용적이었는데, 그러한 성격은 예전에 제9집단의 고릴라들이 보여 준 것과 비슷한 것으로 미루어 보아 아마도 지금 열 살쯤 된 제로니모의 자손 중 하나인 것 같았다. 두 달 동안 비츠미와 피너츠는 함께 떠돌아다녔으나 엉클 버트가 다시 끼어들어 비츠미를 제4집단으로 데려갔다.

피너츠는 엉클 버트와 다시 마주치지 않기 위해서 활동 범위를 비소케 산 북부 경사면과 카리소케 연구 영역 밖으로 옮겼다. 간간이 발견되는 이동 흔적을 통해 우리는 피너츠가 여전히 혼자 돌아다니고 있음을 알 수 있었다. 그러나 1977년 3월에 피너츠가 다섯 마리의 성체와 함께 있는 장면이 목격되었는데, 그중 세 마리는 제로니모의 암컷들과 매우 닮았다. 피너츠는 열다섯 살 정도 되었기 때문에 성적으로 성숙한 것으로 생각되었다. 그러나 그는 생기를 잃어 갔다. 그는 아비인 라피키가 제4집단과의 물리적 충돌을 통해 마초와 메이지를 얻었던 1971년 6월에 입은 상처에서 결코 회복되지 못했다. 피너츠의 얼굴 오른쪽은 여전히 부은 상태였고 오른쪽 눈에서는 고름이 심하게 나왔다. 나는 피너츠가 암컷들을 계속 데리고 있을 가망이 없다고 생각했고, 실제로 제8집단은 제로니모의 실종으로 해체된 제9집단처럼 뛰어난 고릴라였던 라피키의 죽음으로 그 끝을 맞이했다.

8 카리소케 연구센터를 찾아온 사람들

카리소케 연구 지역에는 네 개의 주요 연구 집단들이 있고, 나는 고릴라와 캠프 직원들, 키마, 신디를 제외하고는 아무도 만나지 않고 사는 것에 만족했다. 그러나 몇 년이 지나고 카리소케가 유명해지자 예고 없이 불쑥 찾아오는 바깥세상 사람들 때문에 우리들의 평화는 위협받기 시작했다. 어느 날 제5집단의 관찰을 일찍 마치고 돌아와 그날의 기록을 정리하고 있던 때였다. 갑자기 오두막이 흔들릴 정도로 문을 두드리는 소리에 문을 열어 보니 잘생긴 미국인이 문틀에 기대어 서 있었다. 그는 수염과 머리를 길러 멋을 냈고, 산을 타기에 이상적인 복장이라고 할 수 없는 몸에 착 달라붙는 청바지를 입고 있었다.

그는 다짜고짜 "고릴라를 보러 왔는데요"라고 말했다.

그의 맹목적인 말투에 적대적인 감정이 생겼다. 그래서 나는 캠프

남쪽의 안부지대가 있는 방향을 손으로 가리키며 "가서 찾아보세요"라고 했다.

"오늘은 바로 여기서 머물고 다음번 언제라도 고릴라를 찾으러 당신을 따라가겠습니다."

나는 "아주 오래 기다려야 할 거예요"라고 말하고는 문을 조용히 닫았다.

그는 내 오두막에서 20미터쯤 떨어진 짐꾼들의 숙소로 찾아갔다. 그곳은 정어리와 빵을 보관하는 곳이기도 했다.

나는 재빨리 캠프 직원들을 소집해서 침입자들을 쫓아낼 계획을 짰다. 20여 분 후에 나와 직원 둘은 고릴라들을 보러 캠프에서 출발하는 척했다. 그 미국인은 우리 예상대로 재빨리 짐을 다시 꾸려 짐꾼에게 넘기고는 우리 뒤를 따르기 시작했다. 충분히 멀리까지 나왔다는 걸 확인하고 30분을 더 가다가 나는 수풀 뒤로 숨었다. 미국인과 짐꾼은 낑낑거리며 직원을 따라잡으려 애쓰고 있었다. 직원은 그 미국인을 우리 연구 지역 중 가장 험난한 협곡까지 데려갔고, 나는 이방인을 잘못된 길로 인도한 데 대하여 살짝 죄책감을 느꼈다.

초청한 적 없는 관광객, 기자, 그리고 사진작가들의 습격은 전혀 예상치 못한 일이었다. 카리소케 연구센터가 국립공원 안에 위치해 있기 때문에 사람들은 캠프 오두막들도 공공재로 생각하는 모양이었다. 갑자기 문이나 창문이 확 열리기 일쑤였고, 르완다인 직원들은 이곳을 작은 관광지라고 생각하는 사람들에게 잔심부름을 부탁받기도 했다. 어떤 학생은 이곳에 온 기념사진을 만들기 위해 건물 바깥채에 앉아 망원렌즈로 사람들을 찍고 있었다. 물론 방문객들 중에는 환영받을 만한 사람들도 있었다. 그렇지만 카리소케의 이름은 산불처럼 빠르게 퍼져 나갔고, 모든 이에게 개방되어 있는 카리소케 연구센터는 예고도 없이 찾아오는 어중이떠중이들로 붐비기 시작했다.

어느 늦은 오후에 한 무리의 관광객들이 찾아와 묵을 수 있는 장소를 제공하고 나를 전용 고릴라 가이드로 쓸 수 있게 해 달라고 요구했다. 캠프 관리직원은 내가 아마 자이르에 있을 것이라고 하고 목재 관리직원은 우간다에 갔을 거라고 우겼다. 그러나 관광객들은 수상한 낌새를 눈치 채고 완고한 표정으로 내 오두막에서 불과 50미터 떨어진 곳에 텐트를 치기 시작했다. 나는 화장실 갈 때와 고릴라들을 관찰하러 갈 때를 제외하고 3일 밤낮 동안 내 오두막에 갇혀 지냈다. 나는 몰래 빠져나오기 위해서 목재 관리인의 옷을 빌려 입고 검은 모자를 눌러쓴 후 캠프가 시야에서 사라질 때까지 땔감을 몇 개 이고 걸었다.

1971년 여름에 나타난 어떤 침입자는 절대로 잊을 수 없다. 그는 직원들이 미처 제지할 틈도 없이 내 오두막까지 찾아왔다. 나는 지도를 작성하는 데 열중해 있다가 "어이, 거기 아무도 없어요?"라는 영국식 억양의 목소리를 들었다. 귀가 의심스러워 밖으로 나간 나는 괴이한 인물 하나가 문 쪽으로 다가오는 걸 멍청하게 바라볼 수밖에 없었다. 그는 짙은 모직 양복에 흰 셔츠를 입고 넥타이를 느슨하게 맸으며, 구두를 신고 서류 가방을 들고 있었다. 그는 영락없이 지하철역을 잘못 찾아 들어온 회사원 같았다. 호들갑스러운 인사 끝에 나는 그가 영국의 가장 큰 황색 저널의 기자이고, 나를 인터뷰하기로 결정했다는 걸 알았다. 나는 차와 과자를 내어 기자를 진정시키고 나서 내 인터뷰 대신 〈내셔널 지오그래픽〉에 기고한 고릴라에 관한 글 두 편을 건네주고 나서 다시 내 오두막으로 들어갔다. 그가 내 고릴라 기사와 '인터뷰'하는 동안 제4집단의 후트 시리즈와 가슴 두드리는 소리가 터져 나왔다. 제4집단은 아마도 캠프 뒤의 비소케 산 경사면에서 외톨이 은색등을 만난 듯했다.

인터뷰를 거절당하자 기자는 떠나 버렸고 6주 후 내 얼굴이 대문짝만 하게 실린 신문을 보기 전까지 나는 그가 방문했었던 사실조차 잊고 지냈다. 신문 1면에 나와 있는 것은 큼지막한 내 얼굴이었고, 고릴라 연구에 대한 나의 애착과 현지 취재 도중에 겪은 기자의 모험담에 대한 기사가 지면을 메우고 있었다. 신문에서 그는 사자와 호랑이, 그리고 하이에나가 득실거리는 정글을 홀로 뚫고 올라와 겨우 고릴라로 둘러싸인 내 오두막을 찾아냈고, 내가 어떻게 고릴라들을 숲에서 캠프로 불러들였는지를 과장되게 묘사하고 있었다. 말도 안 되는 그 기사는 "……그리고 마을 사람들은 그녀를 홀로 숲 속에서 사는 나이 든 여인이라는 뜻인 니라마카벨리라고 부른다"라고 끝맺었다.

텔레비전 팀들은 몇 명을 제외하고는 연구에 아무런 방해가 되지 않았다. 대부분의 TV 팀들은 오히려 그들이 얻어 간 만큼 우리에게 무언가를 주고 갔다. 얼 홀리먼이 있던 아홉 명의 ABC TV 팀과 워렌과 제니 가스트의 〈동물의 왕국〉 팀은 특별히 기억에 남는다. 그들은 발전기와 냉장고, 그리고 음식과 옷 등의 생필품을 선물해 주었고, 산악고릴라의 운명에 대해 깊은 염려와 애착을 보여 주었다. 그러나 어떤 사람들은 불가능한 스케줄을 들이밀고 모든 것을 기어코 카메라에 담아 가려 했으며, 자신들의 편의만을 요구하기도 했다. 이런 사람들이 다녀간 후의 캠프에는 씁쓸함만이 남는다. 또 부주의하고 경솔한 전문 사진작가들이 초대 없이 오기도 한다. 이들은 습관화된 카리소케 연구집단의 고릴라들을 보러 오는 것이다. 관광객이 연구 대상인 고릴라들을 방해하지 않을 것을 볼캉 공원 당국과 합의하였음에도 불구하고 이들 대부분은 캠프와 니라마카벨리의 눈을 피해 공원 안내인들에게 뇌물을 주고 몰래 들어오는 것이었다.

제5집단 고릴라들의 분포권이 공원의 동부 경계와 카리소케의 주요 도로와 가까웠기 때문에 이들은 불법 관광객들에 의한 피해를 가장 많이 입었다. 관광객들은 특히 여름방학과 주말마다 이들을 괴롭혔다. 심지어 주변에 있는 다른 집단의 고릴라들은 관광객들에게 반 정도 습관화가 될 지경이었다.

나와 학생들은 제5집단의 고릴라들이 폭도 관광객들을 피해 도망가면서 남긴 설사 자국들을 정말 자주 발견했다. 뇌물을 받고 관광객들을 안내하는 공원 안내인들은 내 눈을 피하는 방법을 알아냈다. 그렇지만 학생들의 눈까지 피하지는 못했다. 학생들이 연구 대상인 고릴라들에게 접근하지 못하게 하자 그들은 몇 번이나 공중에 대고 총을 쏘아 고릴라들을 놀라게 했다.

비룽가의 먼 곳에서 제4집단, 제8집단, 제9집단과 새로 형성된 집단(넌키 집단)이 지속적으로 밀렵꾼들을 경계해야 하는 것처럼, 제5집단도 관광객들을 계속 경계하지 않으면 안 될 상황으로 내몰렸다. 이카루스와 베토벤은 으르렁거려 위협하는 방법으로 관광객들을 쫓아내곤 했다. 안내인들의 총이 곧바로 그들을 향했지만 두 은색등들의 행동은 오직 인간들의 위협으로부터 자신의 가족을 지켜 내기 위해서일 뿐이었다.

관광객들과 초대받지 않은 필름 제작자들의 사진에 대한 탐욕 때문에 이곳의 고릴라들은 거의 밀렵꾼 수준의 위협을 받았다. 앞에서도 언급한 한 프랑스 제작팀은 제5집단을 하루도 쉬지 않고 6주 동안이나 혹독하게 따라다녔다. 그 스트레스로 에피는 새끼를 유산했다. 제5집단은 결국 밀렵꾼이 없는 원래의 서식지에서 관광객은 거의 다니지 않지만 밀렵꾼의 덫이 많은 공원 안쪽으로 이동했다. 프랑스 팀이 훌륭한 텔레비전 다큐멘터리라는 찬사를 받으며 의기양양하게 파리로 돌아가고 난 다음 제5집단은 골족(프랑스인들을 빗댄 말: 옮긴이)의 침입에서 서서히 회복되었고 카리소케 직원들은 고릴라들을 덫이 깔린 지대 밖으로 몰았다.

* * *

카리소케 연구센터를 세우고 2년 후인 코코와 퍼커를 돌보고 있을 무렵은 어쩔 수 없이 나 혼자였다. 연구와 보전활동을 위해서라면 연구 보조를 위한 학생들을 받아야 했을 것이다. 언제나처럼 내게 도움을 주기 위해 루이스 리키 박사가 아프리카에서 야외 조사를 하기 원하는 스무 살의 미국인을 보냈다. 그는 세 시간 걸려서 캠프로 올라온 다음 쓰러졌다. 그는 숨을 헐떡거리며 "난 이 일을 못할 것 같아요"라고 겨우 말했다. 숲의 심장부에서 그는 외로움과 육체적 수고가 결합된 작업을 해 나갈 수 없다는 것을 즉시 깨달았던 것이다. 그 말을 듣고 나는 몹시 낙담했지만 그때는 그 젊은이가 이 일이 자신에게 맞지 않는다는 것을 제대로 파악한 정말 예외적인 사람이라는 걸 깨닫지 못했다.

카리소케에 와서 자신이 캠프에서의 일이나 센서스에 적응할 수 없다는 것을 깨닫는 사람들에게 나타나는 증상들은 마치 우주공간에서 임무를 수행하기 위해 고립되어 훈련하는 우주비행사들과 놀랍게도 비슷하다. 그들은 막연한 공포감에 휩싸여 땀과 오한, 발열, 식욕부진, 심각한 우울증 등을 겪는다. 이것이 어떤 사람들에게는 굉장히 심각한 영향을 줄 수 있음을 깨닫고 나서, 나는 힘들어하는 학생에게 절대로 캠프에 계속 머무르거나 야외 조사를 하도록 시키지 않았다.

카리소케에 두 번째로 방문한 사람은 〈내셔널 지오그래픽〉의 사진기자로 코코와 퍼커가 카리소케에서 보낸 마지막 며칠을 모두 담아낸 밥 캠벨이다. 그는 거의 3년간을 주기적으로 머무르면서 네 연구 집단들을 추적하고 밀렵방지 순찰과 오두막을 세우는 일, 르완다인 직원들을 훈련시키는 일을 도왔고, 등유 풍로와 램프를 수리해 주었다. 비 오는 날 해질 무렵에 녹초가 되어 캠프로 돌아왔을 때 램프에 문제가 생겨 켜지지 않으면 정말 우울하다. 밥 캠벨은 등유 램프에 익숙하지 않은 캠프 직원들에게 '숲 속의 램프 요정'을 잘 지킬 수 있는 방법을 끈기 있게 가르쳐 주는 거의 유일한 사람이었다. 지금도 변함없는 나의 신조는 그날 기록한 야외 조사장은 반드시 그날 저녁에 정리하고 분석해야 한다는 것이기 때문에 램프를 제대로 작동시키는 일은 내게 거의 강박관념처럼 되어 버렸다. 풍로 역시 너무나 중요한 물품이었지만 나의 귀중품 목록에서는 두 번째로 밀렸다. 빈 노트를 채우는 것이 빈 위장을 채우는 것보다 더 중요하기 때문이다. 내 위장은 뭔가로 채워질 때까지 기다려 줄 수 있지만 고릴라와 만났을 때의 인상은 즉시 기록하지 않으면 점점 사라져 버린다.

카리소케 연구 집단들에 대한 조사가 확대될수록 나는 조사 지역 가장자리에 있는 다른 집단들과 비룽가 화산지대 전체에 살고 있는 고릴라들의 수가 궁금해졌다. 조지 섈러는 연구를 종료할 시점인 1960년 9월에 산악고릴라의 개체수를 400~500마리 정도로 추산했다. 유감스럽게도 그때의 정치적 상황 때문에 섈러는 화산지대의 르완다 쪽 부분에 사는 개체들의 수를 정확히 세지 못했다. 그러나 나는 1967년에 카바라에서 여섯 달을 보냈기 때문에 카바라에서 연구했던 세 집단과 섈러가 6년 반 전에 연구했던 고릴라들 중 세 집단을 비교해 볼 수 있었다. 집단의 개체 구성, 특징적인 개체들의 사진, 그리고 특히 집단의 이동 범위를 중심으로 집단 간의 비교가 이루어졌다.

섈러의 연구로부터 카바라에서의 나의 연구에 이르는 시간까지 가장 두드러진 변화는 개체수가 20에서 12로 감소했다는 점이다. 섈러의 연구 이후 네 마리가 새로 태어났기 때문에 적어도 12마리가 사라진 것이었다. 또 다른 중요한 변화는 성체와 어린 개체의 비율이 1.2:1에서 2:1로 늘어난 것과 영역의 크기가 700 내지 900헥타르에서 200헥타르로 줄어든 것이었다.

이러한 결과는 남아 있는 비룽가의 고릴라 개체수에 대한 정보를 갱신하는 일이 매우 중요하다는 점을 시사한다. 서식지 잠식이 심각해지고 있는 지금 고릴라 개체군들이 어느 곳에 집중되어 있는지 파악하는 것은 효과적으로 장기적인 보전활동을 수행하기 위해 중요하다.

1969년에 나는 알리에트 드뭉크와 밥 캠벨의 도움을 받아 고릴라들의 수를 세고 비룽가에서 살고 있는 고릴라 집단의 행동권을 파악하는 센서스를 시작했다. 조사원들은 음식과 여분의 옷가지들을 배낭에 꾸리고 야영을 했다. 일꾼 두 명이 휴대용 타자기, 작은 램프와 스토브, 냄비 몇 개, 물통, 그리고 슬리핑백이 들어 있는 작은 텐트를 운반했다. 캠핑 기간은 구할 수 있는 식수와 고릴라의 흔적이 나타나는 빈도에 따라 달라졌다. 결국 이 일은 우편을 통해 모집한 학생들의 도움으로 매년 수행하는 기초 조사로 자리 잡게 되었다. 우리는 여섯 개의 비룽가 산들을 안부지대부터 꼭대기까지, 그리고 그 사이의 모든 골짜기와 계곡, 능선들까지 헤치고 다녔다. 이 일이 수월했더라면 우리는 섈러의 초기 야외 연구도 이어서 수행할 수 있었을 것이다. 개인적으로 내 인생에서 가장 기억에 남는 야외 조사 경험들은 이 시기의 일이다. 고릴라를 찾아낸다는 도전, 새로운 고릴라 집단을 만날 때의 긴장감, 길 하나하나마다 그 아름다운 모습을 드러내는 산들, 그리고 작은 텐트 하나만으로 내 '집'을 만드는 즐거움과 그것을 허락해 주는 자연의 자비로움.

연구를 위해 유럽과 미국에서 학생들을 모집하기 한참 전에, 나는 많은 르완다인들에게 고릴라를 추적하는 방법을 가르치고 야영에 필요한 물과 땔감을 지키는 덜 복잡한 일들을 맡겼다. 매일 숲 속을 정찰 나갈 때 식사 장소, 잠자리, 그리고 배설물 같은 고릴라들의 흔적을 오래된 것과 새것으로 구분하여 기록해야 했다. 이 모든 흔적 기록들은 지도에 옮겨져 고릴라가 있었던 빈도를 시간의 흐름에 따라 나타낸다.

나중에 카리소케의 연구원들은 다 자라지 않은 개체들의 나이와 성별을 판단하는 데 어느 정도 오차가 있기는 해도, 배설물 크기를 보고 개체의 성별, 나이를 짐작할 수 있게 되었다. 고릴라들의 최근 이동 흔적(4일 이내의 것)과 마주칠 때마다 우리는 곧 고릴라들을 따라잡거나 적어도 정확한 밤 잠자리 개수를 셀 수 있었다. 나는 우리 연구원들이 각 집단마다 밤 잠자리의 수를 연이어 다섯 번 정도 따라가 세고 나서 이 수줍은 고릴라들의 나이와 성별을 확인할 수 있게 된 것에 희열을 느낀다. 밤 잠자리의 개수를 세는 일은 따분하기는 하지만 습관화되지 않은 집단을 만날 때 종종 흔적을 파악할 수 없는 집단 내 새끼의 존재 여부, 그리고 집단 구성원들의 잠자리가 모여 있는 곳에서 1, 2백 미터 떨어진 곳에서 밤 잠자리를 만드는 주변부 수컷의 존재 유무를 알아내는 데 반드시 필요하다.

일단 집단을 따라잡게 되면 쌍안경으로 그들을 관찰하면서 코무늬를 스케치한다. 코의 모양과 코를 따라 패인 주름의 형태는 집단과 집단 내의 각 개체들을 서로 구분하는 데 중요한 역할을 하며, 특히 크기가 서로 비슷한 집단들 사이에서 구분을 해야 할 때 유용하다. 이 스케치 기록들은 각 개체들의 행동과 소리, 특별한 형태적 특징의 문서 기록에 보충 자료로 포함된다.

1970년 여름에 리키 박사가 나와 드뭉크 부인, 그리고 밥 캠벨이 하던 고릴라 센서스를 지속하기 위해 학생 한 명을 카리소케로 보냈다. 2주 동안 그 젊은이는 주요 연구 대상 고릴라 집단들과 만나고 기초 스와힐리어를 배웠으며, 매일의 캠프 일들을 익혀 나갔다. 일단 그가 이 일들에 익숙해지자 나와 밥, 그리고 르완다인 짐꾼은 함께 비소케의 북쪽 사면으로 올라가 학생이 운영하는 첫 조사 캠프를 차렸다. 나는 은게지라고 불리는 곳을 전에 점찍어 두었다. 그곳은 키냐르완다어(르완다어)로 '가축들이 물 마시는 곳'이며, 고릴라들이 많이 모인다고 알려져 있었다.

우리는 작은 호수 옆에 위치한 아름다운 장소를 캠프지로 골랐다. 이곳은 밤에 수많은 버팔로와 코끼리들이 방문하는 곳이기도 하다. 밥과 나는 학생과 함께 주변의 지형을 탐색하기 위해 사흘을 그곳에서 더 보냈다. 주변에는 최근에 생긴 고릴라의 발자국은 없었지만 일주일 전쯤에 만들어진 것으로 생각되는 수많은 잠자리 흔적들을 발견할 수 있었다. 우리는 이곳을 기점으로 한 조사가 가치 있을 것이라는 판단 아래 카리소케로 돌아와 주요 네 집단에 대한 연구에 다시 집중하기 시작했다. 그러나 몇 주 동안 은게지에서는 짐꾼들을 통해 걱정스러운 소식들이 날아왔고, 그중 대부분은 센서스와 관계없는 것들이었다. 뾰족한 대안은 없었지만 나는 그 학생을 미국으로 돌려보냈다.

이후 11년 동안 21명 정도의 조사자들이 센서스를 위해 카리소케에 왔고, 그들은 비룽가의 여러 기지들에서 머물렀다. 그러나 이들 중 대부분은 센서스를 위해 필요한 모진 일들을 제대로 해내지 못했다. 많은 학생들이 잠깐밖에 머물지 못하고 집으로 돌아갔다. 나는 무의식중에 나만큼이나 산을 돌아다니고 고릴라들을 만나는 특권을 누리는 것에 열광할 사람이 센서스에 참여하길 기대했다. 질퍽한 길을 걷느라 지치고, 축축한 침낭 속에서 잠을 청해야 하며, 일어나면 젖어 버린 청바지와 장화를 신고 눅눅한 크래커를 먹어야 하는 상황은 누구라도 결코 좋아하지 않을 것이기 때문이다.

카리소케의 정식 연구원들과 마찬가지로 대부분의 센서스 참가자들은 우편 접수를 통해 선발되고, 그들의 지원서에는 보통 대단히 학문적인 추천서가 동봉된다. 개인적인 경로를 통해 들어오는 경우는 극히 드문데, 나는 연구 초기에 캠프를 떠나는 일이 거의 없었고 미국이나 영국에서는 잠깐씩만 지냈을 뿐이기 때문이었다. 그렇지만 나는 언제라도 시간이 나면 지원자에 대한 면접을 보았다.

뛰어날 거라 생각되는 학생이라도 숲 속 멀리 떨어진 곳에서 제대로 일할 수 있을지는 예상하기가 어려웠다. 확실히 지원자들은 모두 미국이나 유럽에서 야영을 하거나 배낭여행을 한 경험이 있고 고릴라 연구에 대한 상당한 열정을 갖고 있기 때문에 자신들이 비룽가에서 야외 조사를 수행할 능력이 있다고 생각하는 것 같았다. 나는 학생들에게 불편한 생활과 사회적 고립감을 겪어야 한다고 강조했지만, 그들의 열정과 새로 온 학생들이 업무를 잘 수행해 나갈 거라는 나의 낙관론의 조합은 번번이 나와 결국 카리소케에서 떠난 학생들 사이에 마찰을 가져왔다. 우리 사이의 다른 문제점들 중 하나는 나는 카리소케에서의 모든 일과 연구를 하나로 생각했지만, 대부분의 학생들은 어쩌면 당연히 자신의 관심 주제에만 몰두하려고 했다. 나와 학생 연구자들과의 가장 큰 갈등은 특히 연구지 내에서 덫이 발견되는 경우에 밀렵방지활동을 나서는 데서 생겼다. 때로는 새로 오두막을 짓거나 램프, 스토브, 타자기 같은 오두막의 장비들을 관리하는 일이나 카리소케의 장기 생태 연구를 위해 매일 야외 노트를 작성해야 하는 일에서도 마찰이 생겼다. 서로 다른 배경을 갖고 들어온 연구자들이 고립된 환경에서 같이 사는 것은 정말로 너무나 다양한 문제점들을 가져왔다. 매서운 날씨, 높은 고도, 단조로운 음식, 그리고 대부분의 학생들에게 가장 큰 시련이었던 사회적 고립 때문에 카리소케에서 사람들 사이의 갈등은 다른 연구지보다 더 심각했다.

연구 주제를 선정하는 일은 거의 아무런 문제가 없었다. 고릴라의 행동과 생태를 알아내기 위해 연구해야 할 것들이 너무나 많았기 때문이다. 대부분의 학생들이 특정한 주제에 관심을 갖고 들어온 것은 아니었기 때문에 그들은 기초적인 조사와 더불어 우위행동이나 영아의 발달, (음식 먹기, 털고르기, 잠자리 만들기, 새끼 돌보기 같은) 생계활동, 음성 신호, 집단 사이의 상호작용, 행동권 전략, 기생충학, 그리고 관련 식물에 관한 것까지 많은 주제들 가운데 하나를 자유롭게 선택하여 연구를 수행했다. 내셔널 지오그래픽 소사이어티는 카리소케 연구센터와 우리 직원들에게 지속적으로 재정적 지원을 해 주었다. 박사과정의 학생들은 소속 대학에서 지원을 받거나 다른 재단에서 개인적으로 연구비를 받아 오는 경우가 대부분이었다. 새로 장비를 구입하거나 단기 연구 과제를 시작하기 위해 지원이 필요하게 될 경우에는 리키 재단에서 주저 없이 도와주었다. 나는 조사자들의 항공 운임과 월급까지 요청하고 싶지는 않았지만 내셔널 지오그래픽 소사이어티와 리키 재단에서 이들에 대한 지원을 해 주었다. 나 자신은 한 번도 월급을 받아 본 적이 없다. 연구 결과 자체가 이미 내가 받는 보상이기 때문이다.

* * *

1975년 초에 한 멍청한 교수가 3개월짜리 단기 식물 연구 사업차 카리소케를 방문했다. 그의 모든 여행 경비와 장비, 보급품들은 내가 받아 온 자금으로 제공되었다. 그에게 자금을 지원해 주는 조건은 떠날 때 새로 구입한 장비를 카리소케에 남겨 두는 것과 미국으로 돌아간 후 너무 늦지 않게 카리소케에서의 연구 성과를 발표하는 것이었다. 그러나 유감스럽게도 그는 이 두 가지 조건 중 어느 것도 지키지 않았다. 그 식물학 교수가 머문 여드레 사이에 그는 실수로 난로 위에 얇은 식물 건조대를 매달아 놓아 오두막을 홀랑 태워 버렸다. 새 장비들 전부와 가구들, 나의 둘도 없는 식물학 서적들, 다른 희귀 서적 몇 권, 그리고 카리소케에 새로 들여온 단파 수신 라디오가 잿더미로 변했다. 나와 캠프 직원들은 25미터 떨어진 캠프 크리크에서 양동이로 물을 길어 나르면서 타오르는 불꽃과 몇 시간 동안이나 싸워야 했다. 그날 저녁 오두막에서 건진 것이라고는 숯이 된 쓰레기들뿐이었다. 나와 직원들은 연기를 심하게 마셨고, 몇몇은 다른 부상을 입었다. 식물학자가 조사를 끝내고 캠프지로 돌아왔을 때 우리는 폐허가 된 현장 근처에 쓰러져 있었다. 그는 짧은 욕지거리를 셀 수 없이 내뱉고 나더니 자신의 연구가 중간에 방해받게 된 것에 대해 유감을 표시했다. 나와 르완다 직원들에게 이 사건은 이곳에 캠프가 설립된 이래 첫 재앙이었다.

두 번째 화재 사건은 한 학생이 옷을 말리려고 난롯가에 걸어 두고 나간 사이에 벌어졌다. 오두막은 불에 타 무너졌지만, 화재가 일어나고 몇 주 동안 그 학생은 책임을 지고 오두막을 다시 지었다. 그녀의 노력으로 말미암아 나는 다시 이곳에 오는 사람들의 인품에 대한 신뢰를 어느 정도 회복할 수 있었다.

어떤 학생은 나침반과 지도를 보고도 방향을 영 가늠하지 못했다. 우리는 방황하는 생명을 찾으러 수없이 여러 번 수색대를 조직한 후에야 그의 독특한 체질을 인정하게 되었다. 특별한 경우를 제외하고 모든 이들은 다섯 시 반까지 캠프로 돌아와야 한다는 카리소케의 규칙에도 불구하고 나와 직원들은 예측하지 못한 장소에서, 때로는 정반대의 방향에서 한밤중에 그를 찾아오는 일에 익숙해졌다. 그러나 수줍음 많고 약간 내성적인 이 학생은 고릴라들뿐만 아니라 개구쟁이 키마와 신디와도 교감을 나누는 놀랄 만한 능력을 갖고 있었다. 그가 머문 열 달 동안 우리는 야생고릴라들과 수없이 만났다. 그리고 기쁘게도 그는 고릴라들이 무엇을 원하는지 알아채는 능력이 있었다. 그는 결코 고릴라들이 인내심의 한계를 드러내도록 하지 않았다. 그러나 대부분의 학생들은 종종 그렇게 하지 못해 고릴라를 따라다니는 일에 실패한다.

고릴라의 권리를 보호하는 일에 있어서 나와 박사학위를 받기 위한 실험 자료를 얻는 것이 주요 목적인 몇몇 학생들 사이에 갈등이 생기기도 한다. 한 사람은 제5집단의 무리들 가운데에서 용변을 보는 버릇이 있었는데, 그런 비위생적인 행동이 고릴라들에게 해를 입힐 수 있다는 것에 대해 깨닫지 못하는 것 같았다. 내가 그것에 대해 꾸짖으려 하자 그는 화를 내며 무슨 일이 있어도 중간에 관찰을 멈출 수 없다고 대꾸했다.

스무 살짜리 학생 한 명은 정말 중요한 센서스 요원이었고, 결국 박사학위를 위한 연구를 캠프에서 마쳤다. 케임브리지에 잠시 머물렀던 기간에 만난 그 학생은 고릴라 연구를 간절히 원했고, 나는 그를 카리소케로 보냈다. 내가 없는 동안 그 학생은 야외 조사와 기록 모두에서 뛰어난 성과를 보였다. 1년 반 동안 그 젊은이는 영국의 학교와 카리소케를 번갈아가며 생활했다. 그러던 어느 날 아마도 많은 야외 경험으로 자신감이 붙어서였던지 그는 약 1.5미터 옆에 있던 암컷 버팔로에게 장난을 치려고 한 치명적인 실수를 하고 말았다. 그는 버팔로를 놀라게 해 쫓아 버릴 생각으로 콧김을 씩씩 뿜었는데, 그에게 돌아온 것은 화난 버팔로의 정면 공격이었다. 버팔로는 돌격하여 그 학생을 굴리고, 몸을 몇 번이나 받았다. 그는 지나온 자리에 핏자국을 남기며 거의 죽을 뻔한 상태로 겨우 오두막까지 돌아왔다. 심하게 찢어지고 깊이 패인 상처로 쇼크 상태에 이른 학생을 응급처치하면서 이곳에 오기 전에 병원에서 치료법을 배운 것에 대해 마음속으로 얼마나 감사해했는지 모른다. 아직 깨어나지 못한 상태에서 그 학생은 "지독하게 어리석었어"라고 중얼거렸다. 나는 나흘 밤낮 동안 간호하고 나서 적절한 치료를 받게 하기 위해 그를 영국으로 떠나보냈다.

숲 속의 동물들을 사랑하며 비룽가를 고향처럼 편안히 생각하는 학생들도 몇 명 있었다. 1976년 여름에 나는 센서스 요원 네 명을 자이르의 미케노 산 기지 근처에 내려다 주고 돌아오고 있었다. 카리소케에는 학생들이 아무도 남아 있지 않았기 때문에 나는 직원들만으로 주요 연구 집단들과 주변 집단들에 대한 연구와 밀렵방지 순찰을 돌 수 있을지 걱정되었다. 그때 무거운 배낭을 맨 히치하이커가 나타났고, 우리는 그를 태워 주기 위해 차를 세웠다. 팀 화이트Tim White라는 청년은 세계를 여행하는 중이었는데 정말 야외 조사원이 가져야 할 모든 능력을 갖춘 사람이었다. 팀은 그날 산을 넘어가려고 생각하고 있었지만 결국 카리소케에서 열 달을 보내면서 오두막을 수리하고 연구 집단과 연구 지역 주변 집단, 센서스 집단까지 따라다니며 조사를 수행했으며, 약간의 언쟁이 오가는 교습 후에 매일 밤마다 야외 기록을 정리했다. 그의 무난한 성격은 나뿐만 아니라 르완다인 직원들, 그리고 나중에 그에게 배운 학생들에게까지도 커다란 선물이었다.

처음엔 열성적인 평화주의자였던 팀도 곧 카리소케에서 야생동물들의 불법 도살이나 밀렵꾼들의 존재를 용인해서는 안 된다는 것을 깨닫기 시작했다. 그는 곧 밀렵방지 순찰활동에서 듬직한 존재가 되었다. 새 학생들이 캠프에 도착하고 나서 그는 다시 여행을 계속하러 떠났다. 그는 거의 6년간을 아프리카에서 보냈고, 마지막 18개월은 라이베리아의 선교병원에서 자원봉사를 했다고 한다. 나는 팀 화이트를 만나는 사람이라면 누구든지 그의 타고난 선의와 사심 없는 행동에 감동받을 것이라고 생각한다. 필요할 때 자신의 모든 것을 주고 간 그를 카리소케는 절대 잊지 못할 것이다.

영국에서 릭 엘리어트Ric Elliot가 지원했을 때, 나는 그의 지원서에 '나는'이나 '내게'와 같은 단어들이 별로 들어 있지 않은 점에 마음이 움직였다. 그는 어떤 이들처럼 자신만의 목적을 위해서가 아니라 카리소케 전체의 목표를 위해 일할 수 있는 사람이라는 인상을 주었기 때문이다. 릭이 캠프에서 보냈던 열 달은 내 예상이 맞았음을 증명했다. 전공은 서로 달랐지만, 둘 다 목수인 할아버지를 둔 팀과 릭은 오두막을 짓고 장비를 보수하는 일을 무척이나 좋아했다. 릭은 수의학에 특별히 관심이 많았기 때문에 고릴라들의 부검과 기생충 관련 연구에 많은 도움을 주었다. 그가 떠나고 난 캠프는 무척이나 공허했다.

릭이 떠나고 1년 반쯤이 지난 후 역시 영국 출신의 이언 레드먼드 Ian Redmond가 릭의 기생충 연구를 계속하기 위해 왔다. 이언은 새로운 종류의 고릴라 선충과 촌충을 찾느라 기꺼이 수많은 시간을 현미경 앞에 쭈그려 앉아 보냈다. 그는 정말 이 일에 열광적이어서 캠프에는 수백 개의 병, 접시, 그리고 플라스틱 표본병이 쌓였다. 이언의 호기심은 종을 불문하고 숲의 모든 동물들로 확장되었다. 그가 끈질기게 모으고 분류한 동물들의 뼈와 다른 파편들로 곧 카리소케는 자연사 박물관 비슷한 것으로 변하기 시작했다. 어떤 냄새 나는 수집품이 새로 소장되었을지 알 수 없었기 때문에 나는 가능하면 이언의 캠프에 덜 드나들기로 결심했다!

아프리카인들은 정말로 이언을 사랑했다. 그가 좋아하는 하루 일과를 마치는 방식은 화덕에 모여 앉아 옥수수, 콩, 감자나 다른 채소로 만든 저녁 식사를 손으로 먹는 것이었다. 어떤 유럽인들도 이언처럼 숲을 편안해할 것 같지는 않아 보였다. 그는 밀렵방지 순찰을 도는 것이나 센서스를 나가는 것을 아무렇지 않게 생각했다. 이언은 고릴라를 따라다니든 밀렵꾼을 감시하든 10킬로미터 이상 돌아다니는 일을 너끈히 감당했고, 캠프에서 멀리 떨어진 곳에 있을 때는 큰 하게니아 나무 아래에서 이끼를 담요 삼아 판초를 덮고 편안히 밤을 보냈다. 이언의 열정은 전염성이 강해서 그와 여행길에 동행하는 직원들은 누구도 불평하지 않았다. 그는 쐐기풀밭을 다닐 때도 항상 반바지를 입고 다녔다. 이언은 외모에 신경을 쓰는 사람이 아니었기 때문에 나는 왜 그가 반바지를 고집하는지 궁금해졌다. 어느 매섭게 추운 날 그는 여느 때처럼 반바지와 스웨터를 입고 나왔다. 나는 그런 차림이 어떤 도움이 되는지 물었다. 그는 당황하는 듯했지만 차근차근히 대답했다.

"다이앤, 반바지를 입고 야외를 나가게 되면 주변의 더 많은 것들을 알 수 있어요. 부드러운 잎의 안부지대와 낮은 초지에 사는 습지식물들, 고산지대의 황량함이 가져오는 차이점을 느낄 수 있어요." 느낌을 자세히 설명하려고 하자 그는 약간 더듬거렸고, 마음 깊은 곳에서 우러나오는 것을 너무 많이 말하려다 보니 갑자기 부끄러워했다.

이언은 어떤 고릴라 집단도 수월하게 따라갔고, 아무리 멀리 있는 덫도 기꺼이 수거하러 갔다. 이언이 영국에 있는 가족들에게 돌아가기 직전에 추적꾼 한 명이 비소케의 맞은편에서 연구 지역 외 집단의 고릴라들을 만났다고 알려 왔다. 이언은 조금도 주저하지 않고 그 추적꾼과 함께 주변 지역 개체들의 신상을 확인하고 잠자리의 개수를 세기 위해 떠났다. 비소케 산 맞은편의 산지는 산마루가 많아 밀렵꾼들이 덫을 놓기 좋은 곳이었다. 이언이 찾은 주변 지역 집단은 주변의 안부지대로 돌아 들어감으로써 산마루지대를 피해 갔다.

그날의 추적은 이상하게도 무척 길었다. 이언과 추적꾼은 끈질기게 고릴라가 지나간 자리를 따라갔고, 새로 설치한 다이커 덫을 세 개 발견했다. 늘 하듯 대나무 막대를 부러뜨리고 철사줄을 걷어 내고 있을 때 그들은 바로 50미터 떨어진 곳에서 수풀을 베는 소리를 들었다. 이언과 추적꾼은 작은 언덕 뒤에 숨어 있다가 밀렵꾼들이 지나가기를 기다린 다음 새로 설치한 덫을 철거하려고 했다. 주변이 조용해지고 이언이 밀렵꾼들의 행방을 찾기 위해 막 일어나려고 하던 참이었다. 갑자기 세 개의 창끝이 바로 1미터 앞에서 불쑥 나타났다. 그때까지는 어느 편도 상대방의 위치를 확인하지 못했다. 공교롭게도 밀렵꾼들은 이언과 추적꾼이 숨어 있던 바로 그 언덕 위에 있었던 것이다.

이언은 천천히 일어나서 밀렵꾼들을 보았다. 이언은 아무 무장을 하지 않았는데도 갑자기 바중구(백인)가 코앞에 나타나자 그들은 소스라치게 놀랐다. 갑자기 이언과 마주친 데 놀라서 두 명은 도망가 버렸다. 세 번째 서 있던 사람은 이언과 눈이 마주치자 손에 들고 있던 팡가를 떨어뜨리고 양손에 창을 잡더니 바로 이언의 심장을 향해 창을 찔렀다. 본능적으로 이언은 왼팔로 가슴을 감싸고 몸을 웅크렸다. 그는 믿을 수 없게도 왼쪽 손목으로 창을 막아 내고 자신의 생명을 구했다. 밀렵꾼은 자신이 무슨 일을 했는지 깨닫자 이언의 표현으로는 "발에 땀이 나도록 도망갔다."

부상이 무척 심각했지만 이언은 손목을 동여매고 추적꾼과 함께 나머지 덫을 수거하러 다시 나섰다. 한 바퀴를 모두 돈 다음에야 이언은 캠프로 돌아와 루엥게리 병원으로 치료를 받으러 갔다. 그의 손목은 결국 다 낫기는 했지만 예전과 같지는 않았다.

팀 화이트, 릭 엘리엇, 그리고 이언 레드먼드는 캠프를 다녀갔던 학생 중 단연 뛰어난 인물들이었다. 그들은 자신의 성과가 아니라 고릴라와 비룽가의 보전활동을 위해 카리소케에 기여한 사람들이었다. 그들은 특별한 사람들로 기억될 뿐만 아니라 아프리카인 직원들에게도 가장 좋은 친구로 남아 있다.

아프리카인 직원들을 빼고는 캠프가 존재할 수 없었다는 사실은 말할 것도 없다. 그들은 카리소케 연구센터라는 문명과 먼 전초기지가 운영되는 것을 가능하게 해 주었다. 우리는 비룽가 야생동물의 미래를 위한 공동의 신념을 갖고 함께 일했다. 우리의 연구는 1967년에 단지 두 개의 텐트로 시작되었다. 우리는 폴랭 은쿠빌리, 무타룻콰의 전방

위적인 도움과 많은 자이르인과 르완다인들의 밀렵방지활동으로 우리의 목표가 점차 커지는 것을 지켜보았다. 이들은 팀이나 릭, 이언과 마찬가지로 자신을 알리고 박수 받기 위해 보전활동을 수행한 것이 아니었다. 그들은 보전활동 자체에서 만족감을 얻었다. 숲이 나의 진짜 집인 것처럼 그들이야말로 나의 진정한 친구들이다. 우리는 서로 배워가며 카리소케의 꿈들을 실현시켰다.

우리 캠프가 가장 들뜨는 때는 크리스마스 전후이다. 우리는 작은 전구들과 은박지, 팝콘 등으로 손수 만든 화환을 캠프 전체에 걸어 놓는다. 내 오두막에 있는 '큰' 나무 밑에는 직원과 그의 가족들을 위해 외국에 나갈 때 사온 선물을 놓아둔다. 적어도 50명 이상의 르완다인과 자이르인 직원들이 부인과 아이들과 함께 가장 잘 차려입고 와서 우리의 크리스마스 축하연을 함께 보낸다. 우리는 그날 하루 종일 먹고 마시고 때로 이런 소동에 놀란 아기들의 울음 소리를 반주 삼아 키냐르완다어와 프랑스어, 그리고 영어로 캐롤을 부르며 보낸다.

카리소케에서의 세 번째 크리스마스였다. 아이들에게 음료수를 건네주고 있을 때 직원들이 갑자기 내게 앉아 달라고 했다. 우두머리 목수이자 뛰어난 춤꾼이며 드러머인 무케라Mukera가 구석에 있던 북을 꺼냈다. 그가 춤추며 노래하기 시작했고, 이것은 다음 해부터 크리스마스 파티의 중요한 부분이 되었다. 모든 직원들은 지난 1년 동안 일어났던 일들을 자기 스타일의 노래와 춤으로 만들었다. 모든 사람들이 나를 위해 자신이 만든 노래를 부르고, 춤을 추고, 북을 두드렸다. 나는 그들의 창조력에 압도되었다. 다음 해에 나는 그들의 노래와 춤을 녹화했고, 이 테이프들에는 카리소케에서의 가장 소중한 기억들이 담겨 있다.

9 새로운 우두머리의 등장: 제4집단

즐거운 캠프 생활 중에 숲이 준 가장 의미 있고 특별한 선물 한 가지는 고릴라들의 신뢰를 얻기 시작한 것이었다. 캠프에서의 첫날 나는 카리소케의 연구가 순조롭게 개시되는 것 같은 기분이 들었다. 두 명의 바트와족 밀렵꾼이 캠프 서쪽의 목초지에서 다이커를 사냥하는 도중 비소케 산의 경사면으로부터 고릴라 집단의 소리를 들었다며 그 고릴라 집단에 대해 얘기해 주었다. 두 사람은 나를 새 고릴라 집단이 있는 곳으로 안내했고, 나는 이들을 제4집단이라고 이름 붙였다.

거의 45분간 제4집단은 대략 30미터 정도 떨어진 협곡의 반대편에 있는 나의 존재를 눈치 채지 못했다. 나는 쌍안경으로 고릴라 세 마리를 각각 구별할 수 있었다. 나이 든 우두머리 은색등 위니가 나무 뒤에서 나를 처음으로 엿보았다. 위니는 놀라서 고릴라들이 있는 쪽으로 달아나다가 험준한 경사면 위로 더 빨리 뛰기 위해 공중제비까지 돌았다. 늙은 우두머리는 신경질적이고 말이 히히힝거리는 것처럼 들리는 성마른 발성으로 인해 그런 이름이 붙여졌다. 조지 샐러는 이전에 한 번 들어본 적이 있다고 했지만 나는 고릴라가 그런 소리를 내는 것을 들어본 적이 없었다. 그 소리는 불규칙적이었고, 위니의 경우는 폐의 손상이 심해져서 생긴 것이었다.

제4집단에는 위니 외에도 두 마리의 다른 은색등이 있었다. 가장 어린 고릴라의 이름은 엉클 버트로 내 친척과 놀라울 만큼 닮았기 때문에 이런 이름을 갖게 되었다(나는 삼촌에 대한 감사의 뜻으로 이름을 붙였지만, 삼촌은 쉽게 용서해 주려고 하지 않았다). 세 번째 은색등은 어모크Amok로 이름을 붙였는데, 왜냐하면 그는 기분이 불안정해 보였고 자주 우리를 당황스럽게 하는 비명을 질렀으며 과시행동을 보였기 때문이다. 비정상적인 행동들은 만성적인 질병에 의해서 발생되었을 것이다. 주로 제4집단의 밖이나 100미터 떨어진 곳에서 나타나는 어모크의 흔적에는 지속적으로 설사나 점액질, 출혈이 섞인 대변이 함께 발견되곤 했다.

대략 25세 정도로 보이는 어모크는 위니의 새끼라고 보기엔 너무 늙어 보였다. 그래서 나는 이 심술궂은 은색등이 위니의 이복형제이며, 따라서 그들은 과거에 같은 은색등에게서 태어났을 거라고 결론지었다. 위니와 생김새가 흡사한 엉클 버트는 15세 정도로 추정되며, 우두머리 은색등으로부터 너그러운 대우를 받는다. 이것은 그가 위니의 새끼임을 암시한다.

제4집단을 관찰한 처음 몇 달간 위니의 건강이 악화되기 시작했다. 올드 고트Old Goat는 제4집단을 처음 발견했을 때부터 계속 새끼가 없었는데, 아마 위니의 건강 문제로 그녀가 나누어 맡은 일이 점점 많아졌기 때문이지 않은가 하고 생각되었다. 올드 고트의 수컷 같은 외형과 행동특성은 결코 평범하지 않았다. 위니가 엉클 버트의 뒤에서 처져 걸을 때 제4집단의 파수꾼 역할을 맡은 것은 엉클 버트가 아니라 올드 고트였다.

올드 고트의 특이한 행동 때문에 나는 나머지 암컷들의 신경을 건드리지 않으려고 종종 제4집단의 고릴라들이 나를 알아차리지 못하는 상태에서 몰래 관찰했다. 이 집단의 암컷들은 새끼를 한 번도 낳아 보지 않은 젊은 개체들과, 출산 경험이 있는 두 마리, 그리고 젖먹이인 한 마리로 구성되어 있었다. 세월이 지나면서 6세에서 8세 사이의 어린 암컷들은 브라바도Bravado, 메이지Maisie, 페툴라Petula와 마초Macho로 이름 붙여졌고, 두 마리의 나이 든 암컷들은 플로시Flossie(플로시와 은색등인 엉클 버트는 부모로부터 따뜻한 보살핌을 받지 못했던 다이앤 포시를 어릴 적부터 돌보아 준 숙모 플로시와 숙부 앨버트의 이름에서 따왔다: 옮긴이)와 X 부인Mrs. X이라는 이름을, 새끼 고릴라는 퍼푸스Papoose라는 이름을 갖게 되었다. 고릴라들의 이름은 그들의 성격을 잘 대변해 주었다. 이 연구가 시작되기 얼마 전에 어미가 사라진 듯한 퍼푸스는 사랑스럽고 껴안아 주고 싶은 새끼였다. X 부인은 수줍음 때문에 처음 몇 달간은 정체를 알아차리기가 항상 힘들었다. 젊은 암컷들 중 한 마리는 특이하게 크고 불안한 눈망울을 가졌는데, 그녀의 이름인 마초는 스와힐리어로 눈eyes이라는 뜻이다.

1967년 11월 중순쯤 나는 넓은 협곡의 반대편에서 14마리로 구성된 제4집단 고릴라들을 발견했다. 나는 무성한 수풀 뒤쪽에 자리를 잡고 제4집단의 나머지 고릴라들로부터 30미터쯤 아래 떨어진 곳에서 같이 느릿느릿 여행하고 있는 올드 고트와 서열 2위의 암컷 플로시를 관찰했다. 플로시는 갈륨을 잡아당기려고 경사면 반대쪽으로 가슴을 부풀렸다. 그녀의 왼팔에 안긴 채로 꿈틀거리고 있는 밝게 빛나는 검은 머리털의 새끼 고릴라가 모습을 드러냈다. 손바닥과 발바닥의 분홍색 피부는 어미의 도움 없이 젖꼭지를 찾기 위해 움직이는 머리의 빛나는 광택과 대조를 이루었다.

올드 고트가 서투르게 경사면을 올라가자 플로시는 젖먹이를 가슴 아래쪽에 단 채 네 발로 더 험한 오르막길을 기어올라 갔다. 플로시가 평소에 휴식을 취하는 장소에 도착하자 올드 고트도 배를 내게 보인 자세로 둑에 기대어 앉았다. 올드 고트가 왼팔을 풀자 탯줄로부터 10센티미터 정도쯤에 매달려 있는 새로 태어난 고릴라가 보였다. 새끼는 양손을 꼭 쥐고 있었지만, 발은 흐느적거리게 달려 있었다. 올드 고트는 신기한 표정으로 새로 태어난 녀석을 열심히 쳐다보았다. 그녀는 새끼에게 코를 비비고는 몸 가까이로 안았다.

올드 고트가 쉬는 동안 새끼의 머리는 몸통과 고무줄로 연결된 것처럼 어미의 몸 한쪽에 매달려 있었다. 올드 고트가 일어나 제4집단의 나머지 고릴라들이 있는 곳으로 가려고 하자 새끼는 거의 경련을 일으키듯이 몸을 긴장시키면서 머리를 가누고 반사적으로 어미의 배에 난 털을 거미처럼 손으로 꽉 잡았다. 올드 고트가 올라가는 모습을 보고 나는 그녀가 종종걸음으로 걷는 이유를 깨달았다. 그녀의 이상한 걸음새는 안쪽 넓적다리로 새끼가 떨어지지 않도록 지탱해 주기 위한 것이었고, 이것은 이전에도 새끼를 낳은 적이 있는 어미의 전형적인 행동이다. 따라서 올드 고트는 이미 출산을 한 적이 있는 것 같았다. 하지만 올드 고트는 제4집단의 미성년 고릴라인 디지트와 퍼푸스와는 혈연관계가 없는 듯하고, 제4집단의 젊은 암컷 고릴라들 중 누구의 어미가 될 만큼 나이가 많지도 않았다. 올드 고트가 쉬고 있는 다른 고릴라들과 합류하는 것을 보고 나서 나는 그녀의 새끼에게 타이거Tiger라는 이름을 붙였다. 올드 고트의 어떤 새끼라도 이 이름에 걸맞게 살 것이라는 확신이 들었다. 동시에 플로시의 새로운 새끼는 심바Simba라는 이름을 갖게 되었다. 심바는 스와힐리어로 사자라는 뜻이다.

* * *

카리소케의 다섯 연구 집단에 속한 96마리의 고릴라들 중 타이거와 심바는 앞으로의 연구 기간 동안에 새로 태어날 42마리 중 첫 번째 새끼들이었다. 플로시와 올드 고트의 새끼들도 전형적인 고릴라 신생아의 형태와 행동특성을 보여 주었다.

새로 태어난 고릴라의 몸 색깔은 대부분 분홍빛을 띤 회색이고, 귀나 손바닥, 발바닥은 집중적으로 분홍색을 띤다. 신생아의 몸에 난 털은 중간 정도의 갈색부터 검은색까지 다양하며 등 부분을 제외하고는 털이 드문드문 나 있다. 머리털은 보통 칠흑 같고 짧으며 매끌매끌하다. 얼굴은 쪼글쪼글하고 돼지코 같이 생긴 코로 소리를 낸다. 귀는 코처럼 돌출되어 있고, 눈은 대부분 가늘게 뜨고 있거나 첫날은 감고 있다. 입술은 얇고 길다. 그리고 새끼들의 손가락은 보통 쪼글쪼글한데, 손으로 어미의 배 부분에 있는 털을 잡게 되면 팽팽해지기 시작한다. 손발은 불수의적 운동을 하는 것처럼 경련을 일으키는데, 젖꼭지를 찾을 때 특히 심하다. 그러나 고릴라 새끼는 하루 중 대부분을 잠자며 보낸다.

생애 첫 달 동안은 젖을 먹는 시간이 매우 짧아 거의 50초를 넘지 않는다. 이 시기에는 새끼가 머리를 움직여 젖꼭지를 찾고 자세를 잡는 행동도 같이 관찰된다. 첫해 동안은 새끼가 특별히 선호하는 쪽의 젖꼭지가 있는 것으로 관찰되지 않는다. 그러나 시간이 지나면서 어미의 왼쪽 가슴에서 보내는 시간이 오른쪽 가슴에서 보내는 시간의 거의 두 배쯤인 것을 볼 수 있다. 신생아는 어미가 이동할 때 늘 배 부분에 매달려서 다닌다. 어미가 앉으면 새끼는 어미의 가슴에 안겨 있거나 무릎을 잡고 있다. 신생아의 무게는 어른 고릴라 무게의 극소량에 해당하는 1.5킬로그램 정도인 것으로 짐작된다.

새끼가 태어난 집단이 보통 그러하듯 제4집단은 평소보다 이동 속도를 늦추었고 낮 동안 쉬는 시간이 길어졌다. 새끼가 태어난 것이 위니를 위해 무척 다행이었는데, 제4집단이 위니를 위해 전보다 천천히 이동했음에도 불구하고 위니는 다른 고릴라들을 따라잡는 데 어려움을 느꼈기 때문이다. 타이거와 심바가 두 달이 됐을 무렵 위니는 긁는 것 같은 헐떡거리고 귀에 거슬리는 소리를 내며 기침을 하고 지속적으로 경련을 일으켰다. 늙은 수컷은 심한 고통을 겪고 있었다. 눈과 입이 뒤틀린 채로 오므려진 그는 발작 후에 떨면서 앉았다. 오직 올드 고트만이 언제나 걱정 어린 눈빛으로 그의 옆에 대기하고 있었다. 비록 위니는 주위에서 일어나는 일들에 대해 많이 알고 있는 것 같지는 않았지만.

어느 날 하루는 위니가 혼자 자고 있는 모습을 발견했다. 그는 나와 추적꾼이 제4집단의 뒤를 쫓아가면서 내는 소리를 듣지 못했던 듯했다. 나는 5미터 정도 떨어진 곳에 앉아서 늙은 은색등을 거의 두 시간가량 바라보았다. 그는 이상한 자세로 엎드려 있었는데, 숨을 편히 쉴 수 있도록 머리를 아래로 향하게 하고 있었다. 위니는 깨어나서 엉경쿼 잎을 몇 개 따 먹고 제4집단의 행적을 따라가려고 했지만 고릴라들의 행적은 산악지대 쪽으로 이어져 있었다. 그리고 그는 몸이 쇠약해져 더 이상 고도가 높은 곳으로 올라갈 수 없었다.

1968년 봄에 위니는 더 이상 제4집단의 고릴라들을 따라가려는 노력을 하지 않았으며 산의 경사진 곳에 남았다. 늙은 수컷은 제4집단이 가지 않는 곳인 비소케 산과 인접한 비교적 평평한 곳에서 홀로 지냈다. 그는 그 주변을 돌아다니면서 조금씩 먹으며 대부분의 시간을 쉬는 데 썼다. 죽기 마지막 한 달 전에는 하루에 15미터 이상 이동하는 일이 없었다. 그는 나무 아래를 은신처 삼아 돌아다녔고, 그가 떠난 자리에는 설사한 흔적이 있었다. 우리는 우연히 마주칠지도 모르는 밀렵꾼으로부터 죽어 가는 은색등의 남은 날들을 지켜 주기 위해서 매일 위니를 따라다녔다. 그는 우리의 존재를 전혀 알아채지 못했고, 제4집단의 내부에서 증가하고 있는 분란 역시 들을 수 없는 듯했다.

1968년 3월에 우리는 깔끔하게 꺾인 14개의 가지들이 놓여 있는 잠자리에서 위니의 여윈 몸을 발견했다. 그의 죽음은 카리소케에서 연구를 시작한 이래로 두 번째로 맞는 고릴라의 죽음이었다. 추적꾼과 나는 위니의 몸을 부검하기 위해 나뭇가지로 만든 들것에 실어 루엥게리로 갔다. 장기 검사 결과 위니는 복막염과 늑막염, 폐렴을 앓고 있었으며, 이후에 실시한 뼈 검사에서는 그의 오른쪽 두개골 부분에 광범위한 뇌수막염이 있었음을 확인했다.

위니가 죽은 후 올드 고트는 제4집단의 이동 속도나 방향을 정하고 집단 내의 다툼을 중재하며, 또한 내가 모습을 드러냈을 때 나를 향해 가슴을 두드리거나 직접적으로 협박하는 모습을 보여 주기도 하면서 리더십을 발휘했다. 올드 고트보다 다섯 살 어리고 위니의 죽음으로 물려받은 지위에 대해 책임감을 별로 느끼지 않는 것처럼 보이는 엉클 버트도 때때로 올드 고트를 도와주었다. 이 붙임성 좋은 젊은 은색등은 제4집단의 어린 고릴라들과 뛰어노는 일에 더 많은 관심을 보였다.

한번은 고릴라들의 눈에 띄지 않는 곳에 숨어서 관찰하던 중이었다. 다섯 살하고 반년쯤 된 디지트Digit가 관심받길 원하는 강아지처럼 엉클 버트의 무릎 쪽으로 굴러 왔다. 나른하게 햇볕을 받고 있던 엉클 버트는 어린 디지트가 다가오는 것을 보더니 재빨리 하얀 에버래스팅 플라워(말려도 형태나 색깔이 변하지 않는 꽃들을 지칭함: 옮긴이)인 헬리크리숨 *Helichrysum*을 한 움큼 뽑아서 어린 수컷을 간질이는 듯 디지트의 얼굴에 대고 흔들었다. 엉클 버트의 몸 위에서 굴러다니던 디지트는 깔깔거리며 이를 드러내고 웃었고, 자기보다 더 큰 놀이친구인 엉클 버트를 꼭 껴안고는 깡총깡총 뛰기도 했다. 어린 디지트의 행동을 기록하면서 우리는 마음이 놓였다. 디지트가 위니의 부재로 인해 낙담해 있던 기간을 잘 견뎌 내고 집단의 다른 구성원들과 가까운 관계를 형성했기 때문이다. 특히 네 마리의 어린 암컷들은 디지트를 이복자매쯤으로 생각하고 있는 것 같았다.

성적 행동과 함께 놀이는 고릴라들이 관찰자에게 꽤 익숙해질 때까지 보여 주지 않는 행동들 중 하나이다. 특히 새끼 고릴라들에게서는 놀이행동을 관찰하기가 더 어려웠는데, 부모들은 새끼가 태어나고 두 해 동안 새끼에게 특별히 주의를 기울이기 때문이다. 그러나 디지트와 그의 이복누이들은 내가 처음 만났을 때부터 두 살 이상이었기 때문에 다른 어른 고릴라들이 그들의 놀이행동에 특별히 신경을 쓰는 일은 없었다. 그들이 얼마나 자유롭게 노는가는 내가 어떻게 다가가느냐에 따라 많이 달라진다. 제4집단의 고릴라들이 나의 존재를 알아차리지 못하도록 숨어서 관찰하면, 디지트와 어린 암컷 형제들은 잠자리에서 15미터 정도 떨어진 곳에서 레슬링과 술래잡기놀이 같은 것을 했다. 반복적인 놀이 동작은 놀이 상대편으로부터 반응을 얻어 내기 위해 꽤 신중하게 계산된 듯 보였다. 하나하나씩 어린 고릴라들은 녹초가 되어 쉬고 있는 어른 고릴라들의 무리에 합류했다. 고릴라들에게 내 모습을 노출시키고 관찰하는 동안 볼 수 있는 미성년 고릴라들의 놀이는 대부분 가슴을 두드리고 풀잎을 때리거나 으쓱거리고 걷는 것과 같이 상대방에 대한 반응을 유도하는 행동들이었다. 고릴라들은 서로 상대방으로부터 주의를 끌려고 열심인 것처럼 보였다. 어린 고릴라들의 신나는 놀이는 전염성이 강해서 나는 그들의 장난에 참여하고 싶었지만 내 존재에 대해 그들이 주의를 기울이지 않을 때까지는 그렇게 하지 못했다.

언젠가 한번은 제4집단의 고릴라들이 산악지대의 거인 외다리 파수꾼인 세네키오*Senecio* 나무가 몇 그루 서 있는 경사진 풀밭을 올라갔다. 엉클 버트가 이끄는 어린 고릴라 다섯 마리가 세네키오 나무를 도시도doh-see-doh 춤(등을 맞대고 빙빙 돌면서 추는 춤: 옮긴이) 파트너 삼아 스퀘어댄스 같은 놀이를 활기차게 시작했다. 고릴라들은 이 나무에서 저 나무로 껑충껑충 뛰어다니면서 나뭇가지를 잡아 같은 순서를 반복하기 전에 재빠르게 턴을 했다. 검은 털을 휘날리며 언덕을 구르는 고릴라들은 바람에 날려 흩어지는 나뭇잎 같았다. 그들은 서로 부딪치고 주변의 나뭇가지들도 많이 부러뜨렸다. 이어서 엉클 버트는 또 다른 놀이를 위해 고릴라들을 데리고 경사면 위로 올라갔다.

젊은 은색등이 삶의 비정한 부분에 대해 깨닫게 되었다는 것을 처음으로 느낀 것은 위니의 죽음으로 인해서였다. 어모크가 외곽지대를 여행하고 돌아와 다시 제4집단에 합류하려고 했을 때 비소케 산 경사면 위에서는 폭력적인 괴성과 비명이 울려 퍼졌다. 소리가 난 곳으로 올라가자 몰려 있던 고릴라들을 흩어지게 하는 엉클 버트가 보였다.

고릴라들이 떠나간 자리에는 짓밟히고 유혈이 낭자한 풀들만이 남았다. 어모크는 머리를 가슴 쪽으로 향해 숙인 채 그곳에 앉아 있었다. 얼마 후에 어모크는 갈륨 가지를 잡으려고 손을 뻗었다. 그의 얼굴은 고통으로 일그러져 있었다. 어모크는 천천히 오른쪽 손가락 네 개를 핥기 시작했고, 쇄골에서 입까지를 반복해서 만졌다. 팔을 내리자 목 주변에 있는 10센티미터 정도 길이의 깊게 물린 상처에서 피가 나와 가슴 전체가 붉게 물든 것이 보였다. 오후의 휴식 시간 동안 어모크는 상처를 살살 만졌다. 어스름이 내릴 무렵 그는 힘들게 잠자리를 만들었다. 그날 이후로 6년간 그 늙고 병든 은색등이 제4집단의 고릴라들과 섞이는 것을 관찰할 수 없었다.

* * *

그 사건이 있은 지 2주쯤 후에 제4집단은 라피키가 이끄는 제8집단과 처음으로 충돌을 경험했다. 집단 간의 대면을 이끈 경험이 없는 엉클 버트는 제4집단의 고릴라들 사이로 흥분하여 뛰어다니는가 하면 제8집단의 수컷 고릴라들 사이를 조심성 없이 돌진하는 등 무모하게 행동했다. 초보 우두머리 엉클 버트는 가슴을 두드리며 과시행동을 하거나 몸을 부풀려서 나란히 걷는 행동으로 집단 사이의 충돌을 더 미묘하게 피하는 방법을 아직 익히지 못했다. 다행스럽게도 그날의 충돌은 작은 상처로 끝났다. 미숙한 우두머리와 성적으로 성숙한 시기에 접어든 암컷 네 마리가 있는 제4집단은 자주 집단 간 충돌의 표적이 되었다. 특히 제8집단의 모든 수컷 고릴라들에게.

제4집단에서 세 번째로 나이가 많은 암컷인 X 부인은 늙은 은색등이 죽던 달에 그의 마지막 자손을 출산했다. 같은 시기에 플로시는 일곱 달 된 새끼를 알 수 없는 이유로 잃어버렸다. 나는 심바Simba라는 이름이 계속 남았으면 했기 때문에 X 부인의 새로 태어난 암컷에게 그 이름을 주기로 했다. 열 달 후에 플로시는 엉클 버트와의 사이에서 첫 번째 새끼를 낳았다.

인간과 마찬가지로 고릴라 어미들도 자식을 키우기 위해 엄청나게 많은 일들을 한다. 올드 고트와 플로시 사이에는 특별히 다른 몇 가지가 있었다. 플로시는 내킬 때만 새끼를 안아 주고 털을 골라 주는 반면에 올드 고트는 모범적인 양육 태도를 보여 주었다.

플로시의 일곱 달짜리 새끼인 심바가 사라진 당시에 타이거는 무럭무럭 잘 자라고 있는 중이었다. 머리와 목 뒤로 길고 고불거리는 붉은색을 띤 갈색 털이 제멋대로 자란 타이거의 특이한 갈기는 새까맣게 빛나는 올드 고트의 몸과 대비되어 멀리서도 눈에 잘 띄었다. 그 나이 또래들처럼 눈매가 또렷해지고 엉덩이 쪽에 흰 털이 나기 시작한 타이거는 약 5킬로그램쯤 되어 보였다. 그는 이제 어미의 팔에 안기기보다는 등에 업혀 이동하기 시작했다. 타이거는 아직 스스로 움직이는 데 서툴렀다. 일곱 달 된 새끼 고릴라 타이거의 주식은 여전히 어미의 젖이었다. 새끼 고릴라들에게 젖이 아닌 첫 음식은 대개 어미의 무릎에 떨어진 풀 조각이나 나무껍질이다. 타이거는 이제 먹이가 되는 풀을 잡아 뜯을 수 있지만 아직 풀을 다듬을 수 있는 기술을 갖고 있지 않았다. 보다 나이 많은 고릴라들이 하는 것을 열심히 지켜보고 따라하면서 타이거도 먹이를 다루는 손재주가 점점 늘었다. 종종 올드 고트가 배설물이나 먹지 못하는 꽃을 치워 버렸지만, 다른 새끼 고릴라들과 마찬가지로 타이거 역시 먹이와 먹이가 아닌 것을 구분하는 일은 아직 힘들었다.

플로시의 두 번째 새끼가 7개월이 되었을 무렵인 1969년 10월에 아홉 살 반 정도 된 어린 암컷 메이지가 서서히 플로시의 새끼에게 관심을 보이기 시작했다. 메이지는 나이 든 암컷들의 털을 많이 골라 주었기 때문에 플로시의 새끼를 껴안거나 털을 골라 주기 위해 다가가는 권한을 쉽게 얻을 수 있었다. 플로시와 메이지는 서로 많이 닮았고 플로시가 메이지에게 상당히 너그럽게 대하는 것으로 보아 그 둘은 혈연관계인 것 같았다. 플로시는 메이지가 자신의 새끼를 하루 종일 돌보며 모성본능을 충족시키려는 것 같은 행동을 하도록 허락했다. 메이지의 행동은 종종 '이모 행동'이라고 불리는데 이 용어는 관계자들끼리의 혈연관계가 있을 때만 쓰이는 것은 아니다. 이러한 행동을 통해 새끼는 어미뿐만 아니라 다른 어른에게도 익숙해질 수 있고, 새끼를 낳아 본 적이 없는 '이모' 암컷은 어미로서의 경험을 할 수 있게 되어 앞으로 자신의 새끼를 좀 더 수월하게 키울 수 있다는 장점이 있다.

자신의 첫 새끼를 과보호하려는 엉클 버트는 종종 메이지를 플로시로부터 떨어뜨려 놓으려 했다. 엉클 버트는 둘 사이를 달리거나 두 발로 서서 메이지를 때렸다. 미처 눈치 채지 못했지만 메이지 또한 그 당시에 엉클 버트의 새끼를 임신한 상태였다. 플로시는 아직 암컷을 다룰 줄 모르는 젊은 은색등을 향해 꿀꿀거리거나 깨무는 척하며 메이지를 보호했다.

플로시의 새끼에게 지대한 관심을 보이기 시작한 지 한 달 후에 메이지는 새끼를 낳았다. 메이지는 난산을 했음이 분명했다. 그녀는 밤사이에 수십 센티미터 간격으로 새끼를 낳을 자리를 네 개나 만들었는데, 네 곳 모두에서 비정상적으로 많은 양의 피가 발견되었다. 메이지의 새끼는 사산된 채로 나왔고, 죽은 새끼는 마지막으로 만든 자리에서 발견되었다. 다음 날 메이지에게서 병의 징후는 보이지 않았다. 그렇지만 그녀에게는 이후로 3년 동안 새끼가 없었다.

메이지의 경우와 같이 고릴라는 대부분 밤에 새끼를 낳는다. 고릴라들은 밤에는 거의 이동을 하지 않기 때문에 출산하는 동안 다른 집단의 고릴라들에게 방해받을 가능성이 없다. 출산 경험이 있는 어미 고릴라는 새끼를 낳을 자리를 보통 한 개 만들며, 출산 후에 그곳에 피나 분비물이 가득 묻어 있는 것을 발견할 수 있다. 그러나 첫 출산이거나 메이지처럼 사산아를 낳은 경우에는 자리를 여러 개 만들며, 연속해서 다섯 개까지 만드는 것이 관찰되었다.

야생의 고릴라들은 살아 있는 새끼를 낳았을 때는 태반을 거의 다 먹어 버리지만 죽은 새끼를 낳은 경우에는 고스란히 내버려 둔다. 포획되어 인공적인 환경에서 사는 고릴라 어미는 출산 분비물을 기껏해야 핥거나 약간만 먹을 뿐이고 내가 아는 한 새끼의 분비물은 전혀 먹지 않는 것으로 미루어 보아 아마도 어미가 출산 분비물을 먹는 것이나 이후에 새끼의 배설물을 먹는 것은 영양적인 측면이나 면역의 효과까지도 관련이 있는 것 같다.

장기간의 관찰 결과 새끼를 처음 낳은 고릴라는 다음 출산 때까지의 간격이 새끼를 낳은 경험이 많은 고릴라보다 길다는 것이 밝혀졌고, 메이지는 우리가 관찰한 첫 사례였다. 정착하여 보통 한 은색등과 평생 동안 유대관계를 갖기 전인 젊은 암컷은 여러 은색등들을 옮겨 다니는 성향이 있기 때문이 아닌가 생각된다. 따라서 옮겨 다니는 과정에 있는 암컷은 정착하여 새끼를 낳는 암컷에 비해 동족 간 영아살해로 새끼를 잃을 확률이 세 배나 높다. 게다가 새로 만난 은색등이 이미 견고한 하렘을 형성했거나 다른 암컷들을 하렘으로 모으는 중에 있을 경우에는 은색등과 유대관계를 형성하는 기간을 거쳐야 한다.

* * *

메이지가 사산아를 낳은 시기에 두 살이 된 타이거는 어미에게 의존적인 성격으로 변해 가고 있었다. 또래의 새끼 고릴라들이 활동 시간의 60%를 어미의 손길이 닿지 않는 2.5미터 밖에서 지내는 반면, 타이거는 응석을 받아 주는 올드 고트의 품 안에서만 지냈다. 제4집단에서 타이거와 나이가 비슷한 고릴라들로는 X 부인의 18개월짜리 심바와 네 살 반이 된 퍼푸스, 그리고 1969년에 일곱 살로 추정되는 디지트가 있었다. 타이거는 이 세 마리의 어린 고릴라와 함께 놀다가도 올드 고트가 먹이를 먹기 위해 자리를 옮기면 즉시 놀기를 멈추었다. 그러고는 당황한 표정으로 어미가 먹이를 먹으러 지나간 길을 냄새에만 의존해 쫓아가곤 했다. 겨우 반 시간 떨어져 있었던 타이거는 어미에게 꼭 안겼다.

1970년 중반에 두 살 반이 된 타이거는 잠자리 만들기 연습을 시작하는 대부분의 새끼 고릴라들보다 나이가 많았다. 일반적으로 새끼 고릴라는 18개월쯤 되면 서툴게 작은 가지들을 내려놓거나 잎이 붙은 줄기를 배열한다. 처음 3년 동안은 하루 중 잠자리 만들기를 연습하는데 약 6분 정도만을 사용한다. 잠자리를 만들 풀을 갖고 노느라 종종 연습을 그만두기 때문이다. 직접 잠자리를 만들어 그 안에서 밤을 보낸 가장 어린 새끼 고릴라는 34개월이었는데, 그의 어미는 출산이 가까워 오고 있었다. 일반적으로 어린 고릴라는 동생이 태어나고 1년 후까지 어미의 잠자리에 연결된 작은 잠자리를 만들어 잔다. 그때쯤이면 잠자리를 짓는 연습을 언제부터 시작했는가와 상관없이 어미 곁에서 독립적인 잠자리를 마련할 수 있을 정도로 충분한 기술을 갖게 된다.

타이거의 첫 잠자리 만들기는 영 미숙해 보였다. 어느 날 오후 제4집단의 어른 고릴라들이 풀이 폭신폭신한 잠자리에 누워 쉬고 있을 동안 어린 고릴라 타이거는 긴 줄기를 하나씩 무릎 위로 구부리고 있었다. 타이거는 네 발로 몸의 무게를 실어 줄기를 누르고, 그 위에 얼른 다시 앉으려고 시도했다. 도움이 되지 않는 세네키오 줄기는 곧 다시 튕겨 나가 원래의 자리로 돌아갔다. 타이거의 몸은 줄기를 자기 의지대로 눕히기에는 너무 가벼웠다. 타이거는 자신감이 생겨 좌절을 이겨낼 때까지 네 번 정도 그 작업을 반복했다. 그는 주위에 남아 있는 줄기들을 세게 친 후에 뛰어올라 몸을 돌리며 등으로 풀썩 착지했다. 마지막으로 타이거는 벌렁 드러누워서 통제가 안 되는 나뭇가지들을 잡고 눌렀다. 얼마 후에 그는 바보같이 히죽거리면서 배를 두드리고 주위에 있는 나뭇잎들을 조각냈다. 그리고 마치 자전거를 타듯 허공에 대고 발차기를 했다. 그러고 나서 폴짝 뛰어올라 호기심에 가득 찬 눈으로 주위를 둘러보았다. 타이거는 아랫입술을 내밀고 두꺼운 고무줄처럼 앞뒤로 씰룩거리더니 어미인 올드 고트가 있는 곳으로 뛰어갔다.

타이거가 거의 세 살이 된 1970년 8월에 제4집단에는 세 번의 출산과 죽음, 그리고 암컷들의 이주가 있었다. 플로시는 알 수 없는 이유로 엉클 버트 사이에서 첫 번째로 얻은 새끼를 17개월 만에 잃었다. 새끼의 나이와 플로시의 다소 어미 같지 않은 성향으로 추측컨대, 아마도 새끼는 갑작스런 사고로 죽은 것 같았다. 27개월 전에 플로시는 7개월 된 새끼를 역시 알 수 없는 이유로 잃은 적이 있다. 새끼가 갑자기 사라진 그 사건은 아비인 위니의 자연사로 인해 엉클 버트가 제4집단의 우두머리 자리를 차지했을 때 발생했다. 새끼의 실종은 새로운 짝이 형성되는 것과 강한 연관이 있기 때문에 플로시의 첫 아이는 아마도 영아살해의 희생양이 되었을 것으로 생각된다.

그리고 1970년 8월경에 페툴라가 첫 새끼를 낳았다. 암컷 새끼는 성별보다는 태어난 달 때문에 오거스터스Augustus(로마 황제의 이름에서 유래한 오거스터스는 주로 남자 아이에게 붙이는 이름이다: 옮긴이)라는 이름을 갖게 되었다. 제4집단의 새 구성원이 된 새끼는 엉클 버트의 세 번째 자식이지만 처음으로 살아남은 자식이었다.

페툴라가 오거스터스를 낳아 주변에서 생활하는 동안 엉클 버트의 곁에는 세 마리의 나이 든 암컷(올드 고트, 플로시, X 부인)과 새끼가 없는 세 마리의 젊은 암컷들(브라바도, 메이지, 마초)이 남게 되었다. 브라바도는 다른 집단으로 이주해 간 세 마리 중 첫 번째 암컷이었다. 1971년 1월 우리가 관찰하지 못한 충돌 과정에서 그녀는 제5집단으로 이주해 갔다. 출산 경험이 없는 암컷이 하렘의 지위가 견고한 집단으로 들어가려고 한 것은 무척 놀라운 일이었다. 베토벤의 집단에는 이미 나이 든 암컷이 네 마리나 있기 때문에 그녀는 지위가 올라갈 기회가 없는 것은 물론 베토벤의 자식을 가질 기회조차 없을 것이기 때문이다.

1971년 4월경에 올드 고트와의 사이에서 엉클 버트의 네 번째 새끼가 태어났지만, 이 아이는 아마 사산아인 듯싶었다. 출산하기 며칠 전에 올드 고트와 당시 41개월의 타이거는 제4집단으로부터 500미터가량 떨어진 비소케 산 서쪽의 안부지대로 이동했다. 엉클 버트는 나머지 가족들을 이끌고 천천히 두 모자를 따라갔다. 안부지대는 불법 경작이 심한 곳이라 제4집단이 평소에는 잘 가지 않던 곳이었다. 비소케의 경사면과 꽤 떨어진 곳에서 올드 고트는 새끼를 낳았다. 출산의 진통은 3일 밤낮 동안 계속되었고, 그녀의 잠자리에는 많은 양의 피와 조직이 발견되었다. 올드 고트가 출산을 마친 후 이미 죽은 새끼를 끌고 다니는 것이 관찰되었다. 얼마 후에 격렬한 비명 소리가 들렸고, 제4집단의 고릴라들은 모두 비소케의 사면에서 1킬로미터 떨어진 곳으로 물러났다.

밥 캠벨과 나는 거의 1주일 가까이 새끼의 시체를 찾았지만 아무런 성과가 없었다. 새끼가 죽은 이후로 타이거와 올드 고트의 친밀감은 더욱 강해졌다. 타이거는 거의 새끼 때로 돌아갔다. 올드 고트는 타이거가 죽은 새끼 대신에 젖을 빠는 것을 허락했으며, 20킬로그램이나 나가는 타이거를 기꺼이 업고 다녔다. 그리고 올드 고트는 타이거를 정성스럽게 돌봐 주기 시작했다. 그녀는 먹을 때나 이동할 때 타이거와 결코 떨어지지 않았고, 자연히 그들은 제4집단의 다른 고릴라들과 소원해지게 되었다.

올드 고트가 불행한 출산을 겪은 다음 날 제4집단은 비소케의 경사면에서 도망치면서 서쪽 산등성이를 혼자 어슬렁거리는 병든 어모크와 마주쳤다. 어모크는 3년 전 엉클 버트와의 다툼으로 제4집단을 나갔다. 제4집단이 다시 산으로 돌아왔을 때 더 이상 다른 고릴라들을 따라다닐 수 없을 정도로 늙은 X 부인이 어모크와 동행하고 있는 것이 관찰되었다. 두 달 동안 이어진 둘의 동행은 이상하게 보였지만, 그 두 마리가 모두 병들고 적게 먹으며 느린 속도로 여행하고 있다는 점을 감안하면 적합한 한 쌍이었다.

X 부인이 제4집단에서 떠난 이후로 그녀의 37개월짜리 딸인 심바는 행복하고 활발하며 사교적인 아이에서 정서적으로 불안한 아이로 변했다. 심바는 온종일 엉클 버트에게 안겨 있기만 하면서 모든 놀이를 거부했고 자신의 배설물을 먹기 시작했다. 젊은 은색등이며 제4집단의 우두머리 4년차인 엉클 버트는 무력한 심바를 어미처럼 돌봐 주었다. 엉클 버트는 심바와 같은 잠자리에서 자고 털을 골라 주며, 우울해하는 심바와 그저 장난만 치려 하는 다른 어린 고릴라들로부터 그녀를 철저히 보호해 주었다.

1971년 5월경 늙은 X 부인은 100미터쯤 떨어진 곳에서 거의 하루종일 엉클 버트에게 가슴을 두드리고 고함을 지르는 어모크를 남겨 두고 제4집단으로 다시 돌아왔다. 어모크는 X 부인을 다시 되돌아오게 하려는 노력을 그만두고 다시 안부지대로 돌아갔다. 이후 3년간 때때로 그의 모습이 관찰되었다. 그는 점점 더 약해졌고 늘 혼자 다녔다. 그가 결국 사라졌을 때 생애 마지막 몇 해 동안 돌아다녔던 안부지대에서 그의 사체를 찾으려고 했지만 결국 찾지 못했다. 그렇지만 그는 죽은 것이 틀림없었다.

X 부인이 다시 제4집단으로 돌아오자 심바는 두 달간 어미를 잃은 정신적 충격은 아예 없었던 듯 다시 활기찬 고릴라로 돌아왔다. 심바는 어미와 잠시 헤어질 무렵에 거의 젖을 뗀 상태였고, 따라서 심바의 병은 젖을 먹지 못해서가 아니라 어미와의 접촉을 할 수 없는 것에서 비롯되었기 때문이다.

X 부인이 제4집단으로 돌아왔을 때 그녀는 확실히 죽음을 눈앞에 두고 있었다. 돌아온 지 23일 후에 그녀는 다시 사라졌다. 우리는 X 부인의 사체를 찾기 위해 집중적인 수색을 벌였으나 소용없었다. 우리는

오랫동안 병을 앓아 온 X 부인이 죽은 것으로 결론 내렸다.

그간 언급된 몇 마리의 죽은 고릴라들이 사라진 이후로 10여 년 이상 흘렀지만, 엄청난 수의 추적꾼과 연구원들이 연구 지역을 뒤지고 다녔음에도 불구하고 그들의 뼈는 발견되지 않았다. 숲은 너무나 광활하고 수풀은 놀랄 정도로 빨리 무성하게 자라며 산세가 험하기 때문에 사체를 찾기란 보통 일이 아니다. 게다가 죽어 가는 고릴라는 종종 하게니아 나무 구멍 사이로 몸을 숨기기 때문에 사체를 찾는 일은 더욱 복잡해진다.

심바는 다시 자기만의 울타리 속으로 들어가 버렸고, 어미가 다시 사라지자 곧 자신을 돌봐 주기 시작한 엉클 버트에게만 반응을 보였다. 은색등이 끈기 있게 보살폈지만 38개월짜리 고아는 어미의 손길이 부족한 모습이었다. 털은 광택을 잃었고, 한때는 하얀색이었던 꼬리뭉치는 심하게 닳아 있었다. 눈과 콧망울은 자주 말랐다. 어미의 부재로 인한 가장 큰 문제는 상처가 난 심바의 발이 거의 썩을 지경이 된 것이었다. 어미가 없기 때문에 심바는 업혀서 이동할 수 있는 기회가 없었다. 심지어 급경사를 만날 때도 엉클 버트나 다른 두 마리의 은색등이 서너 살의 고아를 업고 건너는 모습은 볼 수 없었다. 다만 심바의 이복형제인 디지트만이 그녀가 오기를 기다렸다가 다시 무리에 합류하곤 했다.

어미가 죽은 지 1년쯤 지나고 심바는 잠자리를 만들기 시작했다. 심바는 50개월이 지났는데도 두 살 정도의 기술밖에 갖고 있지 못했다. 나무줄기를 엮지 못하고 나뭇잎만 쌓은 더미인 심바의 잠자리는 산의 습기와 추위를 막을 수 없었다. 심바는 추운 날 밤엔 보통 엉클 버트의 잠자리에서 잤다. 몇 년 동안 심바에 대한 젊은 은색등의 지극

정성은 변함이 없었다. 심바는 엉클 버트의 정성스러운 보살핌 속에서 자신감을 찾았고, 나중엔 너무 사랑을 많이 받아서 다소 버릇없어지려고 하기도 했다. 심바가 오거스터스나 타이거 또는 퍼푸스와 같이 거친 놀이를 할 때 조금이라도 비명 소리를 내면 엉클 버트가 재빨리 달려와 꿀꿀거리거나 살짝 깨무는 척을 하며 심바의 거친 친구들을 혼내주었다.

세 살 많은 퍼푸스의 부드러운 격려로 심바는 첫 놀이에 도전했다. 그러나 고아 심바는 친구들과 함께 놀기를 주저했다. 그녀는 친구들에게 3, 4미터 정도로 접근하는 것으로 놀이에 관심을 보인다는 표시를 했고, 그 후에는 앉아서 열심히 털을 골랐다. 털을 고르면서 심바는 놀이에 참가해야 한다는 부담 없이 자연스럽고 가깝게 다른 고릴라들을 지켜볼 수 있었다.

심바가 관찰자에 대해 호기심을 보일 정도로 자신감을 얻게 되자 엉클 버트도 비슷한 방법을 썼다. 엉클 버트는 심바와 관찰자 사이에 앉아 불안한 상태가 아닌 흥미가 없다는 뜻의 하품을 하곤 했다. 먹이를 먹는 척하거나 때때로 관찰자 쪽으로 똑바로 걸어오면서 계획적으로 워어 하는 소리를 크게 내면, 심바는 종종걸음으로 다시 무리가 있는 곳으로 돌아갔다. 그러면 엉클 버트는 우리가 조용히 물러나는 것을 보고 다시 돌아가곤 했다.

* * *

젊은 은색등 엉클 버트는 오랜 시간을 지나오면서 집단 구성원들의 안전과 결합을 유지하는 책임감을 키워 왔다. 그러나 그의 리더십이 확고해졌는지에 대한 증거는 없었다. 1971년 심바의 어미가 죽은 달에 폭력적인 충돌이 있었고, 두 젊은 암컷인 메이지와 마초가 라피키의 제8집단으로 이주해 갔다. 그때 엉클 버트는 새끼를 가질 수 있는 두 마리의 암컷을 잃었고, 라피키와 삼손, 기저, 피너츠가 속한 제8집단은 새끼를 낳고 키울 두 마리의 새로운 구성원을 얻게 된 것이 확실했다. 게다가 마초와 메이지는 제4집단에서 올드 고트와 플로시보다 지위가 낮았기 때문에 그들 역시 제8집단으로 옮겨 가면서 새로운 하렘에서의 지위를 높였을 것이다.

4년이 넘는 관찰 기간 동안 제4집단은 정신적 고통이 따르는 변화를 겪으며 살아남았다. 그들은 우두머리인 위니를 자연사로 잃었다. 그러나 위니의 큰아들인 엉클 버트는 강한 혈연 유대감을 바탕으로 으뜸 암컷인 올드 고트와 함께 제4집단을 이끌어 나갔다. 제4집단이 사회적 단위로 살아남을 수 있었던 것은 기적이 아니었다. 제4집단은 고릴라 사회에서 혈연관계가 시간을 초월하여 얼마나 중요한 기능을 하는지에 대한 단적인 예가 된다. 성적으로 성숙한 제4집단의 젊은 암컷들은 혈연관계가 없는 은색등들과 번식을 하기 위해 분산해 나갔다. 제4집단을 물려받은 우두머리인 엉클 버트는 집단을 이끌기 위한 경험을 쌓고 있다. 마지막으로, 검은등인 디지트는 예전에 엉클 버트가 그랬듯이 가족을 수호하기 위한 통솔력을 기르는 법을 익히기 시작했다. 1971년 6월 제4집단의 미래는 훨씬 밝아졌다.

10 가족의 성장: 제4집단

1971년에 브라바도, 메이지, 마초가 제4집단을 떠나자 디지트는 배다른 누이들이자 성장하는 동안 함께 놀던 친구들을 잃게 되었다. 이제 아홉 살이 된 디지트는 한 살배기 오거스터스나 40개월인 심바, 45개월의 타이거, 다섯 살이 된 퍼푸스 등과 깡충거리며 뛰어놀기에는 너무 나이가 많았고, 대신 올드 고트, 플로시, 페툴라 등 나이 많은 암컷들과 가까이 하기에는 아직 어렸다. 아마 이 때문에 디지트는 형제자매나 친구가 있는 연구 집단의 다른 젊은 고릴라들보다 인간에게 더 끌리게 되었을 것이다.

디지트는 재미있는 놀잇거리를 찾기 위해 카리소케의 관찰자들과 매일 만나고 싶어 한다는 인상을 주었다. 나중에 디지트는 여자에게는 거의 수줍은 듯이 행동했지만 남자들에게 장난스럽게 부딪치거나 때리기도 함으로써 남자와 여자의 차이를 알고 있다는 행동을 보이기도 했다. 그는 어느 관찰자가 도착했는지 보려고 제4집단의 고릴라들 중 항상 제일 먼저 나섰다. 내가 낯선 사람과 방문할 때마다 디지트는 늘 기뻐하며 나를 완전히 무시한 채 새로운 방문자를 조사하기 위해 옷과 머리카락을 살짝 쓰다듬거나 냄새를 맡곤 했다. 내가 혼자일 경우에는 종종 뒤로 벌렁 드러누운 채 웃는 얼굴로 나를 쳐다보며 마치 "정말 놀고 싶지 않아?"라고 말하는 듯 짧은 다리를 흔들며 같이 놀자고 유혹했다. 그럴 때마다 나는 연구자로서의 과학적 공정성이 흔들릴까봐 걱정해야 했다.

제5집단의 퍽처럼 디지트는 보온병이나 공책, 장갑, 사진 장비 등에 매료되었다. 그는 늘 모든 것을 꼼꼼히 조사하고 냄새를 맡거나 부드럽게 다뤘으며, 가끔은 주인에게 돌려 주기도 했다. 다만 이런 물건들을 돌려 주는 것은 소유권에 대한 이해 때문이 아니라 사람의 소지품들이 자기 주변을 어지럽히는 것을 좋아하지 않기 때문이었다.

어느 날 나는 작은 손거울을 제4집단에 가져가 디지트가 볼 수 있는 수풀 속에 세워 두었다. 디지트는 주저 없이 다가가 팔로 기대서서 거울에 손은 대지 않고 코를 킁킁거리며 냄새를 맡았다. 젊은 검은등은 처음으로 자기의 모습을 보자 머리를 우스꽝스럽게 젖히고 입을 오므리며 긴 한숨을 내쉬었다. 디지트는 거울에 반사된 자기의 모습을 조용히 응시한 다음 자기 앞에 있는 모습의 실체를 '느껴 보기' 위해 거울 뒤로 돌아갔다. 하지만 거울 뒤에서 아무것도 찾지 못하자 다시 돌아와 5분 정도 뚫어지게 지켜보더니 한 번 더 한숨을 내쉬며 거울 뒤로 돌아갔다. 나는 디지트가 거울에 비친 자기의 모습을 열심히 쳐다보며 거울 속의 상을 자신이라고 받아들이는지에 대해서와 거울을 보고 즐거워하는 모습에 대해 이런저런 생각을 했다. 디지트가 자신을 알아본다고 믿는 것은 나의 추측일 뿐이다. 하지만 그는 이미 냄새를 통해 다른 고릴라가 없다는 사실을 알고 있었으리라.

르완다 관광청에서 볼캉 공원에 관광객을 유치하기 위해 포스터 광고용으로 쓸 고릴라 사진을 부탁했다. 나 역시 르완다의 손님이고 몇 년 전 볼캉 공원의 고릴라를 기념으로 한 첫 번째 르완다 우표 시리즈의 모델로 쓰기 위해 르완다 우정국에 숲과 고릴라들의 사진을 많이 주었던 적도 있었기 때문에 흔쾌히 그들의 요청을 받아들였다. 그때 고른 관광청에 제공할 사진의 주인공은 바로 내가 가장 사랑하는 고릴라 중 하나인 디지트였다. 그 후 나무 조각을 먹고 있는 디지트의 대형 칼라 포스터가 르완다 전역의 호텔과 은행, 공원 관리사무소, 키갈리 공항에 배포되었고, 나아가 여행 사무국을 통해 전 세계로 퍼져 나갔다. 그 포스터에는 다양한 언어로 "저를 보러 르완다로 오세요"라는 문구가 새겨져 있었다. 르완다 밖에서 그 포스터를 처음 봤을 때 나는 만감이 교차했다. 지금까지 디지트는 그가 태어난 집단에서 성장한 젊은 수컷이라는 것 이외에는 알려지지 않았던 존재였지만, 갑자기 디지트의 얼굴을 어디에서나 만날 수 있게 된 것이다. 우리의 사생활이 침해받게 될 것 같은 느낌을 지울 수가 없었다. 나는 분명히 세인의 관심이 제4집단에 집중되는 것을 원치 않았다. 특히 그때는 제4집단이 안전하고 완전한 가족 단위로 성장할 희망이 보이던 시기였기 때문이다.

1971년 8월 둘 사이에서 태어난 첫 번째 새끼가 사라진 지 정확히 1년 후 플로시는 다시 엉클 버트와의 사이에서 클레오Cleo를 낳았다. 클레오는 1967년에 태어나 7개월밖에 살지 못했던 심바의 출생 장소에서 100여 미터 떨어진 곳에서 태어났다. 버스 걸리Birth Gully라고 이름 붙인 그 지점은 이 일대에서 주변의 지형이 가장 잘 보이는 곳이다. 그 언덕은 양쪽의 경사가 급한 넓은 협곡의 중간에서 튀어나와 있어 최소한 사람이 접근하기는 매우 어려운 곳이기도 하다.

플로시는 엉클 버트의 새끼 다섯 마리 중 두 번째로 살아남은 클레오를 처음으로 부지런히 보살폈다. 플로시가 새끼에게 더욱 신중한 관심을 쏟게 된 이유는 엉클 버트의 지도력이 증가하면서 제4집단이 안정기에 접어들었고, 또한 은색등이 점차 새끼를 열심히 보호하고 보살피기 시작했기 때문인 것 같았다. 젊은 우두머리는 집단 내부의 관계를 조정하는 경험을 쌓아 가면서 성장하고 있었다. 하지만 그가 다른 사회적 단위를 접하는 과정에서 어느 수준의 지식을 얻으려면 아직 수년의 시간과 많은 경험이 필요했다.

1971년 10월 제4집단은 행동권의 동남쪽 경계에서 제5집단과 마주쳤다. 이틀간의 충돌 과정 동안 10개월 전에 제4집단에서 제5집단으로 옮겨 간 브라바도는 원래 집단의 고릴라들을 알아보았다. 새끼를 제외한 제4집단의 다른 고릴라들도 즉시 브라바도를 기억해 냈다. 디지트와 퍼푸스는 가장 열정적으로 브라바도를 반겼으며, 브라바도를 따라온 제5집단의 이카루스와 팬치, 파이퍼와도 함께 놀았다. 그들의 우정 어린 행동은 인접한 고릴라 집단의 어린 개체들이 성적으로 성숙하기 전까지의 긴 성장기 동안 어떻게 서로를 알게 되는지에 대한 실마리를 제공해 주었다.

불행히도 베토벤에 대한 엉클 버트의 반응은 격렬했다. 젊은 은색등인 엉클 버트는 가끔 디지트의 지원을 받아 가며 제5집단의 우두머리에게 격앙된 과시행동을 했다. 그는 제4집단의 고릴라들을 베토벤으로부터 안전한 거리로 떼어 놓지 않고, 오히려 흥분한 채로 자신의 무리 가운데로 뛰어들었다. 엉클 버트의 경솔한 행동으로 암컷과 새끼들이 뿔뿔이 흩어져 달아나 버렸고, 새끼들인 다섯 달짜리 오거스터스와 두 달된 클레오가 위험에 처했다. 어미의 등에 업혀 있던 오거스터스는 겁을 먹은 것처럼 보였으며, 흩어진 제4집단의 구성원들은 베토벤의 공격을 피해 달아날 때마다 페툴라의 등에 납작 엎드려 털을 꼭 움켜쥔 채로 울고 있었다. 그러나 플로시의 배에 매달려 있던 클레오는 이런 소동 속에서도 거의 잠들어 있었다. 마침내 가장 침착한 올드고트가 과시행동에 여념이 없는 두 마리의 은색등으로부터 제4집단의 암컷과 어린 고릴라들을 멀리 이동시켰다. 둘째 날 오후의 충돌에서 베토벤은 브라바도를 확실히 제4집단에서 제5집단으로 돌아오도록 했다. 엉클 버트는 끝까지 충돌에서 지지 않겠다는 의미로 쓸데없이 베토벤의 뒤를 따라 뽐내며 걸었고, 그 뒤에서 타이거와 심바, 퍼푸스가 엉클 버트의 과장된 걸음걸이를 놀랄 만큼 비슷하게 흉내 내며 따라갔다.

이틀간의 충돌 과정에서 두 마리의 우두머리 은색등이 보여 준 행동은 사뭇 달랐다. 이전까지 여러 해 동안 베토벤은 어느 모로 보나 서툴었다. 과거에 베토벤이 제5집단을 이끌던 모습은 지금 제4집단을 이끄는 엉클 버트의 모습과 비슷했다. 그러나 나이가 들고 경험이 쌓여 갈수록 베토벤은 불필요한 상황을 실용적으로 통제하는 능력을 얻게 되었다. 시간이 흐르면 엉클 버트도 베토벤처럼 효과적으로 다른 고릴라 집단이나 외톨이 은색등을 다룰 수 있게 될 것이라는 확신이 들었다. 그러나 지금의 엉클 버트는 양쪽 집단의 우두머리를 지지하는 수컷들, 즉 제4집단의 디지트와 제5집단의 이카루스만큼이나 배워야 할 것들이 많았다.

비록 디지트는 아직 성적으로 미숙한 검은등이었지만 어쩌면 가장 강한 책임감을 발휘하는 고릴라였다. 그는 제4집단에서 두 번째로 나이 많은 수컷으로서 제5집단과의 충돌에서 엉클 버트를 지원해 왔으며, 비록 베토벤에게서 위협을 받긴 했지만 동시에 옛 친구인 브라바도와의 관계를 새롭게 다지기도 했다. 사실 디지트와 올드 고트 중 누가 먼저 상대방의 협력을 구하려고 했는지 확신할 수 없었지만, 제4집단의 경계에 있던 다 자란 암컷 고릴라가 자신의 곁에서 디지트가 가까이 지내는 것에 대해 매우 관대하다는 것은 분명해졌다. 이런 발전은 확실히 제4집단의 구성원 모두에게 유리한 상황이었다. 올드 고트는 가족을 방어해야 할 의무를 나눌 수 있는 누군가를 찾고 있었고, 디지트는 집단 내에서 자신의 역할이 필요했으며, 엉클 버트는 가족을 더 안전하게 지키기 위해 한 마리보다는 두 마리의 '파수꾼'이 필요했다.

1972년 초반에 이르러 제4집단이 매우 넓은 능선 지역을 이용하게 되자 디지트가 새로 맡게 된 책임들은 더욱더 분명해졌다. 제4집단은 새로운 지역으로 행동권을 확장하게 되어 제8집단 및 제9집단과 행동권이 겹치지 않게 되었고, 능선에 분포하는 다양하고 풍부한 식물을 이용할 수도 있게 되었다. 그러나 경사면과는 달리 비교적 평탄한 특징을 가진 능선에서는 이동과 휴식 기간 동안 주변을 둘러볼 수 있는 범위에 제약받게 되므로 디지트와 올드 고트는 제4집단의 방어와 보호를 위해 더욱 견고한 관계를 유지했다.

디지트는 집단 간의 충돌, 특히 제8집단과의 충돌 과정에서 엉클 버트를 지원하면서 더 나이 많고 경험이 풍부한 수컷으로부터 부상당할 위험을 감수했다. 직접 관찰하지는 못했지만 1972년 3월에 발생한 제8집단과의 충돌로 인해 디지트는 얼굴과 목의 여러 곳을 물리는 심한 상처를 입었다. 특히 목에 입은 깊은 상처에서는 고약한 냄새가 나는 진물이 4년 이상이나 흘렀다. 그 상처가 생긴 곳은 입으로 핥아 청결을 유지할 수 없는 곳이었기 때문에 디지트가 할 수 있는 방법은 손가락으로 그저 진물을 닦아 내는 것뿐이었다. 감염된 상처는 몸 전체에 영향을 주었다. 거의 2년 동안 디지트의 몸 전체에서 비정상적으로 시큼한 냄새가 풍겼고, 자주 많은 양의 방귀를 뀌거나 가끔 구역질을 하는 소리도 들을 수 있었다. 디지트는 점차 의욕을 상실하고 주위에 무관심해졌을 뿐만 아니라 아무 때나 주저앉으려는 듯한 행동을 보였고, 몸도 천천히 등이 굽고 각진 모습으로 변해 갔다.

일곱 살 난 퍼푸스가 발정기에 접어들기 시작했을 때 디지트는 매월 2, 3일 동안만 정상적인 경계행동을 보였다. 엉클 버트는 디지트가 성적으로 미숙한 암컷 위에 올라타는 행동은 전혀 방해하지 않았으나, 1972년 중반 올드 고트가 발정기에 접어들 때에는 그 곁에 접근하는 것을 용납하지 않았다. 이 당시 디지트는 주로 무리 주변에서 떨어져 혼자 다녔으며, 몸을 좌우로 흔들거리며 자위행위를 연상시키는 행동을 했으나 실제 그렇게 했는지는 확인할 수 없었다.

제8집단과 여러 번 충돌하면서 두 집단의 거리가 30미터도 되지 않을 만큼 가까워졌다. 퍼푸스와 심바가 제8집단에 속한 피너츠, 마초와 함께 정신없이 놀며 제4집단을 잠시 떠나자 디지트는 크게 신경을 썼다. 반면 엉클 버트와 라피키는 젊은 암컷 고릴라 두 마리의 행동에 대해 별다른 관심을 보이지 않았다. 퍼푸스와 심바는 아직 성적으로 성숙하기에는 너무 어렸고, 엉클 버트가 보기에 라피키는 나이가 너무 많아 새로운 암컷을 받아들이는 데 별다른 관심이 없을 것이라고 판단했기 때문일 것이다.

제4집단의 보조 역할과 잠재적으로 번식 가능성을 가진 수컷으로서의 역할 때문에 성적으로 성숙해 가던 디지트는 인간에 대한 관심이 크게 줄어들었다. 사실 디지트가 너무 사람에게 친숙해지는 것이 아닌가 하고 우려하던 나로서는 상당히 다행스러운 일이었다. 관광청의 포스터로 인해 디지트가 세계적으로 유명한 고릴라가 된 게 바로 이때였다.

* * *

제4집단의 단결력이 커지는 과정에서 타이거 역시 디지트처럼 자기의 자리를 잡아 갔다. 다섯 살이 될 때까지 타이거는 같은 또래의 놀이친구와 사랑스러운 어미, 든든한 우두머리와 함께 생활할 수 있었다. 타이거는 자기가 가진 삶의 열정을 집단 내의 다른 고릴라들에게까지 전염시킬 정도로 적응력이 뛰어나고 자신의 삶에 만족해하는 낙천적인 고릴라였다. 행복에 대한 타이거의 관념은 '독특하게 찡그린' 얼굴 표정에서 종종 드러나곤 했다. 타이거는 기분이 좋을 때 마치 풍선껌을 크게 불기 위해 준비하는 사람처럼 코를 찡그리고 사시처럼 눈을 모으거나 아예 감아 버리기도 했다. 또 디지트와 달리 타이거는 관찰자를 거의 쫓아다니지 않았다. 거의 끊임없이 샘솟는 에너지로 같이 놀던 친구들을 녹초로 만들어 버린 후에야 비로소 타이거는 사람의 존재를 알아차리곤 했다. 타이거는 신중하게 살펴보는 것보다 실제로 몸을 움직이는 것을 더 재미있어 했으므로 관찰자의 손에 쥔 나뭇가지로 줄다리기를 할 때 밀고 당기며 실랑이하는 느낌을 상당히 즐겼다. 특히 사람이 나뭇가지를 놓아 뒤로 굴러 넘어지면 좋아서 낄낄거리며 다시 줄다리기를 하러 달려들었다.

타이거가 가장 좋아하는 놀이친구는 일곱 살 반이 되어 사춘기에 접어드는 퍼푸스였다. 퍼푸스는 타이거와 야단법석을 피우며 장난칠 때는 말괄량이 아이 같은 모습을 보이다가도 어린 심바를 대할 때는 모성본능이 깨어나는 듯했다. 퍼푸스와 디지트 사이의 성적인 행동은 우선적으로 관찰해야 할 흥미로운 대상이 되기 시작했다. 또 퍼푸스는 제4집단에서 지위가 가장 낮은 암컷인 페퉅라와 친분을 유지했다. 서로 모습이 닮았을 뿐만 아니라 친분관계가 가까운 것을 생각해 볼 때 두 마리의 암컷 고릴라가 배다른 자매일 가능성도 매우 컸다.

페퉅라는 자기 집단의 암컷 중 서열이 가장 낮을 뿐만 아니라 나이 든 암컷에게 잘 접근하지 못하며 또 떠들썩한 새끼를 가졌다는 점에서 제5집단의 리자와 상당히 닮았다. 하지만 페퉅라는 새끼를 돌볼 때 꽤 변덕스럽게 행동했고, 플로시나 올드 고트와 다툰 직후에는 딸인 오거스터스에게 분풀이를 하기도 했다. 어미가 특별한 이유 없이 자기에게 투덜거리거나 무시하면 오거스터스는 얼굴을 크게 찡그리며 훌쩍이기 시작하고, 훌쩍임이 커져서 애처롭게 울기 시작하면 오거스터스는 다시 페퉅라에게 벌을 받아야 했다.

한 살이 될 때까지 오거스터스는 나무에서 혼자 노는 비정상적 행동을 보였는데, 이는 아마 어미 고릴라의 불규칙적인 보살핌과 나이 많은 구성원들로부터의 따돌림 때문일 수 있다. 오거스터스의 나무타기 곡예로 인해 어린 베르노니아 나무들이 수난을 겪었다. 지금까지 내가 관찰한 고릴라 중에서 오거스터스는 다른 고릴라, 특히 어미인 페퉅라에게 다가갈 때 나무를 타고 이동하는 유일한 고릴라였다.

18개월이 된 오거스터스는 손바닥을 마주치면 독특한 소리를 낼 수 있다는 사실을 발견했고 다섯 살이 될 때까지 손뼉치는 행동을 계속했다. 비록 사육 중인 고릴라에게서는 드물지 않은 행동이지만, 나는 지금껏 다른 야생의 고릴라가 손뼉을 치는 모습을 본 적이 없었다. 제4집단의 고릴라들 역시 놀라운 표정을 짓는 것으로 보아 그들에게도 박수치기는 이전에 보지 못했던 행동인 것 같았다. 오거스터스는 간혹 행동을 과장하는 경향도 있었다. 자리에 앉아 자아도취에 취한 것 같은 다소 바보스러운 웃음을 보이며 거의 1분 동안이나 박수를 치곤 했다. 일부 야생의 젊은 고릴라들이 발을 구르는 행동을 할 때도 있지만, 이런 행동은 청각적인 이유라기보다는 거의 전술적인 목적 때문이다.

하루 종일 잠만 자던 시기를 보내고 6개월이 된 클레오는 어미인 플로시의 주변에서 게처럼 엉금엉금 기어 다니는 호기심 많은 깜찍한 새끼 고릴라였다. 그때 클레오는 원인을 알 수 없는 심한 눈 부상을 입었고, 상처가 아무는 데 거의 2년이 걸렸다. 하지만 클레오는 상처가 성가시지 않은 것처럼 행동했고 플로시가 상처를 돌보는 행동도 관찰되지 않았다.

이전에 기른 두 마리의 새끼들에게 했던 것처럼 플로시는 새끼를 돌보면서 때때로 우발적인 행동을 보였다. 어느 날 플로시가 클레오의 옆으로 뛰어가더니 놀랍게도 방금 페툴라가 만들어 놓은 배설물 두 덩어리를 새끼의 손이 닿지 않는 곳으로 던져 버렸다. 플로시의 그런 행동이 새끼에 대한 모성본능에 의한 것인지 서열이 낮은 암컷인 페툴라에 대한 우월감의 표현인지 궁금했다.

클레오는 지난 3년간 제4집단에서 태어난 마지막 새끼였다. 1973년 말에 이르자 나이 든 세 마리의 암컷 고릴라가 모두 발정기를 맞아 엉클 버트와 짝을 짓기를 원했다. 젊은 은색등은 올드 고트에게 가장 큰 관심을 보였고 플로시에게는 의무적인 관심을 나타냈지만, 페툴라에게는 사실상 흥미를 보이지 않았다. 올드 고트는 14분이나 걸릴 정도로 길고 느린 동작으로 주춤거리며 움직여 엉클 버트가 올라탈 수 있도록 그의 옆으로 접근했다. 올드 고트와의 교미는 플로시나 페툴라보다 더 집중적이고 길었다. 엉클 버트는 플로시의 가임 기간이 페툴라와 같거나 일부가 겹칠 경우 플로시와의 교미에 더욱 열중했다. 페툴라는 플로시보다 더 아양을 부리며 짝짓기를 요구했지만 엉클 버트는 주로 실제 교미행동보다는 털을 고르는 행동으로 반응했다. 놀랍게도 엉클 버트는 오거스터스가 40개월이 지난 이후에야 페툴라와 교미를 다시 시작했다.

다 자란 암컷이 교미할 준비가 되었을 때 집단 내에서 교미행동을 대체할 수 있는 성적인 놀이행동이 많이 있다. 플로시는 가장 저항하지 않는 젊은 수컷인 타이거 위에 올라탔으며, 플로시나 올드 고트는 올라타려는 페툴라를 친절하게 받아들였다. 그러나 올드 고트에게서는 유일하게도 다른 암컷을 유혹하려는 행동이 관찰되지 않았다. 타이거는 어미가 1973년 발정기가 돌아왔을 때 여섯 살이었다. 타이거는 올드 고트의 성적인 행동에 큰 관심을 보였지만 어미와 엉클 버트와의 교미를 방해하려고 하지는 않았다. 타이거 역시 심바와 퍼푸스의 위에 올라타는 것에 관심을 보이기 시작하였으나, 이런 관심은 거의 열한 살이 된 디지트가 근처에 없을 때로 한정되었다.

심바가 여섯 살가량이 되었을 때 디지트는 그녀에게 교미를 시도하기 시작했으며, 성숙한 암컷 고릴라 세 마리의 발정기에 맞춰 엉클 버트의 방해가 없을 때에는 퍼푸스와도 교미하려고 했다. 연령과 몸집의 차이에서 오는 어색함으로 이런 행동은 다소 우스꽝스럽게 보이기도 했다. 심바의 부드러운 얼굴은 주름진 입술로 심각한 표정을 한 디지트와 익살스런 대조를 이루었다.

* * *

1974년 1월부터 엉클 버트는 제8집단을 쫓아다니기 시작했다. 늙은 라피키의 집단은 이때 피너츠, 마초, 마초의 7개월 된 딸 쏘어, 1971년 중순에 합류한 메이지가 속해 있었다. 이제 경험을 통해 보다 전략적인 은색등이 된 엉클 버트는 메이지를 라피키 집단으로부터 되찾는 데 성공했다. 메이지가 제4집단으로 돌아온 처음 몇 주 동안 엉클 버트는 젊은 암컷에게 수없이 덤벼들고 쳤다. 새로운 집단으로 옮겨 간 암컷은 흔히 우월감을 표출하고자 하는 흥분한 은색등의 과시행동을 감수해야 하는 대상이 된다. 그러나 메이지는 원래 제4집단에서 태어났기 때문에 보통의 경우와 다소 다르게 제4집단의 구성원들에게 환영받았다. 다만 메이지가 떠난 1971년 6월 이후에 태어나 두 살 반이 된 클레오는 예외였다. 클레오는 제4집단의 구성원 누구보다도 그녀의 귀환을 반기지 않았고 킁킁거리거나 유치하게 허세를 부리는 공격행동을 보이면서 새로 들어온 구성원에게 적대감을 표현했다. 반면 메이지가 떠날 때 11개월이었던 오거스터스는 이제 41개월이 되어 메이지의 털을 열심히 고르고 함께 놀았다.

메이지는 제4집단에 불과 5개월밖에 머무르지 않았다. 메이지는 다른 고릴라들로부터 수없이 으르렁거림을 당했고 집단 내의 어른 암컷들, 즉 올드 고트, 플로시, 페툴라로부터 멀리 떨어지려고 했다. 그녀는 집단에 잘 어울리지 못했다. 1974년 6월 메이지는 제4집단과 제8집단, 그리고 외톨이 은색등인 삼손 사이를 연이어 옮겨 다니기 시작하더니 결국 제8집단에서 독립한 삼손과 정착했다.

1974년 4월 라피키가 죽자 엉클 버트가 제8집단의 영역 주변이나 안쪽에서 시간을 보내는 일이 많아졌다. 그로부터 한 달 뒤, 제8집단에 남아 있던 마초와 마초의 배에 매달린 쏘어, 그리고 피너츠로 구성된 세 마리의 구성원들은 제4집단과 매우 격렬한 물리적 충돌을 일으켰다. 결국 쏘어는 엉클 버트에게 살해되고 말았다. 거의 모든 영아살해의 경우처럼 이번 경우도 어린 고릴라가 속한 우두머리 은색등이 죽은 뒤 발생했으며 살해당한 새끼의 어미 고릴라는 새끼를 죽인 수컷의 집단으로 따라갔다. 엉클 버트는 쏘어를 죽임으로써 경쟁자의 핏줄을 지닌, 그리고 자기와는 무관한 새끼를 제거할 수 있었다. 또 자신의 집단에 암컷을 한 마리 더 추가하는 동시에 새로운 암컷인 마초와의 번식 기회를 기다리는 시간을 줄일 수 있었다. 그러나 엉클 버트는 쏘어를 죽인 이후 다섯 달 동안 마초와 교미하지 않았으며, 이런 점은 다른 영아살해의 경우와 달랐다.

마초의 임신이 늦어진 데는 아마 두 가지 요소가 작용한 듯했다. 열두 살가량인 피너츠는 라피키의 아들이었으나 아직 나이가 어렸으므로 번식의 경쟁자가 되지 못했다. 또 제4집단은 영역의 남쪽에서 두 마리의 외톨이 은색등인 삼손과 넌키와의 복잡한 충돌 가능성에 노출되어 있었다. 넌키는 우리의 연구 지역에서 2년 전에 처음 확인된 외톨이 은색등인데 삼손보다 나이가 더 많은 듯했다. 엉클 버트는 넌키의 적수가 되지 못했기 때문에 마초를 넌키에게 빼앗길 수도 있었다. 또 삼손 때문에 엉클 버트는 쏘어가 죽은 날 바로 마초를 데려갈 수도 없었다. 그런데 쏘어가 죽은 지 한 달이 지나자 전혀 예상치 못한 일이 생겼다.

페툴라와 퍼푸스가 제4집단을 떠나 넌키에게 합류하여 새로운 비소케 집단을 형성한 것이다. 퍼푸스는 아마도 한배자매로 추정되는 페툴라와의 오랜 친분 때문에, 또 집단 내에서 당분간 자기에게 번식의 기회가 돌아올 가능성이 없었기 때문에 제4집단을 떠난 듯했다.

페툴라가 이동한 것은 다소 의외였다. 이 서열 낮은 암컷은 제5집단의 리자처럼 네 살짜리 새끼를 남겨 둔 채 떠났다. 페툴라는 리자가 그랬던 것처럼 서열이 확립된 기존의 집단을 떠남으로써 새 집단에서 더 높은 지위를 얻었다. 두 마리 암컷 고릴라의 가장 중요한 유사점은 네 살짜리 새끼를 정상적인 이유기가 지날 때까지 돌봐 왔다는 점이며, 이는 젖 먹이는 기간이 늘어나면 다음번의 임신을 막거나 지연시킬 가능성이 있다는 것을 의미한다. 페툴라와 리자는 둘 다 각자의 배우자 은색등들과 집중적으로 교미를 하지 못했다.

제4집단의 어미 없는 두 새끼인 심바와 오거스터스의 행동 적응을 비교하기는 어렵지만, 오거스터스는 심바보다 두 가지 점에서 더 유리했다. 오거스터스는 어미를 잃을 때 심바보다 한 살이 더 많았으며, 아비인 엉클 버트가 집단에 남아 있었다는 점이다. 친구들과 노는 시간이 상당히 줄어들긴 했지만 오거스터스는 심바와 달리 결코 혼자 틀어박혀 있지만은 않았다. 오거스터스는 어미가 떠난 이후로 먹이를 찾으러 다닐 때나 쉬는 시간이 되면 엉클 버트 곁에서 지냈고, 밤에는 엉클 버트의 잠자리 옆에 엉성한 잠자리를 만들었다.

오거스터스는 또한 심바처럼 엉클 버트의 응석받이가 되지는 않았다. 오히려 어미가 남아 있었다면 그처럼 빨리 성숙하지 못했을 것이다. 오거스터스는 클레오를 특별히 잘 보살펴 주었고, 플로시를 제외한 제4집단의 모든 고릴라들에게 열심히 털을 골라 주었다. 지위가 낮은 어미 페툴라가 없어 오히려 오거스터스는 우두머리 은색등 옆에서 더 오랜 시간을 보낼 수 있게 되었으며, 따라서 집단 내에서 자신의 위치를 확실히 할 수 있었다.

딸인 클레오가 태어난 지 정확히 3년 후인 1974년 8월에 플로시는 수컷 새끼인 타이터스Titus를 낳았다. 우리의 연구 기간 동안 출산한 13마리의 암컷들의 평균 출산 간격은 39.1개월이었다. 새끼가 살아서 태어난 정상적 출산의 경우만 따지면 암컷 10마리의 평균 출산 간격은 46.8개월이 된다. 따라서 플로시의 출산은 가장 짧은 간격으로 새끼를 정상 출산한 것으로 기록되었다. 새끼가 죽은 채로 태어나거나 태어난 후에 우리가 발견할 수 없었던 경우만 계산하면 암컷 7마리의 간격은 22.8개월이었다. 타이터스의 출생은 깜짝 놀랄 만한 일이었다. 여덟 달 반 전에 플로시가 엉클 버트와 교미하는 것을 관찰한 적이 있지만, 그녀는 임신했다는 어떤 징후도 보이지 않았고 엉클 버트나 다른 암컷들과도 계속 교미를 시도했기 때문이다.

임신 중에도 발정기에 나타나는 행동이 종종 관찰된다. 특히 임신 말기에는 이러한 행동이 더 자주 관찰되며, 플로시의 경우에는 출산 전날까지도 교미행동을 하는 것을 볼 수 있었다. 거의 모든 암컷들에게서 주기적으로 집단의 으뜸이나 버금 수컷, 그리고 다른 암컷들과 교미행동을 하는 것이 관찰된다. 임신한 암컷이 시작한 교미행동에서 상대방은 주로 수동적인 역할을 맡는다. 그러나 임신하지 않은 상대방 암컷이 때때로 적극적인 반응을 보이기도 한다. 올라탄 암컷이 더 우위에 있을수록 상대방 암컷이 더 많이 반응하는 경향이 있다. 임신한 암컷의 교미행동은 아마도 분만 전에 집단 내에서 사회적 유대감을 강화하는 데 도움을 주기 위한 것들이 아닌가 생각된다.

타이터스는 유아기 이후까지 생존한 플로시의 두 번째 새끼였다. 그녀의 다른 새끼들처럼 타이터스는 너무 허약했고 잘 자라지 못했다. 게다가 타이터스는 숨을 쉬는 데 어려움을 겪었다. 입을 크게 벌리고 숨을 크게 들이마시면서 코를 고는 것처럼 가쁘게 숨을 쉬었다. 어린 타이터스의 급성 호흡 질환은 여덟 달이나 지속되었다. 나는 점점 플로시가 타이터스에게 전혀 신경을 쓰지 않는 것이 걱정되었다. 특히 이동할 때면 플로시가 새끼를 팔로 받쳐 주지 않아 새끼의 머리가 달랑거리며 매달려 있곤 했다.

플로시는 클레오와 타이터스를 출산한 지난 3년간 상당히 늙은 듯했다. 그녀는 클레오를 성공적으로 키우는 데 힘을 다 써 버려 타이터스에게는 기본적으로 필요한 것들만 해 주는 것 같아 보였다. 플로시는 타이터스가 놀자고 매달릴 때마다 무시하고 꿀꿀거리거나 살짝 깨무는 시늉을 하면서 저지했다.

플로시는 타이터스의 털을 건성으로 골라 주었다. 타이터스는 보통의 새끼 고릴라처럼 어미가 털을 골라 줄 때 빠져 나가려고 하거나 발로 차는 일이 거의 없었다. 항상 어미가 시작하면 지겨워하는 새끼가 도망가면서 끝내는 보통의 털고르기와는 달리 타이터스는 항상 어미의 관심을 받는 일을 잘 해냈다. 그러나 젖을 먹을 때 타이터스는 항상 새끼가 먼저 다가와 젖을 물고 어미가 떼어 놓아 끝내는 여느 새끼 고릴라와 다르지 않았다. 플로시는 클레오를 키웠을 때보다 타이터스에게 더 엄하고 무서운 어미였다. 때문에 타이터스는 야단맞지 않으려고 어미가 젖을 떼려고 하면 재빨리 물러났다.

플로시가 분만한 것이 올드 고트가 사산아를 낳고 38개월 만이었으니, 올드 고트는 임신이 늦어지는 모양이었다. 매달 엉클 버트와 교미행동을 하는 것으로 보아 그녀는 다시 발정기에 돌아온 것 같았다. 1973년 9월에 6주 동안이나 심하게 앓은 것을 제외하고는 올드 고트는 아주 건강해 보였고, 사랑하는 아들 타이거와 언제까지나 행복할 것처럼 보였다.

포근한 1974년 10월의 어느 날 나는 제4집단과 섞여 따뜻한 햇살을 즐기고 있었다. 올드 고트는 내 근처에 모로 누워 넋이 나간 것 같은 표정으로 일곱 살의 타이거가 노는 모습을 지켜보았다. 손 한가득 풀잎을 주워 잘게 찢어 자신과 올드 고트의 주변에 뿌리는 타이거는 황홀한 표정을 지었다. 둘을 보면 고릴라 가족의 사랑에 대해 다시 한 번 감탄할 수밖에 없다.

다음 날 나는 제4집단이 피너츠와 삼손과 폭력적인 충돌을 겪었던 현장을 발견했다. 삼손은 메이지를 데려갔고, 엉클 버트는 마초를 되찾아 와서 피너츠는 다시 외톨이가 되었다. 이 충돌은 매우 폭력적이었던 듯했는데, 땅 위에 온통 흩어져 있는 은색등의 털뭉치는 피로 물들었고 은색등이 내는 자극성의 냄새가 스며들어 있었다. 제4집단은 충돌 지점에서 서쪽 안부지대로 거의 6킬로미터나 도망갔다. 피너츠는 마초를 되찾기 위해 제4집단을 한참 뒤쫓았다. 다음 달에도 그는 제4집단으로부터 여전히 가까운 거리에 있었고, 그 둘은 셀 수 없이 많은 충돌을 겪었다. 제4집단의 고요한 날들은 떠나가 버렸다.

떠나간 것은 고요함뿐만이 아니었다. 올드 고트는 삼손에게로 간 것도 아니었고, 주변에는 제4집단과 충돌한 다른 외부 집단이 없었던 것으로 확인되자 우리는 필사적으로 그녀의 사체를 찾기 시작했다. 우리는 그녀의 이동 흔적을 찾기 위해 제4집단의 충돌 지점부터 도주로를 둘러싼 200헥타르의 지역을 한 달에 걸쳐 조사했으나 아무 성과가 없었다. 11월 말경 올드 고트를 찾으러 나간 조사자 한 명이 다가오는 버팔로 떼를 피해 나무 위로 올라가야 했다. 부패한 죽음의 냄새를 맡은 그는 아래를 내려다보았다. 하게니아 나무 구멍 속에 누워 있던 늙은 암컷의 사체는 덩굴에 가려져 있었다.

올드 고트의 사체는 너무나 심하게 부패해서 장기를 열어 조직 검사를 하는 것이 불가능했다. 기품 있는 암컷의 사체를 조각내는 것은 말로 표현할 수 없이 혐오스러운 일이었다.* 불굴의 고릴라 올드 고트가 없는 제4집단을 만나러 갈 때의 공허함을 떨쳐 내기까지는 여러 달이 걸렸다.

놀랍게도 타이거는 어미의 죽음과 외톨이 수컷 피너츠가 한 달 내내 접근하면서 생긴 스트레스에도 우울해하지 않았다. 디지트와 타이거는 합심하여 피너츠가 무리 안으로 들어오는 것을 막았다. 젊은 은색등 앞에서 과장된 몸짓으로 걷는 그들은 마치 군인놀이를 하는 어린 소년을 연상시켰다. 이제 열두 살이 된 디지트는 아직 나이 든 은색등이 내는 후트 시리즈를 할 수 없었다. 그러나 그는 종종 가슴을 두드리기 전에 마치 후트 시리즈가 나오길 기대하는 것처럼 입 모양을 만들었다. 후트 시리즈는 결코 나오지 않았다. 일곱 살의 타이거는 과장된 몸짓, 꼿꼿하게 걷기, 위협적인 공격 자세 등 디지트가 하는 행동을 모두 그대로 따라 했다. 엉클 버트는 수컷의 마음을 움직이는 법을 너무나 잘 알았다. 그는 항상 피너츠와 마초 사이에 있었고, 그곳에서 새로 얻은 암컷 마초와 교미를 했다.

* 의료진은 나중에 올드 고트의 사인을 바이러스성 간염으로 밝혔다. 또한 그녀는 죽을 당시 임신한 상태가 아니었다.

1974년 11월 말 지치고 실망한 데다가 상처까지 입은 피너츠는 마초를 포기하고 비소케의 북쪽 사면으로 돌아갔다. 그가 떠난 후 디지트는 보통 그가 있던 뒤쪽 경계 지역에서 침울하게 앉아 올드 고트의 사체가 발견된 쪽을 오랫동안 응시했다. 인간 관찰자도 마초를 상대로 한 엉클 버트의 성적 유희도 디지트의 관심을 끌지 못했다. 마음을 앓고 있는 디지트를 보면 예전에 제8집단의 늙은 암컷인 코코가 죽었을 때의 삼손이 떠오른다. 32개월 전에 디지트의 목에 생긴 상처는 여전히 선명했다. 그리고 그의 몸은 머리가 커지는 속도를 따라잡지 못해 볼품없고 균형이 안 맞는 모습이 되어 버렸다. 깊은 우울증에 빠지고 애처로운 외양으로 변한 그는 내가 예전에 알던 생기 있고 호기심에 가득 찬 젊은 고릴라가 아니었다.

* * *

마초가 귀환하면서 제4집단의 고릴라들은 지위 변동을 겪었다. 어미가 없는 심바와 오거스터스는 비록 완전히 무시당하기는 했지만 안전을 위해 늙은 으뜸 암컷인 플로시 근처에서 지냈다. 3개월 된 타이터스를 배에 달고 있는 플로시는 엉클 버트가 눈에 띄지 않을 때마다 마초를 괴롭혔다. 곧 심바와 오거스터스, 그리고 클레오도 플로시의 적대적 행동을 따라 하게 되면서 마초의 첫 한 달은 매우 힘들어졌다. 플로시의 공격적 행동은 1969년으로 거슬러 올라가 마초가 처음으로 발정기에 도달했을 때 대한 것과 똑같았다. 아마도 둘 사이에 혈연관계가 약한 것이 적대적 행동을 하게 하지 않았을까 싶다.

올드 고트의 죽음으로 플로시가 제4집단의 으뜸 암컷이 되었지만, 그녀는 엉클 버트의 옆 자리를 마초에게 빼앗겼다. 타이터스는 태어난 지 겨우 넉 달째였기 때문에 플로시가 발정기로 돌아오려면 2년 반은 있어야 했다. 늙은 암컷은 아들에게 분풀이를 했다. 심지어 플로시는 타이터스를 살짝 때리기도 했다. 엉클 버트는 플로시의 반응에 대해 모르는 것 같았다. 조용하고 침착하던 집단의 우두머리는 그즈음 많은 시간을 마초와 교미하는 데 할애하거나 타이거와 심바, 오거스터스, 그리고 클레오와 함께 뛰놀았다. 간질이기나 레슬링 놀이가 잠시 중단되면, 부드러운 표정의 은색등은 바로 동생들의 털을 골라 주고 안아 주었다.

마초가 엉클 버트의 새끼를 갖자 엉클 버트는 그녀를 완전히 무시했다. 플로시와 제4집단의 세 젊은 암컷들은 은색등이 보는 앞에서도 마초를 다시 괴롭히기 시작했고, 마초는 변두리로 쫓겨나 종종 디지트의 근처에서 지냈다. 마초는 새 짝과 가까워지길 원하는 표정을 지어 보였으나, 다른 고릴라들이 근처에 있을 때면 그녀의 불안은 극에 달했다. 다른 고릴라들에게 다가갈 때면 마초는 알껍질 위를 걷는 것처럼 살금살금 다녔다.

1975년 7월에 마초의 두 번째 새끼이자 엉클 버트에게는 일곱 번째 새끼인 크웰리Kweli가 태어났다. 엉클 버트와의 결실인 새끼의 존재로 마초의 상황은 한결 나아졌다. 플로시는 새 어미에게 만족스러운 트림 소리를 내어 주었고, 마초가 엉클 버트의 곁에서 지내는 것을 용인해 주었다.

크웰리가 석 달이 되었을 무렵의 어느 날이었다. 마초는 아무런 이유 없이 여덟 살짜리 타이거를 향해 달려가 꿀꿀거리는 소리를 냈고, 타이거는 비명을 지르며 도망갔다. 곧 엉클 버트가 마초에게 달려들어 거친 소리를 내자 마초는 복종하는 자세로 몸을 웅크렸다. 엉클 버트가 세 번이나 위협적으로 마초의 품에 안겨 있던 크웰리를 잡아채려고 하자 주눅 든 암컷은 몸을 낮추고 천천히 기어서 물러났다. 나는 지난해에 엉클 버트가 마초의 첫 번째 새끼이자 라피키의 마지막 자손이었던 쏘어를 죽였던 일을 그녀가 아직 기억하고 있는 게 아닐까 하고 생각했다. 나는 은색등이 자기의 자식을 죽였다는 얘기를 들어본 적이 없다. 이런 방식으로는 번식의 성공을 기대할 수 없기 때문이다.

크웰리가 태어난 지 다섯 달이 되자 어린 고릴라들은 아직 새끼를 가슴에 안고 있는 마초를 집단으로 괴롭히기 시작했다. 그들은 마초를 냉담한 엉클 버트로부터 멀리 구석으로 쫓아 보냈다. 젊은 어미가 외톨이가 되어 가는 것을 참고 보기란 쉬운 일이 아니었다. 디지트와 집단의 주변 지역에서 살던 마초는 신경성 장애를 보이기 시작했다. 마초는 머리를 빠르게 돌리는 행동을 하고, 잠깐 엉클 버트를 보다가 시선을 아래로 떨구고 입술을 씹곤 했다. 마초의 이런 행동은 그녀가 매우 위험한 상황에 처해 있다는 표시였지만, 엉클 버트는 알아차리지 못한 것처럼 보였다. 마초가 이런 행동을 할 때마다 신기할 정도로 조심성 있고 기민한 새끼 크웰리는 움찔 놀라며 어미를 응시했다.

다른 집단과의 특별한 사건이 없이 제4집단의 1년이 지나갔다. 그리고 1976년 1월 피너츠와의 사이에서 폭력적인 충돌이 발생했다. 거의 13개월 동안 외톨이였던 젊은 은색등 피너츠는 비소케의 북쪽 경사면에서 신원을 알 수 없는 동료를 얻었다. 그러나 엉클 버트는 열 살가량 된 그 고릴라를 피너츠로부터 빼앗는 데 성공했다.

우리는 새로 온 고릴라의 출신이나 성별을 혼동했었기 때문에 즉석에서 새로 온 고릴라에게 비츠미Beetsme라는 이름을 만들어 주었다 (검은등이 낯선 집단에 합류하는 일은 관찰된 적이 없었기 때문에 저자는 원래의 추측과 달리 새로 합류한 고릴라가 수컷인 사실을 알게 되자 '참 모르겠네 Beats me'라고 말했다: 옮긴이). 비츠미는 비소케의 황량한 북쪽 경사면에서 발견되는 다른 고릴라들처럼 지저분하고 건강 상태가 좋아 보이지 않았다. 또 그는 어느 정도 인간에게 습관화되어 있었는데, 이는 제로니모의 제9집단에서 태어났을 가능성을 내포하고 있다. 비츠미의 외양은 검은등과 비슷했지만 엉클 버트는 자주 그에게 올라타는 행동을 보였다. 또 비츠미는 전에 받아 보지 못하던 관심을 즐기는 열일곱 달짜리 새끼 타이터스를 안아 주고 털을 골라 주는 데 많은 시간을 보냈다.

결국 우리는 카리소케의 기록들을 바탕으로 비츠미가 수컷이라고 결론 내렸다. 비츠미는 처음으로 그리고 지금까지 유일하게 이미 형성된 집단으로 이주해 간 후 받아들여진 수컷으로 기록되었다. 나는 왜 엉클 버트가 폭력적인 충돌까지 일으키며 이미 암컷 대 수컷의 성비가 1:1인 집단에 새로 수컷을 들였는지 이해할 수 없었다. 아마도 피너츠에게서 비츠미를 빼앗아 옴으로써 피너츠의 힘을 약화시키고, 따라서 젊은 은색등이 새로 집단을 형성할 수 있는 기회를 줄이려는 것이 아닌가 생각된다. 엉클 버트가 의도한 것이 아닐 수도 있지만 이런 전략은 영아살해처럼 유전적 영속을 위해 기능하는 진화적 메커니즘으로 간주된다.

비츠미가 제4집단에 합류하고 한 달이 지나지 않아 우리는 그에게서 타고난 선동가 기질을 발견할 수 있었다. 그에게는 인생이 때때로 긴 여름휴가 같았다. 비츠미는 타이거와 거칠게 레슬링과 쫓기놀이를 하고 제멋대로 심바와 클레오에게 성적 접근을 시도했다. 비츠미의 분방한 행동은 제4집단의 불안을 가져왔기 때문에 곧 엉클 버트의 엄격한 제지가 필요해졌다. 태어나서 처음으로 자기 나이 또래의 수컷과 같이 놀 수 있게 된 타이거는 올드 고트가 죽은 이후로 디지트와 함께 하던 파수꾼 역할을 점점 게을리하게 되었다. 그리고 분란을 일으키는 젊은 수컷의 등장은 마초에게 전처럼 굽실거리지 않고 다른 고릴라들과 어울릴 두 번째 기회를 제공해 주었다.

마초가 새로 안정을 찾으면서 크웰리의 성격도 급격히 변했다. 이제 한 살이 된 크웰리는 매일 생기가 넘쳤고 시간이 부족할 정도로 신나게 놀았다. 곧 크웰리의 신체적, 사회적 발달은 한 살 더 많은 타이터스를 능가하게 되었다.

두 새끼 고릴라들은 발달에 있어서 큰 차이를 보였기 때문에 아마 타이터스가 미숙한 상태로 태어나서 두 살이 되어서도 또래의 새끼 고릴라들만큼 완전히 자라지 못한 것 같았다. 비츠미가 타이터스의 털을 골라 주고 부드럽게 돌봐 준 것은 제4집단에 들어와서 자신의 지위를 개선시키려는 의도에서 나온 행동일 가능성도 있지만, 어쨌거나 타이터스에게는 효과적이었다. 확실히 비츠미의 관심은 타이터스의 사회적 발달을 자극했고, 새끼 고릴라는 또래 친구들과 더 적극적으로 섞여 놀 수 있게 되었다.

거의 세 살이 될 무렵에 타이터스는 볼에 힘을 빼고 윗니와 아랫니 사이를 양손으로 두드려서 리드미컬한 소리를 만들어 냈다. 이 소리는 7년 전 오거스터스가 손뼉을 쳐서 낸 소리만큼 이상했다. 아마도 정상적인 사회적 관계를 형성할 기회가 부족한 몇몇 고릴라들은 포획되어 생활하는 고릴라들처럼 사회적 관계의 자극을 대체할 비전형적 행동 패턴을 만드는 경향이 강한 것 같았다. 과거에 어린 디지트에게서 관찰되었던 흔들거리는 행동도 같은 맥락에서 생겨났던 듯하다.

어미가 제4집단에서 나가고 난 후에 오거스터스는 손뼉을 거의 치지 않았다. 하지만 타이터스가 뺨을 두드리는 행동을 하고 나서부터 오거스터스도 다시 손뼉을 치기 시작했다. 두 마리가 함께 내는 소리는 마치 작은 악단의 공연 같았다. 햇살이 따뜻한 어느 날 심바와 클레오, 그리고 어린 크웰리가 둘의 합주에 가세했다. 크웰리는 타이터스의 신기한 행동을 몇 달 동안 유심히 관찰하더니 놀이친구가 없을 때마다 뺨을 두드리기 시작했다.

어미인 플로시가 엉클 버트와 교미를 시도하려고 할 때쯤 타이터스는 두 살이었다. 제4집단의 우두머리는 짝짓기할 시기가 돌아온 다른 암컷이 없었음에도 나이 든 암컷인 플로시에게 신경 쓰지 않았다. 같은 시기인 1976년 8월에 심바의 나이는 8년 8개월이 되어 발정의 징후가 찾아왔다. 그러나 엉클 버트는 여전히 자신이 돌보는 고아 심바에게 성적인 관심을 보이지 않았다. 대신 열네 살쯤 되어 성적으로도 성숙한 디지트가 심바에게 관심을 보이기 시작했다. 디지트는 심바의 유혹을 열정적으로 받아들였고, 다시 삶의 활기를 되찾는 듯이 보였다.

심바가 첫 발정기에 접어든 사건은 제4집단의 구성원들, 특히 비츠미에게 영향을 주었다. 비츠미는 심바를 대신해 클레오나 오거스터스, 그리고 타이터스에게 교미행동을 시도하기 시작했다. 심바는 발정기에 있는 동안 비츠미나 타이거에게 교미행동을 하도록 허락하지 않았고, 그 즈음에는 디지트가 잠재적으로 번식할 수 있는 권리를 보호하기 위해 심바 곁에서 지내며 비츠미나 타이거가 접근하지 못하도록 막았다. 두 젊은 수컷들은 종종 디지트의 움직임을 면밀히 살피면서 심바에게 관심을 가지는 척하고 난폭하게 야단법석을 떨었다. 1976년 말에 다섯 살 반이었던 클레오는 놀이친구인 심바가 발정기에 도달한 것에 대해 몹시 궁금해했다. 클레오는 심바의 곁에서 다른 고릴라들의 변덕스러운 반응을 흥미롭게 지켜보았고, 때로는 타이거와 비츠미의 관심을 자신에게 끌려고 시도해 보기도 했다.

심바가 발정기를 보내던 무렵 늙은 플로시는 관심이 시들한 엉클 버트와 교미를 할 수 있었고, 심지어는 이제 어린 크웰리를 데리고 제4집단의 일원으로 잘 살고 있는 마초와도 교미행동을 하는 것이 관찰되었다. 크웰리만이 제4집단에서 심바의 발정에 아무 영향을 받지 않는 유일한 고릴라였다. 크웰리는 독립심이 유달리 강한 어린 고릴라로 성장하여 아비의 애정 어린 칭찬을 받았다.

심바가 관심의 중심에 있던 어느 날 크웰리는 엉클 버트를 따라 먹이를 먹으러 나갔다. 엉클 버트가 오줌을 누자 크웰리는 신기해하며 재빨리 손을 오므려 오줌 줄기를 잡으려고 했다. 엉클 버트는 우습기도 하고 난감한 표정을 지으며 뒤로 물러나 귀찮은 파리를 쫓듯 어린 아들을 철썩 때렸다. 크웰리는 마지못해 살짝 물러났지만 부루퉁한 표정으로 앉아 엉클 버트를 열심히 쳐다보기 시작했다. 은색등 엉클 버트는 똥을 누면서 똥이 땅으로 떨어지기 전에 두 무더기를 손으로 잡았다. 엉클 버트는 자리를 잡고 앉아 입맛 다시게 하는 똥덩이를 둘 다 먹었다. 어린 크웰리에게 똥 먹기는 주위에서 일어나는 열광적인 성적 행동보다 훨씬 더 신기한 일이었다.

심바가 성적 행동을 받아들일 때가 아니면, 우리는 제4집단의 주변에서 보초 역할을 하는 디지트의 모습을 볼 수 있었다. 그러나 타이거와 비츠미는 보통 반대쪽에서 주변의 수풀을 온통 망가뜨리며 거친 레슬링과 쫓기놀이를 하곤 했다.

끔찍하게 춥고 비가 오던 날 다른 고릴라들로부터 10미터가량 떨어져 몸을 웅크려 소나기를 맞고 있는 디지트가 시야에 들어왔다. 나는 그의 곁으로 가고 싶었지만 마음을 억지로 가라앉혔다. 몇 달 전부터 디지트가 관찰자들에게 어떠한 관심도 보이지 않기 시작했고, 나는 그의 독립심이 커 가는 것을 방해하고 싶지 않았기 때문이다. 디지트를 홀로 남겨 두고 나는 제4집단의 고릴라들로부터 몇 미터 떨어진 곳에 자리를 잡았다. 안개가 너무 강해서 몸을 웅크린 형체들이 거의 보이지 않았다. 몇 분이 지났을 때 내 어깨 위로 팔의 감촉이 느껴졌다. 나는 디지트의 따뜻하고 부드러운 갈색 눈과 마주쳤다. 그는 생각에 잠긴 듯 나를 내려다보고는 내 머리를 토닥거리고 옆에 앉았다. 나는 디지트의 무릎 위에 머리를 기대어 환영한다는 의사를 표시하고, 동시에 4년 전에 생긴 목의 상처가 자세히 들여다보이는 자세를 잡을 수 있었다.

나는 천천히 카메라를 꺼내 상처를 찍었다. 디지트의 상처를 찍기에는 거리가 너무 가까워서 초점을 맞추기 어려웠다. 부슬비가 내리기 시작한 지 30여 분이 지나자 디지트는 아무 예고 없이 갑자기 머리를 뒤로 젖혀 하품을 크게 했다. 나는 재빨리 셔터를 눌렀다. 그 사진은 나의 친절한 디지트를 킹콩으로 만들어 버렸다. 하품하느라 입을 크게 벌리면서 송곳니가 무섭게 드러났기 때문이다.

머지않아 디지트는 그때와 전혀 다른 의미의 송곳니를 드러냈다. 1976년 12월에 추적꾼인 네메예와 나는 다섯 시간 동안 소나기를 맞으며 이제는 제4집단의 행동권에 속하는 서쪽 안부지대에서 고릴라들을 찾고 있었다. 캠프까지 돌아가는 데는 몇 시간이나 걸렸기 때문에 우리는 추적을 포기하고 8년 전에 가축이 지나다니던 넓은 길로 나왔다.

네메예는 나보다 3미터 앞에서 터덜터덜 걸어가고 있었다. 잠시 안개의 장막이 걷히자 우리가 지나가는 길의 왼쪽으로 40미터 떨어진 비소케 산 경사면 아래에서 제4집단의 고릴라들이 서로 몸을 웅크린 채 비를 맞고 있는 모습이 보였다. 나쁜 날씨와 늦은 오후라는 점을 감안하여 그들을 만나러 가는 것에 대한 장점과 단점을 따져 본 후에, 나는 고릴라들을 향해 가기로 결정했다. 네메예를 막 따라잡았을 때 갑자기 덤불이 무성한 길 오른쪽에서 달려 나오던 디지트가 추적꾼 네메예와 거의 정면으로 충돌할 뻔했다. 둘 모두 겁에 질려 잠시 주춤했다. 디지트는 두 발로 일어서서 공포스러운 비명을 내지르고 송곳니를 완전히 드러내 보이며 두려움에 찬 냄새를 뿜어냈다. 젊은 은색등은 도망갈지 덤벼들지 아직 결정을 하지 못한 모양이었다. 그는 아직 나를 보지 못했다. 나는 앞으로 뛰어나와 네메예를 내 뒤로 숨겼다. 나를 알아본 디지트는 들었던 손을 내려놓고 이미 엉클 버트를 따라 비소케 산 경사면의 안전한 곳까지 도망간 제4집단이 있는 방향으로 돌아갔다. 디지트의 소리가 갑자기 멈추면 다른 고릴라들은 디지트가 경고를 보낸 이유를 알 때까지 숨을 죽였다. 이 갑작스런 사건은 고릴라 집단의 안전을 위해 주변부에서 보초를 서는 일이 얼마나 중요한가를 그대로 보여 주었다.

* * *

여러 해 동안 디지트와 엉클 버트는 집단 간 충돌에서 가족을 보호하고, 집단 내 다툼을 중재하는 역할을 협력하여 조정하였고, 서로를 강하게 지탱해 주었다. 그들의 관계는 엉클 버트와 타이거처럼 가까운 혈연관계를 바탕으로 한 것은 아니었다. 그러나 그들은 가족 집단의 결속을 위해 서로 의지하며 조화롭게 어울렸다.

두 은색등 간의 서로에 대한 믿음은 특히 밀렵꾼들로부터 절대로 자유로워질 수 없는 안부지대를 여행할 때 분명히 드러난다. 1977년 초의 어느 날 비소케의 서쪽 사면에 있던 제4집단에게 막 다가가려고 할 때였다. 갑자기 엉클 버트가 뤄어 하고 외치는 소리가 들렸다. 나는 두려운 생각이 들어 소리가 난 쪽으로 달려갔다. 그러나 나머지 고릴라들은 자리를 잡고 앉아 평화롭게 먹이를 먹고 있었다. 오직 엉클 버트만이 긴장한 상태로 꼿꼿이 서서 주변을 살피고 있었다.

약 15분 정도가 지났다. 여전히 은색등 엉클 버트는 경직된 자세로 앉은 채 두려운 표정을 짓고 있었다. 그때 근처에서 까욱까욱 울던 큰까마귀 한 쌍이 갑자기 고릴라들이 있는 쪽으로 날아와 엉클 버트의 머리 위로 급강하했다. 뤄어! 엉클 버트는 재빨리 몸을 움츠리고 두 손으로 머리를 감쌌다. 거의 한 시간 동안 까마귀들은 제4집단의 위엄 있는 은색등에게 망신을 주었고, 다른 고릴라들은 누구도 그것에 대해 신경 쓰지 않았다. 새 친구들의 등장은 적잖이 당황스러웠다.

큰까마귀들이 떠나자 다시 제4집단의 근엄한 우두머리가 된 엉클 버트는 가족을 이끌고 먹이를 먹으러 떠났다. 고릴라들이 모두 떠나자, 나는 내일의 만남을 위해 그들이 이동한 방향을 알아보려고 자리에서 천천히 일어났다. 그때 갑자기 근처 풀숲에서 부스럭거리는 소리가 들리더니 나를 쳐다보고 있던 아름다운 눈의 마초가 나왔다. 그녀는 나를 보기 위해 다른 고릴라들과 떨어져서 남아 있었던 것이었다. 부드럽고 고요하며 신뢰감이 담긴 마초의 눈을 바라보면서 나는 우리의 관계가 특별한 깊이를 가졌다는 기쁨에 압도당했다. 그녀에게 받은 신뢰감의 따스함은 시간이 지나도 결코 변하지 않을 것이다.

플로시가 그녀의 6개월짜리 딸인 클레오와 놀고 싶어 하는 어린 고릴라들에게 혼내는 뜻으로 부드럽게 꿀꿀거리고 있다. (다이앤 포시)

위: 집단 내의 고릴라들끼리의 사회행동이 가장 빈번해지는 쉬는 시간에 젊은 성체 수컷인 지즈가 늙은 아비인 베토벤을 졸라서 거칠게 놀고 있다. (다이앤 포시)

옆 페이지: 제5집단의 고릴라인 에피의 9개월짜리 새끼 파피가 어미의 등에서 뜀뛰기를 하고 만세를 부르며 가슴을 두드리고 있다. (다이앤 포시)

고릴라들에게 다가갈 때 나의 첫 번째 규칙은 '절대 고릴라를 만지지 말라'이다. 그러나 고릴라들이 간질이기를 얼마나 좋아하는지 안 이후로 이 규칙은 때때로 깨졌다. (반 롬페이)

옆 페이지

위: 고릴라들은 자신들이 알고 있고 신뢰할 수 있는 사람과 함께 노는 것을 좋아한다. 그러나 때로 이런 식의 놀이행동은 정상적인 고릴라의 행동을 관찰하는 데 방해가 되기도 한다. (다이앤 포시)
아래: 연구 집단의 고릴라에게 다가갈 때 그들이 만족스러워하며 내는 소리를 흉내 내어 내가 그들에게 접근한다는 것을 알리는 것이 중요하다. 그러면 고릴라들은 일상적인 행동을 방해받지 않으며 관찰자가 갑자기 나타나도 놀라지 않는다. (워렌 가스트와 제니 가스트/톰스택 포토 에이전시 Tom Stack & Associates)

나는 파블로에게 '비열한 자료 도둑'이라는 딱지를 붙였다. 짓궂게도 몇 시간에 걸쳐 얻은 자료와 필름을 계속 훔쳐 갔기 때문이다. (다이앤 포시)

퍽이 내 카메라로부터 관심을 돌리게 하기 위해서 나는 〈내셔널 지오그래픽〉 잡지를 퍽에게 주었다. 놀랍게도 퍽은 커다란 컬러 사진들에 관심을 가졌다. (다이앤 포시)

위: 종종 하게니아 나무는 고릴라들을 위해 생긴 것이라는 느낌을 받는다. 특히 코코와 퍼커가 이끼로 두껍게 덮인 가지 위에서 술래잡기놀이를 할 때는 더욱 그렇다. (다이앤 포시)

옆 페이지: 한껏 놀다가 지친 두 고아 고릴라들이 부드러운 이끼가 덮이고 따뜻한 햇살이 내리쬐는 하게니아 나무 구석에서 졸고 있다. (다이앤 포시)

위

왼쪽: 코코와 퍼커가 온 지 11년 후에 역시 밀렵꾼에게 잡혔다가 구조된 세 살짜리 보나네가 석 달간의 재활 훈련을 위해 캠프로 왔다. 함께 숲을 산책하는 동안 보나네가 밀렵꾼에게 희생된 고릴라 묘지에 관심을 보이고 있다. (다이앤 포시)

오른쪽: 보나네는 코코와 퍼커와 달리 야생으로 재도입(reintroduction)되었다. 보나네가 완전히 회복한 후에 우리는 그녀를 제5집단으로 재도입시키려 하였으나 실패했다. 제5집단의 고릴라들은 혈족들 사이의 유대감이 강해 그녀를 거부했기 때문이다. 보나네를 제5집단에게 데려간 날 사진에서처럼 보나네는 굵은 빗줄기와 그녀를 죽이려고 하는 은색등의 아들을 피해 늙은 베토벤의 등에 매달려 있었다. 6주쯤 지나 보나네가 제5집단의 고릴라들에게 물린 상처에서 회복되자 그녀는 혈연관계가 별로 없는 고릴라들로 구성된 집단에 성공적으로 편입되었다. (다이앤 포시)

옆 페이지: 보나네는 결국 자신의 종과 함께 사는 자유로운 고릴라가 되었다. (엘리자베스 에서)

위: 디지트는 번식할 기회를 갖고 있었기 때문에 번식 연령에 이르렀을 때 그가 태어난 집단에 남아 있었다. 1974년에 파수꾼 업무를 분담하던 제4집단의 으뜸 암컷 올드 고트가 죽은 후 이 젊은 은색 등은 불안한 눈빛을 갖게 되었다. (다이앤 포시 ⓒ 내셔널 지오그래픽 소사이어티)

옆 페이지: 디지트는 열한 살이 된 1972년에 유명한 고릴라가 되었다. 저자가 찍은 사진이 담긴 이 포스터는 세계 곳곳의 관광 사무소에 붙여졌다.

위: 디지트는 살아서 자신의 새끼를 보지 못했다. 그는 1977년 섣달 그믐날에 밀렵꾼에게 살해당했다. 디지트는 목숨을 바쳐 그의 가족을 살렸고, 그의 종이 영속될 수 있도록 했다. (다이앤 포시)

옆 페이지: 이것이 디지트의 마지막 사진이 될지 모른 채 1977년 12월 초에 찍은 사진이다. 디지트는 집단의 다른 고릴라들과 떨어져서 그늘에 앉아 보초를 서고 있었다. 디지트와 심바의 새끼는 넉 달 후에 태어날 예정이었다. (다이앤 포시)

뒤 페이지: 1978년 4월 심바와의 사이에서 디지트의 첫 번째이자 유일한 새끼인 므웰루가 태어났다. 므웰루는 아프리카어로 '빛의 정감'이라는 뜻이다. (다이앤 포시)

11 밀렵꾼에 의한 학살: 제4집단

1977년 1월 엉클 버트는 모든 집단 구성원의 존경을 받는 권위 있는 우두머리로 성숙해 가고 있었다. 어리고 미숙했던 은색등이 이렇게 바뀌기까지는 8년이라는 시간이 걸렸다. 엉클 버트는 여러 번의 경험을 통해 외톨이 은색등과 다른 집단들과의 충돌에서 대처하는 방법을 배우고, 죽은 그의 아비인 위니가 그러했듯이 집단 내에서 일어나는 논쟁을 해결해 가며 자식들이 늘어나면서 필요한 자원들을 확보했다. 카리소케에서의 10년이 지나고 제4집단에는 열한 마리가 남았다. 그 동안 여덟 마리가 죽었고 어린 암컷 다섯 마리가 이주해 갔으며, 암수 각각 한 마리씩 두 마리가 새로 들어왔다.

열 살 정도인 검은등 비츠미의 등장은 당황스러웠다. 비츠미는 아직 성숙하지 않은 고릴라들을 제외하고는 제4집단의 다른 고릴라들,

특히 은색등 우두머리와 이전의 으뜸 암컷의 아들인 여덟 살 난 타이거에게 환영받는 편이 아니었다. 비츠미가 오기 이전에는 막 은색등으로 자란 디지트와 그보다 좀 더 어린 타이거가 제4집단의 보초를 맡으면서 주변에서 사람의 침입이나 다른 고릴라들과 제4집단의 구성원 간의 충돌을 살펴보는 등 보안을 유지하고 있었다. 비츠미는 보초 일에 대한 책임에 전혀 신경 쓰지 않았다. 그는 제4집단의 멤버들과 어떠한 혈연관계도 없었으며, 집단 간의 결합이나 방어에 관해서도 전혀 기여하는 것 같아 보이지 않았다.

이전에 제4집단을 떠났다가 다시 돌아온 암컷인 마초는 현재 이 집단에서 중요한 위치를 차지하는 고릴라가 되었다. 1977년 초반에 18개월이 된 그녀의 아들 크웰리는 아비인 엉클 버트에게 사랑받았으며, 내가 지금까지 본 가장 활기찬 새끼 고릴라들 중 한 마리였다. 제5집단의 파피처럼 크웰리는 제4집단의 모든 고릴라들과 털고르기를 하고 놀기도 했다.

어느 밝고 따뜻한 아침에 나는 안부지대에 있는 언덕으로 둘러싸인 작은 목초지에서 햇볕을 쬐고 있는 한 무리의 고릴라를 만났다. 내가 다가가는 소리에 엉클 버트가 갑자기 일어났다. 나를 알아보고 나서 그는 내게 부드럽게 트림하는 듯한 발성으로 인사하고 따뜻한 태양 아래에 누웠다. 감상에 빠진 얼굴을 한 엉클 버트는 만족스런 표정을 지었다. 마초는 한가로이 거닐다가 크고 믿음직스러우며 부드러운 눈으로 나를 보고는 짝 옆에 누웠다. 크웰리는 부모 옆에 조용히 있기엔 너무 활기찼다. 크웰리는 나를 향해 팔꿈치를 구부리고 하얀 꼬리가 있는 엉덩이를 하늘로 향한 채 애벌레처럼 꾸물거리며 다가왔다. 그는 신기해하는 눈빛으로 나를 관찰하며 내 머리카락에서 나는 냄새를 맡고는 턱으로 내 얼굴을 간질였다. 그는 호기심에 가득 차 내 옷과 배낭을 잡아당기고는 발뒤꿈치를 차올리고 엉클 버트의 반대쪽으로 뒹굴었다. 그 다음 활기찬 어린 고릴라는 젖꼭지를 찾기 위해 공중제비를 넘으며 마초에게 갔다. 어미와 새끼는 부드럽게 서로를 안고 게으르고 만족스러운 미소를 지으며 나지막이 깔깔거렸다.

무리의 가장자리에서 비츠미와 거칠게 놀던 타이거는 가족들과 함께 엉클 버트 주위에 모여 있었다. 타이거의 엉클 버트와의 유대감은 시간이 지날수록 제4집단의 어떤 다른 구성원들보다도 강해졌다. 아마도 이복형제일 두 고릴라는 종종 같이 놀고 털을 골라 주는 데 오랜 시간을 보냈다. 활동하기에 좋은 따뜻한 1월의 어느 날이었다. 두 수컷은 서로 부드럽게 간질이며 털을 골라 준 후 누워서 졸고 있었다. 항상 그랬듯이 무리의 가장자리에서 보초를 서던 디지트를 제외하고 모든 가족들이 아담하고 작은 원을 이루며 부드럽게 코를 골고 있었다. 그 순간 나는 세상의 어느 곳도 내가 앉아 있는 제4집단의 한가운데보다 좋을 수는 없을 것 같았다. 고릴라들과 함께 햇볕을 즐기면서 세상과 격리되어 있는 이곳.

달콤한 졸음을 참으며 관찰하길 반 시간 후 가까운 언덕 꼭대기에서 휘파람 소리가 들린 것 같았다. 아랫입술을 쇄골에까지 늘어뜨리고 졸던 엉클 버트는 즉시 일어나서 소리가 난 방향을 응시했다. 은색등의 눈과 귀, 그리고 코는 날카로운 안테나 같았다. 엉클 버트는 약 5분 동안 긴장한 상태로 있었다. 집단 위쪽의 경사면에서 쉬고 있던 디지트는 천천히 소리가 난 곳으로 올라가기 시작했다. 경계심으로 긴장한 타이거는 엉클 버트를 남겨 두고 디지트를 따라 언덕으로 올라갔다. 그 다음부터는 아무런 소리도 들리지 않았다. 엉클 버트는 곧 마음을 놓았으나, 고릴라들을 이끌고 소음이 난 곳과 반대 방향으로 먹이를 먹으러 갔다.

고릴라들이 멀리 이동하기 시작한 것이 확실해지자 캠프로 돌아가려면 꽤 오래 걸릴 관찰이 될 것 같았다. 제4집단을 처음 만난 곳으로부터 20분가량 떨어진 곳에서 넓은 초지로 창과 활, 그리고 화살을 들고 달려가는 밀렵꾼 한 명이 눈에 띄었다. 그 남자는 마치 영양처럼 빠르게 달려 깊은 숲 쪽으로 들어갔는데, 그 숲에는 다른 밀렵꾼과 개가 그를 기다리고 있었다. 나는 최대한 빨리 뛰어가서 그들을 따라잡았다. 한번은 숲에 숨어서 밀렵꾼들의 휘파람을 흉내 내어 흩어진 사람들과 개를 모두 내 쪽으로 오도록 했다. 달려온 그들은 '니라마카벨리'를 보자마자 모두 도망갔다.

나는 캠프로 돌아와서 이언 레드먼드와 유능한 추적꾼인 르웰레카나에게 내가 남기고 온 흔적을 따라 밀렵꾼들의 자취를 따라가 보아 달라고 했다. 그러는 동안 나는 제4집단으로 돌아가서 그들이 안전한지 확인했다. 밀렵꾼들의 흔적을 뒤쫓아 가자 내가 만났던 남자가 보였는데, 그 남자는 내가 고릴라들과 있는 동안 휘파람 소리를 듣는 역할을 맡고 있었다. 그들은 제4집단이 낮에 쉬던 곳 위에 있는 언덕의 정상에서 끝나는 덫줄을 설치하고 있었다. 또한 그들은 내가 목초지에 왔을 때 다이커를 죽여 몸통을 자르는 중이었다. 그러나 나는 몸통 잘린 영양에 관심을 쓸 수 없었다. 밀렵꾼들이 이렇게 개방된 곳에서 무언가를 하는 것은 전에 없던 일이었기 때문이다. 고릴라들이 잘 있다는 것을 확인하고 나서 나는 밀렵꾼들의 덫을 부수고 캠프로 돌아왔다. 이언과 르웰레카나는 죽은 다이커 여섯 마리와 창, 활, 화살, 그리고 해시시 파이프를 찾아내어 밀렵꾼 일당으로부터 몰수해 왔다.

1977년 여름은 제4집단이 밀렵꾼이나 다른 고릴라 집단으로부터 방해받지 않고 평화롭게 서쪽 안부지대로 이동해 간 목가적인 시기였다. 그들은 충분한 햇빛과 놀이 그리고 먹이로 충만하고 조화로운 날들을 보냈다. 8월과 9월 사이에 디지트가 심바에게 집요하게 교미를 시도했다. 젊은 암컷은 갑자기 디지트를 유혹하는 행동을 멈추고 다른 임신한 고릴라들처럼 더 많은 시간을 먹는 데 보냈다. 디지트는 모든 시간을 파수꾼으로서 보냈고, 때로는 제4집단과 30여 미터 떨어진 곳에서 지내기도 했다.

우리가 안부지대에서의 순찰활동을 강화한 지, 또 우리가 비소케의 경사면으로 안전하게 서식처를 옮긴 제4집단의 고릴라들과 만나기 시작한 지 꼬박 1년이 되었다.

1977년 12월 8일에 제4집단을 만나러 다가갔을 때 다른 고릴라들과 약간 떨어져서 몸을 활처럼 구부린 자세로 앉아 있는 디지트를 만났다. 디지트는 기가 죽어 보였다. 나는 그와 트림 소리를 교환할 수 있도록 얼마간의 시간을 보냈다. 심바가 임신한 이후로 젊은 은색등은 목적이 없는 동물처럼 보였다. 나는 사진 몇 장을 찍으려고 했지만 그는 여전히 그늘지고 침울해 보였다. 얼마 후 디지트는 먹이를 먹기 시작했다. 그와 헤어질 때 그는 잠깐 특유의 개구쟁이 같은 얼굴을 하고 나뭇잎 몇 장을 내 뒤에 뿌렸다. 이것은 '잘 가!'라는 그의 오래된 인사 방식이다.

나는 부처를 닮은 멋진 검은색의 엉클 버트가 그의 두 짝인 마초와 플로시, 그리고 뛰노는 새끼들에 둘러 싸여 있는 제4집단과 함께 있었다. 엉클 버트에 가장 가까이 있는 오거스터스는 활기차게 손바닥을 마주치며 소리를 내고 있었다. 크웰리는 술 취한 선원처럼 눈을 가늘게 뜨고 웃는 표정으로 앉아 발을 고릴라들과 내 사이로 흔들거렸다. 제4집단의 행복한 풍경은 오직 디지트가 그들을 지키고 있을 때 완성되는 것이었다.

* * *

공원에서 밀렵꾼들의 침입이 늘어나는 크리스마스 철이 다가왔다. 이번에는 매년 이맘때쯤처럼 걱정을 많이 하지 않아도 되었다. 밀렵꾼들의 무기를 몰수하고 덫을 없애 버리는 등 우리의 순찰활동이 꽤 성공적으로 진행되었기 때문이다. 그러나 한정된 인력과 자금 때문에 우리가 순찰할 수 있는 범위는 드넓은 안부지대 일부분으로 제한되어 있었다. 그래서 우리는 더 넓은 지역을 교대로 순찰하기로 했다.

1978년 1월 1일 네메예는 아주 늦게 캠프로 돌아와서 제4집단을 찾지 못했다고 알렸다. 그들의 흔적은 대규모의 버팔로와 코끼리 떼, 밀렵꾼과 개들의 흔적과 합쳐져 버렸다. 그는 두려움에 젖은 목소리로 그 흔적들 속에서 많은 핏자국을 발견했으며, 또한 고릴라의 설사를 발견했다는 말도 덧붙였다. 밀렵꾼과 개가 있다는 것이 확실했지만, 네메예는 위험을 무릅쓰고 제4집단을 쫓아 비소케의 경사면까지 돌아오는 3킬로미터의 도주로를 따라갔다. 다음 날 이언 레드먼드와 네메예, 나, 캠프 직원인 카냐라가나, 이렇게 넷은 동틀 녘에 캠프를 떠나 넓은 안부지대에 남아 있는 것을 뭐든 찾기 시작했다.

피로 물든 채 흐트러진 풀밭 위에 누워 있던 디지트의 토막 난 사체를 발견한 것은 이언이었다. 디지트의 머리와 손은 난도질되어 있었다. 그의 몸은 창에 찔린 많은 상처들로 가득했다. 이언과 네메예는 다른 구역을 추적하고 있는 나와 카냐라가나를 찾기 위해 사체를 남겨 두고 왔다. 그들이 전한 끔찍한 소식을 듣고 나는 결코 디지트의 사체를 내 손으로 거두러 갈 수가 없었다.

자기 자신이 산산이 부서질 것 같은 두려움 때문에 사실을 받아들일 수 없을 때가 있다. 이언에게서 디지트의 죽음에 관한 소식을 들었을 때 10년 전 그가 활기차고 작은 까만 털뭉치 정도였던 시절에 처음 봤을 적부터의 일이 주마등처럼 스치고 지나갔다. 그날부터 내 마음속에는 벽이 생겼다.

디지트, 오랫동안 집단의 파수꾼이었던 그는 1977년 12월 31일 밀렵꾼에 의해 죽었다. 몸에 치명적인 다섯 개의 상처를 입었던 그날, 디지트는 여섯 명의 밀렵꾼과 사냥개가 자신의 가족인 심바와 아직 태어나지 않은 그들의 새끼에게 가려는 걸 지연시키고 그들을 안전한 비소케의 경사지대로 도망치게 했다. 디지트의 마지막 전투는 외로웠고 용감했다. 그는 사투를 벌이는 동안 밀렵꾼의 개 한 마리를 죽이고 나서 자신도 죽은 것 같았다. 나는 디지트의 고통과 슬픔, 그리고 인간이 그에게 한 짓 때문에 그가 겪어야만 했던 모든 것을 떠올리지 않으려 애썼다.

인부들이 디지트의 사체를 캠프로 옮겨 와 내 오두막에서 대략 12미터쯤 앞에 있는 곳에 묻었다. 우리는 그의 몸을 묻었지만 그의 기억까지 묻지는 못했다. 그날 밤 이언 레드먼드와 나는 두 가지 대안에 대해 논쟁을 벌였다. 디지트를 묻고 그의 죽음을 그냥 가져갈 것인가, 아니면 활동적인 보전 사업을 위한 추가 지원을 받기 위해 그의 죽음을 공론화할 것인가.

야외 연구 경험이 상대적으로 적은 이언은 디지트의 죽음을 공론화함으로써 받을 수 있는 모든 것에 대해 낙관적인 견해를 가지고 있었다. 그는 이 일을 공론화시키는 것이 르완다 정부에게 더 큰 압력으로 작용해서 밀렵꾼을 포획하고 밀렵방지 순찰 기간을 더 늘려줄 것이라고 생각했다. 그는 또한 이 사건이 르완다와 자이르가 어쩔 수 없이 많은 부분을 협력하게 하는 계기가 되어 국경들로 쪼개진 비룽가가 하나인 것처럼 기능하게 될 것이라 생각했다.

나는 이언의 이러한 낙관주의에 찬성할 수 없었다. 디지트가 죽었을 때는 내가 비룽가에서 일한 지 11년째였다. 공원 관리인들 또는 공무원들 중 가난과 인구 과밀의 상황 아래에서 무력감과 권태의 희생자가 되지 않은 이를 거의 만나 볼 수 없었다. 사실 가장 큰 장애 중 하나는 세 나라가 비룽가를 공유하고 있으며, 이들 모두 야생동물을 지키는 것보다 훨씬 긴박한 문제에 직면해 있다는 것이었다. 분노한 대중의 외침으로 아마도 많은 양의 보전 기금이 르완다로 들어올 수 있겠지만, 실질적으로 밀렵방지활동에 쓰이는 액수는 적을 것이라는 점에 대해서는 나 또한 이언과 뜻을 같이했다. 코코와 퍼커가 잡혔던 때도 자금과 새로운 차가 르완다의 공원 공무원에게 들어갔다. 그러나 재정도 차도 공원의 이익을 위해 사용되지 않았다. 나는 보전활동을 하는 사람의 일에 대한 동기부여가 자금과 함께 반드시 수반되어야만 오랜 기간의 목표를 성취시킬 수 있다고 믿게 되었다. 나의 가장 큰 두려움은 세계가 디지트의 죽음을 듣고서 '고릴라를 구해야 한다'라는 시류에 편승하는 것이었다. 그의 죽음에 뒤이어 재정적인 보상이 따라온다면, 디지트는 연구 기관에 의한 첫 번째 희생양이 되는 것인가? 디지트의 죽음을 공론화하는 것에 대하여 이언과 찬반양론으로 대립하며 나는 줄곧 이런 생각을 떨칠 수가 없었다.

나도 이언도 디지트의 죽음이 헛되지 않기를 바란다는 사실을 현실화한 것은 검은 밤하늘이 회색의 안개로 덮인 새벽이었다. 나는 실질적으로 고릴라 보전활동을 지지해 줄 수 있도록 디지트 기금Digit Fund을 만들기로 마음먹었다. 이 기금은 오직 공원 내에서 밀렵방지활동을 확장하는 데만 쓸 수 있게 될 것이다. 이 기금으로 오랜 시간 창이나 활, 화살 같은 밀렵꾼들의 무기를 몰수하고 덫을 없애는 끈질긴 일을 할 수 있는 아프리카인들을 모집하고 그들의 훈련·장비 비용과 급료를 지불했다. 나는 이러한 일을 공원 직원들이 해 주기를 원했다. 공원 관리직원들은 나와 달리 밀렵꾼들을 잡을 수 있는 법적인 권리를 가지고 있었으며, 그들에게는 또한 6달러가량 여분의 봉급이 매달 지원되고 있었다. 그러나 공원 관리인들은 표면상으로는 볼캉 공원의 직원으로서 일하는 것 같았지만 교대로 르완다 국립공원장 밑에서도 일해야 했으며, 따라서 그들은 키갈리에 있어야 했다. 직원들은 공원에 가든 그렇지 않든 관례대로 봉급을 받았다. 그러므로 그들에게는 보전활동을 열심히 수행해야 할 동기가 없었다. 여러 해 동안 나는 미국으로 짧은 여행을 떠났다가 르완다에 돌아오기 전에 순찰대를 위한 새로운 부츠와 유니폼, 배낭, 그리고 텐트들을 잔뜩 실어 왔다. 나는 카리소케에서 밀렵방지 순찰자로서 활동하는 사람들에게 용기를 북돋아 주려고 셀 수 없을 만큼 노력했다. 물론 유니폼과 부츠는 열심히 지급했고 여분의 봉급과 캠프에서 먹을 음식도 마찬가지였다. 그러나 공원 직원들의 반짝 노력은 의미가 없었다. 그 사람들은 되도록이면 빨리 자신의 집과 동네 술집으로 돌아가려고만 했다. 나의 순진한 태도는 결국 중단되었다. 나는 차라리 월급도 받고 고기를 얻으려고 밀렵꾼의 뒤를 봐 주는 공원 직원들보다는 오래 버틸 수 있는 밀렵꾼들이 오히려 이 일에 어울린다는 것을 깨달았다. 또한 공원 직원들은 카리소케에 머무르는 동안 그의 친구나 친척들을 밀렵단속하는 척하고 감옥에 데려가면서 '탈주하도록' 한다는 것도 알았다. 나는 이들에게 매일의 노동에 대해 임금을 주는 대신 밀렵꾼을 잡아오는 사람들에게 여분의 돈을 더 주는 실수를 했다. 올가미를 걷어 캠프로 가져오는 것에 대해 포상을 지급하는 것 역시 쓸데없는 일이었다. 그들은 덫이 돈과 교환될 때만 일을 했다. 나중에 공원과 관계없는 사람들을 뽑아 같이 일을 할 때는 이런 실수를 결코 반복하지 않았다. 그리고 그들만이 정직하고 효율적으로 순찰활동을 수행했다.

며칠 후 이언과 나는 밀렵꾼의 흔적을 역추적하다가 디지트가 죽었던 장소 즈음에 도착해서 우리가 했던 결정에 대해 천천히 다시 생각해 보던 참이었다. 그동안 우리는 비소케의 경사면에서 밀렵꾼들로부터 안전한 곳까지 이동한 제4집단과 잠깐 만났다. 우리는 디지트가 원래 우리가 생각했던 것과는 달리 그의 머리와 손을 장식용으로 쓰기 위하여 죽임당한 게 아니라는 것을 알았다. 여섯 명의 밀렵꾼들은 일렬로 설치한 올가미들 사이에서 잠복했었는데, 올가미 한 열의 끝과 제4집단이 우연히 만나게 된 것이었다. 홀로 보초 임무를 수행하던 디지트의 사체는 마지막 덫에서 25미터가량 떨어진 곳에 있었으며, 제4집단이 낮에 쉬는 장소로부터는 80미터 정도 떨어진 곳이었다.

밀렵꾼들의 흔적을 좇아간 결과, 공원에서 영양을 죽인 그 남자가 제4집단과 만나기 이틀 전에 덫을 설치했다는 것을 알아냈다. 밀렵꾼들은 카리심비의 동쪽 사면에 근접한 무자비한 밀렵꾼 무냐루키코의 마을 키덴게지로 다시 도망갔다. 밀렵꾼들은 다시 생각해 본 후에 디지트의 머리와 손을 가져갔다. 왜냐하면 그런 물건들은 전에 유럽인들에게 비싼 값에 팔렸기 때문이었다. 우리는 디지트가 단지 기념품으로 사용되기 위하여 죽었다는 처음 생각이 잘못되었다는 것을 알고 후회했다. 디지트는 장식품을 얻기 위해 사냥꾼들에 의해 의도적으로 살해된 게 아니었다. 그는 그의 목숨을 가족들을 지키기 위해서 썼던 것이다. 그것은 비극적이게도 잘못된 장소에서 잘못된 시간에, 하필 새해 전날에 일어났다. 만약 디지트의 죽음이 그들의 경제적 이익과 부딪쳐 어쩔 수 없이 일어났다고 판명된다면, 앞으로 제4집단은 얼마나 오랫동안 살아남을 수 있을까 하는 의구심이 들었다. 1개월? 6개월? 1년?

이언과 나는 결국 디지트의 살해를 발표하여 공론화하기로 결정했다. 며칠 후 북아메리카의 텔레비전 시청자들은 월터 크롱카이트Walter Cronkite의 〈CBS 이브닝뉴스〉에서 디지트의 죽음에 대한 소식을 들었다. 르완다 공원 관리소장과 폴랭 은쿠빌리가 함께 캠프를 방문했다. 디지트는 그들의 방문을 받고 땅속에 묻혔다. 폴랭 은쿠빌리는 그 끔찍함에 치를 떨며 루엥게리에서 활동하는 밀렵꾼들을 체포하기 위해 그가 할 수 있는 일은 뭐든지 하겠다고 약속했다.

디지트가 살해당한 지 6일 후 오두막에서 자료를 정리하고 있던 도중 나무꾼의 목소리가 들려왔다. "바윈다지(밀렵꾼)! 바윈다지!" 네 명의 르완다인 캠프 직원이 카리소케에 피난해 와서 안전하게 살고 있는 영양들 중 하나를 죽이려고 한 낯선 사람을 즉시 뒤쫓아 갔다. 오랜 추적 끝에 일꾼들은 밀렵꾼을 잡아내 오두막으로 돌아왔다. 그 남자는 마른 피로 얼룩진 노란 티셔츠를 입고 있었다. 그는 또 피가 묻은 활과 다섯 개의 화살을 가지고 있었다. 핏자국에 대해 추궁하자 그는 그것이 디지트의 것이라고 인정했다.

여단장 은쿠빌리가 다시 캠프로 올라왔다. 그는 카리소케에서 밀렵꾼을 조사한 끝에 디지트의 죽음에 책임이 있는 나머지 다섯 명의 이름을 알아냈다. 일주일이 되기 전에 그들 중 두 명이 체포되었다. 나머지 세 명인 무냐루키코, 세바후투, 그리고 가샤비지Gashabizi는 숲으로 숨어서 체포를 피할 수 있었다.

나는 제4집단의 고릴라들에게 다시 다가가려 했지만, 디지트의 죽음으로 몇 주 내내 그들과 만나는 것이 불가능했다. 나는 용기 있는 젊은 은색등의 무리 주변을 살폈다. 그러나 고릴라들은 내게 전처럼 접근을 허락해 주지 않았다. 나는 옛날의 특권을 더 이상 누릴 수 없었다.

타이거와 비츠미는 원래 디지트의 일이었던 제4집단의 보초 임무를 맡았다. 그러나 어린 수컷 두 마리가 서는 보초는 자주 야단법석 레슬링 게임으로 바뀌었기 때문에 제4집단은 엉클 버트에게만 집단의 안전을 모두 맡기는 셈이 되었다. 비소케의 사면으로 옮겨 온 직후 제4집단은 넌키의 충돌 시도로 고민하고 있었다. 엉클 버트는 심바를 얻기 위해서 나타나던 고집 센 늙은 은색등을 피하기 위해 가족들을 이끌고 안부지대로 이동했다. 제4집단은 디지트가 죽은 장소 주위를 며칠간 돌아다니며 이미 살해당한 디지트를 찾아다녔다. 물론 그들은 디지트를 다시는 찾을 수 없었다. 나는 그들의 행동에 놀랐다. 지난 10년간의 연구에서 고릴라들은 가축 떼와 덫 또는 밀렵꾼들과 마주쳤을 때 일반적으로 그 장소에 즉시 되돌아가지 않기 때문이었다.

* * *

고릴라들에게 위험이 다가오자 나는 어쩔 수 없이 제4집단을 덫과 밀렵꾼의 위험이 남아 있는 안부지대로부터 안전한 비소케의 경사로 몰아오기로 결정했다. 이 작업은 고릴라들에게 심한 스트레스를 주기 때문에 꽤 망설여졌다. 그러나 덫 때문에 타이거의 오른쪽 허벅지에 새로운 상처가 생기자 나의 우유부단함은 사라졌다.

고릴라들을 몰아오는 일은 제4집단을 두렵게 만들 뿐 아니라 내게도 몹시 곤욕스러웠다. 극도의 흥분 상태에 있는 고릴라들이 보이지 않는 추격자들에 의해 피해는 입지 않을지, 도주로에 덫이 설치되어 있지는 않은지, 또는 일부러 다이앤 포시 일행이 넌키의 집단이 현재는 차지하지 않고 있은 데다가 자신들이 좋아하는 비소케 구역으로 데려가는 것인지 알 방법이 없었다. 우리는 그들의 불안감을 알고 있었기 때문에 엉클 버트가 이끌고 타이거와 비츠미가 옆을 호위한 제4집단이 산으로 도망치기 위해서 시끄럽게 내는 소리를 참을 수 있었다.

24시간 후 제4집단은 흥분이 약간 가라앉은 것 같았다. 그들은 피로를 느꼈는지 조용해졌다.

거의 6개월간 제4집단은 밀렵꾼이나 다른 고릴라 집단과 만나는 일 없이 비소케의 경사와 인접한 곳에서 평안하게 지냈다. 디지트의 첫 번째이자 유일한 자손을 가진 심바는 출산이 다가왔다는 신호를 자주 보였다. 제4집단의 어린 고릴라들은 젊은 암컷에게 많은 관심을 쏟았으나, 심바는 대부분의 시간을 혼자 게걸스럽게 먹으며 보내는 것을 더 좋아했다. 그녀는 비츠미가 올라타는 것을 몇 번 허락했고, 또한 출산 기간이 가까워져 온 플로시도 엉클 버트에 대해서 마찬가지였다. 플로시는 카리소케에서 연구를 시작한 이래 제4집단에서 그녀의 다섯 번째이자 그중 살아남은 두 번째 새끼를 낳았다. 이 새끼 고릴라는 엉클 버트의 일곱 번째 자손이며 그중 살아남은 네 번째 새끼였다.

플로시는 출산이 가까웠음을 알리는 신체적 신호를 심바보다 확연히 보여 주었다. 둘 다 걸핏하면 싸움이었다. 둘은 서로 싸울 뿐 아니라, 특히 마초에게 싸움을 자주 걸었다. 이제 32개월이 되는 크웰리의 어미는 아직 발정기가 돌아오지 않은 것 같았고, 다시 한 번 플로시와 심바에게 공격당하는 것을 피해 무리의 변두리로 물러가 있었다.

플로시의 상태를 확인해 주는 다른 신호는 가장 어린 자식인 세 살 반의 타이터스의 털을 골라 주는 시간이 늘어난 것으로, 이는 새끼를 낳을 때가 된 암컷이 보여 주는 전형적인 행동이다. 어린 수컷은 익숙하지 않은 어미의 보살핌을 좋아했다. 타이터스가 태어나기 전에 그의 누나인 클레오가 플로시로부터 비슷한 대우를 받고 좋아했듯 말이다. 집중적으로 젖을 떼야 하는 시기가 다가온 데다가 타이터스와 같이 놀 시간도 줄어든 크웰리는 자주 울고 부루퉁했다. 그렇지만 크웰리는 항상 마초의 사랑을 받고 있는 자식이었다.

디지트가 죽고 3개월하고 7일이 지난 날 심바는 아프리카어로 '빛의 정감' 이라는 뜻을 가진 므웰루Mwelu를 낳았다. 디지트의 축소판인 듯한 므웰루는 깊고 풍성한 눈썹과 반짝이는 눈을 가진 특히나 아름다운 암컷 새끼였다. 심바는 아이의 보호에 대해서는 집요했으며, 새로 태어난 대부분의 다른 고릴라들처럼 므웰루는 어린 고릴라들 사이에서 호기심의 대상이 되었다.

심바는 그녀의 집단에서 남편 없이 새끼를 키우는 두 번째 암컷이었다. 공교롭게도 심바 자신도 아비가 죽은 후 태어난 자식이었다. 심바는 어렸을 때 나이 든 어미인 X 부인에게 의지하며 살아왔고, 완전히 고아가 되었을 때는 제4집단의 새로운 우두머리인 엉클 버트에게 의지했다. 새로 태어난 고릴라에 대해 호기심 가득한 눈길이 늘어나자 엉클 버트는 심바와 어린 므웰루에게 보호막이 되어 주었다. 므웰루가 태어난 지 45일이 지났을 때 플로시도 암컷 새끼를 낳았고, 우리는 새끼 고릴라의 이름을 프리토Frito라고 붙였다.

프리토가 태어난 지 거의 한 달이 되던 1978년 7월 중순 엉클 버트는 집단을 비소케의 경사에서 요 몇 달간의 꾸준한 순찰 때문에 밀렵꾼들의 흔적이 없어진 안부지대로 끌고 내려왔다. 몇 주간 제4집단의 어른들은 새끼들이 무한한 에너지로 충만해 산을 오르고 거대한 하게니아 나무에서 술래잡기하는 동안 행복하게 햇볕을 쬐었다. 모든 고릴라들이 안부지대의 비옥함을 만끽했다. 고릴라들은 그들이 좋아하는 장소로 돌아와 더없이 행복한 나날들을 보내고 있었다.

1978년 7월 24일 아침 카리소케의 네 명의 학생 중 하나가 내 오두막 문을 두드렸다. 나는 그를 보고 매우 놀랐다. 그는 바로 한 시간 전에 제4집단을 만나러 캠프에서 떠났기 때문이었다. 처음에는 그의 얼굴 표정을 보고 놀랐고, 그 다음엔 그가 내게 해 준 말 때문에 나는 충격에 휩싸였다.

"밀렵꾼." 나는 묻기보다는 말을 내뱉었다.

그러자 학생이 대답했다. "엉클 버트가 가슴에 총을 맞았고, 목은 베여진 상태였어요."

그날 아침 그 학생은 꽤 대담했다. 그는 혼자서 제4집단을 찾기 위해 아직 따뜻한 엉클 버트의 사체 주변을 돌아다녔고, 카리소케 직원들과 함께 엉클 버트가 있는 곳으로 돌아오려고 했던 것이다. 그는 엉클 버트가 죽은 곳으로부터 비소케의 경사까지 고릴라들이 도망간 미로 같은 흔적을 정리하는 데 시간을 보냈다. 그들은 13마리의 고릴라들이 있는 연구 지역 주변 집단이 열 살 반의 타이거가 이끌고 있는 10마리의 제4집단 고릴라들과 대치하고 있는 것을 발견했다. 인간이 관찰하고 있다는 것을 알아차리자마자 주변 집단은 도망쳤고, 제4집단은 새로운 우두머리인 타이거 주변에 모였다. 아마도 제4집단의 설립자였을 위니와 예전의 가장 우위 암컷인 올드 고트의 생존한 단 한 마리의 자손 타이거는 짧은 성장 기간 동안 제4집단의 차기 우두머리의 역할을 배우며 자랐을 것이다. 젊은 수컷은 엉클 버트를 매우 닮았으며 그와 강한 사회적 유대를 나누었기 때문에 나는 집단의 원래 우두머리였던 위니로부터의 강한 혈족 유대관계가 타이거의 새로운 위치를 더욱 강하게 해 줄 것이라고 생각했다.

우리는 흐느껴 울고 있는 크웰리를 발견했지만, 마초는 보이지 않았다. 아마도 연구 지역 주변 집단이 그녀를 데려가는 데 성공한 것 같았다. 그날 밤 타이거는 아직 홀로 잠들지 못했을 이복사촌인 세 살짜리 크웰리와 잠자리에서 함께 보냈다. 어린 고릴라를 돌보는 타이거의 모습은 7년 전에 고아가 된 심바를 지켜 주던 엉클 버트와 꼭 닮아 있었다.

디지트가 살해되었을 때의 충격과 공포가 돌아왔다. 더욱 견디기 힘든 것은 위협이 여전히 남아 있다는 것이었다. 두 명의 추적꾼들과 나는 밀렵꾼의 발자국을 따라 엉클 버트의 사체로부터 여전히 연기가 나고 있는 불 피운 장소를 찾기 위해 역추적해 나가기 시작했다. 그곳은 제4집단의 7월 23일 잠자리로부터 두 시간가량 떨어져 있는 곳이었다. 제4집단이 있던 곳을 왔다 간 밀렵꾼의 발자국은 무냐루키코가 사는 키덴게지의 마을로 바로 연결되어 있었다. 밀렵꾼이 지나간 흔적은 또한 학생들이 도착해서 방해받은 후에 다시 찾아와 엉클 버트의 몸을 더 조각내었다는 것을 알려 주었다. 화살과 창, 그리고 사냥개 때문에 천천히 고통스럽게 죽었던 디지트와 달리, 엉클 버트는 한 발의 총알이 심장을 관통하여 죽었다. 그는 아마도 죽기 전 공포의 순간이 짧았을 것이다.

엉클 버트는 배우자와 새끼들 사이에서 햇빛을 받으며 있었어야 할 제4집단의 잠자리 주변에서 죽었다. 의도한 것은 아니었겠지만, 밀렵꾼들의 흔적은 엉클 버트가 디지트만큼의 고통을 겪지 않았다는 것을 알려 줘서 내게 작은 위안이 되었다. 고릴라를 죽이는 데 있어서 총이라는 그들의 새로운 힘은 극악무도했고, 그들은 엉클 버트의 심장에 한 방의 총알 자국만 남겼을 뿐이었다. 그들은 칼과 팡가를 사용해 고귀한 은색등의 오른쪽 가슴을 열었고, 총알의 흔적을 없애려 총알 자국을 도려내어 갔다. 우리는 엉클 버트의 사체를 캠프로 데려와 디지트 옆에 묻어 주었다.

나는 루엥게리로 가서 새로운 학살을 폴랭 은쿠빌리에게 알렸다. 여단장은 즉시 무냐루키코의 마을을 급습하기 위해서 부대원을 소집했고, 나는 그들과 동행했다. 그들은 그날 밤 마을을 둘러쌌고, 재빨리 작은 초가로 된 오두막을 찾으러 갔다. 한 시간 동안 부대원들은 창과 활, 화살, 그리고 해시시 파이프 더미를 압수해 왔다. 그리고 드디어 한 오두막의 침대 밑에서 비룽가의 밀렵꾼 중 세 번째로 악명 높은 가샤비지를 발견했다. 가샤비지는 후에 이번 살해와 디지트의 죽음에도 관련이 있는 것으로 드러났다. 무냐루키코는 끝내 포위를 빠져나갔지만, 가샤비지의 체포는 긴 밤의 수고를 보람있게 했다. 결국 그는 루엥게리 감옥에서 10년간 투옥되는 벌을 선고받았다.

다음 날 아침 은쿠빌리는 또 한 번 놀라운 습격을 감행했다. 그가 급습한 곳은 두 번째로 위험한 밀렵꾼인 세바후투가 사는 작은 마을이었는데, 그는 일곱 아내와 많은 아이들을 거느리며 살고 있었다. 전날 밤과 같은 작전으로 부대원들은 오두막을 둘러싸고 조심스럽게 하나씩 찾았다. 결과는 섬뜩할 정도였다. 창, 활, 화살, 그리고 해시시 파이프 더미들이 쌓여 있었고, 피로 흠뻑 얼룩진 세바후투의 옷과 몇 자루의 칼, 그리고 끈적거리는 피로 덮인 팡가가 짚으로 만든 침대 아래에서 발견되었다.

세바후투가 유죄임을 입증하는 증거들을 그의 아내들에게 전해 주자 그들은 큰 소리로 울면서 남편의 무죄를 탄원했다. 그 순간 밝은 빨간색 스웨터를 입은 남자가 울타리를 뛰어넘어 마을을 빠져나가려고 했다. 부대원이 그를 잡아 데려왔다. 나중에 심문한 결과 밀렵꾼 세바후투는 엉클 버트의 심장에 총을 쏘았던 장본인으로 밝혀졌다. 세바후투는 유죄를 선고받고 루엥게리 교도소로 가게 되었다. 이제 남은 것은 무냐루키코뿐이었다.

캠프로 올라올 준비를 하고 있는데, 비소케의 베이스캠프에서 일꾼이 소식을 가지고 왔다—마초의 사체는 엉클 버트가 죽은 곳으로부터 50미터가량 떨어진 장소에서 발견되었다. 마초 또한 총에 맞았고, 총알은 늑골을 지나 척추를 부순 후에 나갔다. 밀렵꾼들은 엉클 버트의 경우와 마찬가지로 총알을 회수해 갔다.

정신이 멍해진 나는 루엥게리로 다시 차를 돌렸다. 나는 마초가 죽었다는 사실을 믿을 수 없었다. 마초가 크고 진지한 눈으로 내 얼굴을 바라보며 옆에서 함께 걸었던 일과 크웰리에게 늘 아낌없이 상냥하게 대해 주던 모습이 생각났다. 이제 겨우 세 살인 크웰리는 부모 없이 어떻게 살아갈 것인가?

또 다른 살해 소식을 들은 은쿠빌리의 반응은 더욱 격앙되었다. 그는 즉시 세 번째로 부대원을 소집하고 모든 의심 가는 밀렵꾼들을 심문하도록 명령했다. 다음 날 나는 내 폭스바겐 버스에 무장한 군인들을 가득 태우고 경찰 조사관 한 명과 함께 볼캉 공원에 인접한 마을로 내려갔다. 마을의 시야를 벗어난 곳에 주차하자 차에서 군인들이 쏟아져 나왔다. 그들은 해병들이 해변에 상륙 작전을 펼치듯 총을 머리 위로 옮기며 움직였다. 부대원들은 순식간에 시장을 둘러싸 사람들 수백 명을 포위했다. 이 급습으로 14명의 밀렵꾼을 붙잡았고, 이들 모두는 루엥게리 감옥에 수감되어 재판을 기다리게 되었다.

비소케의 베이스캠프로 돌아가는 길에 우리는 길을 따라 걷고 있는 공원 관리인을 만나 그를 사무실까지 태워다 주었다. 짧은 동승 기간 동안 그는 나의 존재를 완전히 무시하고 버스 뒷자리에 탄 캠프 직원들에게 빠른 키냐르완다어로 퉁명스럽게 말했다. 관리인을 사무실에 내려 주고 나서 내 직원은 관리인의 말을 통역해 주었다. 그가 화가 난 가장 큰 원인은 밀렵꾼이라고 알려진 몇 명의 르완다인들이 감옥에 갇혀 있기 때문이라고 했다. 공원 관리인은 그 르완다인들의 조속한 석방을 요구하러 갈 것이라고 했다. 엉클 버트와 마초는 볼캉 공원의 자이르 쪽 관리 지역에서 죽었기 때문에 고릴라들의 죽음은 르완다인이 아니라 자이르인들과 관련 있을 거라는 것이 그의 결론이었다.

캠프 직원들과 나는 모두 최근의 사건이 자이르와 매우 근접한 곳에서 일어난 것과 디지트의 죽음과 관련한 모든 밀렵꾼이 르완다인으로 판명된 것을 생생하게 기억하고 있다. 밀렵꾼과 고릴라 모두 비자가 없었기 때문이다. 관리인이 살해가 일어난 장소인 르완다 경계 지역에는 거의 가지 않는 자이르인을 비난한 것에 대해 어이가 없었다.

덜컹거리는 화산암 도로를 타고 비소케의 베이스캠프로 가는 동안 남자는 관리인의 나머지 말을 통역했다. 그가 말하길 관리인은 새로 잡은 새끼 고릴라를 받으러 기제니에서 사흘을 보낸 후 막 돌아오는 길이라고 했다. 그는 불쌍한 새끼 고릴라를 찾지 못한 채 루엥게리와 베이스캠프의 사이에 있는 사무실로 돌아와야만 했다고 한다.

직원들과 함께 카리소케로 돌아오는 길고 우울한 길 위에서 나는 9년 전 르완다와 독일 사이의 거래 대상이었던 코코와 퍼커가 계속 생각났다. 하필 엉클 버트와 마초가 죽은 그날 공원 관리인이 갑작스레 기제니로 출발한 사실 뒤에 숨어 있는 동기가 무엇인지에 대한 궁금증은 더욱 커져만 갔다. 그의 여행과 최근의 살해가 어떤 관계가 있는지 알아보기 위해 나는 오랫동안 믿고 지내는 르완다인 조수 몇 명에게 조용히 조사를 시작해 줄 것을 부탁했다. 그들은 밀렵활동에 대한 소식과 마을 사람들로부터 어떻게 정보를 모아야 할지 잘 알고 있는 사람들이었다.

엉클 버트와 마초가 죽은 지 이틀째 되던 날 유럽의 보전 연구 사업팀이 리포터와 함께 키갈리로 도착했다. 장기간으로 계획된 보전팀의 방문은 특히 공원 공무원들에게 환영받았다. 공원 공무원들은 디지트의 죽음이 공론화된 후 조직된 고릴라보호협회연합으로부터 추가 재정자원과 인력, 장비를 받았기 때문이었다. 그들은 키갈리 공항에서 공원 관리소장과 그의 조수들, 그리고 벨기에인 통역사와 만났다. 공원측은 즉시 최근에 있었던 고릴라 학살에 대하여 알렸고, 리포터는 키갈리에 머물면서 그 소식을 런던으로 전송했다.

보전팀은 키갈리에서 이틀 정도 더 있다가 루엥게리로 갔다. 나는 루엥게리에서 밀렵꾼을 찾기 위해 법적으로 마을을 수색할 수 있도록 조치를 취하는 동안 그들과 마주쳤다. 나는 완전히 멍했고 허기지고 기력도 다 떨어졌으며, 11년간 연구했던 어느 때보다도 더 의기소침하고 우울했다. 유럽인들은 밴을 내 버스 옆에 댔다. 보전팀의 리포터는 재빨리 차에서 뛰어나와 녹음기를 손에 들고 그전 며칠간 있었던 사건들에 대하여 인터뷰하길 원했다. 나는 디지트의 죽음 이후의 6개월 반 동안 이언 레드먼드와 내가 오랫동안 생각했던 것들을 회상했다. 디지트의 죽음은 르완다의 공원 공무원들에게 꽤 이익이 되었다는 것이 입증되었기 때문에 첫 번째 비극과 때마침 일어난 최근의 살육 사이를 관련지어 생각하는 것이 가능하지 않을까? 나는 리포터가 카리소케에 올라가 고릴라들과 그들의 무덤이 있는 장소를 찍고 싶다고 한 요구를 거절했다. 지금까지 이런 촬영은 연구 집단의 동물들에게 나쁜 영향만 미치는 것 같아 이곳이 더 이상 드러나는 것을 원치 않았기 때문이다.

유럽의 보전 연구 사업 파견단은 엉클 버트와 마초가 죽은 지 5일째 되던 날에 르완다를 떠났다. 영국 보전학회에 출간된 논문들을 통해 나는 그들이 적절한 때에 이곳을 방문하여 상황을 알린 것, 그리고 그들의 재정적 지원이 볼캉 공원에 잘 전달된 것과, 리포터의 기사가 대중들에게 큰 관심을 끌게 되어 이 사건이 잘 알려지게 된 것에 대해 좋은 평가를 받았다고 들었다.

그러나 4년이 지난 후에도 대부분의 사람들은 고릴라가 그들의 머리 때문에 살해당했다는 생각을 하고 있었다. 고릴라들은 방송 매체의 부정확한 기삿거리처럼 장식품의 목적 때문에 토막 난 채 죽은 게 아니라 그들의 가족을 지키기 위해서 죽은 것이었다.

엉클 버트와 마초가 죽은 지 6일이 지났고, 크웰리는 끊임없이 울기만 했다. 새끼 고릴라는 부모가 죽었을 때 오른쪽 어깨 위쪽에 총상을 입었다. 총알은 크웰리의 뼈를 부스러뜨린 후 어깨 부근의 근육 조직을 뚫고 나갔다. 세바후투와 무냐루키코 같은 명사수가 크웰리를 죽이는 데 실패한 것이 이상했다. 사실은 그들이 그 불길한 7월의 아침에 제4 집단을 만나기 위해 일부러 이렇게 했을 수도 있지 않을까.

디지트가 죽었을 때와 마찬가지로 르완다인 직원과 몇 명의 학생들, 그리고 나는 사건의 흔적을 역추적해 나가는 방식을 사용하여 고릴라들의 죽음과 관련된 사건의 관계들을 풀었다. 크웰리는 첫 번째 희생자였던 것으로 밝혀졌다. 제4집단이 평상시 아침처럼 잠자리에서 나와 흩어져서 먹을 것을 찾고 있었을 때 세바후투가 나무 위에 있던 크웰리에게 총을 겨누었다. 먹이를 먹고 있던 마초는 새끼를 지키기 위해 필사적으로 뛰어왔다가 총에 맞았고, 엉클 버트는 고릴라들을 비소케의 경사면으로 도망치게 하다가 크웰리와 마초의 비명을 듣자 아내와 아들을 지키기 위해 밀렵꾼이 있는 곳으로 돌아왔던 것이다. 총알이 두 발로 땅을 딛고 서 있던 은색등을 뚫고 지나갔다. 심장이 산산이 부서진 그는 죽은 후에야 땅으로 쓰러졌다. 크웰리는 부모의 방해 덕분에 무리로 도망칠 기회를 갖게 되었다. 둘 다 도망칠 수 있었던 엉클 버트와 마초는 새끼를 지키기 위해서 목숨을 버린 것이었다. 그들이 목숨을 포기한 대가로 크웰리는 살 수 있었다.

크웰리의 상처에 대해 알게 된 지 며칠 후 내가 자료를 좀 모아 달라고 요청했던 사람들이 공원에 인접한 마을 주변에서 머물다가 캠프로 돌아왔다. 그들은 주머니에서 날짜, 장소, 시간, 사람들의 이름과 살육과 관련된 사건들의 리스트가 있는 손으로 휘갈겨 쓴 노트를 꺼냈다. 이 정보원들로부터 엉클 버트와 마초가 살해당하기 이틀 전에 이 지역에서 '콩고인'이라고 불리는 낯선 자이르인 두 명이 공원 관리인을 찾아갔었다는 사실을 알게 되었다. 이방인들은 관리인과 몇 시간 정도 함께 보낸 후에 떠났고, 관리인은 처음에 직원들에게 새로 포획된 새끼 고릴라를 데리러 가기 위해서 기제니로 갈 것이라고 말했다. 그 관리인은 후에 직원들에게 새끼 고릴라를 잠시 데리고 있을 수 있도록 사무실 주변의 울타리를 보수해 달라고 부탁했다고 한다.

나는 고릴라들이 죽은 지 열하루가 지난 그때서야 기제니에서 돌아오는 관리인이 버스 뒷자리에서 내 직원들에게 했던 말의 내막을 모두 이해할 수 있었다. 크웰리가 밀렵꾼들의 의도된 목표였다는 것은 거의 확실했다. 그러나 관리인도 밀렵꾼들도 새끼 고릴라를 보호하기 위한 고릴라 가족들의 저항이 그토록 거셀 줄은 몰랐던 것이다. 그렇지만 그들은 연구지 '바깥'에서 고릴라를 잡는 것은 대중들의 관심을 불러일으켜 외국으로부터 보전 사업에 원조를 받는 데 도움이 되지 않는다는 것을 알고 있었다. 게다가 르완다의 고릴라 보호정책은 비룽가에서 카리소케의 연구 고릴라들이 서식하는 일대에만 한정되어 있기 때문에 대부분의 고릴라 포획 시도가 비룽가의 자이르 쪽 일대에서 이루어졌다. 몇 년간 제4집단과 제5집단의 이동 경로가 두 나라 사이에 걸쳐 있었지만, 이 당시에는 제4집단만이 자이르 쪽 영역에 살고 있었다.

* * *

부모인 마초와 엉클 버트를 잃은 후 크웰리는 고아가 되었으며 자신도 상처를 입었다. 크웰리는 타이거에게 의지하며 살았다. 타이거는 크웰리의 상처를 보듬어 주고 꼭 안아 주며 잠자리의 온기를 나누어 가졌다. 타이거는 세 살의 크웰리 곁에 머무르면서 크웰리가 울 때마다 부드럽고 편안한 트림 소리로 대답해 주었다. 집단의 새로운 우두머리가 된 타이거는 크웰리가 뒤처질 때마다 무리의 이동 속도를 조절했다. 그러나 1978년 8월이 지나가는 동안 크웰리의 생존을 가장 위협한 것은 외로움이었다.

제4집단과 어떤 혈연관계도 없는 비츠미는 집단의 결속을 위태롭게 만드는 존재였다. 그는 타이거보다 두 살 정도 많았고, 집단 내에서 가장 나이가 많은 수컷이 어린 고릴라에게 이끌려 가고 있는 것이 불만이었던 것 같다. 비츠미는 아직 성적으로 성숙한 나이가 되지 않았지만 나이와 체구를 앞세워 엉클 버트가 죽은 지 3일 후에 나이 든 플로시를 몇 번 정도 귀찮게 했다. 비츠미의 적대감은 엉클 버트의 마지막 자손인 프리토에게 매우 위협적이었다. 결국 프리토를 죽임으로써 비츠미는 경쟁자의 핏줄을 제거했고, 플로시는 다시 가임 상태로 돌아왔다.

어린 타이거도 늙어 가는 암컷도 비츠미의 적수는 되지 못했다. 엉클 버트가 죽은 지 22일째 되던 날 타이거와 가족들이 54일 된 프리토를 지키려고 했던 노력은 헛수고가 되었다. 플로시는 죽은 프리토를 이틀 동안 데리고 다니다가 비츠미의 공격으로부터 자신을 지키려던 중 떨어뜨리고 말았다. 그 작은 몸은 내 오두막 앞에 있는 그녀의 아비 옆에 묻혔다. 프리토의 죽음은 밀렵꾼들에 의해 고릴라 집단의 우두머리가 죽었을 때 간접적으로 발생하는 재앙을 보여 주었다.

프리토가 죽고 나서 이틀 후 플로시가 비츠미로부터 교미하려고 하는 시도를 받아들이는 것이 목격되었는데, 그것은 성적인 이유도 아니었고 번식을 위한 것은 더더욱 아니었다. 그녀는 아직 발정 주기가 돌아오지 않았고 비츠미는 아직 성숙하지 않았기 때문이었다. 의심할 여지없이 플로시의 행동은 비츠미를 달래어 계속되는 물리적 괴롭힘을 좀 줄이고자 하는 목적이었던 것이다. 나는 과거 10년간 엉클 버트가 만들고 지켜 온 모든 것들을 부수려고 하는 비츠미가 너무나 싫었다.

프리토가 죽은 지 일주일 후에 플로시는 넌키의 집단과 물리적 충돌이 있던 동안 제4집단을 떠날 수 있는 첫 번째 기회를 얻었다. 그녀의 일곱 살 난 딸인 클레오와 페틀라의 여덟 살 난 딸 오거스터스도 함께였다. 플로시의 네 살짜리 아들인 타이터스는 제4집단에 남았다. 그들의 이동은 제4집단의 분열을 의미했지만 나는 플로시가 떠나자 마음이 놓였다. 그녀는 비츠미로부터의 괴롭힘을 더 이상 참을 수 없어 하는 것 같았다.

플로시와 클레오는 넌키의 집단에서 19일을 보낸 후에 네 마리의 고릴라로 이뤄진 연구 지역 외곽의 집단으로 옮길 수 있는 기회를 다시 얻었다. 그 집단에는 암컷이 한 마리밖에 없었기 때문에 플로시가 그 집단으로 옮길 경우 암컷이 네 마리나 있는 넌키의 집단에 있는 것보다 높은 지위를 차지할 수 있었다. 슬프게도 플로시와 클레오의 두 번째 이동은 이들과의 일종의 이별이었다. 그들이 들어간 집단은 종종 카리소케의 연구 영역에서 보이지 않을 때도 있었다. 수자Suza 집단으로 명명한 그들은 수자 강의 뒤쪽이나 카리심비의 멀리 떨어진 경사면을 주로 이용했다. 플로시가 수자 집단으로 이주해 간 지 11개월 후에 기쁘게도 우리는 그녀가 수자 집단의 우두머리인 존 필립John Philip 사이에서 낳은 새끼를 데리고 다니는 모습을 관찰할 수 있었다. 거의 40개월 후인 1981년 12월에는 클레오가 처음으로 새끼를 낳으면서 플로시는 할머니가 되었다.

오거스터스는 플로시, 클레오와 함께 이동하지 않았다. 그녀의 어미인 페틀라는 넌키가 4년 전에 얻은 첫 번째 암컷이었기 때문이다. 그러므로 그녀는 집단 내의 암컷 중 으뜸 지위를 차지할 수 있었다. 오거스터스가 넌키의 집단에 남아 있는 것은 그가 페틀라가 넌키와의 사이에서 낳은 세 살짜리 이복동생 리Lee와 같은 지위를 가질 수 있음을 의미했다.

플로시가 떠남으로써 제4집단에는 비츠미, 타이거, 타이터스, 크웰리, 심바, 그리고 그녀의 새끼인 므웰루가 남았다. 비츠미가 때로 타이터스에게 위협적으로 돌진하거나 세게 때리는 일이 있었지만 그들 사이의 싸움은 확연히 줄어들었다. 타이터스처럼 심바와 크웰리는 타이거에게 보호를 요청할 수밖에 없었다. 나는 디지트의 단 한 마리 혈육인 심바의 4개월짜리 새끼가 무사히 살아남았으면 하는 실낱같은 희망을 갖고 있었다.

몇 개월 전에는 제4집단에서 가장 활발하고 쾌활한 어린 고릴라였던 크웰리에 대한 걱정이 나날이 늘었다. 세 살 된 크웰리는 타이거가 아비와 어미의 역할을 모두 하고 있음에도 불구하고 무기력하고 매일 우울해져 갔다.

석 달 전에 총에 맞고 부모를 잃은 이후 크웰리는 사는 것을 포기한 것 같았다. 크웰리가 죽던 날 아침에 타이거가 밤새 그와 함께 보냈다. 크웰리는 겨우 얕은 숨을 내쉬며 다른 고릴라들이 느릿느릿 먹이를 먹으러 갈 때 미약한 소리를 내거나 흐느껴 울기만 할 뿐이었다. 크웰리의 소리에 응답하기 위해 고릴라들은 그의 옆으로 다시 오곤 했고, 트림 소리를 내거나 부드럽게 그를 어루만졌다. 한번은 비츠미가 앉아 있는 크웰리를 밀었는데, 그것은 마치 죽음이 가까워져 온 아이에게 일어나서 우리를 따라오라고 하는 것 같았다. 다른 고릴라들은 그를 도와주고 싶었으나 아무것도 할 수 없었다. 빠르게 숨이 꺼져 가는 어린 고릴라 근처에서 낮의 휴식 시간을 보내고 난 후 고릴라들은 각각 크웰리에게 다가와 진지하게 그의 얼굴을 몇 초간 바라보고 나서 조용히 먹이를 먹으러 떠났다. 아마도 고릴라들은 크웰리의 삶이 끝나가고 있음을 아는 것 같았다.

밀렵꾼들의 희생양이었던 어린 크웰리의 몸은 늦은 오후에 그의 부모인 마초와 엉클 버트 사이에 묻혔다. 이제 제4집단에 남아 있는 고릴라는 심바와 그녀의 6개월 된 딸인 므웰루, 그리고 세 마리의 수컷인 타이터스, 타이거 그리고 비츠미가 전부였다. 비츠미가 제4집단에 꼭 있어야만 하는 구성원이라고는 생각하기 어려웠다. 왜냐하면 그는 다른 고릴라들, 특히 꿋꿋한 타이거에게 지속적으로 폭력을 행사했고, 집단을 정복하고자 하는 욕구를 강하게 내보였기 때문이다.

4개월 후인 1978년 12월에 심바는 이전에 플로시가 그랬던 것처럼 넌키의 집단으로 옮겨 갈 수 있는 첫 번째 기회를 잡았다. 슬프게도 디지트의 유일한 자식이었던 므웰루는 심바가 옮겨 가는 동안 넌키에 의해 살해당했다. 반짝이는 빛이 사라졌다.

세 마리의 수컷은 비소케의 경사면에서 심바를 잃은 이후 6주간이나 정처 없이 떠돌아다녔다. 타이거는 타이터스를 어미처럼 보살펴 주고 비츠미의 난폭함을 억제해서 응집력을 유지시켰다. 타이거의 영향과 세 마리 모두 성숙하지 않았다는 점 때문에 그들은 여전히 함께 지냈다. 1979년 1월 그들은 홀로 여행하고 있던 피너츠와 합류했다. 젊은 은색등의 리더십 아래 모두 수컷만으로 이뤄진 무리는 비소케의 경사를 떠나 제4집단이 6개월 전에 살해 사건을 당한 이래 처음으로 안부지대로 돌아갔다.

피너츠는 세 마리 수컷의 합류로 더 넓은 지역을 이동하면서 북쪽 안부지대에서 주변 집단과 충돌을 겪은 후에 에이해브Ahab와 패티Pattie라고 이름 붙인(패티를 처음에는 암컷이라고 생각했다) 두 마리의 수컷을 얻게 되었다. 어린 두 마리의 이방인은 피너츠와 제4집단의 구성원들에게 활기를 불어넣었다. 피너츠의 지휘 아래의 제4집단은 새로운 집단을 만들 수 있을 것이란 희망을 갖게 되었다. 이 시기에 더 위안이 됐던 것은 비룽가의 고릴라들에게 살아남을 희망을 주는 뉴스였다. 무냐루키코, 그 악명 높던 밀렵꾼이 죽었다.

* * *

1979년 크리스마스 철에 카리소케는 연구 집단과 주변 집단의 고릴라들 사이에서 평화로운 시간을 보내고 있었다. 디지트 기금은 카리소케에서 18개월 동안 진행해 온 순찰활동의 범위를 확대할 수 있도록 해 주었다. 미국동물애호협회Humane Society of America에서 온 기금과 기부금은 나와 함께하는 사람들에게 방수 부츠와 비옷, 가벼운 야영용 텐트, 따뜻한 옷과 장갑을 제공해 주었다. 매일 사람들은 산속에서 덫을 없애고 밀렵꾼의 무기를 회수한 후에 카리소케로 돌아와 뜨거운 음식을 먹고 따뜻한 침대에 누워 잘 수 있게 되었다.

사람들이 캠프에서 네다섯 시간이 걸리는 위험한 순찰활동을 나갈 때마다 이언 레드먼드와 나는 종종 기운을 북돋워 주기 위해 그들과 동행했다. 캠프에서 거리가 멀어질수록 소총으로 무장한 침입자들과 마주칠 확률이 높아지기 때문이다. 힘든 상황에서 그들의 일에 대한 의지는 비룽가의 남아 있는 야생동물들을 보호한다는 개인적인 사명감과 결부되어 있었다. 그러나 그들은 정식 공원 직원이 아니었다. 그들은 카리소케 연구센터의 보전정책팀의 계약 직원들이었다.

매주 3일간의 일을 끝마치면 여섯 명의 순찰대원들은 봉급을 들고 마을로 돌아갔다. 흠뻑 젖은 부츠와 옷을 캠프에 두고 가면 깨끗이 씻고 말려서 다음 주에 쓸 수 있도록 준비를 한다. 이렇게 하면 장비들을 오랫동안 유지할 수 있을 뿐 아니라 사람들이 산에 다니는 동안 장비가 손실되면서 일어날 수 있는 위험을 피할 수 있다.

디지트 기금으로 만든 순찰대는 1년 반 동안 일하면서 밀렵꾼들이 설치한 덫을 4,000개 가까이 제거했다. 음식과 봉급은 합쳐서 한 명당 매일 6달러가 나갔다.

카리소케의 순찰대가 비룽가의 심장부에서 덫을 파괴하고 밀렵꾼들의 무기를 없애는 동안, 다른 고릴라 보전 기관 역시 산악고릴라들을 구하기 위해 노력하는 중이었다. 이 단체는 디지트와 엉클 버트, 마초가 죽은 소식을 전하면서 상당한 양의 기부금을 얻었다. 볼캉 공원의 밖이나 공원 경계의 끝 쪽에서 일하고 있는 이 단체는 관광객과 공원 직원들을 위해 새로운 이동 수단과 장비를 얻고, 고릴라에 대한 관심이 늘어 가는 르완다 사람들을 위해 교육적인 프로그램을 확대하는 일을 강조했다. 왜냐하면 그러한 활동은 볼캉 공원의 이미지를 높이고 르완다 공원측에도 호감을 줄 수 있기 때문이다. 나는 이들이 실질적인 고릴라 보호활동에 별로 자금을 사용하지 않은 것에 실망했지만, 르완다 공무원들은 여기에 만족해했고 카리소케의 적극적인 보호 순찰활동도 방해받지 않게 되었다.

* * *

1980년 1월 1일의 아침 누군가가 내 오두막의 문을 세게 두드렸다. 문을 열자 나에게 먹을 것을 가져다주시는 분이 머리 위에 감자 바구니를 들고 서 있었다. 감자를 주문한 적이 없다고 말하려는 찰나에 그가 흥분한 목소리로 말했다. "이코 은가지(이거 고릴라예요)!" 가슴이 철렁했다. 우리는 바구니를 잘 사용하지 않는 방에 두고 천천히 열었다. 그러자 바구니에서 크웰리 또래의 울고 있는 암컷 고릴라가 나왔다.

자이르인 밀렵꾼은 새끼 고릴라를 새해 첫날 루엥게리에 있는 프랑스인 외과의사에게 1,000달러에 팔려고 하던 참이었다. 그러나 현명한 비몽Vimont 박사는 밀렵꾼을 감옥으로 보내고 잡혀 있는 새끼 고릴라를 데려왔다. 아마도 새끼 고릴라는 6주간 카리심비 산 아래쪽의 습기 차고 어두운 감자광에 붙잡혀서 빵과 과일을 먹고 지낸 듯했다. 밀렵꾼에게 포획되었던 다른 고릴라들과 마찬가지로 새끼 고릴라는 심각한 수분 부족을 겪고 있었고, 폐에 몇 개의 울혈이 있었다. 사람의 존재에 두려워하던 녀석은 나를 보자 즉시 침대 밑으로 숨었다. 이틀 동안 아무도 새끼 고릴라가 있는 방에 들어가지 않고 대신 신선한 야채와 잠자리를 만들 만한 물건들만 들여보냈다. 마침내 새끼 고릴라가 음식을 먹고 잠자리를 지어 그 안에서 자는 것을 보자 너무나 기뻤다.

6주간의 보살핌 후에 새끼 고릴라 보나네Bonne Année(프랑스어로 '새해 복 많이 받으세요!'라는 뜻. 저자가 보나네를 새해 첫날 처음 만났기 때문에 붙여 준 이름인 듯하다: 옮긴이)는 캠프 주변의 목초지에서 놀 수 있을 만큼 건강해졌다. 새끼 고릴라가 나무에 올라가는 요령을 터득하고 셀러리 줄기의 껍질을 벗기거나 엉겅퀴를 까는 일, 그리고 갈륨을 뭉치는 것 같은 식사를 준비하는 기술을 얻기 위해서는 6주가량의 시간이 더 필요했다. 포획되었던 아픈 고릴라가 활기찬 전형적인 어린 고릴라가 되어 가는 과정은 보는 사람들을 즐겁게 했다. 11년 전에 코코와 퍼커를 돌봐 주었던 신디가 보나네의 회복을 도와주었다. 신디는 보나네가 쉬고 싶어 하면 안아서 따뜻하게 해 주었다. 강아지들은 두 달 동안 가벼운 레슬링이나 술래잡기놀이를 하면서 고릴라가 회복할 수 있도록 도와주었다.

키갈리의 르완다 공원소장은 보나네가 밀렵꾼에게 잡혀 있던 것에 대한 정신적 상처에서 회복되면 야생의 고릴라 집단으로 돌려보내겠다는 나의 의견을 수용해 주었다. 코코와 퍼커가 르완다와 독일 사이의 거래에 이용되었던 1969년 이래로 르완다와 해외에서 야생동물의 보호에 대한 법률이 실제로 지켜지기까지 오랜 시간이 걸렸다.

나는 보나네가 살아남을 수 있는 최적의 장소로 제4집단을 염두에 두었다. 제4집단은 최근에 구성원의 변화를 겪었고, 우리의 연구 집단들 중 유일하게 강한 혈연관계나 새끼가 없는 이질적인 고릴라들로 구성된 집단이었다. 그러나 제4집단의 가장 큰 문제는 피너츠와 그의 구성원들이 비소케의 서쪽 안부지대로 자주 간다는 것이었다. 그곳에는 아직 밀렵꾼과 덫이 많이 남아 있었다. 보나네가 다시 밀렵꾼의 희생양이 되게 할 수는 없지 않겠는가?

3월이 되자 보나네는 건강을 완전히 회복했다. 그녀를 자연으로 돌려보내야 할 시기가 더 이상 지체되어서는 안 되었다. 먼저 보나네를 조제 음식과 오두막의 온기, 그리고 신디를 포함해 자신을 찾아와 꾸준한 관심을 보여 주고 놀아 주는 캠프 방문객들과 같은 카리소케의 일상적인 환경들로부터 '떼어 놓는' 것이 필요했다. 이를 위해 제4집단의 영역에 슬리핑백과 작은 텐트만으로 이루어진 야영 캠프가 설치되었다. 거기에서 4일 밤낮을 보내면서 보나네는 유능한 학생인 존 파울러John Fowler와 아프리카인 조수 한 명과 함께 '원시 생활'을 하는 법을 배웠다.

보나네를 야생으로 돌려보내고자 했던 날은 처음부터 불운의 연속이었다. 비가 쏟아져 내렸을 뿐만 아니라 제4집단은 야영 캠프로부터 멀리 떨어진 곳에서 여행하고 있었고, 그 사이에 알려지지 않은 주변 집단과의 격렬한 충돌이 있었다. 제4집단은 매우 흥분한 상태에 있었기 때문에 그들이 보나네를 받아들일 수 있을 것으로 보이지 않았다. 야영 캠프로 돌아오는 동안 우리는 어쩔 수 없이 아이를 제5집단으로 보내기로 결정했다. 제5집단은 보나네에게 밀렵꾼이 없는 지역을 선사할 것이다. 그럼에도 불구하고 그들의 강한 혈연관계는 그들의 유전자풀이 아닌 외부에서 온 새끼를 위험에 빠뜨릴 수도 있을 것이다.

보나네를 제5집단에 소개하는 최선의 방법은 으뜸 암컷인 에피에게 데려다 주는 방법이었다. 에피는 집단에 다른 핏줄이 들어올 경우 가장 관용적으로 대처할 고릴라였다. 그러나 미처 몰랐지만 에피는 분만을 3개월 앞두고 있었다. 그녀는 연구가 시작된 해 이래로 여섯 번째 새끼를 낳을 예정이었다. 또한 에피의 딸인 턱의 자극적인 행동 때문에 걱정이 되었다. 턱은 발정기를 맞았고 이카루스가 자주 교미를 시도하곤 했다. 게다가 보나네를 돌려보내려 시도한 때와 같은 달에 이카루스와 팬치가 두 번째 새끼를 가지게 되면서 제5집단의 끈끈한 혈족관계가 더욱 강해졌다. 이때까지 나는 다른 집단과 충돌했을 때 은색등이 어느 정도까지 그가 보호해야 할 가족으로 인정할 것인지에 대해 확신이 없었다. 이러한 이유들 때문에 이카루스가 보나네에게 호의적인 태도를 보일 것 같진 않았다.

존과 나는 보나네를 제5집단으로 데려가면서 불길한 예감을 떨쳐버릴 수가 없었다. 그러나 우리의 불안감이 존의 등에 업혀 즐거워하고 있는 새끼 고릴라에게 옮겨 가지는 않았다. 이슬비가 내리고 있는 가운데 제5집단이 있는 곳에 도착했을 때 마침 고릴라들은 비소케의 남쪽 사면에서 쉬는 시간을 가졌다. 우리는 다른 집단이나 외톨이 은색등이 주위에 없다는 것을 기록하면서 안심했다. 아마도 이 두 번째 시도는 결과적으로 성공한 듯했다.

우리는 고릴라들 주위에 있는 나무를 둘러보았다. 보나네가 두려워하거나 받아들여지지 못할 경우 우리와 함께 남아 있을 수 있는 기회를 주기 위해서였다. 우리 셋은 큰 나무에 올라가서 쉬고 있는 고릴라들로부터 15미터 정도 떨어진 곳에 있는 히페리쿰 나무에 올라갔다. 50분쯤 후 베토벤이 놀라서 '잠시 멍하게' 바라보고는 짧게 소리 질렀다. 그는 보나네를 그의 집단 일원이 될 수 있는지 없는지 결정하려는 듯 호기심 가득한 표정으로 쳐다보았다. 새끼 고릴라 역시 베토벤을 바라보며 마치 그 늙은 은색등을 오래전부터 알고 있다는 듯한 표정을 지었다. 베토벤이 보나네가 석 달 만에 처음 보는 고릴라라는 사실이 믿기 어려울 정도였다.

베토벤은 소리로 제5집단의 다른 고릴라들에게 우리의 존재를 경고했다. 즉시 턱이 무리가 있던 곳에서 나무 밑으로 다가와 입술을 굳게 다물고 신경질적으로 풀을 뜯어 던졌다. 그녀의 어미가 그 뒤를 따라왔다. 에피 역시 뻣뻣하게 걸으며 기쁘지 않은 표정을 얼굴에 드러냈다.

우리는 보나네를 위해 물러섰다. 새끼 고릴라는 천천히 존의 팔에서 나와 나무를 내려가 그녀의 본래의 종(種)에게 다가갔다. 어머니들이 자녀를 위험에서 지켜 주기 위하여 손을 뻗듯 무의식적으로 나는 그녀가 내 옆을 지나갈 때 손을 뻗었다. 그러나 나는 새끼 고릴라의 결정을 방해해서는 안 된다는 것을 깨달았다. 나는 팔을 다시 거두어들였다. 보나네는 턱이 있는 곳까지 내려갔다. 두 고릴라는 서로 부드럽게 껴안았다. 존과 나는 마주 보고 환하게 웃으며, 보나네가 제5집단으로 잘 들어갈 수 있을지 여부에 관한 불안과 의심을 날려 버렸다.

그러나 두려워하던 일이 일어나고야 말았다. 에피는 턱에게 과시 행동을 보였다. 두 마리의 암컷은 보나네의 소유권을 놓고 싸우기 시작했다. 그들은 보나네의 팔다리를 잡아당기고, 반대 방향으로 끌고 가기도 하고, 그녀를 물기도 했다. 보나네는 고통과 두려움에 비명을 질렀다. 10분쯤 지나자 나는 더 이상 참을 수가 없었다. 과학적인 관찰자로서의 처음 의도는 사라져 버렸다. "저리 가! 저리 가!" 나는 소리를 지르며 새끼를 구하기 위해서 내려왔다. 나는 그녀를 나무 위에 올라가 있던 존에게 넘겼다. 내가 끼어들자 잠시 겁을 먹었던 에피와 턱은 나무 아래에서 우리를 위협적으로 쳐다보았다. 마치 나무에 올라가 보나네를 돌려받겠다는 태도 같았다.

그때 놀랄 만한 일이 일어났다. 보나네가 존의 품을 떠나 턱과 에피에게로 돌아간 것이다. 나는 더 이상 그녀를 막을 수 없었다. 보나네는 야생의 고릴라가 되기로 마음먹은 것이었다.

턱과 에피는 즉시 고양이와 쥐 놀이를 재개했다. 보나네의 비명이 다시 시작되었다. 두 암컷의 잔인함은 보고 있는 그 자체가 고통이었고, 보나네의 울음은 참기 힘들 정도였다. 그 소리를 듣고 베토벤이 재빨리 나무 아래로 달려와 소리를 질렀고, 에피와 턱이 달아났다. 보나네가 곧장 늙은 은색등에게 달려가자 그는 부드러운 관심으로 그녀의 냄새를 맡았다. 그러나 그에게 안겨 보려는 보나네의 불쌍한 시도에는 팔을 열어 주지 않았다. 비가 퍼붓기 시작하자 베토벤은 비를 피하기 위해 등을 돌렸다. 흠뻑 젖은 보나네는 거대한 은빛의 등에 매달려 웅크렸다.

비가 거의 잦아들자 다른 고릴라들이 다가와서 작은 이방인의 냄새를 맡고 조사했다. 어린 고릴라들을 보자 보나네는 자신감이 생긴 것 같았다. 그녀는 또래의 어린 고릴라들에게로 다가가서 앉은 다음 조용히 먹기 시작했다. 주위에 북적거리는 고릴라들 때문에 보나네의 모습은 우리의 시야에서 거의 사라졌다. 고릴라들은 그녀의 주위에서 과시행동을 하고 가슴을 두드렸다. 마치 아이에게 응답을 하듯 말이다. 갑자기 입술을 굳게 다물어 위협적인 분위기를 풍기는 이카루스가 무리 중심으로 들어오자 어린 고릴라들이 흩어졌다. 그는 곧장 보나네에게 달려들어 그녀를 한 팔로 끌고 가서 풀숲에 던졌다. 에피와 턱이 새끼를 공격하는 어린 은색등과 합류하여 그녀가 일어나려고 할 때마다 때렸다. 이카루스가 끼어들면서 그들의 폭력은 더 심해졌다. 그는 잔인하게도 두 암컷들로부터 보나네를 잡아채어 물고는 5미터 정도 달렸다. 보나네는 두려움에 비명을 질렀다. 그 소리에 베토벤과 다른 고릴라들이 달려왔고, 이카루스는 급히 보나네를 떨어뜨리고 도망쳤다.

베토벤에게 고마웠던 시간은 아주 잠깐이었다. 잠시 후에 늙은 은색등은 그 자리를 떠나 먹이를 먹으러 언덕 아래로 내려갔다. 힘이 없음에도 불구하고 나이가 많다는 것이 그를 이카루스로부터 막아 준 것처럼 보였다. 또한 베토벤은 다시 자식을 낳을 기회가 없을 것처럼 보였는데, 그의 짝인 마체사와 에피는 적어도 3년이나 4년 정도는 다시 성적으로 활발한 시기가 돌아올 것 같지 않았기 때문이다. 제5집단의 미래는 베토벤의 계승자인 이카루스의 책임으로 넘어간 것 같았다.

베토벤이 떠나고 이카루스가 턱과 함께 돌아온 것을 시작으로 보나네에게 더 심한 폭력이 가해졌다. 존과 나에게는 마치 그들이 할 수 있는 한 오랫동안 그녀를 괴롭히기를 원하는 것 같아 보였다. 결국 새끼 고릴라는 미약하게 자기를 방어하려는 시도마저도 포기하고 말았다. 보나네는 누워서 전혀 움직이지 않고 소리도 내지 않았다. 우리의 계획이 완벽히 실패했다는 신호였다.

이카루스는 가슴을 두드리고 보나네를 거칠게 잡아서 언덕 아래로 굴렸으며, 그녀를 던진 후에 달려들고 가슴을 두드리는 등 과시행동을 했다. 보나네는 기적적으로 우리가 있는 나무까지 기어왔지만, 우리가 있는 곳으로 올라오기는 역부족이었다. 잔인한 외지인혐오증xenophobia에 놀란 나는 보나네를 데리고 올라와 존에게 맡겼다. 이카루스가 나무 아래로 와서 우리를 사납게 바라보았다. 존은 보나네를 자신의 비옷 안에 숨겼다. 우리는 보나네가 평소에 나쁜 상황에서 냈던 소리를 내지 않기를 빌었다. 그녀의 울음 소리가 이카루스를 자극할 것은 불을 보듯 뻔했다. 그가 나무를 타고 올라와 보나네를 강제로 다시 데려갈 수도 있었다.

제5집단의 어린 네 마리 고릴라들 역시 나무 주위에서 동요하고 있었다. 조금 있다가 그들은 보나네가 있는 곳으로 올라가려고 시도했다. 어린 고릴라들이 나를 지나가려고 할 때 나는 몇 대 때리고 가볍게 발로 찼으며, 이카루스가 보지 않고 있을 때 그들을 밀기도 했다. 전에 없던 처사를 당하자 어린 고릴라들은 당황해서 다시 내려왔지만 새로 온 고릴라에 대한 관심을 잃지는 않았다. 나는 움직이지도 않고 소리 내지도 않는 이 새끼 고릴라를 지킬 수 있다는 사실에 감사했다. 이카루스는 어린 고릴라들을 흩어 놓은 후 나무를 타고 오르기 시작했다. 나는 부츠를 관통하던 젊은 은색등의 뜨거운 숨을 내 발에서 겨우 몇 센티미터 떨어져 있던 그의 머리의 느낌을 잊을 수가 없다. 이카루스가 더 이상 보나네를 쫓아 올라오지 않은 것은 오로지 나와 존이 그의 위에 있기 때문이었다.

한 시간 동안 이카루스와 턱은 나무 아래에서 계속 적대감을 드러냈다. 그들은 나와 존이 조금이라도 움직이면 짖거나 꿀꿀거리는 소리를 거칠게 냈다. 이카루스는 기분이 몹시 나쁜 듯 머리털을 삐죽 세웠고, 자극성의 냄새를 풍겼다. 두 고릴라들은 반복해서 하품을 하면서 이빨을 드러내고 머리를 빠르게 좌우로 움직였다. 그들은 우리를 공격하고 싶은 것 같았지만 그중 누구도 인간에게까지 올라갈 만한 용기가 없는 것 같았다. 나는 이날처럼 무력한 느낌을 받은 적이 없었다.

이카루스는 경사를 거칠게 달려 내려가거나 가슴을 치고 풀을 뜯으면서 스트레스를 풀고 있었다. 하지만 그는 언제나 경계 위치로 돌아왔다. 거의 한 시간이 지나자 제5집단이 먹이를 먹기 위해 이동을 시작했다. 이카루스와 턱도 즉시 그 뒤를 따라갔지만 곧 다시 돌아와 우리를 보며 과시행동을 하기 시작했다. 두 고릴라가 우리의 시야에서 벗어나자 존은 10미터 아래의 빽빽한 잎사귀더미 위로 뛰어내렸고, 새끼 고릴라를 옷 안에 넣어 감싸 안은 채 언덕 위로 달렸다. 5분 후에 나도 뒤따라가기 시작했다. 달리는 순간마다 뒤에 있는 무언가가 별안간 우리를 덮칠 것 같은 느낌을 받았다. 존 역시 똑같은 공포를 느꼈다고 했다. 우리 둘 모두 다른 고릴라들로부터 30분가량 떨어진 곳에 오기까지 긴장을 늦출 수가 없었다. 턱과 특히 이카루스의 불합리한 태도는 일반적인 상호작용과 신뢰에 관한 태도와는 거리가 있었다. 무엇이 이카루스에게 적대적인 행동을 유발했는지 우리만큼이나 그 자신도 예측할 수 없을 것이다.

캠프로 돌아와서 보나네는 털을 말리고 과일 상자와 함께 잠자리용 우리에 들어갔다. 보나네는 심각한 부상을 입은 것은 아니었고, 다시 만난 친숙한 주위 환경에 만족해하는 듯했다.

20일쯤 지나 제5집단에서 얻은 상처를 완전히 회복한 보나네는 성공적으로 제4집단에 들어가게 되었다. 제4집단은 강한 혈연관계가 적었기 때문에 보나네는 주변 집단으로부터 온 두 마리와 비츠미, 타이거 그리고 타이터스가 있는 옛날 제4집단의 세 마리 수컷, 그리고 이제 열여덟 살이며 집단의 젊은 은색등 우두머리인 피너츠가 있는 잡다한 구성원들의 집단에 쉽게 들어갈 수 있었다. 앞으로의 가족이 될 고릴라들과 만난 지 한 시간 후 보나네는 다섯 살 반의 타이터스와 놀기 시작했다. 보나네는 결국 산의 고릴라가 되었다.

보나네는 피너츠가 이끄는 제4집단의 모든 고릴라들로부터 보살핌을 받으며 집단의 중요한 일원으로 자리 매김했다. 그러나 1981년 5월 그녀는 오랫동안 계속된 엄청난 비와 우박으로 인한 폐렴에 굴복하고 말았다.

보나네의 죽음을 본 사람들은 꼭 그녀를 야생으로 돌려보내야만 했는가 하는 의문을 제기했다. 내 대답은 '그렇다'이다. 야생에 남아 있는 고릴라들도 겨우 240여 마리밖에 안 되는데 보나네를 동물원에서 키울 수 있는지에 대해 생각해 보아야 한다. 전시용으로 갇혀 있는 일이 그녀의 종에게는 극히 드문 일이다. 동물원에서 살아남을 수 있었던 야생 산악고릴라는 한 마리도 없었고, 보나네는 적응 기간을 참고 견뎠음에도 불구하고 자신의 종을 이어 나갈 기회를 잡지 못한 것이다. 그녀는 야생에서 자신의 종과 어울릴 기회를 가졌다. 적어도 보나네는 죽을 자유는 가진 것이다.

나의 기억 속에 항상 활발하게 그려지는 코코와 퍼커는 평생 동안 편안한 존재이자 절친한 친구가 되어 서로 의지하고 살았지만, 쾰른 동물원에서 몇 년간 지내며 찍은 사진들 속에는 우울함이 역력한 표정만이 담겨 있었다. 나는 보나네가 코코나 퍼커처럼 보잘것없는 존재로 있었던 몇 년간의 고통을 겪게 하기는 싫었다. 보나네는 자유롭게 사는 고릴라로 성공적으로 복귀할 수 있었고, 거기서 얼마 동안 잘 살았고, 또한 감금되었던 고릴라가 원래 장소로 돌아가서 야생의 고릴라에게 수용되는 것이 가능하다는 것을 입증했다. 나는 특히 자신의 종을 영속시킬 수 있다는 점에서 야생으로의 재도입이 위험을 감수하고서라도 꽤나 이익이 되는 일이라고 생각한다. 보나네의 경우는 밀렵이 가장 두려운 위험 요소이긴 했지만 극도로 나쁜 날씨가 죽음의 직접적인 원인이었다.

* * *

열세 살 반의 타이거는 보나네가 죽은 이후로 번식의 가능성을 잃어버렸기 때문에 보나네가 죽은 후 얼마 되지 않은 1981년 2월 4일에 피너츠의 집단을 떠났다. 새 집단을 형성했을 때 여덟 살로 서열 3위에 있던 그를 생각하면 마음이 착잡해진다. 제4집단에서 이복형제인 엉클 버트가 집단의 우두머리 위치를 아비인 위니에게서 받은 것처럼 집단을 이어받을 가능성을 가진 고릴라로 태어났던 타이거는 대신 암컷도 없는 집단에 들어가 다른 은색등의 일원이 되었다.

한 발의 잔혹한 총알이 타이거에게서 그의 모든 유산을 빼앗아 갔으며 그의 삶을 전부 바꾸어 버렸다! 이 책을 쓰고 있는 거의 2년간 그는 비소케의 사면을 돌아다니며 다른 집단과의 충돌을 겪었고, 그중 대부분은 나이 들고 현명한 은색등인 넌키가 이끄는 집단과의 충돌이었다. 타이거는 아마도 짝을 찾기 위해 비룽가의 산을 돌아다니고 있을 것이다. 그가 핏줄을 이어 나가기 위해 떠돌아다닐 때마다 나는 그 전의 다른 외톨이 은색등이 그랬듯이 타이거가 자신의 가족을 이끌어 집단을 형성했으면 하고 절실히 바라게 된다.

12 희망을 가져다준 새로운 가족의 형성: 넌키 집단

1972년 11월에 앞으로 중요한 역할을 맡게 될 새로운 고릴라가 카리소케의 연구 지역에 처음 등장했다. 우리는 제5집단의 핵심 영역인 카리심비와 비소케를 가르는 언덕의 남쪽 지역에서 회색빛의 털로 뒤덮인 은색등을 처음 만났고, 이름을 넌키Nunkie라고 지었다. 넌키는 이제 30대 중후반인 것으로 추정되었다. 우리는 여러 흔적 조사를 통해 넌키가 비룽가지대에서도 불법 경작이 가장 심한 카리심비 산 쪽에서 왔다고 판단했다.

넌키의 코무늬는 스케치와 사진으로 개체 동정이 된 어느 은색등의 것과도 일치하지 않았고, 습관화된 고릴라들처럼 인간에게 사교적이지도 않았다. 넌키는 절대로 인간을 신뢰하지 않았다. 나는 이 나이 많은 은색등이 가족 없이 혼자서 다니는 것을 오로지 지켜보기만 해야 했다.

넌키는 밀렵꾼에 의해 몰락해 버린 집단의 우두머리 같지는 않았다. 은색등의 천성은 가족을 지키기 위해 목숨을 걸기 때문이다. 나는 나이가 비슷한 연구 집단 은색등의 삶과 비교하는 방법으로 그의 과거를 추정해 보려고 했다. 6년을 홀로 돌아다니다 죽은 제4집단의 은색등인 어모크의 경우, 그는 건강 문제 때문에 새로운 집단을 만들 수 없었다. 넌키의 유일한 신체적 결함은 오른발의 네 발가락이 서로 붙어 있고 엄지발가락 하나만 떨어져 있으며 왼쪽 발은 가운데 발가락 두 개가 붙어 있는 것으로서 근친교배로 태어난 고릴라에게서 나타나는 특징이었다.

원래 제8집단에 있었던 피너츠와 비교해 보는 것도 어려웠다. 피너츠는 암컷을 얻고 지키는 데 서툴렀다. 그에 반해 넌키는 다른 그룹과의 충돌을 통해 암컷들을 그의 하렘으로 끌어들였다. 비록 카리소케의 관찰자들이 본 적은 없었지만 이 성숙한 은색등의 행동은 그가 예전에 무리를 이끈 적이 있었다는 것을 의미했다. 결국 넌키의 과거는 제8집단을 이끌고 있는 라피키와 매우 흡사하며, 라피키와 마찬가지로 넌키 역시 집단에서 암컷을 얻을 수 없는 다른 수컷들이 탈퇴하고 다른 집단으로 이주해 버려 더 이상 집단을 이어 나갈 수 없었을 것이라고 생각했다. 그리고 제8집단처럼 아마도 넌키의 암컷들은 나이가 들어 자연스럽게 죽었을 것이다.

카리소케 연구 지역에 모습을 나타낸 뒤로 거의 2년 동안 넌키는 제4집단과 제5집단, 그리고 연구지 외곽에 있는 집단에서 암컷을 얻기 위해 유령처럼 돌아다녔다. 이 기간 동안 그는 각 집단의 고릴라들에게 자신을 알렸을 뿐 아니라 비소케 산과 그 인접한 지역에 대한 지식을 쌓기도 했다. 그는 고유의 세력 범위를 가지고 있지는 않았으나, 연구 지역 안에서 돌아다니는 다른 외톨이 은색등과는 달리 집단을 만들 숙명적인 무언가를 타고난 고릴라 같았다.

넌키는 비소케의 제4, 5, 8, 9집단이 아직 차지하지 않은 지역을 찾아야 했다. 그는 정처 없이 여기저기 다니다가 마침내 비소케의 위쪽 경사면에 자리를 잡았다. 그곳은 물론 최상의 지역은 아니었다. 아고산대에 위치한 그 지역은 식물의 종류가 많지 않고 양도 부족한 곳이었다. 그러나 그곳은 다른 집단으로부터 비교적 자유로웠다. 1974년 6월에 제4집단과 충돌하여 페툴라와 퍼푸스를 얻은 후에 넌키는 이곳으로 물러났다. 이 두 마리의 암컷은 넌키의 집단에 끝까지 남았다.

암컷들의 이동에는 일련의 복잡한 사건들이 얽혀 있었다. 제4집단에서 나와 넌키에게 합류했던 페툴라는 넌키를 떠나 48시간 이상을 홀로 돌아다니다가 다시 제4집단과 그녀의 딸인 48개월의 오거스터스에게 돌아갔다. 그러나 그녀는 제4집단에서 정착하지 않고 예전에 제8집단에 있었던 라피키의 아들인 외톨이 은색등 삼손과 합류했다. 넌키는 퍼푸스와 함께 페툴라를 뒤따라갔다. 그러나 넌키는 페툴라를 데려오기는커녕 퍼푸스마저 강한 은색등인 삼손에게 빼앗기고 말았다. 하지만 두 암컷들은 더 젊은 은색등 삼손과 겨우 3주를 같이 보내고 다시 넌키에게 되돌아갔다. 그들이 더 나이 많고 초라한 넌키를 선택한 데에는 집단을 이끈 경험이 있는 넌키가 경험이 적은 삼손보다 그들을 더 잘 보호해 줄 수 있을 것이라는 판단 때문이 아닐까 생각된다.

페툴라는 제4집단에서 지위가 가장 낮은 암컷이었다. 보통 암컷의 지위는 집단에 합류한 순서로 정해지기 때문에 페툴라는 새 집단에서 넌키의 배우자들 중 가장 지위가 높은 암컷이 되었다.

제4집단에 있을 때 페툴라는 딸인 오거스터스를 낳은 지 46개월이 지나도록 엉클 버트의 성적 관심을 받지 못했고, 오거스터스에게 계속 젖을 먹이고 있었기 때문에 임신이 가능한 상태로 돌아오지 않았다. 넌키에게 간 지 열한 달 후에 페툴라는 넌키와의 사이에서 첫 번째 새끼를 낳았다. 나는 새끼가 태어날 당시 르완다에서 코끼리에게 목숨을 잃은 내 절친한 친구인 사진작가 리 라이언Lee Lyon의 이름을 따서 새끼의 이름을 리Lee라고 지었다. 리가 태어난 지 열 달이 지난 1976년 5월에 퍼푸스도 새끼를 낳았고, 이 수컷 새끼의 이름은 내셔널 지오그래픽 소사이어티National Geographic Society에서 따온 엔지N'Gee가 되었다. 연구 지역에서 초산이 기록된 고릴라 9마리의 평균 초산 연령은 열 살이며, 당시에 아홉 살 하고도 열 달이 된 퍼푸스는 그중에서도 가장 어린 나이에 어미가 된 고릴라로 기록되었다.

마초와 라피키의 자손인 쏘어처럼 리도 집단에서 유일한 새끼였다. 리는 엔지가 태어나기 전까지 열 달 동안 놀이친구가 없었지만 정상적으로 운동 감각을 키워 나갔다. 리는 제4집단의 이복자매인 오거스터스와 같은 식으로 혼자 놀았다. 한 살쯤 되었을 때 리는 오거스터스가 손뼉을 친 것처럼 어금니를 딱딱 부딪쳐서 이상한 소리를 냈다(제4집단의 타이터스가 빰을 두드리기 시작한 것은 거의 세 살쯤 되어서 처음으로 관찰되었다). 리의 특별한 행동은 새끼 고릴라가 형제나 또래 친구가 없을 때 혼자 놀기를 개발한다는 것을 다시금 보여 주었다.

* * *

첫 두 암컷을 얻은 지 1년이 가까워 왔지만 넌키는 다른 암컷을 더 얻으려 하지는 않았다. 리가 태어나고 한 달이 지나서야 비로소 넌키는 연구 지역 외부에 있는 집단에서 아직 성적으로 성숙하지 않은 암컷 한 마리를 데려왔다. 그녀는 넌키의 집단에서 열일곱 달 동안 머문 후 다시 다른 작은 집단으로 옮겨 갔다. 넌키는 퍼푸스가 새끼를 가진 후에 다른 집단들과 활발히 접촉을 시도했다. 엔지가 태어나기 한 달 전에 넌키는 성체 암컷 두 마리를 얻었고, 그중 한 마리는 넌키의 집단에서 열 달 동안만 머물렀다. 그러나 제6집단에서 온 나머지 한 마리 고릴라인 퍼들Fuddle은 넌키의 세 번째 암컷이 되었다. 퍼들이 들어온 지 넉 달이 지난 1976년 8월에 판도라Pandora가 넌키의 하렘에 합류했고, 코무늬가 비슷한 것이나 매우 친밀한 사이인 것으로 보아 퍼들과 판도라는 자매이거나 적어도 이복자매일 것으로 추측되었다.

판도라는 내가 만난 어느 고릴라보다도 올드 고트를 닮았다. 용감하고 다른 집단과의 충돌이 있을 때 넌키를 지지해 주려는 강한 책임감을 보이는 판도라를 보면 사랑스럽지 않을 수 없었다. 판도라의 가장 뚜렷한 신체적 특징은 두 손이었다. 오른손은 그나마 뭉툭하게 잘린 엄지손가락밖에 남아 있지 않았고, 왼손의 손가락들은 뒤틀리고 위축되어 갈고리 같은 모양이었다. 양쪽 손등에 모두 오래된 상처가 있는 것으로 보아서 손의 기형은 태어날 때부터 장애를 가진 게 아니라 이후에 부상을 당해서 생긴 것 같았다. 의심의 여지없이 이는 밀렵꾼들이 설치한 덫에 당한 흔적이다. 판도라는 덫에서 빠져나와 목숨을 구한 정말로 운이 좋은 고릴라였다.

판도라는 다른 고릴라보다 먹이를 먹는 시간이 길었다. 손의 장애를 감안하면 판도라는 풀을 뽑고 벗기는 일을 아주 잘해 나가고 있었다. 그녀는 잃어버린 손가락을 대신해 발가락과 입으로 먹이를 먹는 기술을 오랫동안 연습해 왔다.

퍼들과 판도라가 넌키의 집단에 들어온 것과 그들이 각각 넌키의 첫 번째 새끼를 낳은 시기의 간격은 각각 26개월과 27개월이다. 이유는 알 수 없지만, 이는 페툴라와 퍼푸스가 각각 11개월과 21개월 만에 새끼를 낳은 것과 비교하면 꽤 긴 간격이다. 마침내 1978년 6월에 퍼들은 넌키의 세 번째 새끼인 수컷 빌보Bilbo를 낳았고, 판도라는 12월에 넌키의 네 번째 새끼를 낳았다. 판도라의 새끼 이름인 산두쿠Sanduku는 스와힐리어로 '상자'라는 뜻으로 그리스 신화의 판도라에게 주어진 상자에서 따왔다. 나는 손의 장애 때문에 판도라가 새끼를 돌보는 데 어려움이 많을 것이라고 생각했다. 그러나 판도라는 유능하고 꼼꼼한 어미였다. 판도라는 산두쿠를 오른팔에 안고 어르면서 왼손으로 털을 골라 주었다. 태어난 지 얼마 안 되었을 때에도 산두쿠는 다른 새끼 고릴라들보다 더 자주 스스로 어미의 배에 매달려 있어야 했지만, 결코 힘든 기색을 보이지 않았다.

빌보와 산두쿠가 태어나면서 리에게는 같이 놀 이복형제들이 생겼다. 1979년 3월까지 리와 엔지는 넌키의 첫 두 자손으로서 사랑을 듬뿍 받으며 활발하게 뛰어놀며 자라고 있었다.

1978년 8월에 밀렵꾼에 의해 학살당한 제4집단에서 늙은 플로시와 그녀의 일곱 살 된 딸인 클레오, 그리고 페툴라의 여덟 살짜리 딸인 오거스터스가 넌키의 집단으로 왔다. 플로시와 클레오는 곧 수자 집단으로 다시 이주해 갔다. 연구 지역 주변에 있는 이 집단은 이미 암컷이 네 마리나 있는 넌키의 집단에서보다 높은 지위를 차지할 가능성이 컸기 때문이다. 그러나 오거스터스는 어미가 있는 넌키의 집단에 남았다. 2년 후인 1980년 8월에 오거스터스는 1972년 이후로 넌키의 일곱 번째 자식인 진셍Ginseng을 출산했다. 손뼉을 치던 작은 새끼 고릴라가 이제 열 살이 되어 어미가 되다니 믿을 수 없을 만큼 신기했다.

제4집단에 마지막까지 남아 있던 심바는 1978년 12월에 폭력적인 충돌이 있은 후 넌키의 집단으로 들어왔다. 이 과정에서 심바는 디지트의 유일한 자식이었던 므웰루를 잃었다. 심바가 떠남으로써 제4집단에는 젊은 수컷 세 마리만 남게 되었다. 넌키의 집단으로 들어오고 나서 32개월 후인 1981년 8월에 심바는 두 번째로 새끼를 낳았다. 새로 태어난 심바의 새끼 제니Jenny는 넌키의 살아 있는 여섯 번째 자식이기도 했다.

넌키의 집단이 점점 커지면서 이들의 행동권도 점차 넓어졌다. 제4집단이 학살당했던 1979년 초기에 이르자 넌키는 엉클 버트가 예전에 이용하던 비소케의 경사면과 서쪽 안부지대까지 진출했다.

1979년 3월 3일 아침 머리가 잘려 나간 엉클 버트의 사체를 발견했던 그 학생이 엉클 버트와 마초가 죽은 곳에서 500미터 떨어진 안부지대로 넌키의 집단을 만나러 나섰다. 예상했던 것보다 훨씬 일찍 캠프로 돌아온 그는 리의 왼쪽 발이 올가미에 걸려 있었으며, 넌키의 고릴라들이 흥분한 상태로 리를 둘러싸고 있어 리에게 다가가 철사줄을 풀어 줄 수 없었다고 했다.

우리는 모두 같은 내용의 두려운 생각에 사로잡힌 채 그 학생을 따라 제4집단이 살해당한 장소를 찾으러 갈 때와 똑같은 길을 따라서 리가 올가미에 걸린 곳으로 갔다. 넌키 집단의 고릴라들은 리를 포함해서 모두 달아나고 없었다. 그들이 떠난 자리에는 올가미가 걸려 있던 나무가 부러진 채로 널부러져 있었고, 우려했던 대로 리의 발목을 조이던 철사줄이 보이지 않았다.

철사줄은 46개월짜리 암컷 고릴라의 살과 뼈를 점점 더 파고들어

갔다. 리와 어미인 페툴라는 자주 상처 부분을 핥았으나, 그들도 넌키도 철사줄을 빼내려고 시도하지 않았다. 어른 고릴라는 낯선 물건을 만지는 것을 꺼려한다. 그렇다고 할지라도 리의 부모가 철사줄이 리의 목숨에 치명적인 위협이 될 수 있다고 생각하지 않았던 것은 분명 이상한 일이었다. 넌키는 단지 먹이를 먹으러 돌아다닐 때마다 점점 쇠약해지는 딸을 보러 올 뿐이었다. 석 달 후 극심한 고통에 시달리던 리는 상처 부분에 괴저가 생기고 폐렴까지 겹쳤다. 1979년 5월 9일 또래 고릴라들보다 몸무게가 반밖에 나가지 않던 리는 12년 동안의 연구에서 밀렵꾼에 의한 일곱 번째 희생자로 기록되었다.

그로부터 일곱 달 후 리의 짧은 일생 동안 절친한 친구였던 넌키의 두 번째 새끼 엔지가 사라져 버렸다. 넌키 집단의 흔적을 따라가 조사한 결과 그들은 리가 덫에 걸린 곳과 매우 가까운 서쪽 안부지대에서 밀렵꾼과 개, 그리고 덫을 만났던 것으로 드러났다. 43개월 된 엔지를 잃은 사건을 계기로 넌키와 그의 10마리 가족들은 안전한 비소케의 경사면으로 돌아갔다. 거기서 넌키는 3년 동안 집단의 행동권을 넓히는 데 힘을 쏟았다.

* * *

예상했던 대로 넌키 집단의 비소케 산 경사면으로의 귀환은 밀렵이 극심한 안부지대에서 자유롭게 살지 못했던 다른 고릴라 집단들에게까지 영향을 미쳤다. 서부 안부지대에서 인간에 의한 피해를 가장 덜 받았던 고릴라들은 제5집단이었다. 그들의 행동권은 비소케 경사면의 남쪽에서 동남쪽에 걸쳐 있었으며, 이곳은 공원의 동쪽 경계를 따라 대나무가 울창하게 들어서 있는 곳이기도 했다. 제5집단의 고릴라들은 상대적으로 안전한 이곳에서 죽순이 자라나는 때를 제외하고는 비소케 경사면을 오가며 지냈다. 죽순철이 되면 고릴라들은 대나무 숲과 그 근처에 머물며 만찬을 즐겼다.

그러나 비소케의 사면은 너무 많은 고릴라들을 수용하게 되었다. 넌키의 집단이 추가되면서 고릴라 집단들의 행동권은 점점 많은 부분이 겹쳐졌다. 그들이 개체수 과밀로 어려움을 겪는 상황은 마치 안부지대가 인간에게 점령당하면서 고릴라들이 비소케의 경사면으로 몰리게 된 1967년을 보는 듯했다.

이제 넌키는 대가족을 이끄는 우두머리가 되어 있었기 때문에 비소케 경사면이 제공해 주는 것보다 더 많은 땅과 다양한 먹이가 필요했다. 그는 높낮이가 다양한 산악지대 전체를 이용하기 시작했다. 제5집단이 죽순을 먹으러 간 동안은 풀이 많이 나는 그들의 지역으로 이동했고, 심지어는 이전에 어느 고릴라도 이용하지 않은 것으로 알려졌던 비소케 산의 북동쪽 경사면까지 진출했다. 적어도 다섯 개의 집단이 넌키 집단의 이동에 영향을 주었다. 넌키의 집단이 멀리까지 이동하면서 자연스럽게 다른 집단과의 조우도 증가했지만 그중 대부분은 폭력적 충돌로 이어지지 않았다. 아마도 거대한 넌키 집단은 다른 집단에서 암컷을 더 이상 데려올 필요가 없었기 때문이 아닐까 생각된다.

* * *

1982년에 넌키의 집단은 16마리까지 불어났다. 그는 제4집단에서 성체 암컷인 페툴라, 퍼푸스, 심바, 그리고 오거스터스를 얻었다. 그들과의 사이에서 넌키는 7마리의 자손을 얻었으며, 페툴라와 퍼푸스 사이에서 얻은 첫 두 자식인 리와 엔지를 밀렵꾼에게 잃었다. 리가 죽은 지한 달이 안 되어 페툴라는 암컷 새끼인 다비Darby를 낳았고, 42개월 후에 다시 수컷 새끼인 호다리Hodari를 낳았다. 엔지를 잃고 다섯 달 후에 퍼푸스는 샹가자Shangaza라고 이름 붙인 암컷 새끼를 낳았다. 심바와 오거스터스 사이에서는 1980년 8월과 1981년 8월에 둘 다 암컷이라고 추측되는 제니와 진셍을 낳았다. 넌키와 제4집단의 암컷들 사이에서 태어난 새끼들은 제4집단의 우두머리였던 위니의 손자와 증손자가 되며, 이들은 제4집단의 혈통을 이어 나갈 것이다.

넌키는 제6집단으로부터 퍼들과 판도라 두 마리의 암컷을 데려왔고, 1982년 3월까지 퍼들과는 빌보와 므윙구Mwingu를, 판도라와는 산두쿠와 카지Kazi를 얻었다. 모두 수컷으로 생각되는 네 마리의 자식들은 제6집단의 혈통의 영속에 기여한 셈이다.

넌키가 일곱 번째로 얻은 암컷에게는 주술사를 의미하는 우무쉬치Umushitsi라는 이름을 붙여 주었다. 우무쉬치는 1981년 초에 우리가 관찰하지 못한 외부 집단과의 충돌을 통해 들어온 것으로 생각된다. 1982년 5월에 우무쉬치는 넌키의 열두 번째 새끼를 낳았다. 그러나 우무쉬치와 그녀의 새끼는 얼마 후 넌키의 집단에서 영원히 모습을 나타내지 않았다.

넌키가 집단을 형성하고 새로운 구성원을 영입하여 집단을 확장해 나간 것은 고릴라 집단의 경이적인 성공 사례이다. 넌키 집단의 역사는 은색등이 집단을 만들고 유지하고 확장시키는 데 얼마나 많은 것들이 필요한가를 잘 설명해 주고 있다. 강한 혈연관계는 집단 구성원들의 단결을 향상시킨다. 어떤 고릴라가 다른 집단으로 이주해 가고 어떤 고릴라가 이 집단으로 들어오는가는 두 집단과 옮겨 가는 당사자가 얼마나 이득을 얻는가에 의해 결정된다.

우리는 라피키와 제로니모의 죽음으로 제8집단과 제9집단이 해체되어 가는 과정을 지켜보았다. 어떤 고릴라 집단도 단결력의 구심점이 되는 은색등 우두머리 없이는 존재할 수 없다. 제8집단의 경우 라피키의 늙은 배우자인 코코가 살아 있는 동안은 집단이 유지되었으나 번식의 기능은 이미 사라졌다. 코코의 죽음으로 집단에는 우두머리인 라피키와 성적으로 성숙할 시기에 이른 퍼그와 삼손, 기저, 그리고 코코와 라피키의 막내아들인 피너츠까지 수컷만 다섯 마리가 남게 되었다. 번식을 하려는 본능적인 욕구 때문에 세 수컷은 집단에서 나왔다. 그들은 외톨이 은색등이 되어 암컷을 얻고 자신의 집단을 만들기 위한 외로운 여행을 시작했다. 피너츠는 라피키와 함께 남아 다른 집단에서 암컷을 데려오는 등 제8집단을 재건하려고 노력했다. 라피키가 10년만 더 살았더라면 그의 딸인 쏘어가 아홉 살이 되어 성적 성숙기에 접어들었을 것이다. 그리고 쏘어는 아마 그녀가 태어난 제8집단에 남아 나중에 이복남매인 피너츠와 새끼를 낳았을 것이다. 라피키의 죽음으로 영아살해의 희생양이 되지 않고서 말이다.

제5집단의 은색등인 베토벤은 오래도록 살면서 수많은 자손을 보았다. 그리고 베토벤의 아들인 이카루스는 그의 누이들과 번식을 할 수 있었기 때문에 태어난 집단에서 머물렀다. 이 글을 쓰고 있는 지금 베토벤은 더 이상 성적인 기능을 할 수 없을 정도로 늙었다. 그러나 그는 적어도 19마리 고릴라들의 아비가 되었으며, 그의 유전자는 제5집단에 남아 있는 자손들과 제5집단 밖으로 이주해 간 딸들에 의해 계속 이어지고 있다. 지금 베토벤은 은색등 아들의 뒷자리로 물러나 있다. 그리고 나중에 그가 죽은 후 새로운 은색등은 제5집단의 유전적 확장을 위해서 다른 집단의 암컷들을 더 구할 것이다.

제5집단처럼 번영할 수 있는 능력과 잠재력을 모두 갖추었던 제4집단은 위대한 우두머리 은색등인 엉클 버트를 밀렵꾼에게 잃고 해체되고 말았다. 절정기의 나이에 죽음을 맞이한 엉클 버트는 여덟 마리의 자손밖에 남기지 못했다. 그리고 엉클 버트의 자손들은 세 마리밖에 살아남지 못했다. 그중 둘인 오거스터스와 클레오는 서로 다른 집단으로 가서 그에게 두 마리의 손자를 남겼다. 엉클 버트와 그의 버팀목이었던 용감한 은색등 디지트가 밀렵꾼들에게 죽지 않았더라면 산악고릴라의 미래는 엉클 버트와 디지트의 많은 후손들로 번성했을 것이다. 디지트의 유일한 자손인 므웰루는 심바가 넌키의 집단으로 이주할 때 발생한 격렬한 충돌 과정에서 영아살해의 희생자가 되었다. 실질적으로 여덟 달짜리 암컷 고릴라인 므웰루는 고릴라들의 마지막 은신처인 비룽가의 성역을 침범한 밀렵꾼에 의해 죽은 것이나 다름없었다.

* * *

집단 간의 이주나 영아살해와 같은 진화적인 전략은 개체수가 얼마 남지 않은 개체군에게 유전적 다양성을 유지하려는 방편을 제공한다. 실제로 넌키의 집단은 이 방법으로만 개체수를 늘려 왔다. 넌키 집단의 현재는 어떤가? 지난 10년간 부지런히 모으고 보호해 온 암컷들과는 다음 10년간 어떻게 잘 살 것인가? 인간의 압박으로 고립된 산에서 그들과 그들의 자손은 넌키의 첫 두 자손인 리와 엔지와 같은 운명을 겪을 것인가?

비룽가 공원의 보호 구역 중 32퍼센트가 르완다 영토에 포함되어 있고, 이곳에서 고릴라 개체군의 연간 성장률은 3.8퍼센트이다. 밀렵과 불법 경작의 증가로 1960년에 조지 섈러가 연구를 시작한 이래 산악고릴라의 개체수는 해마다 3퍼센트 이상씩 감소하고 있는 추세다. 또한 샐러가 있던 때 이후로 1,600헥타르의 땅이 볼캉 공원에서 제외되었다. 이 땅은 르완다에 속한 공원 구역의 반에 해당되며, 공원 전체 넓이의 5분의 1이나 된다. 서식지가 감소한 것만으로도 지난 20년간 고릴라의 개체수가 60퍼센트나 줄어들었다. 12,000헥타르만이 남아 있는 볼캉 공원은 르완다 국토의 0.5퍼센트밖에 되지 않는다. 오백만 명이 살고 있는 르완다는 사하라 사막 이남에서 인구 밀도가 가장 높은 나라이다. 95퍼센트의 인구가 겨우 1헥타르 땅에 의존하여 살아가며, 볼캉 공원의 경계에서만도 780명이 살고 있다. 게다가 해마다 23,000명의 르완다 가족들이 경작할 새로운 땅을 찾고 있다. 공원 전체가 이들을 위해 농지로 개발된다 하더라도 1년 동안 늘어난 르완다 인구의 4분의 1만을 먹여 살릴 수 있을 뿐이다. 개간은 당연히 이곳에서 살기 위해 애쓰는 모든 산악고릴라와 야생동물이 사라지는 것뿐만 아니라 르완다의 사람들과 야생동물이 살아가기 위해 의지할 우림이 사라진다는 것을 의미한다. 해마다 전 세계에서 180,000헥타르의 우림이 파괴되고 있다. 이것은 한 시간에 20헥타르가 사라지고 있다는 뜻이다.

외국인들은 볼캉 공원 주변에서 1킬로그램에 10센트를 받는 제충국을 키워 겨우 살아가는 사람들이 우뚝 솟은 화산을 둘러보며 장대한 아름다움에 압도되거나 이 안개 낀 산에서 살아가는 야생동물이 얼마나 위험에 처했는가를 생각하며 살 것이라고 기대하면 안 된다. 유럽인들이 사막 한가운데에서 느끼는 기적 같은 경이로움을 르완다인들은 거대한 하게니아 나무를 뽑은 자리에 심은 감자와 콩, 옥수수, 그리고 담배를 보며 느낄 것이다. 그리고 그들은 공원의 땅을 이용할 수 없어 꿈이 실현되지 못하는 것에 대해 당연히 분개할 것이다.

미국이나 유럽인이 가진 보전, 특히 야생동물의 보호에 대한 개념은 이미 수용력을 넘어선 땅에서 살아가고 있는 아프리카의 농부들에게는 쓸모가 없다. 대신 지역 주민들에게는 물을 공급받을 수 있는 장소로써 산을 지키는 것의 중요성을 교육해야 한다. 농부들은 외국인이 얼마나 고릴라에 대해 생각하는가를 알고 싶어 할 필요가 없다. 그보다 그들에게는 르완다에 내리는 비의 10퍼센트가 비룽가에 스며들어 농작물을 키울 땅으로 서서히 스며들어 간다는 사실을 알려야 할 필요가 있다. 농사를 짓는 가족들의 운명은 볼캉 공원의 생존에 달려 있는 것이다. 물을 공급하는 핵심 지역을 개간하는 것은 앞으로의 농사를 포기하려는 것이나 마찬가지다. 생태계의 중요성이 이 지역에서 가장 중요한 문제로 떠오를 수 있다면 우림은 인간과 야생동물에게 생존할 기회를 줄 것이다. 때문에 르완다 정부가 자연 자원을 적극적으로 보전하여 지역 사회의 발전 측면이나 경제적 측면에서 모두 많은 이익을 얻을 수 있게 되면, 르완다는 자이르와 우간다와의 협력을 통해 세 나라가 공유한 비룽가의 미래를 지키는 역할을 하는 데 기념비적인 본보기가 될 것이다.

또한 국제적인 협력 정책을 통해 르완다의 볼캉 공원과 자이르의 비룽가 공원, 그리고 우간다의 키게지 고릴라 금렵 구역에서 인간에 의한 어떤 형태의 잠식도 허용하지 않는 엄격한 법이 실행되어야 할 것이다. 밀렵 확신범의 수감 기간을 늘리는 시책은 폴랭 은쿠빌리만이 예외적으로 실행하는 것이 아니라 법으로 제정되어 적극적으로 시행되어야 한다. 아프리카인과 유럽인을 차별하지 않고 르완다의 공원 구역을 파괴한 사람들에 대해 적극적으로 대응한 폴랭 은쿠빌리는 르완다와 자이르, 우간다인들에게 따르고 발전시켜야 할 모범을 남겼다.

1967년부터 1983년까지 카리소케 연구센터에서 실시한 산악고릴라에 대한 연구는 고릴라 역사의 아주 짧은 부분만을 기록했을 뿐이다. 몇백 년 전이라면 15년이란 종의 역사에서 그냥 지나가는 짧은 순간이었을 것이다. 그러나 지금은 앞으로의 20년이 20종의 멸종을 판가름하게 될 것이다. 인간은 앞으로 산악고릴라를 이번 세기가 지나가기 전에 멸종 위기로부터 살아남은 종으로 만들지, 아니면 멸종한 종들 중 하나로 만들지 지금 결정해야 한다. 고릴라들의 운명은 아프리카라는 공동의 유산을 물려받은 인간의 손에 달려 있다.

| 맺음말 |

보전학자, 경제학자, 사회학자, 그리고 언론인들 사이에서 제3세계의 복합적인 문제들에 대해 과거의 이상적인 이론이 아닌 현실적인 방식으로 접근하려는 움직임이 일어나고 있다. 지금까지 정부 행정 당국과 국민의 기본적 요구, 그리고 지역 관리의 부패상이 얽힌 복잡함을 완전히 무시한 채 시대착오적인 보전정책이 난무했던 아프리카에서 이 환영할 만한 기류는 점점 상승하는 추세에 있다. 현실을 무시한 정책은 수명이 짧은 쓸모없는 외교정책을 낳았다. 자신의 땅에서 야생동물의 미래와 가장 직접적으로 연결된 사람들은 오히려 정책 때문에 야생동물의 보전에 대해 스스로 동기를 부여하고 그들이 가진 풍부한 견해를 제시하는 데 방해받고 있다. 야생동물은 귀중한 유산이라는 개념을 부여하는 외국인들의 자아도취적 입장 역시 현실을 간과하고 있다. 대부분의 가난한 지역 주민들에게 야생동물은 고기나 상아, 가죽처럼 경제적인 가치를 갖고 있을 때만 용인될 수 있는 장애물로 간주

되기 때문이다.

적절히 감독되기만 한다면 관광 산업의 진흥은 국가적 이익이 된다는 것으로 판명될 것이고, 따라서 밀렵은 다수결의 원칙에 의해 점차 쇠퇴하게 될 것이다. 이러한 이상적인 보전정책은 그러나 종족 중심주의와 족벌주의, 그리고 계급 조직을 가진 대륙 아프리카에서 제대로 실현되기 어렵다. 일관되고 타협하지 않는 개인만이 자신의 재산보다 야생동물을 위해 필요한 것들에 대해 고려할 수 있기 때문이다.

멸종 위기에 처한 종은 하루하루를 겨우 살아가고 있다. 아프리카에는 242마리의 산악고릴라가, 중국에는 1,000여 마리의 자이언트판다가, 그리고 미국에는 187마리의 회색곰grizzly bear이 종의 명맥을 유지하고 있다. 관광정책을 통한 보전활동은 인간의 편의를 위해 임시방편으로 만든 조치와 비교했을 때 이들 종의 생존 기회를 증가시키는데 조금도 더 나은 기여를 하지 못한다. 우리가 주장하는 보전정책인 적극적인 보전활동은 밀렵꾼의 장비와 무기를 파괴하기 위한 빈번한 순찰, 견고하고 신속한 법 제정, 주요 서식지에서의 개체수 조사, 그리고 서식지 보호 같은 일들의 실행을 통해 달성된다. 이런 활동은 밖으로 멋지게 드러나 보이지 않을 뿐더러 당장은 아무에게도 이득이 되지 않는다. 그러나 적극적인 보전활동은 점점 줄어들고 있는 숲의 동물들에게 미래에도 살아남을 수 있는 기회를 제공한다.

적극적인 보전활동에는 반드시 장기적인 계획이 보완되어야 한다. 그러나 A가 B보다 먼저인 것처럼 이상적인 보전정책의 Z를 실행하기 위해 고단한 일상적인 보전활동이 선행되어야 한다. 산악고릴라의 경우에는 덫을 자르고 밀렵꾼을 수감하는 일을, 자이언트판다의 경우 먹이 자원의 이용에 대한 철저한 조사를, 회색곰의 경우에는 밀렵에 대한 강한 처벌과 공원 경계의 엄격한 감시를 의미한다.

나는 산악고릴라의 보전을 위하여 우리가 가야 할 길을 구체화할 수 있도록 도와준 용기 있는 수많은 르완다인과 자이르인들에게 마음으로부터 우러나오는 감사의 말을 전하고 싶다. 많은 인간들이 저지르고 있는 어리석은 일들을 바꾸기에는 너무 늦었기에 나는 디지트와 엉클 버트, 마초, 리, 엔지, 그리고 수많은 다른 고릴라들에게 슬픔과 미안함을 느낀다. 더 밝은 내일이 오길 바란다면 사람들은 깨달아야 한다. 지금처럼 고릴라의 보전을 위해 필요한 가장 기본적인 문제들을 회피하는 것은 결국 베토벤과 이카루스, 넌키, 그리고 그들의 배우자와 자손들을 과거의 안개 속으로 사라지게 만들 것이라는 사실을.

부록

참고문헌

찾아보기

부록 1

제4, 5, 8, 넌키 집단의 먹이 식물 유형

(본문에 언급된 식물만 한글 이름을 표기하였다: 옮긴이)

양치식물(fern)

Polypodium sp.

초본—사초(grass—sedge)

Arundinaria alpina 대나무
Carex petitiana
Chaerefolium silvestre
Cineraria grandiflora
Conyza gigantea
Cynoglossum amplifolium
Cynoglossum geometricum
Helichrysum formosissimum 헬리크리숨
Helichrysum guilelmii
Laportea alatipes
Leucas deflexa
Lobelia giberroa 자이언트로벨리아
Lobelia wollastonii
Peucedanum kerstenii
Peucedanum linderi 셀러리
Rumex ruwenzoriensis
Senecio maraguensis
Senecio trichopterygius
Solanum nigrum
Thalictrum rynchocarpum
Urtica massaica 쐐기풀

관목(shrub)

Pycnostachys goetzenii
Rubus apetalus
Rubus runssorensis 검은딸기

교목(tree)

Afrocrania volkensii
Erica arborea
Hagenia abyssinica 하게니아
Hypericum revolutum 히페리쿰
Pygeum africanum 피게움
Rapanea pulchra
Senecio alticola 세네키오
Senecio erici-rosenii
Vernonia adolfi-friderici 베르노니아
Xymalos monospora

기생식물(parasite)

Ganoderma applanatum 잔나비불로초
Loranthus luteo-aurantiacus 로란투스
Pleopeltis excavatus 가는잎고사리(본문에 언급되어 있으나 부록에 나와 있지 않아 첨가함: 옮긴이)

덩굴식물(vine)

Basella alba
Clematis simensis
Crassocephalum bojeri
Droguetia iners
Galium spurium 갈륨
Mikania cordata
Piper capense
Stephania abyssinica
Stephania dinklagei
Urera hypselendron

부록 2

연구 집단 개체들의 월별 출생 빈도(1967~1982년)

월	출생 개체수	이름
1월	1	지즈
2월	1	신다
3월	4	무라하
		심바 I
		퀘리Query
		므윙구
4월	4	무명 (올드 고트의 새끼)
		므웰루
		심바 II (X 부인의 새끼)
		파피
5월	4	턱
		엔지
		샹가자
		무명 (우무쉬치의 새끼)
6월	5	프리토
		쏘어
		무명 (메이든폼의 새끼)
		빌보
		다비
7월	5	크웰리
		퀸스
		안진Anjin
		플롭Flob
		리
8월	7	클레오
		타이터스
		오거스터스
		파블로
		진셍
		제니
		커리
9월	0	
10월	3	무명(메이지의 새끼)
		반조
		카지
11월	3	무명(플로시의 새끼)
		타이거
		캔츠비
12월	5	퍽
		무명(마체사의 새끼)
		산두쿠
		사파리Safari
		호다리

총계 42

(본문에도 연구 기간 중 출생한 개체가 42마리라고 언급되어 있으나, 1980년 6월에 제5집단의 에피와 베토벤 사이에서 태어난 매기, 역시 제5집단의 팬치와 이카루스 사이에서 1980년 12월에 태어난 조지(Zozi)의 기록이 누락되어 있음: 옮긴이)

15년간 42개체의 월별 출생 빈도 분포
(1967년 9월~1982년 12월)

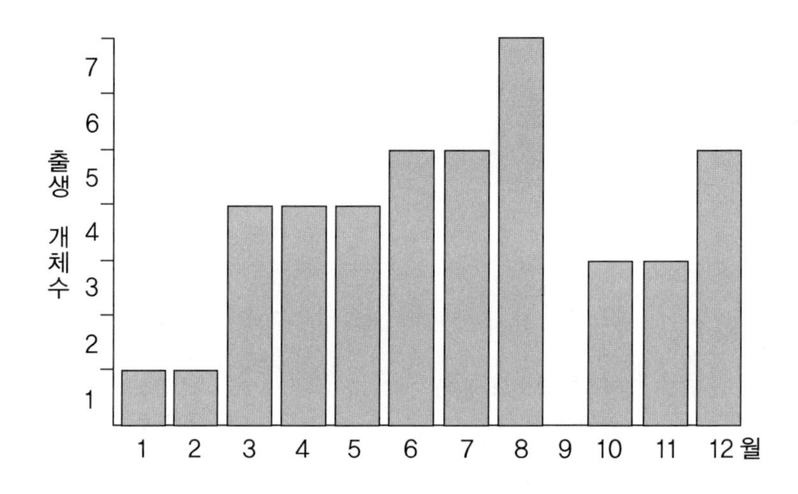

부록 3

비룽가의 강우량 분포(1969~1979년)

다음 그래프는 비룽가에서 축적된 거의 완전한 월 강우량 자료이다. 강우량은 산악고릴라들이 먹이를 먹고 이동하는 양상과 관련이 있고, 어떤 경우에는 출산에도 영향을 미친다.

월 강우량: 10년간(1969~1979년) 강우량의 변화(mm)
(각 월별로 완전히 기록된 횟수가 표시되어 있다.)

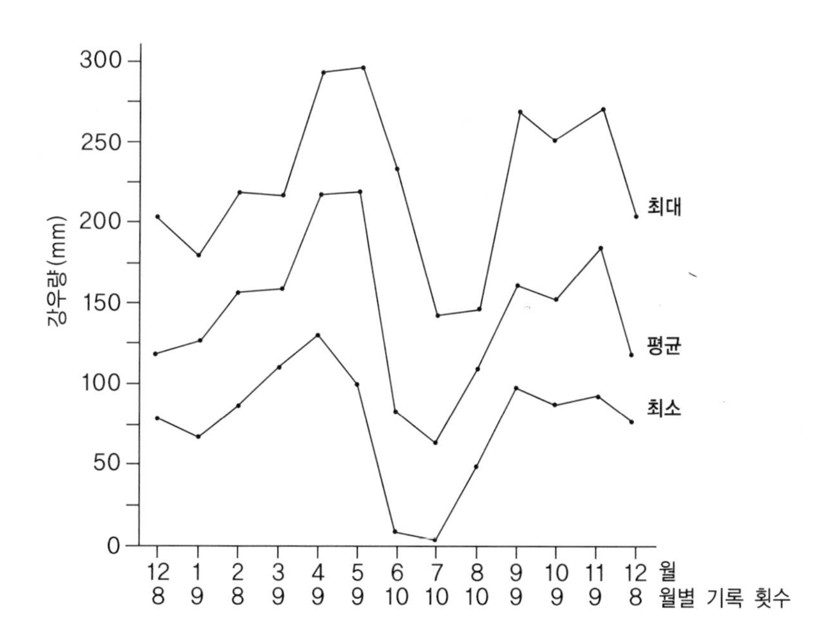

부록 4

산악고릴라의 개체수 조사 결과(1981년)

1959년부터 1960년까지 조지 섈러는 비룽가에 400~500마리의 산악고릴라가 남아 있을 것으로 추산했다. 섈러는 카바라 주변을 조사하여 10개 집단의 169개체를 발견했다(22개체는 연구 기간 동안 카바라 주변에서 지속적으로 머물지 않았으므로 이 합산에 포함되지 않았다). 1967년 내가 카바라 주변에서 발견한 것은 세 집단뿐이었다. 이 세 집단은 섈러의 연구에서 확인된 집단들 중 62마리가 속한 집단들과 동일한 것으로 간주되지만 전체 개체수는 52마리였다.

지도(다음 장 참고)는 1981년 조사 작업 동안 발견된 비룽가 산악고릴라 개체군의 분포를 나타낸다. 두 캠프(카바라와 카리소케)에서 얻은 조사 결과는 미케노와 비소케 캠프에 있는 고릴라들을 각각 포함한 것이다. 1981년 조사에서는 총 242마리의 야생 산악고릴라가 확인되었으며, 이는 22년 동안 개체군의 거의 50%가 감소하였음을 의미한다.

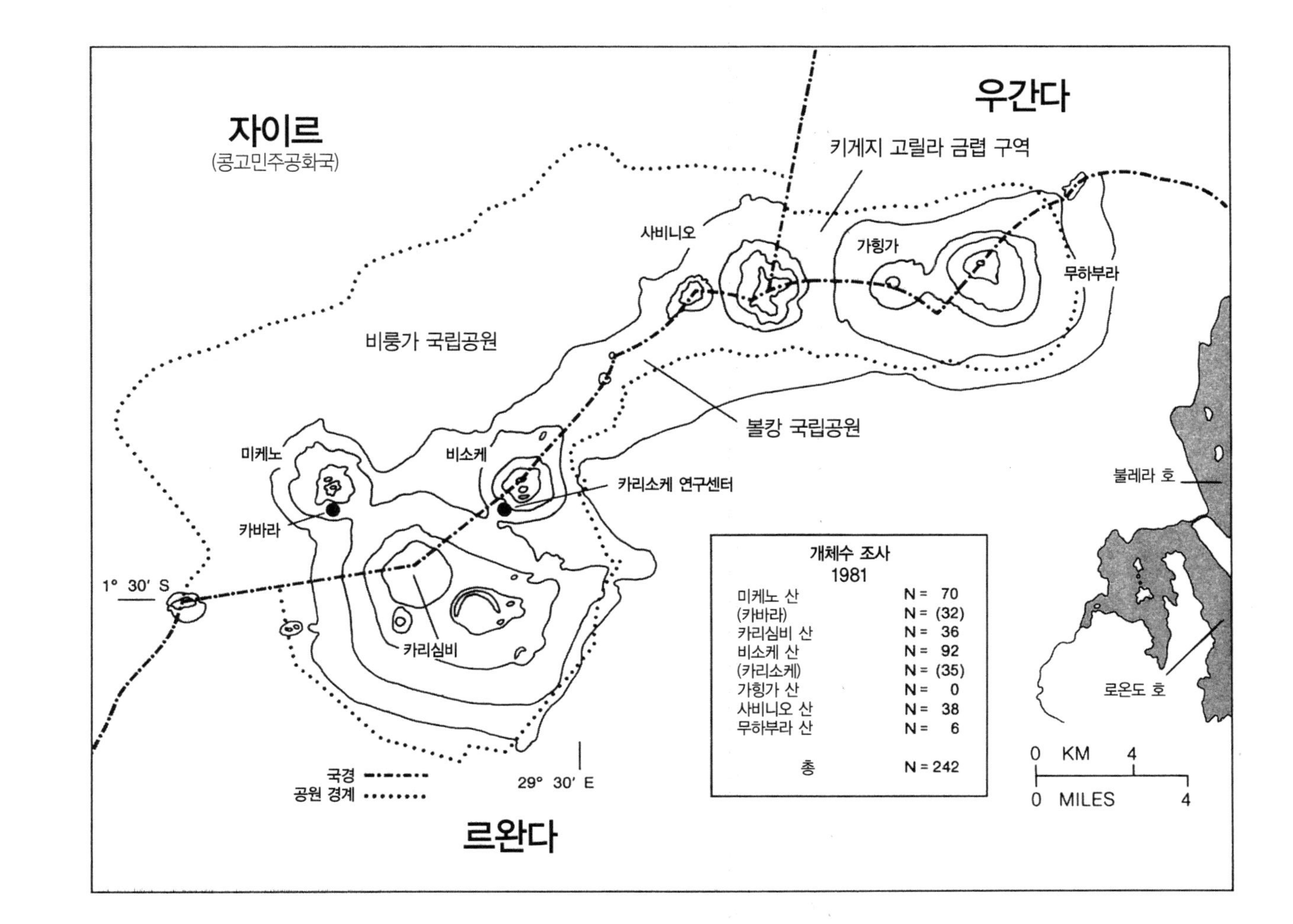

자이르
(콩고민주공화국)
우간다
키게지 고릴라 금렵 구역
사비니오
가힝가
무하부라
비룽가 국립공원
볼캉 국립공원
미케노
비소케
카리소케 연구센터
카바라
1° 30′ S
카리심비
불레라 호
로온도 호
개체수 조사
1981
미케노 산 N = 70
(카바라) N = (32)
카리심비 산 N = 36
비소케 산 N = 92
(카리소케) N = (35)
가힝가 산 N = 0
사비니오 산 N = 38
무하부라 산 N = 6
총 N = 242
0 KM 4
0 MILES 4
국경
공원 경계
29° 30′ E
르완다

부록 5

주요 연구 집단과 포획 개체로부터 얻은 고릴라의 음성 신호

공격음(Aggressive call)

그림 1. 포효(Roar): 이 단음절의 폭발적인 소리는 시작과 끝이 예고 없이 갑작스럽게 나오며 낮고 거친 음이 0.2~0.65초까지 지속되는 소리다. 그림 1에 나온 것처럼 개체별로 주파수의 밀도가 다른 것을 알 수 있다. 스트레스를 받았거나 위협을 느끼는 상황에서 나오는 포효는 은색등에게서만 들을 수 있으며, 때때로 버팔로를 만났을 때 내기도 하지만 주로 인간과 마주쳤을 때 낸다. 이 소리는 살짝 앞으로 나서는 것부터 과장된 돌격까지 여러 단계의 과시행동을 동반한다.

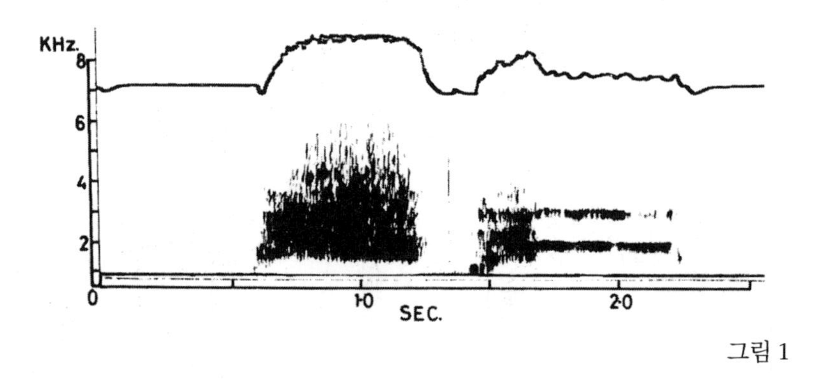

그림 1

경계음(Alarm call)

그림 2. 비명(Scream): 이 길고 날카로운 소리는 2.13초나 지속되며 열 번 정도 반복된다. 포효와 달리 개체별 차이는 관찰자의 주관적인 판단이나 스펙트로그램에서 모두 발견되지 않는다. 비명은 모든 연령대와 성별에서 들을 수 있고, 은색등이 좀 더 자주 낸다. 이 소리는 집단 내의 다툼시에 가장 많이 발생하지만 인간이나 심지어는 큰까마귀가 출현했을 때도 들을 수 있었고, 위협보다는 경계의 목적으로 쓰이기도 한다.

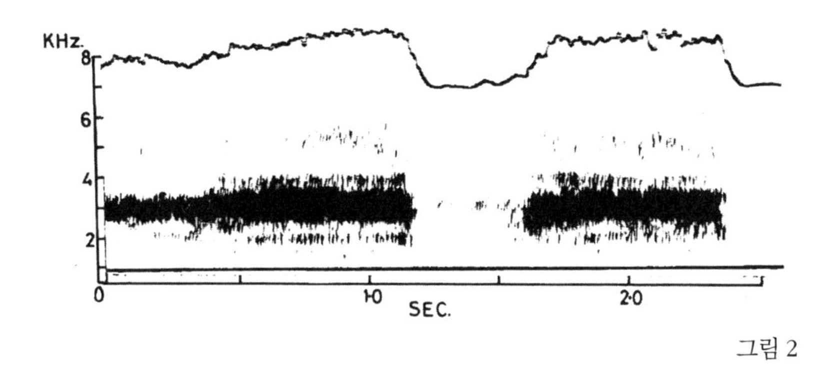

그림 2

그림 3. 뤄어(Wraagh): 폭발적인 단음절의 터져 나오는 큰 소리로 포효만큼 깊지 않고 비명만큼 날카롭지 않다. 포효처럼 뤄어는 갑작스럽게 나오며 0.2~0.8초가량 지속된다. 그림 3에 표시된 것처럼 개체별로 주파수의 밀도에 차이를 보이며, 포효보다 배음harmonics이 많다. 뤄어는 모든 성체 고릴라들이 내는 소리이며, 특히 은색등에게서 많이 들을 수 있다. 이 소리는 예고 없이 관찰자가 다가왔을 때나 다이커의 경계음이 들릴 때 바위에서 미끄러지거나 천둥 또는 돌풍이 치는 갑작스런 스트레스 상황에서 주로 발생한다. 집단의 구성원들을 흩어지게 하는 데 가장 효과적으로 사용되며, 포효와 달리 공격적인 과시행동을 동반하지 않는다.

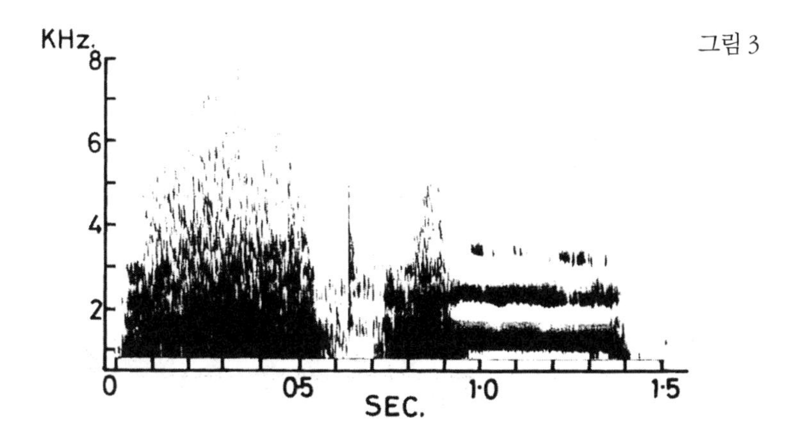

그림 3

그림 4. 물음 짖음(Question bark): 이 소리는 매우 특징적인 구성을 갖고 있어, 관찰자가 듣거나 스펙트로그램으로 분석할 때 모두 확연히 구분 가능하다. 세 개의 음으로 구성되어 있는 이 소리는 첫 번째와 세 번째의 음이 가운데 음보다 낮아 '누구냐 Who are you?' 하고 묻는 것과 같은 소리를 낸다. 0.2~0.3초가량 지속되는 짧은 음이며 은색등에게서 가장 많이 들을 수 있다. 가벼운 경계나 궁금해하는 상황에서 나오며, 숨어 있는 관찰자를 발견했을 때나 다른 구성원들에게 보이지 않는 고릴라가 가지를 부러뜨리는 소리를 내었을 때의 반응이다.

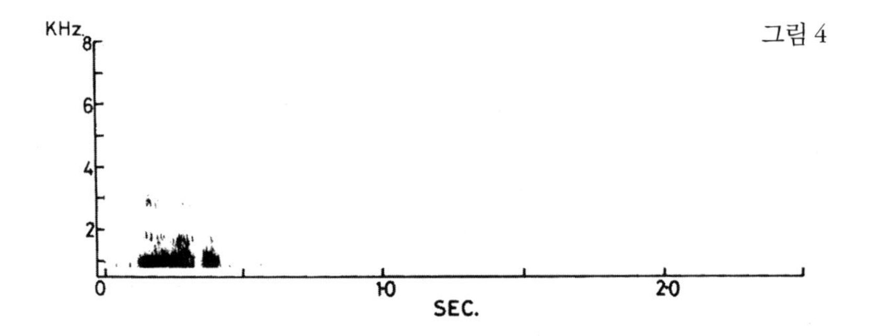

그림 4

그림 5. 울음(Cries): 인간의 아기가 내는 울음 소리와 비슷하며, 짜증내는 소리와 비슷한 날카로운 소리로 변한다(그림 5a에서 울음 소리가 점점 날카로워지다가, 5b에서 가라앉는다). 0.03~0.05초 간격으로 나오며 한 번에 거의 19초간 지속된다. 울음 소리가 나는 부분은 주파수 밀도가 뚜렷한 네 개의 부분으로 구성되나, 날카로운 소리 쪽으로 가면 이 구조가 약해진다. 울음은 오직 새끼나

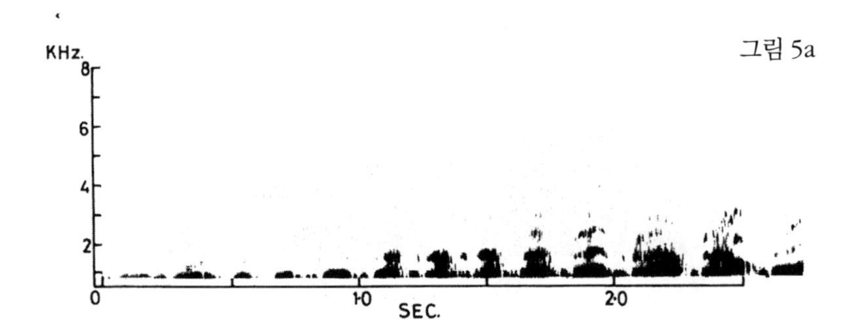

그림 5a

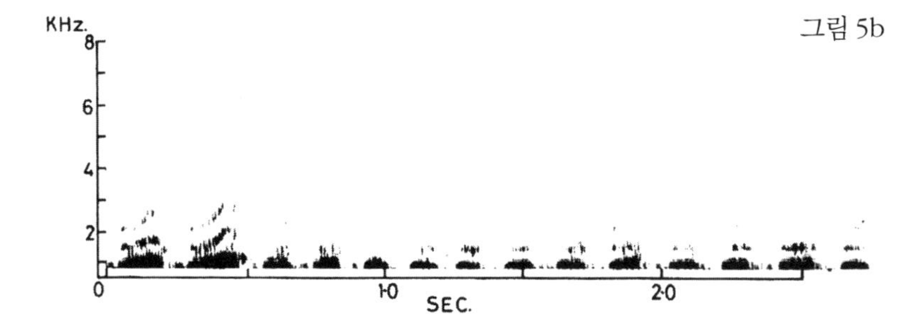

그림 5b

어린 고릴라에게서만 들을 수 있으며 대부분 홀로 남겨졌을 때, 즉 어미와 잠시 떨어졌을 때나 포획되어 인간에게서 키워진 코코와 퍼커의 경우 나나 다른 사육사에게서 떨어졌을 때 발생한다. 야생의 고릴라나 포획된 어린 고릴라들 모두 스트레스를 받는 상황이 지속되면 울음은 짜증으로 변한다.

조정음(Coordination vocalizations)

그림 6. 꿀꿀거림(Pig-grunts): 짧고 거칠며 후음(喉音)을 이용한 소리인 꿀꿀거림은 일반적으로 0.15~0.4초가량 이어지며, 아홉 번이나 열 번 정도 터져 나온다. 돼지가 먹이를 먹을 때 내는 꿀꿀거리는 소리와 닮은 이 소리는 갈수록 점점 커지고 소리를 내는 간격이 짧아진다. 꿀꿀거리는 소리는 이동 경로에 이견이 있거나 한정된 먹이 자원으로 언쟁이 생길 때의 개체들에게서 가장 효과적으로 쓰이며, 또한 성체가 어린 개체를 꾸짖을 때도 사용된다.

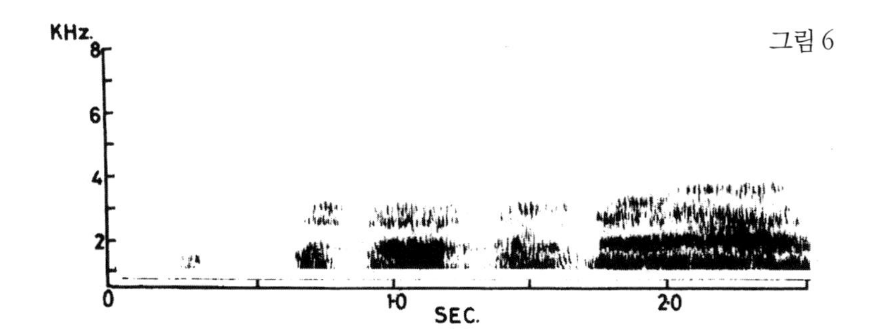

그림 6

그림 7. 트림 소리(Belch vocalization): 이 소리는 음식물이 목구멍을 넘어갈 때 나는 깊고 긴 우르르 하는 소리(나움, 나움, 나움)처럼 들린다. 이 소리는 고릴라 언어 전체에서 가장 복잡한 소리들 중 하나이다. 소리가 다중으로 중첩되고 기능적 변이가 심하기 때문이다. 이 소리는 야생의 고릴라와 포획된 고릴라들에게서 모두 기록되었으며, 뚜렷한 두 개의 주파수 밀도가 나타난다. 이 소리는 상황이 계속될 경우 중얼거림이나 그르렁거림, 웅웅거림, 끙끙거림, 울음, 길게 짖음 등 여러 단계의 소리로 전이된다. 이 소리는 날씨 좋은 날의 휴식을 마친 고릴라들이나 먹이터를 향해 달려가는 고릴라들에게서도 들을 수 있다. 연령과 성별로 다양한 변이가 있다.
은색등은 시야를 가리는 수풀 속에서 다른 집단의 은색등과 서로의 영역이 확고하다는 의사를 교환할 때 이 소리를 사용하곤 한다. 만족감이나 위치를 확고히 하는 표현을 할 때 외에도 성체 고릴라의 약간 짧은 트림 소리는 종종 어린 고릴라나 관찰자를 약하게 꾸짖을 때 사용된다. 고릴라와의 습관화 작업에서 이 소리는 고릴라들의 불안감을 달랠 가장 유용한 소리였다.

그림 7a

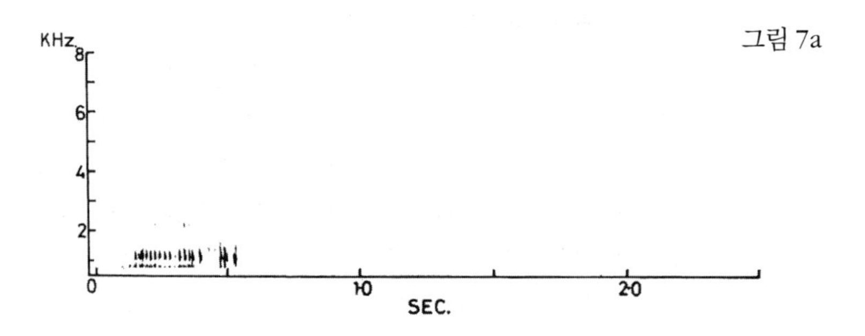

그림 7b

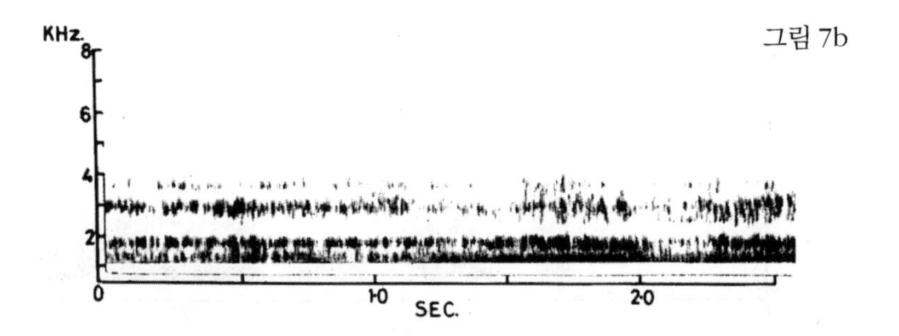

그림 8. 낄낄거림(Chuckles): 숨을 꺽꺽거리는 이 소리는 놀이활동(레슬링, 간질이기, 쫓기)의 정도에 따라 그 강도가 달라진다. 동반되는 놀이활동 때문에 생기는 주변 소음으로 인해 이 소리는 야생의 고릴라나 사육 상태의 고릴라 모두에게서 녹음하기가 어렵다. 낄낄거림은 낮은 주파수의 0.02~0.1초가량 지속되는 소리로 불규칙하게 뿜어져 나온다. 개체 변이는 기록되지 않았다.

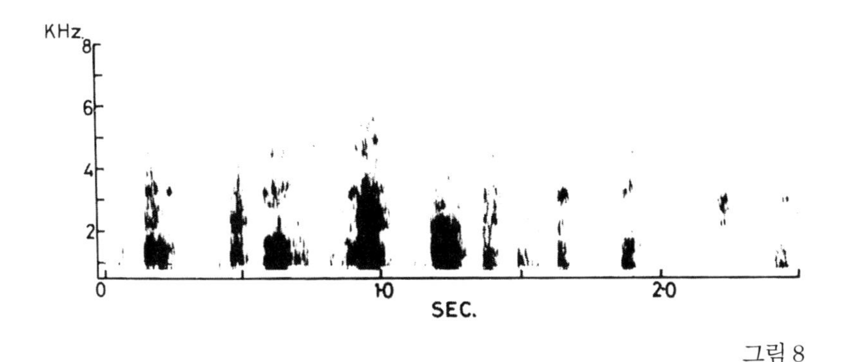

그림 8

집단 간 의사 교환 음성 신호(Intergroup vocalization)

그림 9. 후트 시리즈(Hootseries preceding chestbeats): 후트 시리즈는 뒤에 가슴을 두드리는 행동이 이어지는 것과는 상관없이 길고 분명한 후-후-후 소리로 구성된다. 이 소리들은 매우 낮고, 종종 시작 부분은 인간의 귀에 인식되지 않으나 끝으로 갈수록 구슬프고 길어진다. 후트 시리즈가 길어질수록 화성과 상의 변동폭이 커진다. 주파수는 초당 1.4~1.8킬로사이클(현재는 사이클 대신 헤르츠Hz를 씀, 1kc = 1kHz: 옮긴이) 사이이며, 1초에 84번까지 낼 수 있다. 후트 시리즈를 가장 많이 내는 개체는 은색등이다. 두 집단의 은색등들이 얼마나 가까이 있는가에 따라, 우두머리들은 후트 시리즈 후에 가슴을 두드리거나 바닥을 내려치거나 가지를 부러뜨리거나 울창한 수풀 사이를 가로질러 달려가곤 한다. 야외에서 받은 느낌에 따르면 소리를 내는 개체들의 거리가 가까울수록(약 6미터 정도) 물리적인 소리를 더 빈번하게 사용하였으며, 이는 두 마리의 은색등이 시각으로 확인할 만큼 가까이 있기 때문에 후트 시리즈를 이용한 과시행동을 중단하지 않을 수 없는 것으로 보였다. 거의 1킬로미터까지 도달할 수 있는 후트 시리즈는 소리를 내는 개체들 사이의 거리가 멀어질수록 집단

간의 발성행동이 물리적인 소음에 의해 중단되는 경우가 더 줄어들었다. 따라서 후트 시리즈는 정확한 위치를 알려 주지는 않지만 어떤 집단이나 특정 고릴라의 소리를 탐색하는 기능이 있다. 비록 후트 시리즈의 일차적인 목적이 먼 거리의 의사 전달에 있긴 하지만 후트 시리즈를 내는 패턴에는 은색등들 간에 개체 변이가 있기 때문이다.

그림 9a

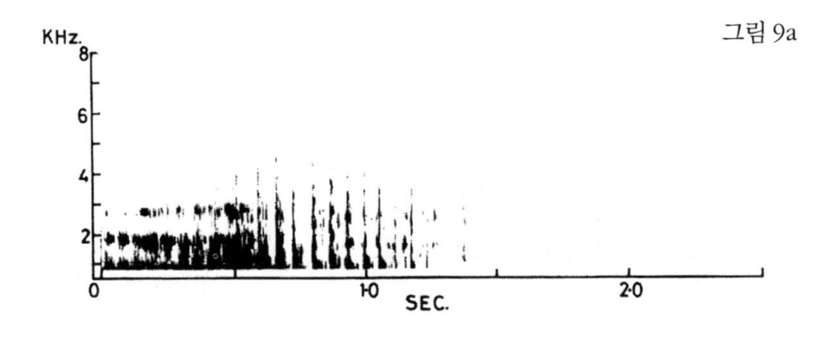

그림 9b

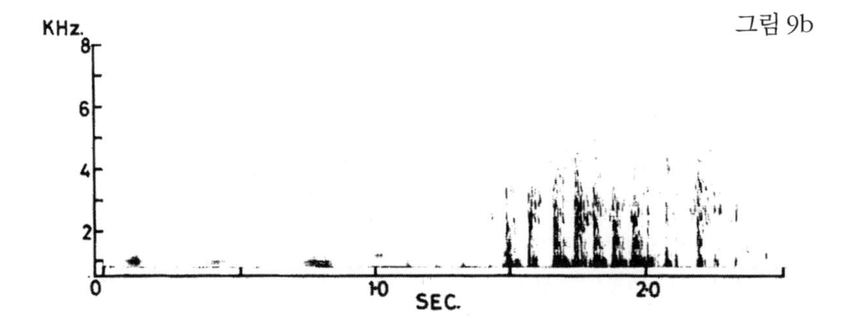

부록 6

산악고릴라(*Gorilla gorilla beringei*) 14개체의 부검 결과 요약

코코와 퍼커

암컷. 쾰른 동물원 사육 개체들이며 연령은 각각 14, 15세가량. 사망 날짜는 각각 1978년 6월 1일, 1978년 4월 1일. 부검은 사망 8시간 후 쾰른 동물원의 크루거Krueger 박사, 노이만Neumann 박사, 쿨만Kullmann 박사가 실시.

외진 – 각각의 무게 = 155.2lb(70.0kg), 135.5lb(61.1kg)

내진 – 두 개체 모두 흉선의 병변이 진단됨. 퍼커는 무게 385g의 다포낭성 흉선 종양이 발견되었으며, 이곳에서 흉선 조직은 발견되지 않았음. 흉선 조직과 핫살 소체Hassall's corpuscles가 없는 것으로 보아 흉선의 다낭포성 몸통 부위는 이개체발생성이었음. 코코에게서 총 무게가 15g인 4개의 작은 콩알만 한 크기의 흉선 조직 일부분이 발견됨. 소실된 부분이 광범위하여 낭포성 형성 장애와 핫살 소체 일부들이 종종 나타났으며, 이들은 퇴축의 결과로 나타나는 변성된 병변들임.

두 고릴라 모두 여러 종류의 병원체에 감염되었으며 패혈증, 쇼크성 호흡 부전, 대량의 점상 출혈, 부신피질괴사, 간 부종, 심낭의 지방 변성, 간세포, 그리고 쿠퍼세포Kupffer cells가 발견됨.

퍼커는 방광에서 이행상피유두종transitional cell papilloma이, 충수에서 거짓림프종(위임파종pseudolymphoma)이 발견됨.

코코는 부르너샘Brunner's glands에 위선종gastric adenoma이 있고, 무색소의 흑색질substantia nigra, 청색핵nucleus coeruleus이 발견됨.

두 개체 모두 근육에 여러 종의 박테리아가 발견되었으며 그램음성균Gram-negative rod이 우성이었음. 배양 결과 주요 박테리아는 *Pseudomonas aerogenosa*, *Klebsiella pneumoniae*, 그리고 *Proteus vulgaris*임.

두 개체 모두 림프 조직의 흉선 관련 부분이 위축된 것으로 보아 세포 매개성 면역cell- mediated immunity이 저하되어 있었을 것으로 예상됨.

결론 – 코코와 퍼커는 흉선에 심한 낭포성 형성 장애가 있었으며 외형, 조직화학적, 면역학적 연구를 바탕으로 면역 기능이 저하된 것으로 생각됨. 직접 사

인은 그램음성균에 의한 패혈증과 쇼크.

커리

수컷. 제5집단의 브라바도와 베토벤 사이에서 태어났으며 연령은 9개월. 사망 날짜는 1973년 4월 14일, 사체는 4월 15일에 발견됨. 부검은 4월 16일에 루엥게리 병원의 클라인Klein 박사가 실시. 릭 엘리어트가 기록.

외진– 목 오른쪽에 각각 지름이 2mm, 3mm인 작은 상처 구멍이 두 개 있으며 두 상처는 2.5cm가량 떨어져 있음. 내외부 경정맥의 연결 부위에서 1cm 윗부분에 위치한 쇄골하정맥에 날카로운 상처 구멍이 있으며 이 상처가 과다 출혈을 야기함. 왼쪽 흉곽 아래 배쪽면에 커다란 표면 상처가 있으며 지름은 1.5~2cm 정도임. 겨드랑이와 쇄골 사이에 난 상처 구멍은 지름이 1cm, 깊이가 3~3.5cm 정도이며 역시 상당한 출혈을 야기함. 결장은 깊은 상처로 인해 직장과의 연결 부분으로부터 7~8cm 지점까지 파열됨. 결장 상처 끝부분에 있는 각각 지름이 1cm, 2cm인 0.5cm 간격의 상처 구멍 두 개가 결장에 심한 부상을 입힘. 결장 상처의 복부 맞은편 오른쪽 표면에 지름 2cm의 상처가 보임. 왼쪽 대퇴부 아래쪽 끝부분 표면에 작은 상처가 보임.

내진– 두개골을 덮고 있는 근막에서 최근에 생긴 듯한 타박상이 발견됨. 각각 지름이 3cm 정도이며 하나는 전두엽의 앞부분에, 다른 하나는 시상접합 부위에 위치. 왼쪽 대퇴부는 절구(관골구acetabulum)에서 2.2cm 떨어진 곳에서 완전히 골절되었으며 인대가 모두 끊어지지 않아 끝부분이 산산조각 난 채로 관골구에 달려 있었음.

사인– 영아살해.

디지트

제4집단의 은색등이며 연령은 대략 15세 정도. 1977년 12월 31일 밀렵꾼에게 살해당했으며 사체는 1978년 1월 3일에 발견됨. 부검에는 루엥게리 병원의 드소Desseaux 박사와 이언 레드먼드, 그리고 저자(다이앤 포시)가 참여.

외진– 다섯 군데 찔린 상처가 있으며 그중 배나 등쪽의 상처가 치명적이었을 것으로 판단됨. 목과 양손이 잘려 나감. 외부기생충은 발견되지 않았음.

내진– 비장에 생긴 3cm 정도 크기의 낭포를 제외하고 모든 내부 장기는 건강한 것으로 판명됨. 길이 3.2cm, 너비 1.9cm의 흡충이 왼쪽 폐에서 발견되었으며 복부의 빨판은 길이가 1.4cm, 너비가 0.6cm에 달함. 흡충의 등쪽은 표면이 매끈하며 앞부분은 대칭이나 뒷부분은 비대칭형임. 1977년에 지속적으로 조사된 결과와 마찬가지로 죽기 이틀 전에 채집된 배설물에서는 원충과의 알과 선충이 발견되었으나 촌충은 발견되지 않았음.

프리토

암컷. 제4집단의 플로시와 엉클 버트 사이에서 태어났으며 연령은 3개월. 사망 날짜는 1978년 8월 14일, 사체는 8월 16일에 데이비드 와츠에 의해 발견됨. 부검은 저자가 실시.

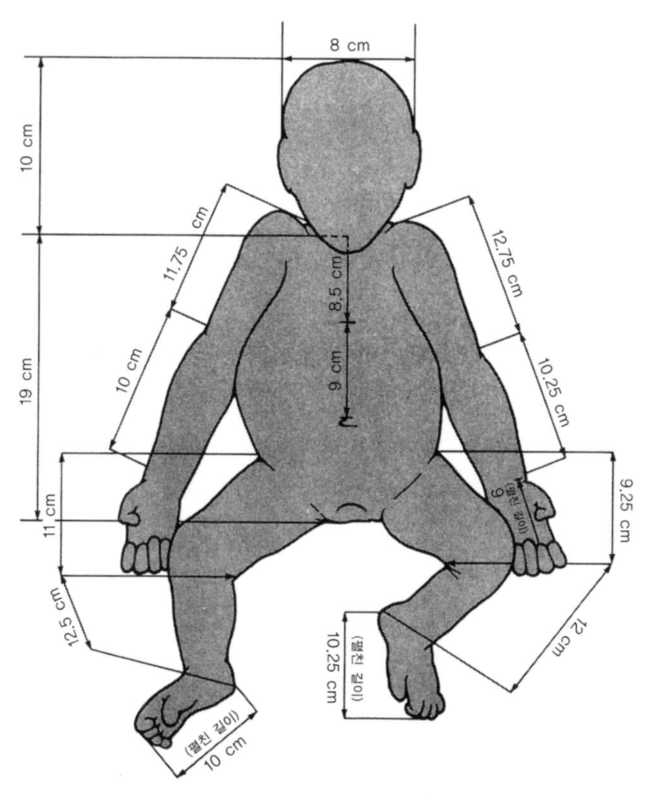

프리토(3개월, 암컷)의 신체 치수

외진 – 오른쪽 상완 신경총에 3cm 깊이로 물린 상처가 치명상이 된 것으로 판단되며, 이로 인해 상완골이 부서지고 상박동맥, 정맥이 파열됨. 외부기생충은 발견되지 않음. 몸무게 = 5.1lb(2.3kg). 신체 측정치를 그림으로 그려 첨부함.
사인 – 영아살해.

아이다노

약 30~35세가량으로 추측되는 제5집단의 성체 암컷. 1973년 5월 1일에 죽은 것으로 추정되며 사체는 5월 2일에 릭 엘리어트가 발견함. 부검은 부타레 대학교University of Butare의 필리뽀Philippot 박사와 분데릭Vounderick 박사가 실시.
외진 – 최근에 손목에서 3cm 정도 위의 근육에 덮여 있는 노뼈(요골, radius)와 자뼈(척골, ulna)의 등쪽 표면에 지름 4cm의 비특이성 육아종 반응이 나타남. 오른손은 기형적으로 위축됨. 젖이 분비되나 1970년 7월 이후로 새끼를 가진 적이 없었음.
내진 – 위와 대장은 비어 있음. 자궁 입구의 염증을 제외하고 생식기는 특별한 이상이 없음. 황체세포는 발견되지 않음. 심장은 심막에서 약한 부종이 발견됨. 왼쪽 허파는 정상이고 오른쪽 허파는 특히 중엽이 상당히 위축되어 있음. 허파 상엽에 많은 섬유성 점착물이 있는 것으로 보아 오랫동안 늑막염을 앓은 것으로 추측됨. 뇌는 정상, 무게 = 378g, 길이(전두–후두축) = 120mm, 폭(측두) = 95mm. 대장은 장염성 상태이며 복막과의 사이에 피브린이 많이 뭉쳐 있는 것으로 보아 1~2년 정도 복막염을 앓은 것으로 추측됨. 대장에서 *Anoplocephala gorillae*, 소장에서 *Murshidia devians*, 간에서 *Paralibyostrongylus hebrenicus* 발견됨. 부검 전 몸무게 = 120lb(54.4kg)
현미경 검진 – 간: 소엽의 구조체는 손상되지 않음. 모든 소엽에서 담즙 분비가 심하게 정체됨. 분비동에서는 다형핵polymorphonuclear과 단핵 백혈구세포가 다량으로 발견됨. 쿠퍼세포가 매우 활발하게 작용하며 부분적으로 괴사한 부분이 있음. 반대로 소엽 사이의 공간은 염증성 물질이 일부만 스며들어 있음. 턴불 반응Turnbull reaction은 음성. 크고 비정상적인 형태의 핵을 가진 이형융합체dinucleated 간세포가 많이 발견됨. 쓸개 세관은 정상. 지방 괴사는 나타나지 않음. 비장: 다형핵 백혈구가 매우 많음. 췌장: 광범위한 부종. 혈관 주변과 샘꽈리세포(선포세포acini cell) 사이에 다형핵세포가 스며들어가 있음. 괴사한 부분이나 미세한 농양은 거의 없음. 신장: 사구체토리glomeruli 전체에서 사구체간질mesangium 타래가 비대해지고 세포질이 증가함. 보우만 주머니는 약간 비대해짐. 콩팥 사이질 섬유증interstitial fibrosis은 나타나지 않음. 난소와 자궁내막: 빌리루빈bilirubin이 축적됨. 심근: 나이가 많은 인간의 경우에서처럼 불규칙한 크기의 핵이 리포푸신lipofuscin과립으로 둘러싸여 있음. 소뇌: 뉴런 일부에서 리포푹신, 백색질에서 아밀로이드 소체corpora amylaceae 검출.
결론– 세균성 간염으로 사망. 발에 육아종granulomata이 심하며 췌장의 상태로 보아 세균에 의한 간 조직의 손실이 사인으로 판단됨.

크웰리

제4집단의 고릴라인 마초와 엉클 버트의 39개월짜리 수컷 새끼. 1978년 7월

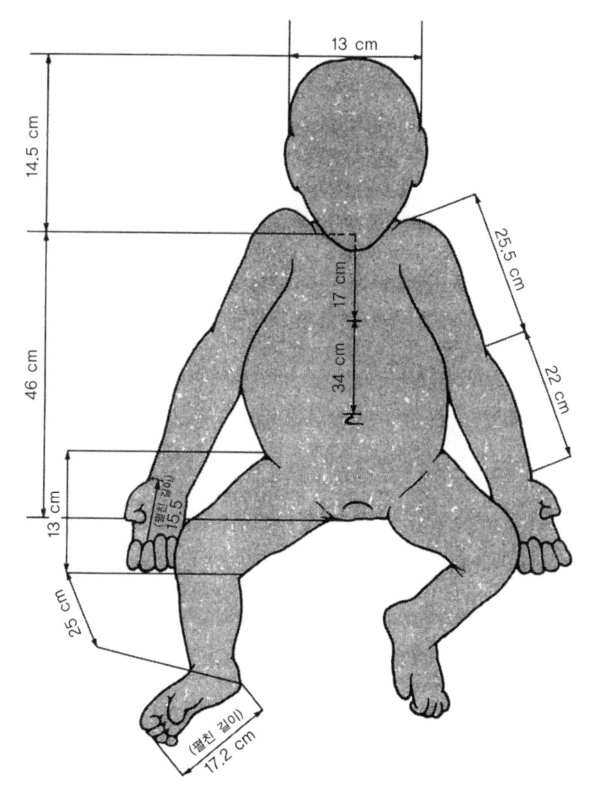

크웰리(39개월, 수컷)의 신체 치수

24일에 밀렵꾼이 두 부모 고릴라를 죽일 당시 오른쪽 쇄골에 총알이 관통함. 사망한 날짜는 1978년 10월 26일이며, 같은 날 데이비드 와츠가 발견. 부검은 이언 레드먼드와 저자가 실시.

외진– 카리소케에 도착했을 때 빈사 상태였음. 소생술을 실시했으나 실패함. 오른쪽 쇄골 주위로 큰 종기가 자라고 있었으며, 사망할 당시에도 계속 고름이 흘러나왔음. 이(lice, *Pthirus gorillae*)에 심각하게 감염되어 있었으며, 특히 서혜부와 겨드랑이 부위가 집중적으로 감염됨(100배 확대한 스케치를 참고). 몸무게 = 38.8lb(17.5kg), 신체의 각 부위에 대한 측정치가 첨부한 스케치에 나와 있음.

내진– 허파가 심하게 변색되었고 조각난 쇄골 조각들이 서로 합쳐져 있음. 콧구멍은 녹색의 점액질로 가득 참. 위와 소장은 비어 있고 대장에서는 소화된 풀잎 몇 조각만 검출됨. 다른 장기는 모두 정상이며 내부기생충은 발견되지 않음.

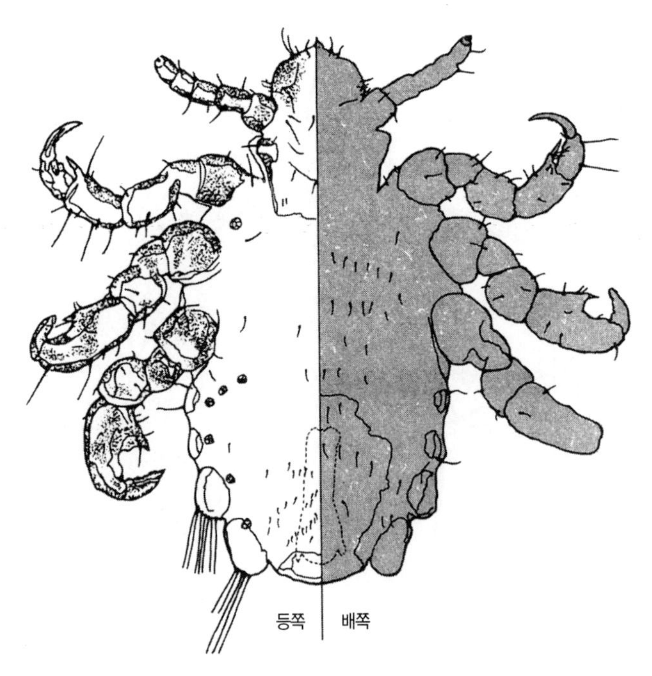

이 *Pthirus gorillae*, 수컷, 50배 확대

조직검진 - 수의사인 그레이엄Graham이 실시. 약한 급성 울혈과 수종이 생겼으며 폐포 대식세포alveolar macrophages의 수가 증가함.
결론 - 아(亞)급성 폐울혈 및 폐부종, 미세 출혈과 세균성 패혈증에 의한 심장마비로 사망함.

리

넌키 집단의 페틀라와 넌키 사이에서 태어난 46개월의 어린 암컷. 1979년 3월 3일에 철사줄 올가미에 걸려 입은 상처로 1979년 5월 9일 사망. 사체는 1979년 5월 10일 회수. 부검은 루엥게리 병원의 비몽Vimont 박사와 포포프Poppoff 박사, 그리고 저자가 실시.
외진 - 안와 결막 상태로 보아 빈사 상태로 죽음. 잇몸이 창백한 분홍색을 띠는 진행성 빈혈. 상처를 입은 왼쪽 다리는 목과 허리 근육의 위축을 야기함. 몸무게 = 33.3lb(15kg). 올가미에 걸린 왼쪽 다리와 발을 다치지 않은 오른쪽 다리를 비교하여 측정한 값을 아래에 기록함.

	왼쪽	오른쪽
사타구니에서 대퇴골 위쪽 부위 두께(지름)	20cm	23cm
무릎 관절	21cm	20cm
발 중간부	11cm	15cm
네 번째 발가락부터 발목까지의 길이	14cm	16.75cm
사타구니에서 무릎 관절까지의 길이	18cm	18cm
무릎 관절에서 발목까지의 길이	16.5cm	17cm

첨부한 그림에 따르면, 올가미에 의한 왼쪽 다리의 상처로 인해 다른 기형이 생겼을 가능성이 있음. 손가락을 폈을 때 왼손의 길이가 15cm인 것에 비해 오른쪽 손의 길이는 14cm임. 왼쪽 무릎 관절에서 관절이 강직ankylosis되었을 것이라고 생각됨. 따라서 리는 다친 쪽의 발이 땅에 닿지 않게 하기 위해 왼쪽 무릎을 발 대신 사용했을 것임. 왼쪽 엄지발가락 바닥 쪽에 거대한 가골callus이 형성된 것으로 보아 필요할 때는 다친 쪽 발에도 무게를 실었던 것으로 보임. 사망 후 사후 경직되기 전에 오른쪽 다리는 완전히 펼 수 있었으며, 왼쪽 다리에서는 45퍼센트 정도의 수축이 진행되어 있음. 양쪽 사지의 또 다른 차이는 상처가 난 왼쪽 다리의 발이 혈관이 터지고 발목뼈 주위에 회색 점

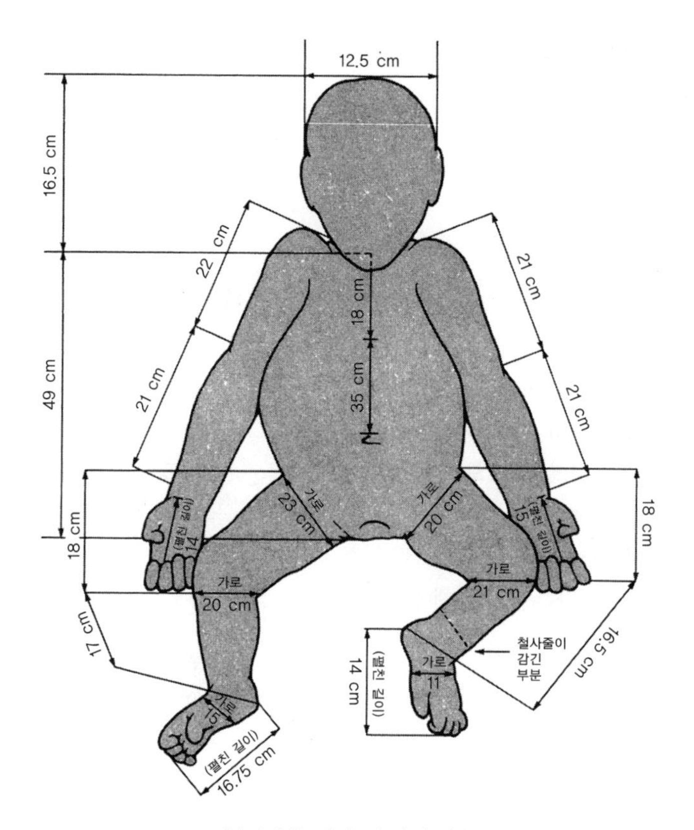

리(46개월, 암컷)의 신체 치수

액질이 둘러싸여 우둘투둘해 보임. 양쪽 손(발)바닥에서 보이는 작은 상처들은 피부의 손상을 보여 줌. 사타구니 쪽에 많은 수의 서캐(죽은 상태)가 발견됨. 항문 조임근sphincter 근육 기능에 이상이 있는 것으로 나타남.

내진 – 심장 안에서 2cm 크기의 지방 조직이 나옴. 대동맥이 비대해지고 섬유질성으로 변함. 허파 소엽은 모두 탈색되어 옅은 색임. 특히 등쪽 부분이 심함. 위장과 소장에는 음식물이 전혀 남아 있지 않았으나, 대장의 3/4 정도는 소화된 음식물이 가득 차 있었음. 충수의 길이는 17.5cm.

결론 – 심장마비와 괴저를 동반한 폐렴으로 사망.

므웰루

제4집단의 심바와 디지트 사이에서 태어난 8개월의 암컷. 사망한 날짜는 1978년 12월 6일. 사체는 같은 날 발견하여 회수. 부검은 이언 레드먼드가 실시.
외진 – 왼쪽 귀의 뒷부분과 윗부분에 난 심한 상처로 과다 출혈. 두개강 밖으로 분홍색의 뇌 조직이 나옴. 왼쪽 둔부부터 사타구니까지 그 다음으로 심한 상처가 있으며 세 번째 상처는 왼쪽 허벅지 안쪽에 있음. 오른쪽 귀와 왼쪽 눈 바깥에 피부를 찢은 정도의 덜 심한 상처가 있음. 왼쪽 아래의 갈비뼈가 흉곽 안으로 들어감. 서캐는 없었으나 물렁진드기의 일종인 *Pangorillalges gorillae*가 정수리와 사타구니, 겨드랑이에서 발견됨. 몸무게 = 8.6lb(3.87kg).
결론 – 영아살해.

올드 고트

30~35세가량인 제4집단의 성체 암컷. 사망일은 1974년 10월 28일로 추정됨. 사체는 1974년 11월 25일에 발견. 부검은 저자가 실시.
외진 – 사체가 심하게 변질됨. 젖샘은 휴지 상태.
내진 – 흉막이나 복부의 유착은 없음. 허파는 깨끗해 보임. 위와 장 모두 소화된 먹이로 가득 차 있음. 기생충은 보이지 않음. 육안으로 보았을 때 유일하게 비정상적인 부분은 가슴막공간pleural cavity(흉막강) 오른쪽에 주황색의 끈적거리는 축적물이 있었으며, 왼쪽은 확실하지 않음. 이것은 사후에 사체가 누워 있는 방향에 기인한 것 같지는 않음. 간, 지라, 신장, 이자, 허파, 심장(통째로), 유선은 조직검진를 위해 잘라 냄.
조직검진 결과 – 심장이나 허파에서 병변이 발견되지는 않았으나 어느 정도의 자가용해autolysis가 일어남. 간의 실질parenchyma에서 괴사성의 화농이 발견되었으나, 간염의 병인이 세균성인지 기생충에 의한 것인지는 알 수 없음. 혈액형은 Rh(-)O형.

퀸스

제5집단의 리자와 베토벤 사이에서 태어난 8년 3개월의 암컷. 사망일은 1978년 10월 20일. 사망 전 24일 동안 눈에 띄게 쇠약해지고 설사, 혈변이 보였음. 사체는 같은 날 회수함. 부검은 루엥게리의 포포프 박사와 프레샤도Preciado 박사, 그리고 저자가 실시.

외진- 외부기생충은 발견되지 않음. 외음부는 부풀어 오르지 않음. 오른쪽 겨드랑이에 잔존물이 많았고 은색등이 내는 냄새와 비슷한 냄새가 심하게 나지만, 왼쪽 겨드랑이는 냄새나 잔존물이 없음. 양 유두는 매우 돌출되어 있으며, 짰을 때 젖이 많이 나옴.

내진- 양쪽 허파 모두 극도로 탈색되고 경화되었으며, 이는 폐렴에 걸렸음을 나타냄. 다른 기관들은 모두 정상이고 난소는 완전히 비활동 상태임. 위와 장이 늘어나 우선 중독의 가능성을 제시할 수 있음. 이자와 장의 내용물은 겨자색을 띠고 심한 악취가 나는 액체로 차 있음. 대장의 등쪽 부분이 비정상적인 '고무줄' 형태로 흉막에 붙어 있는 것으로 보아 복막염 초기 증상으로 예상됨. 간, 비장, 신장, 그리고 막창자꼬리(길이 13cm)는 정상으로 보임. 왼쪽 신장은 195g, 오른쪽 신장은 180g. 위, 소장, 대장에서 모두 잔여 음식물이 발견되지 않음. 맹장에서 노란 빛깔의 냄새 나는 무른 물질로 싸인 작은 노란색의 소화된 식물이 나옴. 무게는 10.5oz (326.5g).

조직검진- 임상전문의인 수의사 프랭크 라이트Frank H. Wright, 병리전문의인 수의사 그레이엄이 실시.

1. 위장에서 발견된 덩어리 - 섬유모세포fibroblast, 모세혈관, 대부분 헤마틴hematin 색소를 포함한 수많은 포식세포로 이루어진 만성 육아종 염증 조직.
2. 응고한 혈액 - 몇몇 응고혈에는 많은 수의 중성구neutrophil와 헤마틴이 포함된 포식세포macrophage가 포함됨.
   지방 조직 - 지방 괴사. 지질색소lipochrome, 리포푹신과 세로이드ceroid 축적. 부종액, 중성구, 포식세포가 사이질interstitium에 침윤됨.

3a. 림프절 - 중성구가 과다 증식, 침윤됨.

3b. 이자 - 자가용해.
   림프절 - 3a 참고.

4. 괴사한 세포 조직 파편.

5a & b. 충수(다섯 부분) - 내강에 많은 수의 선충(요충류)이 발견됨. 림프세포가 점막층과 점막밑층에 다량으로 들어가 있음. 점막밑층과 장막의 정맥에 심한 출혈이 있음. 근육막은 별다른 이상이 보이지 않음.

6. 두 개의 지방 조직 - 지방 조직은 암갈색에서 검은색 색소로 촘촘히 둘러싸여 각기 경계를 이루고 있는 부스러기들을 제외하고는 특별한 이상이 없음. 이 부스러기들 중 일부는 식물 조직이거나 죽은 후생동물성 기생충의 파편처럼 생겼음. 원인이 무엇이든지 의학적인 중요성은 없어 보임.

7a & b. 자궁근육층 myometrium과 장막 serosa으로 구성된 부분. 자궁내막 endometrium은 탈락됨. 자궁근육층 내에 자궁 주위의 지방 조직에서 보이는 것과 유사한 몇 개의 작은 착색 조직 덩어리들이 발견됨.

8. 신장(신피질 두 부분) – 어느 정도 자가용해가 진행됨. 근위 세관 상피 내에 암녹색–갈색 입자가 세포 내에 축적됨.

9. 비장 – 어느 정도 자가용해가 진행됨. 그물내피세포(세망내피세포 reticuloendothelial cell) 내에 헤마틴 색소 덩어리가 많이 축적되어 있음.

10. 위장 – 부풀어 오른 샘와 안에 작은 점액으로 차 있는 낭 cyst 형성을 동반한 광범위한 술잔세포 goblet cell 과다 증식(경증 카타르성 위염 catarrhal gastritis).

11, 12, 13. 소장 – 점막층에서 자가용해가 진행됨. 내강에 절단된 수많은 선충 파편이 발견됨.

14. 대장에서 긁어낸 것 – 식물 부스러기와 선충 조각.

15. 간(세 조각) – 소관 내와 소관들 사이에 담즙 울혈 bile stasis이 있고, 혈관에는 헤마틴이 가득 실린 대식세포가 다량 함유되어 있음.

16. 쓸개 – 자가용해. 병변은 발견되지 않음.

17. 응고된 혈액 – 헤마틴을 포함한 많은 수의 단핵구.

18. 허파 – 심각한 아급성 내지 만성의 울혈, 부종이 발견됨. 몇몇 군데에서 급성 출혈을 일으킨 흔적이 있고, 급성에서 아급성의 화농성 폐렴을 앓음(아마도 울혈과 부종 뒤에 일어남).

19a & b. 뇌 – 정상적으로 고정되어 있고 자가용해가 거의 일어나지 않음. 단핵구가 많이 발견되고, 소뇌 혈관에서 발견된 단핵구에서는 암갈색 색소 과립이 들어 있음.

20a & b. 유두 – 병변이 발견되지 않음.

21. 식물 부스러기가 섞여 응고된 혈액. 특수 염색한 후 관찰 – 대부분의 표본에서 헤마틴 색소는 밝은 갈색부터 암갈색으로 관찰됨. 편광 현미경 아래에서 이중 굴절을 일으키며 프러시안 블루 반응(펄 염색 Perl's stain)에서는 음성.

진단 – 1. 말라리아
　　2. 폐울혈, 폐수종, 출혈
　　3. 아급성 화농 폐렴
　　4. 간 내 담즙 울혈
　　5. 급성 신장증(아마도 임상적으로 중요하지는 않은 듯함)
　　6. 충수 돌기의 선충(요충류) 감염
　　7. 장내 선충

결론 – 세포 내외에 광범위하고 과도하게 생긴 헤마틴 색소 침착은 말라리아 감염을 강하게 시사하고 있지만, 기생충을 동정하기 전에 이미 사체에서 자가용해가 진행됨(특수한 염색 방법과 전자 현미경 분석을 동원하였으나 동정에 실패). 아급성 내지 만성 폐울혈, 출혈, 그리고 수종은 대부분 말라리아 때문에 몸이 쇠약해져 생긴 결과이며, 이것이 이차 아급성 화농성 폐렴을 일으킴. 폐울혈과 출혈, 그리고 수종이 어느 정도로 사망에 영향을 끼쳤는지에 대해서는 파악하기가 어려움. 종합적인 부검 결과에 따르면 말라리아 감염 때문에 허파엽 lobe 전체에 생긴 폐렴과 폐수종이 공동 사인이 될 수 있음.

라피키

55~60세 정도로 추정되는 제8집단의 은색등. 사망일은 1974년 4월 22일로 추측되며 사체는 4월 23일에 발견됨. 부검은 루엥게리 병원의 르클레르 Leclerc 박사가 실시.
왼쪽 폐 전체가 흉벽에 붙어 있어 오랫동안 늑막염을 앓아 온 것으로 추측됨. 양쪽 허파 모두 부종이 심하고 왼쪽이 오른쪽보다 약간 더 심하며, 폐렴 증세를 보임. 오른쪽 허파엽 중 하나는 병리학적으로 밝혀지지 않은 1.2~2.5cm 정도 크기의 옅은 색 돌기로 덮여 있음. 간, 쓸개, 신장, 비장은 건강한 것으로 보임. 조직 검사는 실시하지 않음. 소장에서 *Anoplocephala gorillae*와 *Murshidia devians*가 발견됨. 오른쪽 허리에서 오래 앓았던 피부 상처를 발견하였으며, 아마도 1969년 7월에 입은 상처일 가능성이 높음. 혈액형은 Rh(-)O형.
골격검진 – 제이 매터니스 Jay Matternes(유명한 자연, 인류학 화가: 옮긴이)가 실시함. 두개골: 확인할 수 있는 두개골 봉합은 후두–측두 봉합과 가변 봉합인 광대활 zygomatic arch에 있는 측두–광대 봉합밖에 없었으며, 기저 봉합은 보이지 않았음. 이빨은 침식된 정도가 매우 심하여 어금니는 남아 있는 이빨이 거의 없었음. 오른쪽 아래 송곳니는 끝이 부러졌고, 입은 오른쪽으로 약간 기울어져 있음. 측두근의 접합 지점에서 뼈돌출증 exostosis이 관찰됨. 양 턱에 세 개의 턱끝구멍 mental foramina이 있고, 눈확아래구멍 infraorbital foramina이 양쪽에 한 개씩 있음. 척추: 2, 3번 허리뼈에 심각한 골증식증 osteophytosis 발견. 비대칭인 5번째 목뼈 때문에 위의 네 목뼈가 오른쪽으로 심하게 기울어짐.

쏘어

마초와 제8집단의 라피키 사이에서 태어난 11개월의 암컷. 사망일은 1974년

5월 20일이며 사체는 5월 21일에 회수됨. 부검은 5월 22일에 부타레 대학교의 분데릭 박사가 실시.

외진- 전두골부터 두정골까지 덮은 피부가 8cm 길이로 찢어져 뇌가 드러나 보임. 두정골 쪽은 작은 크기의 물린 상처를 제외하고는 손상된 부분이 없음. 대뇌고랑은 손상되지 않았음. 두개골 위쪽의 5cm×5cm 정도의 단편이 없음(시상 봉합sutura sagittalis으로부터 떨어져 나감). 왼쪽 하복부에 생긴 두 번째로 심한 상처는 회장과 맹장을 연결하는 부위에까지 뻗어 있음. 피부가 12cm 길이로 찢어졌으며 결장, 맹장, 막창자꼬리가 노출됨. 몸무게 = 10.13lb(4.57kg).

내진- 물린 상처 때문에 방광이 파열되고 치골결합이 으스러짐. 비장(20.6g), 신장(오른쪽 = 20.1g, 왼쪽 = 19.1g), 부신(900mg), 간(116.9g), 이자(3.72g), 심장(25.3g), 가슴샘(3.2g), 침샘(650mg), 허파(47.3g), 뇌(376g)는 검사 결과 모두 정상으로 소견됨. 거대 지방 조직으로 둘러싸인 부신은 정상으로 판단됨. 위와 장에는 소화된 식물이 가득 차 있었고, 젖을 먹은 흔적은 나타나지 않음. 기생충 성체는 없었으나 많은 수의 선충Strongylidae 알이 발견됨. 혈액형은 Rh(-)O형.

조직검진- 조직 자가용해 때문에 특별히 발생한 사항은 없음. 생식기의 형태는 보다 하위 분류군의 영장류와 훨씬 닮아 있음. 난소에 많은 수의 미발달한 난자가 있으며, 자궁 내 점액은 여우원숭이*Galagos*나 긴꼬리원숭이*Cercopithecus*의 그것과 유사함.

골격검진- 제이 매턴스가 실시. 두개골: 젖니인 앞니는 완전히 나 있고 송곳니는 일부만 나옴. 첫 번째 작은어금니는 완전히 자라 나왔고 치석도 있음. 어금니는 앞쪽 협측교두buccal cusps가 막 나왔으며 치석이 있음. 뒤통수뼈관절융기occipital condyles는 형성되었으나 아직 발달되지 않았음. 뒤통수뼈의 앞쪽 부분(큰구멍앞점basion부터 기저 봉합까지)은 나머지 부분들로부터 분리되어 있음. 관자 부위의 측두골tympanic bone과 추체골petrous bone은 서로 확연히 구분됨. 앞위턱뼈premaxillary bone는 아직 위턱뼈maxillary bone와 분리되어 있음.

아래턱뼈: 턱의 섬유연골결합이 완전히 진행됨. 젖니인 작은어금니가 전부 나옴. 아래 송곳니는 막 나오기 시작했고 융기된 부분에 치석이 있음. 완전히 자란 첫 번째 아래 어금니에도 치석이 있음. 두 번째 어금니는 아직 자라 나오지 않았음. 턱뼈구멍mandibular foramen은 뒤쪽으로 기울었고 관절돌기

condyle는 안쪽으로 많이 기울었는데, 이것은 대부분의 성체에게서 볼 수 있는 아래턱뼈와 반대의 모양임.

긴뼈: 상완 연골 내부에 골화중심ossification center이 존재. 양쪽 상완골에서 모두 사이막이 찢어지지 않음. 노뼈는 잘 형성되어 있고, 연골 끝과 근육 등을 제외하면 성체의 뼈를 거의 그대로 축소시킨 것처럼 보임. 자뼈는 잘 형성되지 않았음. 넙다리뼈(대퇴골femur)에는 뼈끝 연골이 뼈몸통shaft과 분리된 큰 골화중심이 있음. 정강뼈(경골tibia)도 같음. 종아리뼈fibula의 중간 몸통뼈 부분은 잘 성장하였으나 왼쪽 정강뼈는 심하게 휘었음.

척추: 앞 소결절tuberculus을 제외하고 고리뼈들은 완전히 골화되었음. 중쇠뼈(제2경추axis) 역시 치아돌기dens를 제외하고 완전히 골화가 되었으며, 3번 목뼈와 연골로 연결되어 있음. 나머지 네 목뼈의 척추뼈고리들은 척추뼈몸통과 분리되어 있음.

볼기뼈: 골반을 구성하는 뼈들이 완벽히 융합되지 않음.

어깨뼈: 물결 모양의 뼈 가장자리는 성체의 것과 거의 동일하며 크기만 작음. 어깨뼈 봉우리 돌기는 골화가 꽤 많이 되었음. 부리돌기corocoid process의 어깨뼈 관절면은 연골 상태이나 다른 면은 골화가 됨.

빗장뼈: 성체의 것과 모양이 동일하며 크기만 작음.

미오글로빈검진– 케임브리지 대학교의 임상생화학부에 있는 로메로헤레라 Romero-Herrera 박사와 레만Lehmann 박사가 실시.

"이 고릴라로부터 얻은 미오글로빈의 트립신 분해 펩타이드를 인간의 상동 펩타이드와 함께 정렬했을 때, 아미노산 한 개가 다른 것으로 나타났다. 댄실–에드만 분해dansyl-Edman degradation로 서열 분석을 실시했을 때, 22번째에 위치하는 이 아미노산은 인간과 침팬지, 기번이 서로 다르다."(로메로헤레라, 레만, 포시, 1975)

위니

약 50~55세인 제4집단의 은색등. 추정한 사망일은 1968년 5월 1일이고, 사체는 5월 3일에 발견됨. 부검은 1968년 5월 5일에 루엥게리 병원의 구랑 Gourand 박사가 실시.

흉부 검상돌기-치골 절개Xiphoid-pubic Incision 결과– 비정상적으로 과다하고 끈적거리는 복막액과 수많은 부착물들이 맹장과 구불창자(S자 결장sigmoid)부터 엉덩뼈오목iliac fossae이 위치한 곳의 벽측 장막parietal wall까지 달라붙어 있음. 창자 간막은 부드럽고 정상적인 두께였으나 간헐적으로 병변이 보임. 막창자꼬리appendix는 정상임. 간, 비장, 신장, 위, 췌장 등은 정상으로 나타남.
중앙 흉부 절개Medial Sternum Incision 결과 – 오른쪽 늑막이 횡격막 상부에 강하게 협착되어 있어 허파 오른쪽 하부에 심각한 병리학적 증상을 보임. 심낭강 pericardial cavity은 정상인 것 같음.
전 기관이 검진됨 – 배설관, 고환 및 음경은 6.5cm로 측정됨.
조직검진 – 우간다의 마케레레 대학교에서 온 석사학위 소지자 라이트Wright가 실시.
사후 세포 자가용해로 조직이 검진하기 적합한 상태는 아님. 육안으로 확인할 수 있는 유일한 병변은 융합성 기관지 폐렴에 걸린 허파에서 관찰된 넓게 경화된 부분임. 다른 기관은 이상 없음.
골격검사 – 제이 매턴스가 실시. 두개골 오른쪽의 광범위한 병리학적 증세는 아마도 물린 상처에 의한 감염 때문인 것으로 생각됨. 감염된 부위는 꼭지 돌기mastoid process 주변의 공기가 들어간 부분부터 뒤통수까지 퍼져 있음. 병변이 경뇌막endocranium으로 들어갔다면 수막염을 일으켰을 것임.

무명

자이르에서 포획된 네 살가량의 어린 수컷. 카리소케에서 1978년 3월 28일에 사망. 부검은 1978년 3월 29일에 루엥게리 병원의 버거Berger 박사와 프레샤도 박사가 실시.
외진 – 왼쪽 다리뼈 아래부터 발목뼈까지 괴사성 감염이 있으며, 발목에는 포획용 올무가 살 안쪽까지 박혀 있음. 상처는 최소한 4개월 이전에 생겼으며, 발가락을 모두 잃은 상태로 결국 다리가 수축되고 털이 모두 빠졌고 사지 모두 심한 위축 상태를 가져옴.
내진 – 양쪽 폐에서 감염성 병변이 발견됨. 회백색을 띠며 탄성을 잃는 등 인간의 결핵 환자와 유사한 감염 증상이 나타남.
추정 사인 – 폐렴과 결핵 의증을 동반한 조직 괴저.

부록 7

카리소케 기생충 연구

1976년 11월부터 1978년 4월까지 연구 보조원 이언 레드먼드는 카리소케에서 실시된 첫 번째 기생충 장기 연구를 완수했다. 이언은 내부기생충을 얻기 위해 스스로 조립한 낡은 망원경을 이용하여 수없이 많은 고릴라의 배설물 표본을 검사했고, 발견한 것들을 그림으로 그렸다. 표본의 대부분은 카리소케에서 바로 분석되었지만, 일부는 후속 연구를 위하여 10% 포르말린에 보존되어 영국 박물관(자연사박물관)에 보관되었다. 이언은 그곳에서 기생충 부서의 해리스Harris 부인, 데이비드 깁슨David Gibson 박사, 찰스 허시Charles Hussey 등으로부터 시설 이용 및 동정에 관하여 큰 도움을 받았다. 이언은 자신의 연구에 대하여 기꺼이 시간과 관심을 할애해 준 그분들에게 깊은 감사를 표한다. 외부기생충 표본은 고릴라의 사체에서 수거하여 영국 박물관(자연사박물관)의 곤충학부에서 라이얼Lyal 박사를 통해 동정하였으며, 이언은 이분에게 역시 큰 감사를 표하고자 한다.
이언이 다음의 보고서를 작성할 수 있도록 친절히 도와주었던 앞서 언급한 분들에게 카리소케 연구센터 역시 감사를 드린다. 나는 '토토 야 니오카(기생충 소년)'라는 애칭으로 알려진 이언이 카리소케에 공헌한 모든 것에 대해 늘 고마운 마음을 가질 것이다.

– 다이앤 포시

1976년 11월부터 1978년 4월까지 이언 레드먼드의 기생충 연구 요약

내부기생충은 주로 배설물에서 수집되었고, 한번은 총상으로 사망한 어린 개체(크웰리)를 해부하여 얻었다. 외부기생충은 건강한 야생의 고릴라에게서는 발견되지 않았으나, 죽은 개체들에게서는 발견되었다(부록 6 참고).
외부기생충은 고릴라에게 기생하는 이 종류인 *Pthirus gorillae*(그림 참고)와 소형 물렁진드기인 *Pangorillalges gorillae*가 발견되었다.

이언 레드먼드의 기생충 연구 요약

숙주 / 기생충	연구 집단			외곽 집단			합계		
	정기적으로 표본 시료를 채취한 개체수	감염된 개체수	감염 빈도	비정기적으로 표본 시료를 채취한 개체수	감염된 개체수	감염 빈도	전체 개체수	감염된 전체 개체수	감염 빈도
A 유형 선충	32	29	90.7%	48	35	73%	80	64	80%
B 유형 선충	32	32	100%	48	35	73%	80	67	83.7%
분선충 충란	32	32	100%	19	17	89.5%	51	49	96.1%
조충	32	13	40.6%	52	30	57.8%	84	43	51.2%
원충으로 생각되는 입자들	30	28	93.3%	4	4	100%	34	32	94.1%

분변 시료는 두 가지 방법으로 수집되었다 - 낮에 관찰하는 동안 배설행동을 목격하면 관찰자가 가져오는 방법과 개체가 분명히 확인된 잠자리에서 가져오는 방법을 사용했다. 시료는 카리소케에서 보존 처리를 하지 않은 신선한 상태로 분석되었으나, 몇 개는 나중에 영국에서 분석하기 위해 10%의 포르말린 용액 10g에 보존한 상태에서 분석을 실시했다.
처음 몇 주 동안 시행착오를 거치며 확정한 분변 시료에서의 기생충 정량분석 방법은 다음과 같다.

1. 시료를 폴리에틸렌 봉투에 담아 무게를 잰다.

2. 슬라이드 글라스에 20mg의 분변 시료를 올려놓고 0.8%의 염화나트륨 수용액을 두 방울 떨어뜨려 바로 도말한다. 커버글라스를 덮어 66배 크기로 관찰한다.

3. 10g을 원래의 분변에서 떼어 내 1mm×1mm 체에 대고 정수한 물을 부어 통에 거른다. 거름액은 침전물이 가라앉을 때까지 기다린 후, 고운 천으로 된 체에 받쳐 다시 거른다. 걸러진 피검물은 흰 선충이 잘 보일 수 있도록 검은 받침 위에 부어 수를 세고, 시료를 젖은 상태로 유지하여 현미경으로 관찰한다.

4. 처음 체에 걸린 잔존물들은 더 큰 체에 다시 걸러 조충cestode의 편절 같은 큰 기생충을 찾는다.

이러한 작업을 거친 결과물을 아래에 글과 표로 요약하였다.

선충류nematodes(roundworms)

A 유형: 머리끝이 뭉툭한 길이 4mm의 태생성 선충. 성충 암컷과 유충이 대량으로 발견되었으나(1g당 0.1마리에서 10마리까지) 수컷은 발견된 적이 없음. 이 유형의 선충은 수컷의 생식 기관이 발견되지 않는다는 것으로만 구별되었기 때문에 동정이 불확실하다. 성충 암컷의 특징은 *Probstmaryria*속과 일치할 가능성이 높으나 몇몇 기관들은 이 속의 일반적 특징과 다른 점이 있다. 이 유형이 *Probstmaryria*속이라면 이 속의 특징이 다시 쓰여야 하고, 아니라면 새로운 속으로 분류되어야 할 것이다. 수컷은 계속 찾는 중이다.
B 유형: 유형 A와 유사하나 길이가 2mm 정도이며, 더 날씬하고 머리끝이 더 뾰족하다. 이 유형은 *Probstmaryria gorillae* Kreiss 1955가 거의 확실하나, 유형 A와 마찬가지로 수컷을 찾는 데 실패했다. 암컷의 크기와 형태는 *P.*

*gorillae*와 완벽하게 일치한다. *Probstmayria*속은 다른 선충류와는 달리 같은 숙주 내에서 여러 세대를 지내는 특징을 갖고 있다. 이들은 말, 돼지, 유인원, 육지거북과 같은 다양한 초식동물의 장 속에서 살면서 번식한다. 분변을 통해 숙주의 몸 밖으로 나온 유충은 습하고 따뜻한 토양이나 물속에서 여러 날 동안 생존할 수 있는 것으로 보인다. 다른 숙주가 우연히 이들로 오염된 흙이나 물을 먹었을 경우 감염이 된다. 그러나 놀랍게도 우리가 찾은 유형 A와 B 시료 모두 한 시간이 지나지 않아 죽었다. 아마도 이들이 숙주 밖에서 생존하기에는 고도가 높은 이곳의 기온이 너무 낮기 때문이 아닌가 생각된다.

분선충(Strongyloid) 충란 : 이 충란들은 인간의 십이지장충 *Ancylostoma duodenale*과 유사하며, 직접 도말하여 관찰한 시료에서 대부분 발견되었다. 충란만을 통해 종을 동정하는 것은 불가능하며, 성충은 발견되지 않았다.

Impalaia sp. : 이 속의 선충은 크웰리의 사후 부검 때 소장에서 발견되었다. 이 속의 기생충은 주로 기린이나 임팔라와 같은 영양류에게서 발견되며, 이 지역에서는 영장류에게서 한 번도 보고된 적이 없다. 시료가 모두 미성숙한 상태인 것으로 미루어 보아 우연히 숙주가 잘못 선택되었거나, 그로 인해 완전히 생장하지 못한 것일 수도 있다. 성충이 발견되지 않았으므로 정확한 종을 동정하는 것은 불가능하나, 이들은 비룽가에서 부시벅이나 다이커에게 빈번하게 감염되는 종인 것으로 보인다.

C, D, E, F, H 유형은 자유생활free-living종이거나 식물에 기생하는 선충류이다. 야생에서는 외부 환경에 노출되지 않은 채로 분변을 수집하는 것이 불가능하기 때문에 시료 주변의 잎이나 흙, 심지어는 분변을 먹던 파리나 분변 위에 낳은 파리 알까지 섞여 들어올 수 있다. 연방 연충연구소Commonwealth Institute of Helminthology의 칼릴Khalil 박사가 비기생성 선충을 다음과 같이 동정해 주었다.

C 유형 : 간선충 *Rhabditis* (*Cephaloboides*)류이며 아마 *R. curvicaudata*일 가능성이 높다.

D 유형 : 창(입속에 바늘처럼 뾰족한 구조가 있어 식물 세포벽 같은 곳에 구멍을 낼 때 사용한다: 옮긴이)이 있고 토양에서 서식하는 자유생활선충으로서 Dorylaiminae 아과(亞科)에 속하며, *Laimydorus* sp.나 *Aporcelaimus* sp.인 듯하다.

E, F 유형 : 간선충류Rhabditid이며 *Rhabditis* spp.인 듯하다.

H 유형 : 미동정.

G 유형: 단 한 번 관찰됨. 살아 있는 상태로 죽은 유형 A의 암컷 성충의 인두 주위를 돌아다니고 있었다. 유형 A의 기관이 별다른 손상을 입지 않은 것으로 보아 이 유형은 기생충의 기생충일 것으로 생각된다.

조충류cestodes(tapeworms)

Anoplocephala gorillae Nybelin 1927은 산악고릴라에게서 기록된 유일한 조충이다. 성충이 완전한 상태로 수집된 적은 없으며, 감염된 개체의 분변에서 편절proglottids을 관찰할 수 있다. 성충은 갈고리가 달린 머리scolex를 장벽에 박아 고정시키고 영양분을 섭취하며, 띠 같은 나머지 몸통strobila은 장을 따라 자유로이 유영한다. 조충은 성숙하면 충란이 가득 찬 편절이 떨어져 나가 분변에 섞여 들어간다. 조충의 생활사는 꽤 복잡한데, *A. gorillae*의 생활사는 아직 밝혀지지 않았으나 분변 주위에서 자주 발견되는 토양진드기가 중간 숙주에 포함될 것으로 추측된다.

흡충류trematodes(flukes)

이언이 조사한 시료에서는 흡충이 발견된 적이 없으나, 죽은 지 엿새 후에 부검을 실시한 디지트의 왼쪽 허파에서 큰 흡충 한 마리가 발견되었다. 이 흡충은 허파에 기생했던 것 같지는 않아 보이며, 디지트가 죽은 후에 그쪽으로 이동했던 것 같다. 흡충의 크기는 32mm×19mm였으며, 복부 중앙의 빨판은 14mm ×6mm이다.

원충류protozoans(single-celled animals)

분변을 채집하자마자 바로 도말하여 조사하면 침팬지에게서 발견되는 *Troglodytella*와 같은 섬모충이 나올 것으로 예상했다. 그러나 조사 기간 동안 분변 시료를 수집한 지 한 시간이 지나지 않은 것에서도 운동성 원충은 발견되지 않았다. 충란의 두세 배 크기 정도인 원충과 비슷한 입자들이 대부분의 도말 표본에서 발견되었다(조사된 34개체 중 32개체의 시료에서 발견되었다).

식분성(coprophagy)과 기생충

많은 초식동물들이 장 속에 살고 있는 미생물의 도움을 받아 셀룰로오스를 소화한다. 어린 초식동물들은 부모(또는 다른 성체)의 분변을 일부 먹거나, 먹었던 것을 되새김함으로써 이 미생물들을 '장 내 정상 세균'으로 만든다. 미생물이 고릴라의 먹이 소화에 정확히 어떤 역할을 하는지에 대해서는 아직 논란이 있다. 그러나 식분성(분변을 먹는 행동)은 자주 관찰되는 행동이다. 보통 배설한 직후에 자신의 분변을 먹기도 하지만, 때로 어린 개체들은 성체의 분변을 먹기도 하고 그 반대의 경우도 있다. 어린 개체가 성체의 분변을 먹는 것은 분명한 기능적 이유가 있다. 또한 이것은 시료를 분석할 때 왜 유형 A와 B의 선충들이 원충들처럼 항상 죽는지에 대해 설명해 줄 수도 있다.

숙주의 감염과 재감염이 식분행동을 통해 이루어진다면, 이 세균들은(고릴라들이 이들로부터 무언가 이득을 얻는다면 아마도 '공생자'라는 표현이 정확할 것이다) 숙주의 몸에서 몸으로 이동하며 세대를 거듭할 것이다. 따라서 이들은 숙주의 체온 외에는 다른 온도를 경험할 수 없을 것이고, 고릴라들이 왜 항상 따뜻한 분변만을 먹는지에 대한 설명이 될 것이다.

새끼 고릴라들은 태어난 후 12개월에서 18개월 사이에 '원충처럼 생긴 생물'이나 태생성 선충(선충 중 선모충, 사상충 등은 유충을 배출함: 옮긴이)에 노출된다. 이 때가 어린 개체들이 어미나 다른 어린 개체들의 따뜻한 분변과 함께 딱딱한 음식을 먹기 시작하는 시기이다. 일단 이런 방식으로 *Probstmayria* 같은 미생물이 들어와 자리를 잡으면 이들은 숙주가 죽을 때까지 장 속에서 지낼 것이며, 식분행동이 지속되면 미생물도 더 많이 보충될 것이다.

초지에서 여러 날 동안 생존할 수 있는 *Probstmayria vivipara* 유충은 숙주인 말에게 먹힐 기회가 충분히 많다. 그러나 고릴라는 한 장소에서 몇 시간 이상 보내지 않으므로 우연히 *Probstmayria*를 먹을 확률이 매우 적고, 따라서 왜 많은 고릴라들이 *Probstmayria*에 감염되는지 설명할 수 없다. 식분성은 기생충이 새로운 숙주로 이동하는 메커니즘을 설명하는 데 이점을 갖고 있다. 그러나 유충이 낮은 기온에서 견디지 못하는 문제점이 있기 때문에 분변 검사 시에 쓰이는 차가운 물에서는 살아남지 못할 것이다.

이 가설을 검증하기 위해 온도를 항상 37도로 유지한 채로 분변 시료를 검사했다. 간단한 아이디어이지만 실행에 옮기기는 다소 어렵다!

고릴라에게서 발견된 기생충

영국 (자연사) 박물관의 기생충 분과의 기록을 토대로 이언 레드먼드가 작성함. 자료는 연방 연충연구소의 칼릴 박사와 이언 레드먼드가 제공함.

내부기생충

선충류	출처
Abbreviata caucasica (Linstow, 1902)	Khalil, pers. comm. (이전에는 *Physaloptera*속으로 분류되었음)
Ancylostoma duodenale (Dubini, 1843)	Stiles and Speer, 1926 Stiles, Hassal, and Nolan, 1929
Ascaris lumbricoides (Linné, 1758)	Stiles and Speer, 1926 Graber and Gevrey, 1981
Chitwoodspirura wehri (Chabaud and Rousselot, 1956)	Yamashita, 1963 Graber and Gevrey, 1981
Dipetalonema gorillae van den Berghe et al., 1957	van den Berghe and Chardome, 1949 van den Berghe, Chardome, and Peel, 1957 and 1964
Dipetalonema leopoldi van den Berghe et al., 1957	van den Berghe, Chardome, and Peel, 1957 and 1964
Dipetalonema perstans (Manson, 1891)	Yamashita, 1963
Dipetalonema vanhoofi Peel and Chardome, 1946. (몇몇 학자들은 이 종을 *Tetrapetalonema*속에 포함시키기도 한다.)	van den Berghe, Chardome, and Peel, 1964 Rousselot, 1955 and 1956 Graber and Gevrey, 1981
Dipetalonema streptocerca Macfie and Corson, 1922	van den Berghe, Chardome, and Peel, 1964
Enterobius lerouxi Sandosham, 1950	Yamashita, 1963 Graber and Gevrey, 1981
Hepaticola hepatica (Bancroft, 1893)	Paciepnik, 1976 (이전에는 *Capillaria*속으로 분류되었음)
Impalaia sp.	Redmond, 공식 등재 준비중

선충류	출처
Libyostrongylus hebrenicutus Lane, 1923	Nagaty, 1938 (추가 기재) Yamashita, 1963 (Skrjabin et al., 1952 and 1954에서는 이 종을 *Paralibyostrongylus*로 기술함)
Loa loa gorillae van den Berghe et al., 1964	Yamashita, 1963 (*Loa loa*에 대해)
Microfilaria binucleata Peel and Chardome, 1946	van den Berghe, Chardome, and Peel, 1964 (추가 등재)
Microfilaria gorillae Berghe and Chardome, 1949	Yamashita, 1963
Murshidia devians Campana-Rouget, 1959	
Necator americanus (Stiles, 1902)	Stile and Speer, 1926 Graber and Gevrey, 1981
Necator congolensis Gedoelst, 1916	Lane, 1923 Stiles and Speer, 1926 Graber and Gevrey, 1981 (추가 등재)
Necator gorillae Noda and Yamada, 1964	현재는 *N. congolensis*와 같은 종으로 인정됨 → Graber and Gevrey, 1981 참고
Onchocerca volvulus Leuckart, 1893	van den Berghe, Chardome, and Peel, 1964
Oesophagastomum stephanostomum Stossitch, 1904	Railliet and Henry, 1906 Lane, 1923 Travassos and Vogelsang, 1933 → *Ihleia*속으로 바뀜 Rousselot and Pellissier, 1952 Uehara et al., 1971 Yamashita, 1963
Oesophagastomum apiostomum (Willach, 1891)	Paciepnik, 1976
Probstmayria sp. inom.	Redmond, 공식 등재 준비 중

선충류	출처
Probstmayria gorillae Kreiss, 1955	Skrjabin et al., 1961 Yamashita, 1963 Redmond, 공식 등재 준비 중
Protospirura muricola Gedoelst, 1916	Chabaud and Rousselot, 1956 Graber and Gevrey, 1981
Strongylidae gen. and sp. inom. (eggs)	Redmond, 공식 등재 준비 중
Strongylidea sp.	Cordero del Campillo, 1977
Strongyloides sp. inom.	Stiles and Speer, 1926
Strongyloides papillosus (Wedl, 1856)	Krynicka et al., 1979
Strongyloides stercoralis (Bavay, 1876)	Krynicka et al., 1979
Strongylus falcatus Linstow, 1907	
Ternidens deminutus (Railliet and Henry, 1905)	Skrjabin et al., 1952 Popova, 1958 Yamashita, 1963
Trichurus sp.	Stiles and Speer, 1926
Trichurus trichiura (Linné, 1771)	Krynicka et al., 1979 Graber and Gevrey, 1981 Amberson and Schwartz, 1952

구두충류	출처
Prosthenorchis elegans (Diesing, 1851)	Moore, 1970

조충류	출처
Anoplocephala gorillae Nybelin, 1927	Sandground, 1927 and 1930 Lobez-Neyra, 1954 Redmond, 공식 등재 준비 중
Bertiella studeri Blanchard, 1891	Graber and Gevrey, 1981

흡충류	출처
Brodenia jonchi Berengner, Vallespinoza, and Fernandez, 1963	Gallego and Berengner, 1965 Cordero del Campillo et al., 1975
Concinnum brumpti (Railliet, Henry, and Joyeux, 1912)	Stunkard, 1949에서 *Eurytrema*속으로 분류되었음 Stunkard and Goss, 1950에서 추가 등재 Skrjabin, 1953 Yamashita, 1963 Cosgrove, 1966 Graber and Gevrey, 1981
Dicrocelium dendriticum (Rud., 1819)	Paciepnik, 1976 Krynicka et al., 1979

외부기생충

거미강(거미, 진드기 외)	출처
Pangorillalges gorillae Gaud and Till, 1957	이전에는 *Psoroptoides*로 분류되었음 Fain, 1962에서 새로운 속으로 분류됨 Redmond, 공식 등재 준비 중

곤충강(곤충)	출처
Pthirus gorillae Ewing, 1927	Kim and Emerson, 1968

삽화 설명

다음의 삽화들은 기생충 프로젝트의 월례 보고를 위해 이언 레드먼드가 그린 원본 그림을 수정한 것이다. 삽화에 대한 설명 역시 현장에서 기록되었으나 이후에 발견한 사실을 추가해 수정되었다.

삽화 원본은 시료가 신선한 상태에서 맨눈으로 관찰하거나 구식 현미경을 사용하여 손으로 직접 그렸다. 현미경을 사용한 경우 광원은 햇빛을 반사시키거나 파라핀 램프을 켜서 얻었다. 그래서 고배율(66배, 240배, 360배만이 가능했다)에서는 항상 색수차가 문제가 되었다. 모든 시료는 자르거나 염색하지 않았으며 카메라 루시다 장비(프리즘의 굴절을 이용해 종이에 묘사 대상의 이미지가 나타

나게 하는 장치: 옮긴이)를 쓰지 않은 상태에서 수분을 유지한 채로 관찰되었다.

고릴라 분변에서 발견한 기생충 삽화(1976년 12월)

그림 1a: 유충 4기에 이른 A 유형 선충류의 일반적인 모습(여러 표본을 바탕으로 그림). 왼쪽에 축척이 있다. 입 주변에 6개의 돌출부lobe가 있는 것으로 생각된다.

그림 1b: A 유형 선충의 성체 중앙부 단면을 확대한 모습. 유충이 발달되는 것을 볼 수 있다(소화관이 분리되기 시작하는 곳에서는 다른 장기를 쉽게 구분할 수 있기 때문에 유충이 이 지점에서 가장 잘 보임). 소화관이 완전히 보인다.

그림 1c: A 유형 선충의 성체가 찢어져 개방된 상태를 간단히 표현한 그림(자궁의 상세한 부분이 생략되어 있음). 더 큰 유충은 외피막의 흔적이 없이 자유롭게 떠다니고 있으며(성체가 터질 때 꼬리 부분이 부러졌으며, eph로 표시된 부분은 인두가 뒤집힌 상태이다), 작은 유충은 절반 정도가 찢어진 구멍 밖에 나와 있

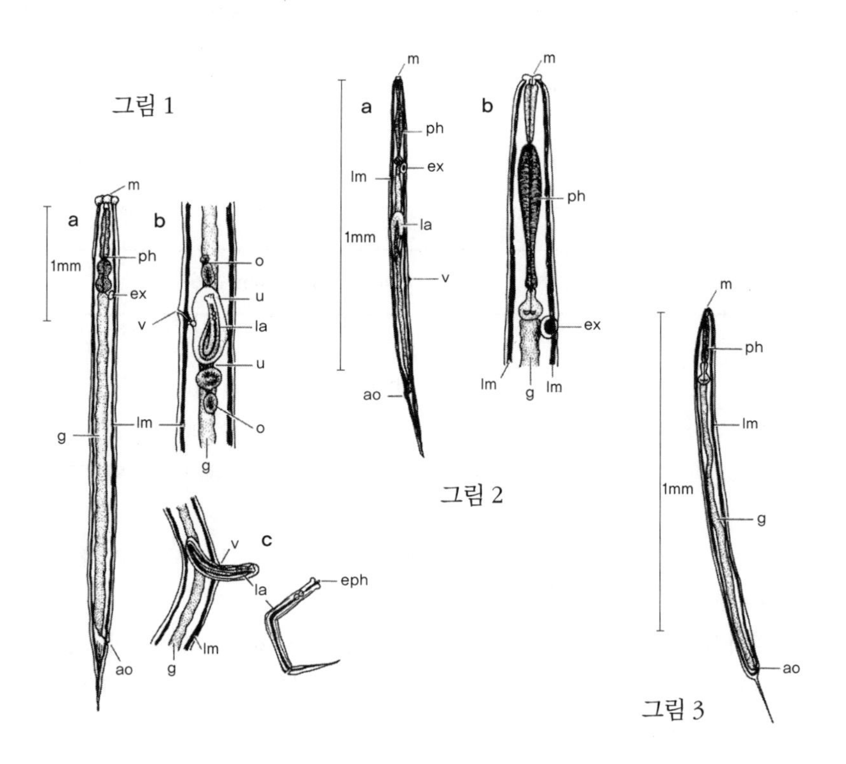

다. 2기 또는 3기 유충으로 생각된다.

그림 2a: 내부에 유충이 발달 중인 B 유형 선충(성체 암컷)의 그림. 이런 유충들은 현미경을 이용할 경우 이중으로 굽은 곡선부에서 가장 뚜렷하게 보이며, 명확하게 표현하기 위해 유충 하나만 표시했다(왼쪽은 축척).

그림 2b: B 유형 선충의 앞부분을 확대한 그림. 내부 장기를 명확히 보여 주기 위해 단순화시켰다. 인두 구경의 오른쪽에 있는 검은색 점은 단세포로 된 배설선excretory gland으로, 현미경에서는 선명한 갈색 타원체로 보인다.

그림 3: C 유형의 선충. 왼쪽은 축척. 지금까지 두 가지 크기의 표본 3개만이 발견되었다.

그림 1, 2, 3에 보이는 삽화는 66배 배율에서 작업한 것이다. 주요 해부학적 특징은 다음과 같은 약호를 이용했다.

- m : 입. 가장 앞부분에 위치하며 갈라진 돌출부들로 둘러싸여 있다.
- ph : 인두. 음식을 빨아들이기 위한 근육 기관으로, 유형별로 특징적인 형태를 보인다.
- ex : 배설 기관. 리넷세포renette cell로 알려진 큰 단세포 분비선이다.
- g : 소화관. 몸길이 전체를 통과하는 곧은 관으로, 배설구에서 끝난다.
- ao : 배설구. 꼬리 약간 앞에 위치한다.
- lm : 종주근longitudinal muscle. 몸길이 방향으로 발달하며, 위체강pseudocoelom액의 정수압hydrostatic pressure에 대항하는 작용을 한다. 선충에서 발견되는 유일한 이동 기관이다.
- la : 유충. A와 B 유형에서는 유충이 성충의 몸 안에서 발달한다.
- v : 외음부. 질의 외부 개방구로 자궁에서 뻗어 나온다.

그림 4: 지금까지 발견된 조충의 모든 편절은 동일한 종, 즉 *Anoplocephala gorillae*로부터 나온 것으로 생각된다.

그림 4a: 베토벤의 분변에서 발견된 첫 번째 편절은 발견될 때 말려 있었으며 현재까지 그 상태를 유지하고 있다.

그림 4b: 발견된 대부분의 조충은 이런 형태와 유사하고 흐느적거린다. 오래된 표본에서는 분홍색이 녹색빛이 나는 흰색으로 변하는 경향이 있다. 엉클버트에게서 나온 것 중 하나이다.

이 두 개의 삽화 모두 육안으로 보고 작업한 것이며, 여기 보이는 모든 축척은 자를 이용하여 추정한 것이다.

그림 4

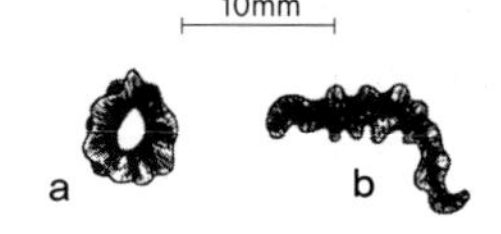

고릴라 분변에서 발견한 선충의 삽화(1977년 1월)

1976년 12월 보고서에 첨부한 그림 1-4는 선충의 A, B, C 유형과 조충의 편절이다.

발견한 모든 유형을 삽화로 그려 이 보고서에 첨부하였다.

그림 5: 처음 발견된 C_2 유형의 스케치를 바탕으로 했으며, 배설구가 터져 있다bao(burst anal opening). 몇몇 다른 표본에서도 이와 같은 현상이 발견되었다. 66배 배율에서 그렸다(왼쪽은 축척).

그림 6a: 처음 발견된 D 유형. 알로 생각되는 두 개의 검은색 타원체가 보이지만, 연이어 발견된 다른 표본들에서는 보이지 않았다. 66배 배율.

그림 6b: 소변에 젖은 흙에서 발견된 D 유형의 앞부분. 인두가 보이지 않고 물결 형태의 선이 보인다. 240배 배율.

그림 6c: DT 유형의 끝부분(다른 부분은 D 유형과 동일함). 240배 배율(왼쪽의 축척은 그림 6a에만 적용됨).

그림 7a: 헐거운 표피(lc)와 체벽 사이에 알(o)을 지닌 E 유형의 움직이는 성충 표본. 보이는 것처럼 오목한 부분의 외피는 주름이 지며 볼록한 부분은 팽팽한 상태이다. 66배 배율.

그림 7b: 유충을 포함한 두 마리의 E 유형. 48시간 이후 배양접시의 물속에 있는 상태로 그렸다(오른쪽 선충은 그림 7a와 동일한 표본으로 알이 부화하기 전의 상태). 유충은 체벽 내부에 있으며, 성충의 내장을 손상시킨 것이 분명하다. 일부 유충이 외음부(v)를 통해 탈출한 것이 보인다. 66배 배율(축척은 그림 7a, 7b 모두 적용됨).

그림 8a: F 유형의 성충과 알(o). 끝부분의 혹과 같은 마디들은 일부 표본에서만 나타난다. 66배 배율(왼쪽은 축척).

그림 8b: 알(o) 내부에 유충의 배 발달embryonic development 상태가 보이는 F 유형 성체의 일부분. 240배 배율.

그림 9: G 유형이 인두 주변을 감고 있는 A 유형 성체의 앞부분(G 유형은 살아서 움직이는 상태였다). 240배 배율(왼쪽은 축척).

그림 10a: 처음으로 발견된 H 유형의 끝부분. 내장이 식별되지 않는다. 240배 배율에서 그림.

그림 10b: 두 번째 발견된 H 유형(참고: 처음 발견된 개체는 이처럼 구부러져 있지 않고 약간 더 컸다). 소화관은 얼룩진 모습이며, 두 개체 모두 인두가 보이지 않았다. 66배 배율에서 그림(오른쪽은 축척).

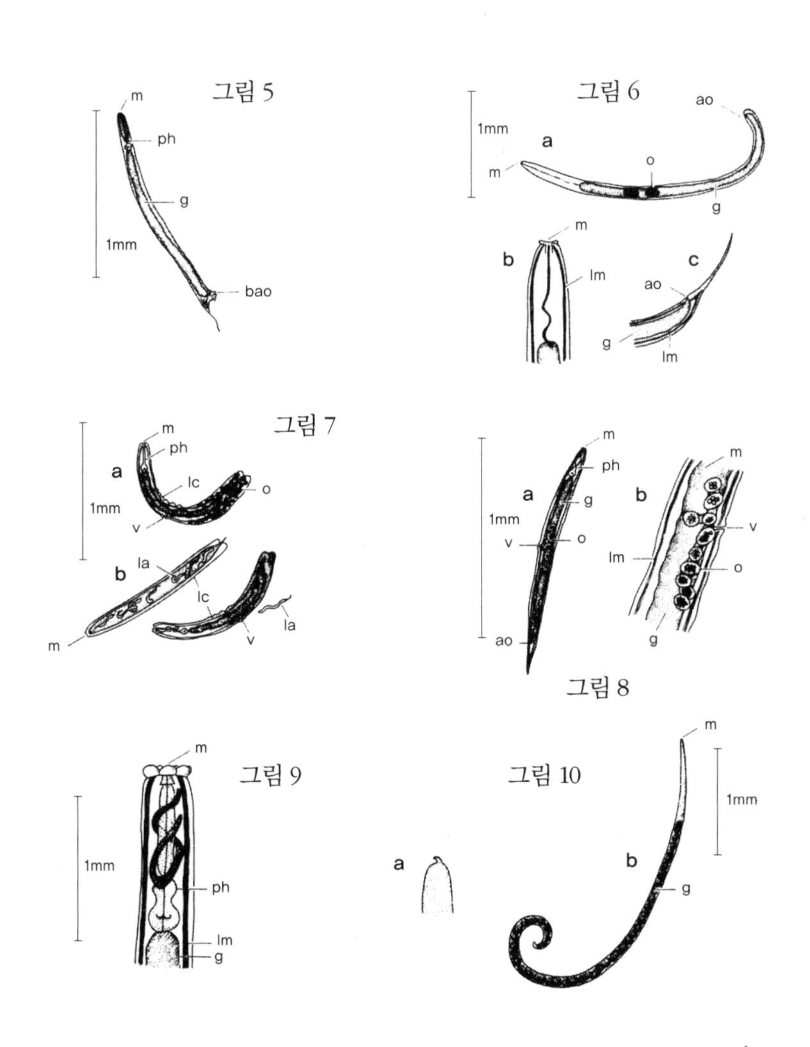

지금까지 언급되지 않은 약어는 그림 1-4에 사용된 것과 같다(m: 입, ph: 인두, g: 소화관, ao: 배설구, lm: 종주근, la: 유충, v: 외음부). 명확하게 표현하기 위해 다소 간략화하여 그렸다. 선충의 크기는 눈으로 판단하였으므로 모든 축척은 참고용으로만 삽입된 것이다.

주: 이후에 C, D, E, F, H 유형들은 자유생활 또는 식물에 기생하는 선충들로 동정되었으며, 이들은 표본을 오염시킨 것으로 나타났다. 이는 야외에서 신뢰할 만한 자료의 수집에 대한 문제점들을 보여 준다.

고릴라 분변에서 발견한 선충(*Probstmayria* cf. sp.)과 분선충 알의 삽화(1977년 3월)

그림 1-4에서 청색 필터나 단색 광원이 없는 상황에서 발생하는 색수차 때문에 구조의 세밀한 부분이 상당히 흐려졌다.

그림 1a와 1b: A 유형 선충에서 나타나는 앞쪽 끝부분의 일반적인 외형(서로 다른 개체임). 입술과 돌기들이 보인다. 1a는 240배에서 여러 표본을 관찰하여 그린 것이며, 1b는 360배에서 한 개체만을 보고 그렸다. 점선으로 그린 부분은 실선으로 나타난 부분을 보고 그렸을 때 초점이 맞지 않는 부분이다.

그림 1c: 외부의 형태와 세부적인 부분을 비교하여 보여 주기 위해 그림 1a와 같은 배율로 그린 B 유형의 개체.

그림 2a와 2b: 모두 B 유형의 앞쪽 끝부분을 360배 배율에서 그린 것. 이번에도 2a는 여러 표본을 참고하여 일반화된 모양을 그렸으며, 2b는 일반적인 모양과 약간 다른 한 개체를 그렸다. 이 배율에서만 주름진 각피층의 모습을 확인할 수 있다.

그림 3: 알을 갖고 있는 암컷의 외음부. 질구가 부분적으로 젖혀졌고 바깥으로 부풀어 오른 부분이 보통 때와는 다른 것으로 보아 첫 번째 유충이 빠져나간 것이 확실하다.

그림 4: 직접 도말을 통해 얻은 두 가지 유형의 충란. 그림 4a는 인간의 구충처럼 전형적인 분선충 충란의 형태로 껍질이 얇고 가운데 갈색 세포들(배설하고 나서 시간이 지났기 때문에 분열된 세포들이 많이 보인다)이 보인다. 240배 배율로 관찰했을 때 껍질과 배 사이의 공간은 투명하게 보인다. 성충 표본이 없어 종 동정은 불가능하다. 그림 4b는 다른 유형의 충란인데, 크기는 같고 약간 더

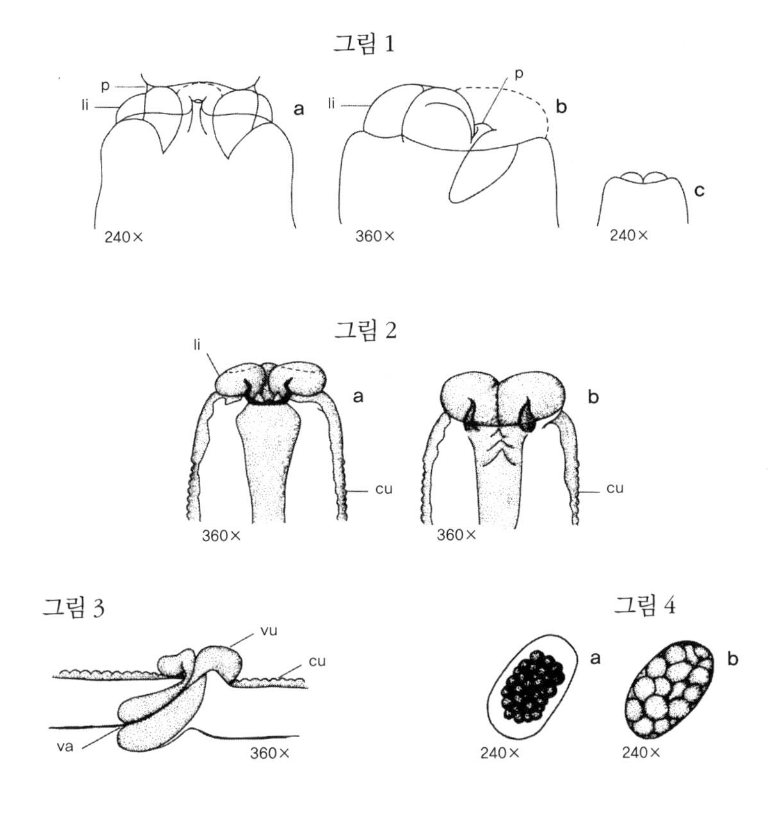

둥근 모양이며 큰 회색 세포이거나 굴절성 입자로 가득 차 있다.

주: p – 유두 모양papillae ; li – 입술lips ; cu – 각피층cuticle ; vu – 외음부vulva ; va – 질vagina

고릴라 분변에서 발견한 기생충 삽화(1977년 4월)

그림 1: 지즈의 분변 시료에서 발견한 두 개의 조충 편절. 서로 붙어 있는 두 편절은 편절들이 숙주의 장 속에서 나누어지기 전에 어떻게 편절사슬에 연결되어 있는가를 보여 준다. 삽화는 육안으로 그렸다.

그림 2: 팬치와 다른 개체들의 분변 시료들을 직접 도말했을 때 자주 보이는 큰 회색 물질의 전형적인 형태. 이들은 죽은 원충일 가능성이 높으며, *Troglodytella*속의 섬모충으로 생각된다. 240배 배율로 그림.

그림 1

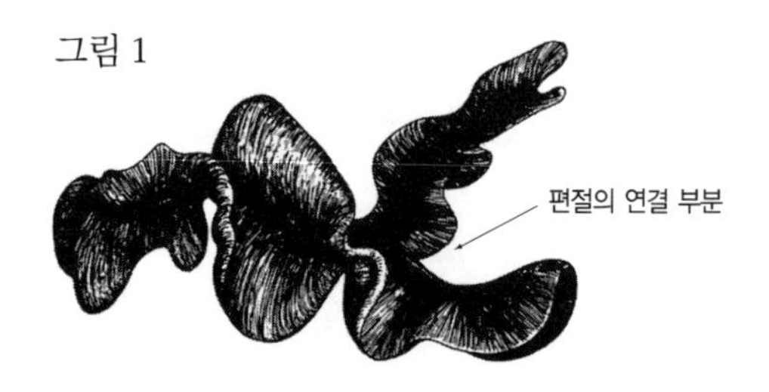

그림 2

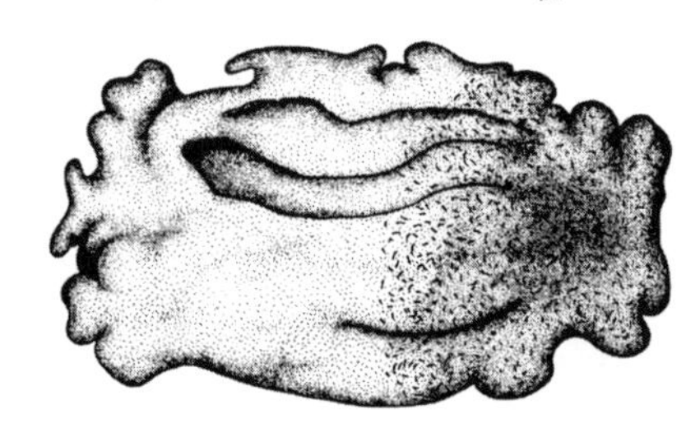

기생충 보고서의 삽화(1977년 5월)

그림 1a~1e: 인간에게 감염되는 다섯 개의 발생 후기 십이지장충 *Ancylostoma duodenale* 충란. 1c와 1d에서 유충의 모양이 확연히 드러난다. 이 표본들은 루엥게리 병원에서 현미경 사진으로 찍은 것이며 보존과 염색 처리를 하였다.

배설 후 분변에서 충란의 발생 정도를 조사하기 위하여 수많은 시료를 수집하고 폴리에틸렌 봉투에 보관한 후, 여러 날의 간격을 두고 직접 도말을 하여 관찰했다. 다음 삽화들은 그 결과를 보여 준다.

그림 2a: 배설한 지 23시간이 지난 타이거의 분변에서 나온 발생 중의 충란. 배아는 창자배형성gastrulation 중.

그림 2b와 2c: 배설한 지 22시간이 지난 엉클 버트의 분변에서 발견한 두 개의 충란. 두 배아 모두 2a만큼 발생이 진행되지 않았다.

그림 3a~3c: 배설한 지 나흘 후의 엉클 버트의 분변(같은 시료)에서 나온 세 개의 발생 중인 충란. 3a에서 배아는 긴 형태로 바뀌기 위해 세포를 재배열하는 과정에 있다. 3b와 3c에서는 재배열이 이미 끝났으며, 접혀 있는 상태로 알껍질을 가득 채운 유충의 형태가 분명하게 보인다. 때로 알껍질 속에서 움직이고

있는 유충이 관찰되기도 한다.

그림 4a: 금방 부화한 것으로 보이는 유충의 움직이는 모습. 배설한 후 4일이 지난 마초의 분변에서 나온 것이다.

그림 4b: 비슷하게 생겼으나 장의 형태가 불분명하고 군데군데 어두운 부분이 보이는 유충. 이 표본은 배설한 지 4일 후의 마초의 분변에서 나온 것이다.

보존, 염색 처리를 하지 않은 시료의 삽화는 모두 240배 배율로 그렸다.

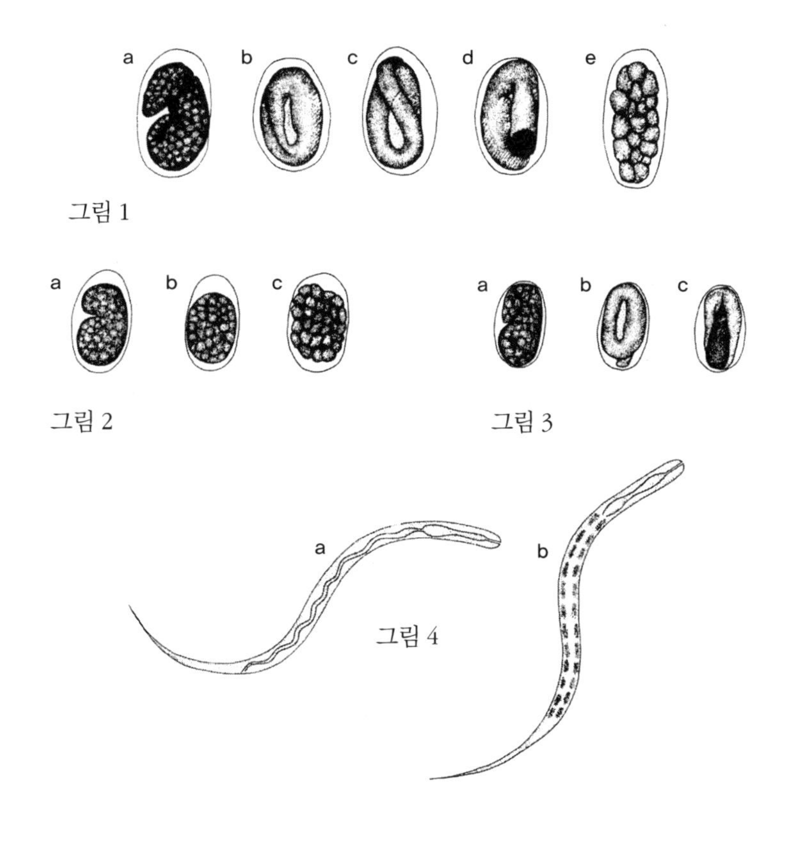

그림 1

그림 2

그림 3

그림 4

기생충 보고서의 삽화(1977년 6월)

그림 1: D 유형 선충의 수컷(1977년 1월 삽화의 그림 6a 참고). 66배 배율에서 그림.

그림 2: D 유형 선충의 앞 끝부분의 모습. 360배 배율에서 그림.

그림 3: D 유형 선충의 뒤 끝부분의 모습. 360배 배율에서 그림.

참고: 이 선충은 후에 기생충이 아니라 자유생활종인 토양성 선충인 것으로 밝혀졌다. 이것은 심바의 배설물에서 발견되었으며, 문자 그대로 배설하고 나서 '몇 초 후'에 수집한 시료에 붙어 있던 잎에서 나온 것이었다. 이는 선충이 심바가 먹은 식물과 함께 입속으로 들어간 후 소화관을 거쳐 나온 것이거나, 아니면 시료가 외부 환경과 접촉되었을 때 아무리 짧은 시간이라도 얼마나 쉽게 오염이 되는지를 보여 주는 예가 될 수 있을 것이다.

그림 1

그림 2

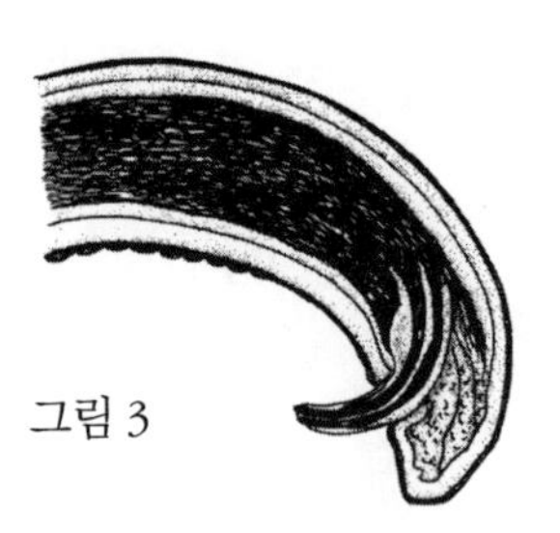

그림 3

기생충 보고서의 삽화(1978년 3월)

Anoplocephala gorillae 충란

여러 각도에서 서로 다르게 보이는 여섯 개의 충란을 360배 배율로 그렸다. 이 충란들은 슬라이드 위에서 이전에 10퍼센트 포르말린으로 고정시킨 편절을 살짝 찢어 얻은 것이다. 충란들은 분변을 직접 도말했을 때도 관찰할 수 있으나 편절들은 배설될 때 보통 편절 사슬에 연결되어 있다가 곧 떨어지며 충란들은 편절에 남아 있다. 각각의 편절 속에는 수천 개의 충란이 들어 있다.

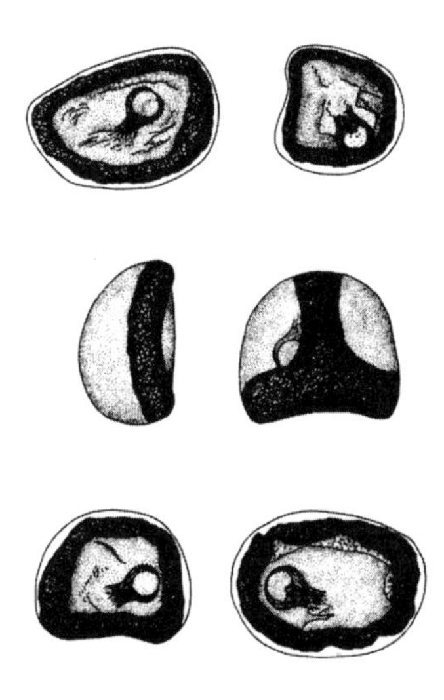

| 참고문헌 |

다음의 산악고릴라(*Gorilla gorilla gorilla*) 문헌들은 고릴라 연구자들을 우선으로 염두에 두어 작성한 것이므로 대부분의 논문들은 일반 독자들에게는 별로 유용하지 않다. 몇몇 참고자료의 소실 및 제한된 지면 관계상 참고문헌 일부는 누락되었다.

Akeley, C. E. 1922a. Hunting gorillas in Central Africa. *World's Work,* June, 169; July, 307; August, 393; September, 525.

———. 1922b. Is the gorilla almost a man? *World's Work,* September, 527.

———. 1923a. Gorillas–real and mythical. *Nat. Hist.* 23:441.

———. 1923b. *In Brightest Africa*. Garden City, N.Y.: Garden City Publishers.

Akeley, C. E., and Akeley, M. L. J. 1932. *Lions, Gorillas and Their Neighbors*. New York: Dodd, Mead.

Akeley, M. L. J. 1931. *Carl Akeley's Africa*. London: Gollancz.

———. 1950. *Congo Eden*. New York: Dodd, Mead.

Akroyd, R. 1935. The British Museum (Natural History) expedition to the Birunga volcanoes, 1933-4. *Proc. Linn. Soc. London,* 147th sess., 17-21.

Alix, E., and Bouvier, A. 1877. Sur un nouvel anthropoide (*Gorilla mayêma*) provenant de la région du Congo. *Bull. Soc. Zool. Fr.* (Paris) 2:488-90.

Allen, J. G. 1931. Gorilla hunting in southern Nigeria. *Nigerian Field* 1:4-5.

Antonius, J. I., Ferrier, S. A., and Dillingham, L. A. 1971. Pulmonary embolus and testicular atrophy in a gorilla. *Folia Primatol.* 15:277-92.

Arnold, P. 1979. A preliminary report on the first mother—reared lowland gorillas (*Gorilla g. gorilla*) at the Jersey Wildlife Preservation Trust. *Dodo* (J. Jersey Wildl. Preserv. Trust), no. 16:60-65.

Aschemeier, C. R. 1921. On the gorilla and the chimpanzee. *J. Mammal.* 2:90-92.

———. 1922. Beds of the gorilla and chimpanzee. *J. Mammal.* 3:176-78.

Ashton, E. H., and Zuckerman, S. 1952. Age changes in the position of the occipital condyles in the chimpanzee and gorilla. *Am. J. Phys. Anthropol.* (n.s.) 10:277-88.

Aspinall, J. 1980. The husbandry of gorillas in captivity. *J. Reprod. Fertil.,* suppl., 28:71-77.

Awunti, J. 1978. The conservation of primates in the United Republic of Cameroon. In *Recent Advances in Primatology,* ed. D. J. Chivers and W. Lane-Petter, vol. 2 (Conservation), 75-79. London: Academic Press.

Babault, G. 1928. Note sur la biologie et l'habitat du gorille de Beringe. *Rev. Fr. Mammal.* 2:61-63.

Babladelis, G. 1975. Gorilla births in captivity. *Int. Zoo News* no. 130 (October).

Baldridge, C. 1978. The accuracy of measuring gorilla conadotropin using antibody to human LH in radioimmunoassay. Paper read at the 2nd Annual Meeting of the American Society of Primatologists, September 1978, at Emory University.

Baldwin, L. A., and Teleki, G. 1973. Field research on chimpanzees and gorillas: an historical, geographical, and bibliographical listing. *Primates* 14:315-30.

Barns, T. A. 1922. *The Wonderland of the Eastern Congo.* London: Putnam.

———. 1923. *Across the Great Craterland to the Congo,* 128-51. London: Benn.

———. 1926. *An African Eldorado: The Belgian Congo.* London: Methuen.

———. 1928. Hunting the morose gorilla. *Asia* (New York), February, 116, 154.

Bartholomew, G., and Birdsell, J. B. 1953. Ecology and the protohominids. *Am. Anthropol.* 55(4):481-98.

Bates, G. L. 1905. Notes on the mammals of southern Cameroons and the Benito. *Proc. Zool. Soc. London* 75:65-85.

Baumgärtel, M. W. 1958. The Muhavura gorillas. *Primates* 1:79-83.

———. 1959. The last British gorillas. *Geogr. Mag.* (London) 32:32-41.

———. 1960. *König im Gorillaland.* Stuttgart: Franckh.

———. 1961a. Death of two male gorillas and rescue of an infant gorilla. *Afr. Wild Life* 15:6-13.

———. 1961b. The gorilla killer. *Wild Life and Sport* 2(2):14-17.

———. 1976. *Up Among the Mountain Gorillas.* New York: Hawthorn Books.

———. 1977. *Unter Gorillas.* Berlin: Universitas Verlag.

Beck, B. B. 1982. Fertility in North American male lowland gorillas. *Am. J. Primatol. Suppl. 1,* 7-11.

Beebe, B. F. 1969. *African Apes.* New York: McKay.

Benchley, Belle J. 1932. Mbongo and Ngagi. *Touring Topics,* October, 15.

———. 1933. Mbongo and Ngagi. *Nature Mag.* 21:217-22.

———. 1942. *My Friends, the Apes.* Boston: Little, Brown.

———. 1949. Mountain gorillas in the Zoological Garden, 1931 to 1940. *Publ. San Diego Zool. Soc.,* 1-24.

Beringe, O. von. 1903. Bericht des Hauptmanns von Beringe über seine Expedition nach Ruanda. *Deutsches Kolonialblatt,* 234-35, 264-66, 296-98, 317-19.

Bernstein, I. S. 1969. A comparison of the nesting patterns among the three great apes. In *The Chimpanzee,* ed. G. J. Bourne, vol. 1, 393-402. Basel: Karger.

Bingham, H. C. 1928. Sex development in apes. *Comp. Psychol. Monogr.* 5(23): 1-165.

———. 1932. Gorillas in a native habitat. *Carnegie Inst. Wash. Publ.* no. 426:1-66.

Bingham, L. R., and Hahn, T. C. 1974. Observations on the birth of a lowland gorilla in captivity. *1974 Int. Zoo Yearbook* 14:113-15.

Blancou, L. 1950. The lowland gorilla. *Anim. Kingdom* 58:162-69.

———. 1951. Notes sur les mammifères de l'équateur africain français: le gorille. *Mammalia* 15:143-51.

———. 1961. Destruction and protection of the wild life in French Equatorial and French West Africa. Pt. 5, Primates. *Afr. Wild Life* 15:29-34.

Blower, J. 1956. The mountain gorilla and its habitat in the Birunga Volcanoes, *Oryx* 3:237-97.

Bolwig, N. 1959. A study of the nests built by mountain gorilla and chimpanzee. *S. Afr. J. Sci.* 55(11):286-91.

Bourne, G. H., and Cohen, M. 1975. *The Gentle Giants: The Gorilla Story.* New York: Putnam.

Bradley, M. H. 1922. *On the Gorilla Trail.* New York: Appleton.

——. 1926. Among the gorillas. *Liberty* (weekly), 27 February, 31.

Broom, R. 1946. Notes on a late gorilla foetus. *Ann. Transvaal Mus.* 20:347-50.

Broughton, Lady. 1932. Stalking the mountain gorilla with the camera in its natural haunts. *Illustr. London News,* 5 November, 701, 710-13; 12 November, 756-57.

Brown, T., et al. 1970. A mechanistic approach to treatment of rheumatoid type arthritis naturally occurring in a gorilla. *Trans. Am. Clin. Climatol. Assoc.,* vol. 82.

Brown, T., Clark, H. W., and Bailey, J. S. 1975. Natural occurrence of rheumatoid arthritis in great apesa new animal model. Paper presented at the Centennial Symposium on Science and Research, 13 November 1974. In *Proc. Zool. Soc. Phila.,* July.

——. 1980. Rheumatoid arthritis in the gorilla: a study of mycoplasmahost interaction in pathogenesis and treatment. In *Comparative Pathology of Zoo Animals,* 259-66. Washington, D.C.: Smithsonian Institution Press.

Bullick, S. H. 1978. Regeneration of *Musa* after feeding by gorilla. *Biotropica* 10:309.

Burbridge, B. 1928. *Gorilla.* New York: Century.

Burrows, G. 1898. *The Land of the Pigmies.* London: Pearson.

Burt, W. H. 1943. Territoriality and home range concepts as applied to mammals. *J. Mammal.* 24:346-52.

Burton, R. F. 1876. *Two Trips to Gorilla Land and the Cataracts of the Congo.* London: Low.

Burtt, B. D. 1934. A botanical reconnaissance in the Virunga volcanoes of Kigezi, Ruanda, Kivu. *Kew Bull.* 4:145-65.

Bush, M., Moore, J., and Neeley, L. M. 1971. Sedation for transportation of a lowland gorilla. *J. Am. Vet. Med. Assoc.* 159(5):546-48.

Cameron, V. L. 1877. *Across Africa.* New York: Harper.

Campbell, R. I. M. 1970. Mountain gorillas in Rwanda. *Oryx* 10:256-57.

Carmichael, L., Kraus, M. B., and Reed, T. H. 1962. The Washington National Zoological Park gorilla infant, Tamoko. *Int. Zoo Yearbook* 3(1961):88-93.

Caro, T. M. 1976. Observations on the ranging behaviour and daily activity of lone silverback mountain gorillas (*Gorilla gorilla beringei*). *Anim. Behav.* 24:889-97.

Carpenter, C. R. 1937. An observational study of two captive mountain gorillas (*Gorilla beringei*). *Human Biol.* 9:175-96.

Carter, F. S. 1973. Comparison of baby gorillas with human infants at birth and during the postnatal period. *Ann. Rep. Jersey Wildl. Preserv. Trust* 10:29-33.

———. 1974. Treatment of acute dehydration in a 293 day old lowland gorilla. *Ann. Rep. Jersey Wildl. Preserv. Trust* 11:60-62.

———. 1976. Significance of the crossed extension reflex in human and lowland gorilla neonates. *Ann. Rep. Jersey Wildl. Preserv. Trust* 13:85-86.

Casimir, M. J. 1975a. Feeding ecology and nutrition of an eastern gorilla group in the Mt. Kahuzi region (République du Zaïre). *Folia Primatol.* 24:81-136.

———. 1975b. Some data on the systematic position of the eastern gorilla population of the Mt. Kahuzi region (République du Zaïre). *Z. Morphol. Anthropol.* 66:188-201.

———. 1979. An analysis of gorilla nesting sites of the Mt. Kahuzi region (Zaïre). *Folia Primatol.* 32:290-308.

Casimir, M. J., and Butenandt, E. 1973. Migration and core area shifting in relation to some ecological factors in a mountain gorilla group (*Gorilla gorilla beringei*) in the Mt. Kahuzi region (République du Zaïre). *Z. Tierpsychol.* 33:514-22.

Chagula, W. K. 1961. The liver of the mountain gorilla (*Gorilla gorilla beringei*). *Am. J. Phys. Anthropol.* (n.s.) 19:309-15.

Chidester, J. A. 1980. Getting to know a gorilla. In the *Newsletter,* U.S. Department of State, April, pp. 13ff.

Clark, T. 1981. Born in captivity: detailed account of the first birth of a gorilla in New England. *Yankee,* October.

Clevenger, A. B., Marsh, W. L., and Peery, T. M. 1971. Clinical laboratory studies of the gorilla, chimpanzee, and orangutan. *Am. J. Clin. Pathol.* 55(4):479-88.

Clift, J. P., and Martin, R. D. 1978. Monitoring of pregnancy and postnatal behaviour in a lowland gorilla at London Zoo. *1978 Int. Zoo Yearbook* 18:165-73.

Coffey, P. F., and Pook, J. 1974. Breeding, hand—rearing and development of the third lowland gorilla at the Jersey Zoological Park. *Ann. Rep. Jersey Wildl. Preserv. Trust* 11:45-53.

Coffin, R. 1978. Sexual behavior in a group of captive young gorillas. *Bol. Estud. Med. Biol.* (Mexico) 30:65-69.

Coolidge, H. J., Jr. 1929. A revision of the genus *Gorilla*. *Mem. Mus. Comp. Zool.* (Harvard) 50:291-381.

———. 1930. Notes on the gorilla. In *The African Republic of Liberia and the Belgian Congo,* ed. R. P. Strong, vol. 2, 623-35. Cambridge: Harvard University Press.

———. 1936. Zoological results of the George Vanderbilt African expedition of 1934. Pt. 4, Notes on four gorillas from the Sanga River region. *Proc. Acad. Nat. Sci. Phila.* 88:479-501.

Cooper, D. 1975. Zoo's first baby gorilla dies at birth. *News from Phila. Zoo,* 16 June.

Corbet, G. B. 1967. Nomenclature of the "eastern lowland gorilla." *Nature* 215(5106):1171-72.

Cousins, D. 1972a. Body measurements and weights of wild and captive gorillas, *Gorilla gorilla*. *Zool. Garten* (N.F.) 41:261-77.

———. 1972b. Diseases and injuries in wild and captive gorillas (*Gorilla gorilla*). *Int. Zoo Yearbook* 12:211-18.

———. 1972c. Gorillas in captivity, past and present. *Zool. Garten* (N.F.) 42:251-81.

———. 1974a. Classification of captive gorillas, *Gorilla gorilla*. *1974 Int. Zoo Yearbook* 14:155-59.

———. 1974b. A review of some complaints suffered by captive gorillas with notes on some causes of death in wild gorillas (*Gorilla gorilla*). *Zool. Garten* (N.F.) 44:201-19.

———. 1976a. The breeding of gorillas, *Gorilla gorilla,* in zoological collections. *Zool. Garten* (N.F.) 46:215-36.

———. 1976b. A review of the diets of captive gorillas (*Gorilla gorilla*). *Acta Zool. Pathol. Antverp.,* no. 66:91-100.

———. 1978a. Gorillas: a survey. *Oryx* 14:254-58, 374-76.

———. 1978b. Man's exploitation of the gorilla. *Biol. Conserv.* 13:287-97.

———. 1978c. The reaction of apes to water. *Int. Zoo News* 25(7):8-13.

———. 1980. On the Koolookamba: a legendary ape. *Acta Zool. Pathol. Antverp.*, no. 75:79-93.

Critchley, W. 1968. Report of the Takamanda gorilla survey. Unpublished manuscript.

Crook, J. H. 1970. The socio-ecology of primates. In *Social Behaviour in Birds and Mammals,* ed. J. H. Crook, 103-66. London: Academic Press.

Cunningham, A. 1921. A gorilla's life in civilization. *Zool. Soc. Bull.* (N.Y.) 24:118-24.

Dart, R. A. 1961. The Kisoro pattern of mountain gorilla preservation. *Current Anthropol.* 2(5):510-11.

Delano, F. E. 1963. Gabon gorilla hunt. *Sports Afield,* August, 42, 70.

Derochette, M. 1941. Les gorilles en Territoire de Shabunda. *Bull. Société Botan. Zool. Congolaises* 4(1):7-9.

Derscheid, J. M. 1928. Notes sur les gorilles des volcans du Kivu (Parc National Albert). *Ann. Soc. Roy. Zool. Belgique* 58(1927):149-59.

De Witte, G. F. 1937. Introduction. *Exploration du Parc National Albert, 1933-1935.* Fasc. 1. Inst. des Parcs Nat. du Congo (Brussels).

Didier, R. 1951. L'os pénien du gorille des montagnes. *Bull. Inst. Roy. Sci. Nat. Belgique* 27(35).

Dixson, A. F. 1981. *The Natural History of the Gorilla.* New York: Columbia University Press.

Dixson, A. F., Moore, H. D. M., and Holt, W. V. 1980. Testicular atrophy in captive gorillas (*Gorilla g. gorilla*). *J. Zool.* 191:315-22.

Dmitri, I. 1941. Ugh! ugh! ugh! *Sat. Eve. Post,* 4 January.

Donisthorpe, J. 1958. A pilot study of the mountain gorilla (*Gorilla gorilla beringei*) in South-West Uganda, February to September 1957. *S. Afr. J. Sci.* 54(8):195-217.

Du Chaillu, P. B. 1861. *Explorations and Adventures in Equatorial Africa.* New York: Harper.

———. 1867. *Stories of the Gorilla Country.* New York: Harper.

———. 1869. *Wildlife under the Equator.* New York: Harper.

Elliott, R. C. 1976. Observations on a small group of mountain gorillas (*Gorilla gorilla beringei*). *Folia Primatol.* 25:12-24.

Ellis, J. 1974. Lowland gorilla birth at Oklahoma City Zoo. *Keeper,* July-August, 9-10.

Ellis, R. A., and Montagna, W. 1962. The skin of the primates. Pt. 6, The skin of the gorilla (*Gorilla gorilla*). *Am. J. Phys. Anthropol.* 20:79-94.

Emlen, J. T., Jr. 1960. Current field studies of the mountain gorilla. *S. Afr. j. Sci.* 56(4):88-89.

———. 1962. The display of the gorilla. *Proc. Am. Philos. Soc.* 106:516-19.

Emlen, J. T., Jr., and Schaller, G. B. 1960a. Distribution and status of the mountain gorilla (*Gorilla gorilla beringei*)—1959. *Zoologica* (N.Y. Zool. Soc.) 45:41-52.

———. 1960b. In the home of the mountain gorilla. *Anim. Kingdom* 63(3)98-108.

Endo, B. 1973. Stress analysis on the facial skeleton of gorilla by means of the wire strain gauge method. *Primates* 14:37-45.

Falkenstein, J. 1876. Ein Lebender Gorilla. *Z. Ethnol.* (Berlin) 8:60-61.

Farnsworth, LaM. 1976. A case of nasal hyperimia in a pregnant gorilla [Hogle Zoo, Salt Lake City]. *Newsletter,* Am. Assoc. Zool. Parks Aquar. (AAZPA), Wheeling, W. Va., vol. 17 (13 March).

Fischer, G. J. 1962. The formation of learning sets in young gorillas. *J. Comp. Physiol.* 55:924.

Fischer, R. B., and Nadler, R. D. 1977. Status interactions of captive female lowland gorillas. *Folia Primatol.* 28:122-33.

———. 1978. Affiliative, playful, and homosexual interactions of adult female lowland gorillas. *Primates* 19:657-64.

Fisher, G., and Kitchener, S. 1965. Comparative learning in young gorillas and orangutans. *J. Genet. Psychol.* 107:337-48.

Fisher, L. E. 1972. The birth of a lowland gorilla at the Lincoln Park Zoo, Chicago. *Int. Zoo Yearbook* 12:106-8.

Fitzgerald, F. L., Barfield, M. A., and Grubbs, P. A. 1970. Food preferences in lowland gorillas. *Folia Primatol.* 12:209-11.

Fitzgibbons, J. F., and Simmons, L. 1974. Autopsy findings of a three month old zoo born female lowland gorilla. *J. Zoo Anim. Med.* 5:13-18.

Ford, H. A. 1852. On the characteristics of the *Troglodytes* gorilla. *Proc. Acad. Nat. Sci. Phila.* 6:30-33.

Fossey, D. 1968. J'observe les gorilles sur la chaine des Birunga. *Bull. Agricole Rwanda,* no. 3:163-64.

———. 1970a. Making friends with mountain gorillas. *Nat. Geogr.* 137:48-67.

———. 1970b. Mes amis les gorilles. *Bull. Agricole Rwanda,* no. 4:162-65.

———. 1971. More years with mountain gorillas. *Nat. Geogr.* 140:574-85.

———. 1972a. Living with mountain gorillas. In *The Marvels of Animal Behavior,* ed. T. B. Allen, 208-29. Washington, D.C.: National Geographic Society.

———. 1972b. Vocalizations of the mountain gorilla (*Gorilla gorilla beringei*). *Anim. Behav.* 20:36-53.

———. 1974. Observations on the home range of one group of mountain gorillas *(Gorilla gorilla beringei). Anim. Behav.* 22:568-81.

———. 1976a. Alternatives to female transfer trend among mountain gorillas. Unpublished paper.

———. 1976b. The behaviour of the mountain gorilla. Ph.D. diss., Cambridge University.

———. 1976c. Transcript of the great apes. *L.S.B. Leakey Foundation News* 6:4-5.

———. 1978a. His name was Digit. Int. Primate Protection League (IPPL) 5(2):1-7.

———. 1978b. Mountain gorilla research, 1969-1970. *Nat. Geogr. Soc. Res. Reps.,* 1969 Projects, 11:173-76.

———. 1979. Development of the mountain gorilla (*Gorilla gorilla beringei*) through the first thirty-six months. In *The Great Apes,* ed. D. A. Hamburg and E. R. McCown, 139-86. Menlo Park, Calif.: Benjamin-Cummings.

———. 1980. Mountain gorilla research, 1971-1972. *Nat. Geogr. Soc. Res. Reps.,* 1971 Projects, 12:237-55.

———. 1981. The imperiled mountain gorilla. *Nat. Geogr.* 159:501-23.

———. 1982a. An amiable giant: Fuertes's gorilla. *Living Bird Quarterly* 1(Summer):21-22.

———. 1982b. Berggorillas-von Austerben bedroht: Das geheimnis der Gorillas. *Stern Mag.,* no. 4 (21 January):24-40.

———. 1982c. Mountain gorilla research, 1974. *Nat. Geogr. Soc. Res. Reps.* 14:243-58.

———. 1982d. Reproduction among free—living mountain gorillas. *Am. J. Primatol. Suppl. 1,* 97-104.

Fossey, D., and Harcourt, A. H. 1977. Feeding ecology of free—ranging mountain gorilla (*Gorilla gorilla beringei*). In *Primate Ecology: Studies of Feeding and Ranging Behaviour in Lemurs, Monkeys and Apes,* ed. T. H. Clutton-Brock, 415-47. London: Academic Press.

Foster, J. W. 1982. Kin selection and gorilla reproduction. *Am. J. Primatol. Suppl. 1,* 27-35.

Freeman, H. E., and Alcock, J. 1973. Play behaviour of a mixed group of juvenile gorillas and orang-utans. *Int. Zoo Yearbook* 13:189-94.

Frueh, R. J. 1968. A captive-born gorilla (*Gorilla g. gorilla*) at St. Louis Zoo. *Int. Zoo Yearbook* 8:128-31.

Gaffikin, P. 1949. *Gorilla gorilla beringei* post-mortem report. *E. Afr. Med. J.* 26(8):1-4.

Galloway, A., Allbrook, D., and Wilson; A. M. 1959. The study of *Gorilla gorilla beringei* with a post-mortem report. *S. Afr. J. Sci.* 55(8):205-9.

Garner, R. L. 1896. *Gorillas and Chimpanzees.* London: Osgood McIlvaine.

———. 1914. Gorillas in their own jungle. *Zool. Soc. Bull.* (N.Y.) 17:1102-4.

Gatti, A. 1932a. Among the pygmies and gorillas. *Popular Mechanics,* September, 418-23.

———. 1932b. Gorilla. *Field & Stream,* October, 18-20, 66-67, 73.

———. 1932c. *The King of the Gorillas.* New York: Doubleday, Doran.

———. 1936. *Great Mother Forest.* London: Hodder & Stoughton.

Geddes, H. 1955. *Gorilla.* London: Melrose.

Gijzen, A., and Tijskens, J. 1971. Growth in weight of the lowland gorilla (*Gorilla g. gorilla*) and of the mountain gorilla. *Int. Zoo Yearbook* 11:183-93.

Golding, R. R. 1972. A gorilla and chimpanzee exhibit at the University of Ibadan Zoo. *Int. Zoo Yearbook* 12:71-76.

Good, O. I. A. 1947. Gorilla-land. *Nat. Hist.* 56(1):36-37, 44-46.

Goodall, A. G. 1977. Feeding and ranging behaviour of a mountain gorilla group

(*Gorilla gorilla beringei*) in the Tshibinda-Kahuzi region (Zaïre). In *Primate Ecology: Studies of Feeding and Ranging Behaviour in Lemurs, Monkeys and Apes,* ed. T. H. Clutton-Brock, 449-79. London: Academic Press.

———. 1978. On habitat and home range in eastern gorillas in relation to conservation. In *Recent Advances in Primatology,* ed. D. J. Chivers and W. Lane-Petters, vol. 2 (Conservation), 81-83. London: Academic Press.

———. 1979. *The Wandering Gorillas*. London: Collins.

Goodall, A. G., and Groves, C. P. 1977. The conservation of eastern gorillas. In *Primate Conservation,* ed. Prince Rainier and G. H. Bourne, 599-637. New York: Academic Press.

Gould, K. G., and Kling, O. R. 1982. Fertility in the male gorilla (*Gorilla gorilla*): relationship to semen parameters and serum hormones. *Am. J. Primatol.* 2(3):311-16.

Greene, D. L. 1973. Gorilla dental sexual dimorphism and early hominid taxonomy. *Symp. 4th Int. Congr. Primatol.* 3:82-100. Basel: Karger.

Gregory, W. K. 1927. How near is the relationship of man to the chimpanzee-gorilla stock? *Quart. Rev. Biol.* 2:549-60.

———. 1950. *The Anatomy of the Gorilla*. New York: Columbia University Press.

Gregory, W. K., and Raven, H. C. 1937. *In Quest of Gorillas*. New Bedford, Mass.: Darwin Press.

Gromier, E. 1948. *La vie des animaux sauvages de la région des Grands Lacs*. Paris: Durel.

Groom, A. F. G. 1973. Squeezing out the mountain gorilla. *Oryx* 12:207-15.

Groves, C. P. 1967. Ecology and taxonomy of the gorilla. *Nature* 213(5079):890-93.

———. 1970a. *Gigantopithecus* and the mountain gorilla. *Nature* 226(5249):973-74.

———. 1970b. *Gorillas*. New York: Arco Publishing Co.

———. 1970c. Population systematics of the gorilla. *J. Zool.* 161:287-300.

———. 1971. Distribution and place of origin of the gorilla. *Man* (London), n.s., 6:44-51.

Groves, C. P., and Humphrey, N. K. 1973. Asymmetry in gorilla skulls: evidence of lateralized brain function? *Nature* 244(5410):53-54.

Groves, C. P., and Napier, J. R. 1966. Skulls and skeletons of *Gorilla* in British collections. *J. Zool.* 148:153-61.

Groves, C. P., and Stott, K. W., Jr. 1979. Systematic relationships of gorillas from Kahuzi, Tshiaberimu and Kayonza. *Folia Primatol.* 32:161-79.

Grzimek, B. 1953. Die gorillas ausserhalb Afrikas. *Zool. Garten* (N.F.) 20:173-85.

———. 1957a. Masse und Gewichte von Flachland-Gorillas. *Z. Säugetierk.* 21:192-94.

———. 1957b. Blinddarmentzündung als Todesursache bei Gorilla-Kleinkind. *Zool. Garten* (N.F.) 23:249.

Grzimek, B., Schaller, G. B., and Kirchshofer, R. (collab.). 1972. The gorilla. In *Grzimek's Animal Life Encyclopedia* 10:525-48. New York: Van Nostrand Reinhold.

Gyldenstolpe, N. 1928. Zoological results of the Swedish expedition to Central Africa 1921. Vertebrata 5, Mammals from the Birunga Volcanoes, north of Lake Kivu. *Ark. Zool.* (Uppsala) 20A:1-76.

Haas, G. 1958. Händigkeitsbeobachtungen bei Gorillas. *Säugetierk. Mitteil.* 6:59-62.

Haddow, A. J., and Ross, R. W. 1951. A critical review of Coolidge's measurements of gorilla skulls. *Proc. Zool. Soc. London* 121:43-54.

Hall-Craggs, E. C. B. 1961a. The blood vessels of the heart of *Gorilla gorilla beringei*. *Am. J. Phys. Anthropol.* (n.s.) 19:373-77.

———. 1961b. The skeleton of an adolescent gorilla (*Gorilla gorilla beringei*). *S. Afr. J. Sci.* 57(11):299-302.

———. 1962. The testis of *Gorilla gorilla beringei*. *Proc. Zool. Soc. London* 139:511-14.

Hanno. 1797. *The Voyage of Hanno*, tr. Thomas Falconer. London.

Harcourt, A. H. 1978a. Activity periods and patterns of social interaction: a neglected problem. *Behaviour* 66:121-35.

———. 1978b. Strategies of emigration and transfer by primates, with particular reference to gorillas. *Z. Tierpsychol.* 48:401-20.

———. 1979a. Contrasts between male relationships in wild gorilla groups. *Behav. Ecol. Sociobiol.* 5:39-49.

———. 1979b. Social relationships among adult female mountain gorillas. *Anim. Behav.* 27:251-64.

———. 1979c. Social relationships between adult male and female mountain gorillas in the wild. *Anim. Behav.* 27:325-42.

———. 1981. Can Uganda's gorillas survive?—a survey of the Bwindi Forest Reserve. *Biol. Conserv.* 19:269-82.

Harcourt, A. H., and Curry-Lindahl, K. 1979. Conservation of the mountain gorilla and its habitat in Rwanda. *Environ. Conserv.* 6:143-47.

Harcourt, A. H., et al. 1980. Reproduction in wild gorillas and some comparisons with chimpanzees. *J. Reprod. Fertil.,* suppl., 28:59-70.

Harcourt, A. H., and Fossey, D. 1981. The Virunga gorillas: decline of an "island" population. *Afr. J. Ecol.* 19:83-97.

Harcourt, A. H., Fossey, D., and Sabater Pi, J. 1981. Demography of *Gorilla gorilla*. *J. Zool.* 195:215-33.

Harcourt, A. H., and Groom, A. F. G. 1972. Gorilla census. *Oryx* 5:355-63.

Harcourt, A. H., and Stewart, K. J. 1977. Apes, sex, and societies. *New Scient.* 76:160-62.

———. 1978a. Coprophagy by wild mountain gorilla. *E. Afr. Wildl. J.* 16:223-25.

———. 1978. Sexual Behaviour of wild mountain gorillas. In *Recent Advances in Primatology,* ed. D. J. Chivers and J. Herbert, vol. 1. (Behaviour), 611-12. London: Academic Press.

———. 1980. Gorilla-eaters of Gabon. *Oryx* 15:248-51.

———. 1981. Gorilla male relationships: can differences during immaturity lead to contrasting reproductive tactics in adulthood? *Anim. Behav.* 29:206-10.

Harcourt, A. H., Stewart, K. J., and Fossey, D. 1976. Male emigration and female transfer in wild mountain gorilla. *Nature* 263(5574):226-27.

———. 1981. Gorilla reproduction in the wild. In *Reproductive Biology of the Great Apes,* ed. E. E. Graham, 265-79. New York: Academic Press.

Hardin, C. J., Danford, D., and Skeldon, P. C. 1969. Notes on the successful breeding by incompatible gorillas (*Gorilla gorilla*) at Toledo Zoo. *Int. Zoo Yearbook* 9:84-88.

Hauser, F. 1960. Goma, des Basler Gorillakind; arztliche Berichte über "Goma."

Documenta Geigy, *Bull.* no. 4 (Geigy Chemical Corp.).

Hedeen, S. F. 1980. Mother-infant interactions of a captive lowland gorilla. *Ohio J. Sci.* 80(4)137-39.

Heim, A. 1957. Auf den Spuren des Berg-gorillas. *Mitteil. Naturforsch. Gesell. Bern* (N.F.) 14:87-95.

Hess, J. P. 1973. Some observations on the sexual behaviour of captive lowland gorillas, *Gorilla g. gorilla* (Savage and Wyman). In *Comparative Ecology and Behaviour of Primates,* ed. R. P. Michael and J. H. Crook, 507-81. London: Academic Press.

Hess-Haeser, J. 1970. Achila and Quarta. *Museum Books,* February.

Hill, W. C. O., and Sabater Pi, J. 1971. Anomaly of the hallux in a lowland gorilla (*Gorilla gorilla gorilla* Savage and Wyman). *Folia Primatol.* 14:252-55.

Hobson, B. 1975. The diagnosis of pregnancy in the lowland gorilla and the Sumatran orang-utan. *Ann. Rep. Jersey Wildl. Preserv. Trust* 12:71-75.

Hofer, H. O. 1972. A comparative study on the oro—nasal region of the external face of the gorilla as a contribution to cranio—facial biology of primates. *Folia Primatol.* 18:416-32.

Hoier, R. 1955a. *Á travers plaines et volcans au Parc National Albert.* 2nd ed. Inst. des Parcs Nat. du Congo Belge (Brussels).

———. 1955b. Gorille de volcan. *Zooleo* (Soc. Bot. Zool. Congolaises, Léopoldville), n.s., no. 30 (January):8-12.

Honegger, R. E., and Menichini, P. 1962. A census of captive gorillas with notes on diet and longevity. *Zool. Garten* (N.F.) 26:203-14.

Hornaday, W. T. 1885. *Two Years in the Jungle.* New York: Scribner.

———. 1915. Gorillas, past and present. *Zool. Soc. Bull.* (N.Y.) 18:1181-85.

Hosokawa, H., and Kamiya, T. 1961—62. Anatomical sketches of the visceral organs of the mountain gorilla (*Gorilla gorilla beringei*). *Primates* 3:1-28.

Hoyt, A. M. 1941. *Toto and I: A Gorilla in the Family.* Philadelphia: Lippincott.

Hughes, J., and Redshaw, M. 1973. The psychological development of two baby gorillas: a preliminary report. *Ann. Rep. Jersey Wildl. Preserv. Trust.* 10:34-36.

———. 1975. Cognitive manipulative and social skills in gorillas. Pt. 1, The first year. *Rep. Jersey Wildl. Preserv. Trust* 11:53-60.

Imanishi, K. 1958. Gorillas: a preliminary survey in 1958. *Primates* 1:73-78.

International Zoo Yearbooks for 1975-77. 1977-79. *See* gorilla births in captivity, vols. 17-19.

Jenks, A. L. 1911. Bulu knowledge of the gorilla and chimpanzee. *Am. Anthropol.* 13:56-64.

Johnstone-Scott, R. 1977. A training program designed to induce maternal behavior in a multiparous female lowland gorilla at the San Diego Wild Animal Park. *1977 Int. Zoo Yearbook* 17:185-88.

———. 1979. Notes on mother—rearing in the western lowland gorilla. *Int. Zoo News,* no. 161 (July-August):9-20.

Joines, S. 1976. The Gorilla conservation program at the San Diego Wild Animal Park. *ZooNooz* (San Diego) 49 (October).

Jonch, A. 1968. The white lowland gorilla at Barcelona Zoo. *Int. Zoo Yearbook* 8:196-97.

Jones, C., and Sabater Pi, J. 1971. Comparative ecology of *Gorilla gorilla* (Savage and Wyman) and *Pan troglodytes* (Blumenbach) in Rio Muni, West Africa. *Bibliotheca Primatol.* (Basel), no. 13:1-96.

Kagawa, M., and Kagawa, K. 1972. Breeding a lowland gorilla at Ritsurin Park Zoo, Takamatsu. *Int. Zoo Yearbook* 12:105-6.

Kawai, M., and Mizuhara, H. 1959. An ecological study of the wild mountain gorilla (*Gorilla gorilla beringei*). *Primates* 2:1-42.

Keiter, M., and Pichette, L. P. 1977. Surrogate infant prepares a lowland gorilla for motherhood. *1977 Int. Zoo Yearbook* 17:188-89.

———. 1979. Reproductive behavior in captive subadult lowland gorillas (*Gorilla g. gorilla*). *Zool. Garten* (N.F.) 49:215-37.

Keith, A. 1896. An introduction to the study of anthropoid apes. 1, The gorilla. *Nat. Sci.* (London) 9:26-37.

———. 1899. On the chimpanzees and their relationship to the gorilla. *Proc. Zool. Soc. London,* 296-312.

Kennedy, K. A. R., and Whittaker, J. C. 1978. The apes in stateroom 10. *Nat. Hist.*

85(9):48-53.

Kevles, B. A. 1980. *Thinking Gorillas,* ed. A. Troy. New York: Dutton.

King, G. J., and Rivers, J. P. W. 1976. The affluent anthropoid. *Ann. Rep. Jersey Wildl. Preserv. Trust* 13:86-95.

Kingsley, S. 1977. Early mother-infant behaviour in two species of great ape: *Gorilla gorilla gorilla* and *Pongo pygmaeus pygmaeus*. *Dodo* (J. Jersey Wildl. Preserv. Trust), no. 14:55-65.

Kirchshofer, R. 1970. Gorillazucht in Zoologischen Gärten und Forschungsstationeen. *Zool. Garten* (N.F.) 38:73-96.

Kirchshofer, R., et al. 1967. An account of the physical and behavioural development of the hand-reared gorilla infant, *Gorilla g. gorilla,* born at Frankfurt Zoo. *Int. Zoo Yearbook* 7:108-13.

———. 1968. A preliminary account of the physical and behavioural development during the first 10 weeks of the hand-reared gorilla twins born at Frankfurt Zoo. *Int. Zoo Yearbook* 8:121-28.

Knoblock, H., and Pasamanick, B. 1959. The development of adaptive behavior in a gorilla. *J. Comp. Physiol. Psychol.* 52:699-703.

Koch, W. 1937. Bericht über das Ergebnis der Obduktion des Gorilla "Bobby" des Zoologischen Gärtens zu Berlin: ein Beitrag zur vergleichenden Konstitutionspathologie. *Veröffentlich. Konst.-Wehrpathol.* 9:1-36.

Koppenfels, H. von. 1877. Meine Jagden auf Gorillas. *Gartenlaube* (Leipzig), 416-20.

Kraft, L. 1952. J'ai vu au Congo le gorille gèant des montagnes. *Zooleo* (Soc. Bot. Zool. Congolaises, Léopoldville), n.s., no. 13(February):187-93.

Krampe, F. 1960. Gorillas auf der Spur. *Kreis.* 4:104-12.

Lang, E. M. 1959. Goma, das Basler Gorillakind: die Geburt. Documenta Geigy, *Bull.* no. 1 (Geigy Chemical Corp.).

———. 1960a. The birth of a gorilla at Basle Zoo. *Int. Zoo Yearbook* 1(1959):3-7.

———. 1960b. Goma, das Basler Gorillakind, ein Jahr alt. *Zolli* (Bull. Zool. Garten, Basel) 5:8-13.

———. 1960c. Goma, das Basler Gorillakind: Gomas Fortschritte. Documenta Geigy, *Bull.* no. 3 (Geigy Chemical Corp.).

———. 1961a. Goma, das Gorillakind. Zurich: Müller.

———. 1961b. Goma, das Basler Gorillakind: Ruckblick und Ausblick. Documenta Geigy, *Bull.* no. 8 (Geigy Chemical Corp.).

———. 1961c. Jambo—unser zweites Gorillakind. *Zolli.* (Bull. Zool. Garten, Basel) 7:1-9.

———. 1962a. *Goma, the Baby Gorilla.* London:Gollancz.

———. 1962b. Jambo, the second gorilla born at Basle Zoo. *Int. Zoo Yearbook* 3(1961):84-88.

———. 1963. *Goma, the Gorilla Baby.* New York: Doubleday.

———. 1964. Jambo: first gorilla raised by its mother in captivity. *Nat. Geogr.* 125:446-53.

Lang, E. M., and Schenkel, R. 1961a. Goma, das Basler Gorillakind: die Entwicklung der sozialen Kontaktweisen. Documenta Geigy, *Bull.* no. 7 (Geigy Chemical Corp.).

———. 1961b. Goma, das Basler Gorillakind: die Reifung der Kontaktweisen im Umgang mit den Dingen. Documenta Geigy, *Bull.* no. 6 (Geigy Chemical Corp.).

Lasley, B. L., Czekala, N. M., and Presley, S. 1982. A practical approach to evaluation of fertility in the female gorilla. *Am. J. Primatol. Suppl. 1,* 45-50.

Lebrun, J. 1935. *Les essences forestières des régions montagneuses du Congo Oriental.* Inst. Nat. pour l'Étude Agronomique du Congo Belge, Sér. Sci. no. 1.

———. 1942. *La végétation du Nyiragongo.* Fasc. 3-5. Inst. des Parcs Nat. du Congo Belge (Brussels).

Lebrun, J., and Gilbert, G. 1954. *Une classification écologique des forêts du Congo.* Inst. Nat. pour l'Étude Agronomique du Congo Belge, Sér. Sci. no. 63.

Ledbetter, D.H., and Basen, J.A. 1982. Failure to demonstrate self-recognition in gorillas. *Am. J. Primatol.* 2(3):307-10.

Lequime, M. 1959. Sur la piste du gorilla. *La Vie des Bêtes* 14:7-8.

Liz Ferreira, A. M. de, Athayde, A., and Magalhaes, H. 1945. Gorilas do Maiombe Português. *Mem. Junta Miss. Geogr. Colon.,* Ser. Zool., Lisbon.

Lotshaw, R. 1971. Births of two lowland gorillas at Cincinnati Zoo. *Int. Zoo Yearbook* 11:84-87.

Lyon, L. 1975a. In the home of mountain gorillas. *Wildlife* 17 (January):16-23.
———. 1975b. The saving of the gorilla. *Africana* (Nairobi) 5(9):11-13, 23.

MacKinnon, J. 1976. Mountain gorillas and bonobos. *Oryx* 13:372-82.
Mahler, P. 1980. Molar size sequence in the great apes: gorilla, orangutan and chimpanzee. *J. Dental Res.,* April, 749-52.
Malbrant, R., and Maclatchy, A. 1949. *Faune de l'équateur Africain Français. 2, Mammifères.* In *Encycl. Biol.* 36:1-323.
Mallinson, J. 1974. Wildlife studies on the Zaire River expedition with special reference to the mountain gorillas of Kahuzi-Biega. *Ann. Rep. Jersey Wildl. Preserv. Trust* 11:16-23.
———. 1982. The establishment of a self—sustaining breeding population of gorillas in captivity with special reference to the work of the anthropoid ape advisory panel of the British Isles and Ireland. *Am. J. Primatol. Suppl. 1,* 105-19.
Mallinson, J., Coffey, P., and Usher-Smith, J. 1973. Maintenance, breeding, and hand-rearing of lowland gorilla at the Jersey Zoological Park. *Ann. Rep. Jersey Wildl. Preserv. Trust* 11:5-28.
———. 1976. Breeding and hand—rearing lowland gorillas at the Jersey Zoo. *1976 Int. Zoo Yearbook* 16:189-94.
Maple, T., and Hoff, M. 1982. *Gorilla behavior.* New York: Van Nostrand Reinhold.
March, E. W. 1957. Gorillas of eastern Nigeria. *Oryx* 4:30—34.
Marler, P. 1963. The mountain gorilla: ecology and behavior [review]. *Science* 140(3571):1081-82.
———. 1976. Social organization, communication and grades signals: the chimpanzee and the gorilla. In *Growing Points in Ethology,* ed. P. P. G. Bateson and R. A. Hinde, 239-80. Cambridge: Cambridge University Press.
Martin, R. D. 1975. Application of urinary hormone determinations in the management of gorillas, *Ann. Rep. Jersey Wildl. Preserv. Trust* 12:61-70.
———. 1976. Breeding great apes in captivity. *New Scient.* 72:100-2.
Martin, R. D., Kingsley, S. R., and Stavy, M. 1977. Prospects for coordinated research into breeding of great apes in zoological gardens. *Dodo* (J. Jersey

Wildl. Preserv. Trust) no. 14:45-55.

Matschie, P. 1903. Einen Gorilla aus Deutsch-Ostafrica. *Sitzungsber. Gesell. Naturforsch. Freunde Berlin* no. 6 (9 June):253-59.

———. 1905. Merkwürdige Gorilla-Schädel aus Kamerun. *Sitzungsber. Gesell. Naturforsch. Freunde Berlin* no. 10 (12 December):279-83.

Maxwell, M. 1928. The home of the eastern gorilla. *J. Bombay Nat. Hist. Soc.* 32:436-49.

McKenney, F. D., Traum, J., and Bonestell, A. E. 1944. Acute coccidiomycosis in a mountain gorilla (*Gorilla beringei*), with anatomical notes. *J. Am. Vet. Med. Assoc.* 104(804):136-41.

Mecklenburg, A. F., Herzog zu. 1910. *In the Heart of Africa*. Tr. G. E. Maberly-Oppler. London: Cassell.

Merfield, F. G. 1956. *Gorillas Were My Neighbours*. London: Longmans, Green.

Merfield, F. G., and Miller, H. 1956. *Gorilla Hunter*. New York: Farrar, Straus & Cudahy.

Meyer, A. 1955. *Aperçu historique de l'exploration et de l'étude des régions volcaniques du Kivu*. Fasc. 1. Inst. des Parcs Nat. du Congo Belge (Brussels).

Miller, D. A. 1978. Evolution of primate chromosomes: man's closest relative may be the gorilla, not the chimpanzee. *Science* 198(4322):1116-24.

Milton, O. 1957. The last stronghold of the mountain gorilla in East Africa. *Anim. Kingdom* 60(2):58-61.

Morgan, B. J. T., and Leventhal, B. 1977. A model for blue-green algae and gorillas. *J. Appl. Probabil.* 14:675-88.

Moxham, B. J., and Berkovitz, B. K. B. 1974. The circumnatal dentitions of a gorilla (*Gorilla gorilla*) and chimpanzee (*Pan troglodytes*). *J. Zool.* 173:271-75.

Murnyak, D. F. 1981. Censusing the gorillas in Kahuzi-Biega National Park. *Biol. Conserv.* 21:163-76.

Murphy, M. F. 1978. *Gorillas Are Vanishing Intriguing Primates*. Published by the author.

Nadler, R. D. 1974. Periparturitional behaviour of a primaparous lowland gorilla. *Primates* 15:55-73.

———. 1975a. Cyclicity in tumescence of the perineal labia of female lowland

gorillas. *Anat. Rec.* 181:791-97.
———. 1975b. Determinants of variability in maternal behavior of captive female gorillas. *Proc. Symp. 5th Congr. Int. Primatol. Soc.* (1974), 207-16. Tokyo: Japan Science Press.
———. 1975c. Second gorilla birth at Yerkes Primate Research Center. *1975 Int. Zoo Yearbook* 15:134-37.
———. 1975d. Sexual cyclicity in captive lowland gorillas. *Science* 189(4205):813-14.
———. 1976. Sexual behavior of captive lowland gorillas. *Arch. Sex. Behav.* 5(5): 487-502.
———. 1978. Sexual behaviour of orang-utans in the laboratory. In *Recent Advances in Primatology,* ed. D. J. Chivers and J. Herbert, vol. 1 (Behaviour), 607-8. London: Academic Press.
———. 1982. Laboratory Research on sexual behavior and reproduction of gorillas and oran-utans. *Am. J. Primatol. Suppl. 1,* 57-66.
Nadler, R. D., and Green, S. 1975. Separation and reunion of a gorilla infant and mother. *1975 Int. Zoo Yearbook* 15:198-201.
Nadler, R. D., and Jones, M. L. 1975. Breeding of the gorilla in captivity. *Newsletter,* Am. Assoc. Zool. Parks Aquar. (AAZPA), Wheeling, W.Va., 16:12-17.
Nadler, R. D., et al. 1979. Plasma gonadotropins, prolacting, gonadal steroids and genital swelling during the menstrual cycle of lowland gorillas. *Endocrinology* 105:290-96.
Newman, K. 1959. Saza chief. *Afr. Wild Life* 13:137-42.
Noback, C. R. 1939. The changes in the vaginal smears and associated cyclic phenomena in the lowland gorilla (*Gorilla gorilla*). *Anat. Rec.* 73:209-25.
Noback, C. R., and Goss, L. 1959. Brain of a gorilla. 1, Surface anatomy and cranial nerve nuclei. *J. Comp. Neurol.* 3 (April):321-44.
Noell, A. M. 1979. *Gorilla Show.* Orlando, Fla.: Daniels Publishing Co.
Nott, J. F. 1886. The gorilla. In *Wild Animals Photographed and Described,* 526-38. London: Low.
O'Neil, W. M., et al. 1978. Acute pyelonephritis in an adult gorilla (*Gorilla gorilla*). *Lab. Anim. Sci.* 28(1).
O'Reilly, J. 1960. The amiable gorilla. *Sports Illus.* 12(25):68-76.

Osborn, R. M. 1957. Observations on the mountain gorilla, Mt. Muhavura, S.W. Uganda. Unpublished manuscript.

———. 1963. Observations on the behaviour of the mountain gorilla. *Proc. Symp. Zool. Soc. London* 10:29-37.

Osman Hill, W. C., and Harrison-Matthews, L. 1949. The male external genitalia of the gorilla, with remarks on the os penis of other Hominoidea. *Proc. Zool. Soc. London* 119:363-78.

Owen, R. 1849. Osteological contributions to the natural history of the chimpanzees (*Troglodytes,* Geoffroy) including the description of the skull of a large species (*Troglodytes gorilla,* Savage) discovered by Thomas S. Savage, M.D. in the Gaboon country, West Africa. *Trans. Zool. Soc. London* 3:381-422.

———. 1859. On the gorilla (*Troglodytes gorilla* Sav.) *Proc. Zool. Soc. London,* 1-23.

———. 1862. Osteological contributions to the natural history of the chimpanzees (*Troglodytes*) and orangs (*Pithecus*). No. 4, Description of the cranium of a variety of the great chimpanzee (*Troglodytes gorilla*), with remarks on the capacity of the cranium and other characters shown by sections of the skull, in the orangs (*Pithecus*), chimpanzees (*Troglodytes*), and in different varieties of the human race. *Trans. Zool. Soc. London* 4(1851):75-88.

———. 1865. *Memoir on the gorilla* (*Troglodytes gorilla,* Savage). London: Taylor & Francis.

Parker, C. 1969. Responsiveness, manipulation, and implementation behavior in chimpanzees, gorillas, and orang-utans. *Proc. 2nd Int. Congr. Primatol.* 1:160-66. New York: Karger.

Patterson, F. 1978a. Conversations with a gorilla. *Nat. Geogr.* 154:438-66.

———. 1978b. The gestures of a gorilla: language, acquisition in another pongid. *Brain and Language* 5:72-97.

Patterson, T. L. 1979. Long-term memory for abstract concepts in the lowland gorilla (*Gorilla g. gorilla*). *Bull. Psychon. Soc.* 13(5):279-82.

Peden, C. 1960. Report on post-mortem performed on adult mountain gorilla. Mimeographed report by the Dept. of Veterinary Services and Animal Husbandry, Uganda.

Penner, L. R. 1981. Concerning threadworm (*Strongyloides stercoralis*) in great apes—lowland gorillas (*Gorilla gorilla*) and chimpanzees (*Pan troglodytes*). *J. Zoo Anim. Med.* 12:128-31.

Petit, L. 1920. Notes sur le gorille. *Bull. Soc. Zool. Fr.* (Paris) 45:308-13.

Philipps, T. 1923. Mfumbiro: the Birunga volcanoes of Kigezi-Ruanda-Kivu. *Geogr. J.* 61(4):233-58.

———. 1950. Letter concerning man's relation to the apes. *Man* (London) 50:168.

Pigafetta, F. 1881. A Report of the Kingdom of Congo …… drawn out of the writings and discourses of the Portuguese, D. Lopes, by F. Pigafetta, in Rome [1591]. Tr. M. Hutchinson. London: Murray.

Pitman, C. R. S. 1931. *A Game Warden Among His Charges*. London: Nisbet.

———. 1935a. The gorillas of the Kayonsa Region, western Kigezi, s.w. Uganda. *Proc. Zool. Soc. London,* 477-94.

———. 1942. *A Game Warden Takes Stock*. London: Nisbet.

Platz, C. C., Jr., et al. 1980. Electroejaculation and semen analysis in a male lowland gorilla, *Gorilla gorilla gorilla*. *Primates* 21:130-32.

Plowden, G. 1972. *Gargantua: Circus Star of the Century*. New York: Bonanza Books.

Pretorius, P. J. 1947. *Jungle man*. London: Harrap.

Purseglove, J. W. 1950. Kigezi resettlement. *Uganda J.* 14(2):139-52.

Quick, R. 1976. Gorilla habitat display. *Int. Zoo News* 23(6):13-16.

Randall, F. E. 1943. The skeletal and dental development and variability of the gorilla. *Human Biol.* 15:235-337.

———. 1944. The skeletal and dental development and variability of the gorilla. *Human Biol.* 16:23-76.

Rankin, A. 1971. The gorilla is a paper tiger. *Reader's Digest,* April, 210-16.

Ratcliffe, H. L. 1940. New diets for the zoo. *Fauna* (Phila. Zool. Soc.) 2(3):62-65.

———. 1957. Diet keeps oldest gorilla healthy. *Sci. Digest,* February.

Raven, H. C. 1931. Gorilla: the greatest of all apes. *Nat. Hist.* 31(3):231-42.

———. 1936a. Genital swelling in a female gorilla. *J. Mammal.* 17:416.

———. 1936b. In quest of gorillas. 12, Hunting gorillas in West Africa. *Sci. Month.* 43:313-34.

Reade, W. W. 1863. *Savage Africa.* London: Smith (New York: Harper, 1864).

———. 1868. The habits of the gorilla. *Am. Naturalist* 1:177-80.

Redshaw, M. 1975. Cognitive, manipulative, and social skills in gorillas. Pt. 2, The second year. *Ann. Rep. Jersey Wildl. Preserv. Trust* 12:56-60.

———. 1978. Cognitive development in human and gorilla infants. *J. Human Evol.* 7:133-48.

Redshaw, M., and Locke, R. 1976. The development of a play and social behavior in two lowland gorilla infants. *Ann. Rep. Jersey Wildl. Preserv. Trust* 13:71-85.

Reed, T. H., and Gallagher, B. F. 1963. Gorilla birth at National Zoological Park, Washington. *Zool. Garten* (N.F.) 27:279-92.

Reichenow, E. 1920. Biologische Beobachtungen an Gorilla und Schimpanse. *Sitzungsber. Gesell. Naturforsch. Freunde Berlin,* no. 1:1-40.

Reisen, A. H., et al. 1953. Solutions of patterned string problems by young gorillas. *J. Comp. Psychol.* 46:19-22.

Retzius, G. 1913. Über die Spermien des Gorilla. *Anat. Anz.* 43:577-82.

Reynolds, V. 1965. Some behavioral comparisons between the chimpanzee and the mountain gorilla in the wild. *Am. Anthropol.* 67:691-706.

———. 1967a. *The Apes.* New York: Dutton.

———. 1967b. On the identity of the ape described by Tulp 1641. *Folia Primatol.* 5:80-87.

Riess, B. F., et al. 1949. The behavior of two captive specimens of the lowland gorilla, *Gorilla gorilla gorilla* (Savage & Wyman). *Zoologica* (N.Y. Zool. Soc.) 34:111-18.

Rijksen, H. D. 1975. De berggorilla in het Park der Vulkanen Rwanda. *Panda Nieuws* (11th year) no. 5 (May):41-45.

Riopelle, A. J. 1967. Snowflake, the world's first white gorilla. *Nat. Geogr.* 131:442-48.

Riopelle, A. J., Nos, R., and Jonch, A. 1971. Situational determinants of dominance in captive young gorillas. *Proc. 3rd Int. Congr. Primatol.* 3(1970):86-91. Basel: Karger.

Robbins, D., Compton, P., and Howard, S. 1978. Subproblem analysis of skill behavior in the gorilla; a transition from independent to cognitive behavior. *Primates* 19:231-36.

Robinson, P., and Benirschke, K. 1980. Congestive heart failure and nephritis in an adult gorilla. *J. Am. Vet. Med. Assoc.* 177(9):937-38.

Robyns, W. 1947-55. *Flore des spermatophytes du Parc National Albert.* Fasc. 1-3. Inst. des Parcs Nat. du Congo Belge (Brussels).

———. 1948a. *Les territoires biogéographiques du Parc National Albert.* Inst. des Parcs Nat. du Congo Belge (Brussels).

———. 1948b. *Les territoires phytogéographiques du Congo Belge et du Ruanda-Urundi.* Fasc. 1, Atlas général du Congo Belge et du Ruanda-Urundi. Inst. Roy. Col. Belge.

Rock, M. 1978. Gorilla mothers need some help from their friends. *Smithsonian* 9(July):4.

Romero-Horrera, A., Lehmann, H., and Fossey, D. 1975. The myoglobin of primates. 8, *Gorilla gorilla beringei* (eastern highland gorilla). *Biochimica Biophys. Acta* 393:383-88.

Rosen, S. I. 1972. Twin gorilla fetuses. *Folia Primatol.* 17:132-41.

Ross, R. 1954. Ecological studies on the rain forest of southern Nigeria. 3, Secondary succession in the Shasha Forest Reserve. *J. Ecol.* 42:259-82.

Rothschild, L. W. 1923. Exhibition of adult male mountain gorilla. *Proc. Zool. Soc. London,* 176-77.

Rumbaugh, D. M. 1967. "Alvila"—San Diego Zoo's captive-born gorilla. *Int. Zoo Yearbook* 7:98-107.

———. 1968. The behavior and growth of a lowland gorilla and gibbon. *ZooNooz* (San Diego) 39(7):8-17.

Sabater Pi, J. 1960. Beitrag zur Biologie des Flachlandgorillas. *Z. Säugetierk.* 25:133-41.

———. 1966a. Gorilla attacks against humans in Rio Muni, West Africa. *J. Mammal.* 47:123-24.

———. 1966b. Rapport préliminaire sur l'alimentation dans la nature des gorilles du Rio Muni (Ouest Africain). *Mammalia* 30:235-40.

———. 1967. An albino lowland gorilla from Rio Muni, West Africa, and notes on its adaptation to captivity. *Folia Primatol.* 7:155-60.

———. 1977. Contribution to the study of alimentation of lowland gorillas in the natural state, in Rio Muni, Republic of Equatorial Guinea (West Africa). *Primates* 18:183-204.

Sabater Pi, J., and Groves, C. 1972. The importance of higher primates in the diet of the Fang of Rio Muni. *Man* (London), n.s., 7:239-43.

Sabater Pi, J., and Lassaletta, L. de. 1958. Beitrag zur Kenntnis des Flachland-gorillas (*Gorilla gorilla* Savage u. Wyman). *Z. Säugetierk.* 23:108-14.

Saint-Hilaire, I. G. 1851. Note sur le gorille. *Ann. Sci. Nat.* 3rd ser. 16:154-58.

Sanchez, T. 1961. Gunning gorilla in Africa. *Safaris Unlimited,* January.

Sanford, L. J. 1862. The gorilla: being a sketch of its history, anatomy, general appearance and habits. *Am. J. Sci.* 33(2):48-64.

Savage, T. S., and Wyman, J. 1847. Notice of the external characters and habits of *Troglodytes gorilla,* a new species of orang from the Gaboon River, osteology of the same. *Boston J. Nat. Hist.* 5:417-43.

Schäfer, E. 1960. Über den Berggorilla (*Gorilla gorilla beringei*). *Z. Tierpsychol.* 17:376-81.

Schaller, G. B. 1960. The conservation of gorillas in the Virunga volcanoes. *Current Anthropol.* 1(4):331.

———. 1963. *The Mountain Gorilla: Ecology and Behavior.* Chicago: University of Chicago Press.

———. 1964. *The Year of the Gorilla.* Chicago: University of Chicago Press.

———. 1965a. The behavior of the mountain gorilla. In *Primate Behavior,* ed. I. DeVore, 324-67. New York: Holt, Rinehart and Winston.

———. 1965b. My life with wild gorillas. *True,* April, 39-41, 78-82.

Schaller, G. B., and Emlen, J. T. 1963. Observations on the ecology and social behavior of the mountain gorilla. In *African Ecology and Human Evolution,* ed. F. C. Howell and F. Bourlière. Chicago: Aldine.

Schenkel, R. 1960a. Goma, das Basler Gorillakind: Nesthocker oder Nestflüchter. Documenta Geigy, *Bull.* no. 2 (Geigy Chemical Corp.).

———. 1960b. Goma, das Basler Gorillakind: die Reifung artgemässen Fortbewegung und Körperhaltung. Documenta Geigy, *Bull.* no. 5 (Geigy Chemical Corp.).

Schouteden, H. 1927. Gorille de Walikale. *Rev. Zool. Afr.* 15:47.

———. 1947. De zoogdieren van Belgisch-Congo en van Ruanda-Urundi. Fasc. 1-3. *Ann. Mus. van Belgisch-Congo.*

Schultz, A. H. 1927. Studies on the growth of gorilla and of other higher primates with special reference to a fetus of gorilla, preserved in the Carnegie Museum. *Mem. Carnegie Mus.* 11(1):1-87.

———. 1930. Notes on the growth of anthropoid apes, with special reference to deciduous dentition. *Rep. Lab. Mus. Zool. Soc. Phila.* 58:34-45.

———. 1934. Some distinguishing characters of the mountain gorilla. *J. Mammal.* 15:51-61.

———. 1937. Proportions, variability and asymmetries of the long bones of the limbs and the clavicles in man and apes. *Human Biol.* 9:281-328.

———. 1938. Genital swelling in the female orang-utan. *J. Mammal.* 19:363-66.

———. 1939. Notes on diseases and healed fractures of wild apes and their bearing on the antiquity of pathological conditions in man. *Bull. Hist. Med.* 7:571-82.

———. 1942. Morphological observations on a gorilla and an orang of closely known ages. *Am. J. Phys. Anthropol.* 29:1-21.

———. 1950. Morphological observations on gorillas. In *The Anatomy of the Gorilla,* ed. W. K. Gregory, 227-51. New York: Columbia University Press.

Schwarz, E. 1927. Un gorille nouveau de la forêt de l'Ituri. *Rev. Zool. Afr.* 14:333-36.

Seager, S. W. J., et al. 1982. Semen collection and evaluation in *Gorilla gorilla gorilla. Am. J. Primatol. Suppl. 1,* 1-13.

Seal, U. S., et al. 1970. Airborne transport of an uncaged, immobilised 260 kg (572 lb) lowland gorilla. *Int. Zoo Yearbook* 10:134-36.

Sharp, N. A. 1927. Notes on the gorilla. *Proc. Zool. Soc. London,* 1006-9.

———. 1929. The Cameroon gorilla. *Nature* 123(3101):525.

Simons, E. L., and Pilbeam, D. 1971. A gorilla—sized ape from the Miocene of India. *Science* 173(3991):23-27.

Smith, R. R. 1973. Gorilla. *J. Inst. Anim. Technicians* 25(1). Paper read at the

Congress of the Institute of Animal Technicians, Newcastle upon Tyne, 1972.
Snowden, J. D. 1933. A study in altitudinal zonation in South Kigezi and on Mounts Muhavura and Mahinga, Uganda. *J. Ecol.* 21:7-27.
Socha, W. W., et al. 1973. Blood groups of mountain gorillas. *J. Med. Primatol.* 2:364-68.
Spencer, D. 1977. A post mortem examination carried out on a stillborn [male] lowland gorilla (*Gorilla g. gorilla*) at the Jersey Zoological Park. *Dodo* (J. Jersey Wildl. Preserv. Trust), no. 14:96-98.
Stecker, R. M. 1958. Osteoarthritis in the gorilla: description of a skeleton with involvement of knee and spine. *Lab. Invest.* (Baltimore) 7(4):445-57.
Steiner, P. E. 1954. Anatomical observations in a *Gorilla gorilla*. *Am. J. Phys. Anthropol.* (n.s.) 12:145-79.
Steiner, P. E., Rasmussen, T. B., and Fisher, L. E. 1955. Neuropathy, cardiopathy, hemosiderosis and testicular atrophy in *Gorilla gorilla*. *Arch. Pathol.* 59:5-25.
Stewart, K. J. 1977. The birth of a wild mountain gorilla (*Gorilla gorilla beringei*). *Primates* 18:965-76.
Straus, W. L. 1930. The foot musculature of the highland gorilla (*Gorilla beringei*). *Quart. Rev. Biol.* 5:261-317.
———. 1942. The structure of the crown-pad of the gorilla and of the cheek-pad of the orang-utan. *J. Mammal.* 23:276-81.
———. 1950. The microscopic anatomy of the skin of the gorilla. In *The Anatomy of the Gorilla,* ed. W. K. Gregory, 213-21. New York: Columbia University Press.
Suarez, S. D., and Gallup, G. G., Jr. 1981. Self-recognition in chimpanzees and orangutans, but not gorillas. *J. Human Evol.* 10:175-88.

Theobald, J. 1973. Gorilla pediatric procedures. *Proc. Am. Assoc. Zoo. Vet.* 12-14.
Thomas, W. D. 1958. Observations on the breeding in captivity of a pair of lowland gorillas. *Zoologica* (N.Y. Zool. Soc.) 43:95-104.
Tijskens, J. 1971. The oestrous cycle and gestation period of the mountain gorilla. *Int. Zoo Yearbook* 11:181-83.
Tilford, B. L., and Nadler, R. D. 1978. Male parental behavior in a captive group of lowland gorillas (*Gorilla gorilla gorilla*). *Folia Primatol.* 29:218-28.

Tobias, P. V. 1961. The work of the gorilla research unit in Uganda. *S. Afr. J. Sci.* 57(11):297-98.

Tomson, F. N. (n.d.) Root canal therapy for a fractured canine tooth in a gorilla. *J. Zoo Anim. Med.* 9:101-2.

Trouessart, E. 1920. La pluralité des espèces des gorilles. *Bull. Mus. Nat. Hist. Nat.* (Paris) 26:102-8, 191-96.

Tullner, W. W., and Gray, C. W. 1968. Chorionic gonadotropin excretion during pregnancy in a gorilla. *Proc. Soc. Exp. Biol. Med.* 128:954-56.

Tuomey, T. J., and Tuomey, M. W. 1978. Bushman. *Chicago Tribune Mag.*, November.

Tuttle, R. H., and Basmajian, J. V. 1974. Electromyography of forearm musculature in *Gorilla* and problems related to knuckle-walking. In *Primate Locomotion,* ed. F. A. Jenkins, Jr., 293-347. New York: Academic Press.

———. 1975. Electromyography of *Pan gorilla:* an experimental approach to the problem of hominization. *Proc. Symp. 5th Congr. Int. Primatol. Soc.* (1974), 303-14. Tokyo: Japan Science Press.

Urbain, A. 1940. L'habitat et moeurs des gorilles. *Sciences* (Paris) 35:35.

Usher-Smith, J. H., et al. 1976. Comparative physical development in six hand-reared lowland gorillas (*Gorilla gorilla gorilla*) at the Jersey Zoological Park. *Ann. Rep. Jersey Wildl. Preserv. Trust* 13:63-70.

Van den Berghe, L. 1959. Naissance d'un gorille de montagne à la station de zoologie expérimentale de Tshibati. *Folia Sci. Afr. Centralis* 4:81-83.

Van den Berghe, L., and Chardome, M. 1949. Une microfilaire du gorille, *Microfilaria gorillae. Ann. Soc. Belge Med. Trop.* 29:495-99.

Van Straelen, V. 1960. Sanctity of gorilla fastnesses threatened. *Wild Life* 2(2):10-11.

Verhaeghe, M. 1958. *Le Volcan Mugogo*. Fasc. 3. Inst. des Parcs Nat. du Congo Belge (Brussels).

Verschuren, J. 1975. Wildlife in Zaire. *Oryx* 13:149-63.

Vogel, C. 1961. Zur systematischen Untergliederung der Gattung *Gorilla* anhand von Untersuchungen der Mandibel. *Z. Säugetierk.* 26:65-76.

Wallis, W. D. 1934. A gorilla skull with abnormal denture. *Am. Naturalist* 68:179-83.

Webb, J. C. Summary of additional data gathered in Cameroun on western lowland gorillas, *Gorilla g. gorilla* June-August 1974. Unpublished manuscript.

Weber, B. 1979. Gorilla problems in Rwanda. *Swara* (Nairobi) 2(4):28-32.

Werler, J. E. 1975. Gorilla habitat display at Houston Zoo. *1975 Int. Zoo Yearbook* 15:258-60.

Wildt, D. E., et al. 1982. Laparoscopic evaluation of the reproductive organs and abdominal cavity content of the lowland gorilla. *Am. J. Primatol.* 2(1):29-42.

William, Prince of Sweden. 1921. *Among Pygmies and Gorillas.* New York: Dutton.

Willoughby, D. P. 1950. The gorilla—largest living primate. *Sci. Month.* 70:48-57.

———. 1979. *All About Gorillas.* Cranbury, N.J.: Barnes.

Wilson, A. M. 1958. Notes on a gorilla eviscerated at Kabale, August 1958. Laboratory report on faeces and stomach contents. Unpublished report from the Animal Health Research Centre, Entebbe.

Wilson, M. E., et al. 1977. Characteristics of paternal behavior in captive orang-utans (*Pongo pygmaeus abelii*) and lowland gorillas (*Gorilla gorilla gorilla*). Paper presented at the Inaugural Meeting of the American Society of Primatologists at Seattle, Washington.

Wislocki, G. B. 1932. On the female reproductive trace of the gorilla, with a comparison of that of other primates. *Contrib. Embryol. Carnegie Inst. Wash.* 23(135):165-204.

———. 1942. Size, weight and histology of the testes in the gorilla. *J. Mammal.* 23:281-87.

Wolfe, K. A. 1974. Comparative behavioral ecologies of chimpanzees and gorillas. *Univ. Oregon Anthropol. Papers* 7:53-65.

Wood, B. A. 1979. Relationships between body size and long bone lengths in *Pan* and *Gorilla*. *Am. J. Phys. Anthropol.* (n.s.) 50(1).

Wordsworth, J. 1961. *Gorilla Mountain.* London: Lutterworth Press.

Yamagiwa, J. 1979. A sociological study of the mountain gorilla from a survey in the kahuzi-Biega National Park (1978-1979). Unpublished manuscript.

Yerkes, R. M. 1927. The mind of a gorilla. Pts. 1, 2. *Genet. Psychol. Monogr.* 2(1, 2): 1-191; 2(6):377-551.

——. 1928. The mind of a gorilla. Pt. 3, Memory. *Comp. Psychol. Monogr.* 5(2):1-92.

——. 1951. Gorilla census and study. *J. Mammal.* 32:429-36.

Younglai, E. V., Collins, D. C., and Graham, C. E. 1977. Progesterone metabolism in female gorilla. *J. Endocrinol.* 75:439-40.

Zahl, P. 1960. Face to face with gorillas in Central Africa. *Nat. Geogr.* 117:114-37.

Zucker, E. L., et al. 1977. Grooming behaviors of orang-utans and gorillas: description and comparison. Paper presented at the Animal Behavior Society at University Park, Pennsylvania.

| 찾아보기 |

ㄷ

ㄹ

ㅁ

ㅂ

ㅅ

ㅈ

ㅊ

ㅋ

ㅌ

ㅍ

ㅎ

인류 시대 이후의 미래 동물 이야기

두걸 딕슨 지음 | 데스먼드 모리스 서문 | 이한음 옮김 | 240쪽 | 15,000원

인류 시대가 끝난 후의 지구는 어떻게 진화할까? 다윈도 예측하지 못한 신기한 미래 동물의 진화를 기후별, 지역별로 소개하여 우리의 상상력을 흥미롭게 자극한다. 책장을 넘기며 그림을 보는 것만으로도 이 책이 우리의 상상력을 얼마나 흥미롭게 자극하는지 느낄 수 있을 것이다. 나아가 이 책은 단순히 호기심만 부추기는 데 그치지 않고, 진화 원리를 바탕으로 타당하고 예상 가능한 상상의 동물들을 제시하기에 설득력을 갖는다!

신중한 다윈 씨: 찰스 다윈의 진면목과 진화론의 형성 과정

데이비드 쾀멘 지음 | 이한음 옮김 (근간) 〈GREAT DISCOVERIES〉

탄생 200주년을 맞아 다시 보는 다윈 이야기! 찰스 다윈과 그의 경이롭고 두려운 생각을 담고 있다. 다윈이 떠올린 진화 메커니즘인 '자연선택'은 과학사에서 가장 흥미를 자극하는 것이다. 이 책은 다윈의 과학적 업적은 물론 그의 위대함이라는 장막 뒤쪽의 인간적인 초상을 세밀하게 그려 낸다.

아이작 뉴턴

제임스 글릭 지음 | 김동광 옮김 | 320쪽 | 16,000원

'엄선된 자서전, 인간 뉴턴이 그늘에서 모습을 드러내다.'

'천재'와 '카오스'의 저자 제임스 글릭이 쓴 아이작 뉴턴의 삶과 업적! 과학에서 가장 난해한 뉴턴의 인생을 진지한 시선으로 풀어낸다.

파인만의 과학이란 무엇인가

리처드 파인만 지음 | 정재승, 정무광 옮김 | 192쪽 | 10,000원

'과학이란 무엇인가', '과학적인 사유는 세상의 다른 많은 분야에 어떻게 영향을 미치는가'에 대한 기지 넘치는 강연을 생생히 읽을 수 있다. 아인슈타인 이후 최고의 물리학자로 누구나 인정하는 리처드 파인만의 1963년 워싱턴대학교에서의 강연을 책으로 엮었다.

허수: 시인의 마음으로 들여다본 수학적 상상의 세계

배리 마주르 지음 | 박병철 옮김 | 280쪽 | 12,000원

수학자들은 허수라는 상상하기 어려운 대상을 어떻게 수학에 도입하게 되었을까? 음수의 제곱근인 허수의 수용 과정을 추적하면서 수학에 친숙하지 않은 독자들을 수학적 상상력의 세계로 안내한다.

오일러 상수 감마

줄리언 해빌 지음 | 프리먼 다이슨 서문 | 고중숙 옮김 (근간)

수학의 중요한 상수 중 하나인 감마는 여전히 깊은 신비에 싸여 있다. 줄리언 해빌은 여러 나라와 세기를 넘나들며 수학에서 감마가 차지하는 위치를 설명하고, 독자들을 로그와 조화 급수, 리만 가설과 소수정리의 세계로 끌어들인다.

타이슨이 연주하는 우주 교향곡 1, 2

닐 디그래스 타이슨 지음 | 박병철 옮김 | 1권 256쪽, 2권 264쪽 | 각권 10,000원

모두가 궁금해하는 우주의 수수께끼를 명쾌하게 풀어내는 책! 10여 년 동안 미국 월간지 '유니버스'에 '우주'라는 제목으로 기고한 칼럼을 두 권으로 묶었다. 우주에 관한 다양한 주제를 골고루 배합하여 쉽고 재치 있게 설명해 준다.

영재들을 위한 365일 수학 여행

시오니 파파스 지음 | 김홍규 옮김 | 280쪽 | 15,000원

하루에 한 개씩, 재미있는 수학 문제나 수수께끼, 수학에 관한 명언, 과거와 현재의 수학 정보를 접하면서 나도 모르는 사이에 수학에 대한 흥미가 쑥쑥 자란다.

불완전성: 쿠르트 괴델의 증명과 역설

레베카 골드스타인 지음 | 고중숙 옮김 | 352쪽 | 15,000원 〈GREAT DISCOVERIES〉

괴델은 독창적인 증명을 통해 수학자들이 사용하고자 하는 체계라면 어떤 것이든 참이면서도 증명불가능한 명제가 존재한다는 사실을 밝혀냈다. 저자는 소설가로서의 기교와 과학철학자로서의 통찰을 결합하여 괴델의 정리와 그 현란한 귀결들을 이해하기 쉽도록 펼쳐 보임은 물론 괴팍스럽고도 처절한 천재의 삶을 생생히 그려 나간다.

간행물윤리위원회 선정 '청소년 권장 도서'

아인슈타인의 우주

미치오 카쿠 지음 | 고중숙 옮김 | 328쪽 | 15,000원 〈GREAT DISCOVERIES〉

아인슈타인의 경이로운 유산을 둘러볼 신선하고도 생생한 여행! 카쿠는 상대론의 배경에 얽힌 자취는 물론, 대중적인 책에서는 보기 힘든 최근의 이론적 및 실험적 발전을 다룸으로써 과학과 정치, 그리고 잠재력에 대한 아인슈타인의 비전을 거장다운 필치로 그려 낸다.

퀀트: 물리와 금융에 관한 회고

이매뉴얼 더만 지음 | 권루시안 옮김 | 472쪽 | 18,000원

'금융가의 리처드 파인만'으로 손꼽히는 더만! 그가 말하는 이공계생들의 금융계 진출과 성공을 향한 도전을 책으로 읽는다. 금융공학과 퀀트의 세계에 대한 다채롭고 흥미로운 회고.

과학의 새로운 언어, 정보

한스 크리스천 폰 베이어 지음 | 전대호 옮김 | 352쪽 | 18,000원

양자역학이 보여 주는 '반직관적인' 세계관과 새로운 정보 개념의 소개. 눈에 보이는 것이 세상의 전부가 아님을 입증해 주는 '양자역학'의 세계와, 현대 생활에서 점점 더 중요시되는 '정보'에 대해 친근하게 설명해 준다. IT산업에 밑바탕이 되는 개념들도 다룬다.

한국과학문화재단 출판지원 선정 도서

아인슈타인의 베일: 양자물리학의 새로운 세계

안톤 차일링거 지음 | 전대호 옮김 | 312쪽 | 15,000원

양자물리학의 전체적인 흐름을 심오한 질문들을 통해 설명하는 책. 세계의 비밀을 감추고 있는 거대한 '베일'을 양자이론으로 점차 들춰낸다. 고전물리학에서 최첨단의 실험 결과에 이르기까지, 일반 독자들을 위해 쉽게 설명하고 있어 과학 논술을 준비하는 학생들에게 도움을 준다.

초끈이론의 진실: 이론 입자물리학의 역사와 현주소

페터 보이트 지음 | 박병철 옮김 (근간)

초끈이론은 탄생한 지 20년이 지난 지금까지도 아무런 실험적 증거를 내놓지 못하고 있다. 그 이유는 무엇일까? 입자물리학을 지배하고 있는 초끈이론을 논박하면서 (그 반대진영에 있는) 고리 양자 중력, 트위스트이론 등을 소개한다.

리만 가설: 베른하르트 리만과 소수의 비밀

존 더비셔 지음 | 박병철 옮김 | 560쪽 | 20,000원

수학의 역사와 구체적인 수학적 기술을 적절하게 배합시켜 '리만 가설'을 향한 인류의 도전사를 흥미진진하게 보여 준다. 일반 독자들도 명실 공히 최고 수준이라 할 수 있는 난제를 해결하는 지적 성취감을 느낄 수 있을 것이다.

2007 대한민국학술원 기초학문육성 '우수과학도서' 선정

소수의 음악: 수학 최고의 신비를 찾아

마커스 드 사토이 지음 | 고중숙 옮김 | 560쪽 | 20,000원

소수, 수가 연주하는 가장 아름다운 음악! 이 책은 세계 최고의 수학자들이 혼돈 속에서 질서를 찾고 소수의 음악을 듣기 위해 기울인 힘겨운 노력에 대한 매혹적인 서술이다. 19세기 이후부터 현대 정수론의 모든 것을 다룬 일반인을 위한 '리만 가설', 최고의 안내서이다.

2007 과학기술부 인증 '우수과학도서', 제26회 한국과학기술도서상 (번역 부문)

아·태 이론물리센터 선정 '2007년 올해의 과학도서 10권'

엘러건트 유니버스

브라이언 그린 지음 | 박병철 옮김 | 592쪽 | 20,000원

초끈이론과 숨겨진 차원, 그리고 궁극의 이론을 향한 탐구 여행. 초끈이론의 권위자 브라이언 그린은 핵심을 비껴가지 않고도 가장 명쾌한 방법을 택한다.

〈KBS TV 책을 말하다〉와 〈동아일보〉 〈조선일보〉 〈한겨레〉 선정 '2002년 올해의 책',
2008년 '새 대통령에게 권하는 책 30선'

우주의 구조

브라이언 그린 지음 | 박병철 옮김 | 747쪽 | 28,000원

'엘러건트 유니버스'에 이어 최첨단 물리를 맛보고 싶은 독자들을 위한 브라이언 그린의 역작! 새로운 각도에서 우주의 본질에 관한 이해를 도모할 수 있을 것이다.

〈KBS TV 책을 말하다〉 테마북 선정, 제46회 한국출판문화상(번역부문, 한국일보사), 아·태 이론물리센터 선정 '2005년 올해의 과학도서 10권'

파인만의 물리학 강의 I

리처드 파인만 강의 | 로버트 레이턴, 매슈 샌즈 엮음 | 박병철 옮김 | 736쪽 |
양장 38,000원 | 반양장 18,000원, 16,000원(I-I, I-II로 분권)

40년 동안 한 번도 절판되지 않았던, 전 세계 이공계생들의 필독서, 파인만의 빨간 책.

2006년 중3, 고1 대상 권장 도서 선정(서울시 교육청)

파인만의 물리학 강의 II

리처드 파인만 강의 | 로버트 레이턴, 매슈 샌즈 엮음 | 김인보, 박병철 외 6명 옮김 |
800쪽 | 40,000원

파인만의 물리학 강의 I에 이어 우리나라에 처음 소개되는 파인만 물리학 강의의 완역본.
주로 전자기학과 물성에 관한 내용을 담고 있다.

파인만의 물리학 길라잡이: 강의록에 딸린 문제 풀이

리처드 파인만, 마이클 고틀리브, 랠프 레이턴 지음 | 박병철 옮김 | 304쪽 | 15,000원

파인만의 강의에 매료되었던 마이클 고틀리브와 랠프 레이턴이 강의록에 누락된 네 차례의 강의와 음성 녹음, 그리고 사진 등을 찾아 복원하는 데 성공하여 탄생한 책으로, 기존의 전설적인 강의록을 보충하기에 부족함이 없는 참고서이다.

파인만의 여섯 가지 물리 이야기

리처드 파인만 강의 | 박병철 옮김 | 246쪽 | 양장 13,000원, 반양장 9,800원

파인만의 강의록 중 일반인도 이해할 만한 '쉬운' 여섯 개 장을 선별하여 묶은 책. 미국 랜덤하우스 선정 20세기 100대 비소설 가운데 물리학 책으로 유일하게 선정된 현대과학의 고전.

간행물윤리위원회 선정 '청소년 권장 도서'

파인만의 또 다른 물리 이야기

리처드 파인만 강의 | 박병철 옮김 | 238쪽 | 양장 13,000원, 반양장 9,800원

파인만의 강의록 중 상대성이론에 관한 '쉽지만은 않은' 여섯 개 장을 선별하여 묶은 책. 블랙홀과 웜홀, 원자 에너지, 휘어진 공간 등 현대물리학의 분수령이 된 상대성이론을 군더더기 없는 접근 방식으로 흥미롭게 다룬다.

일반인을 위한 파인만의 QED 강의

리처드 파인만 강의 | 박병철 옮김 | 224쪽 | 9,800원

가장 복잡한 물리학 이론인 양자전기역학을 가장 평범한 일상의 언어로 풀어낸 나흘간의 여행. 최고의 물리학자 리처드 파인만이 복잡한 수식 하나 없이 설명해 간다.

발견하는 즐거움

리처드 파인만 지음 | 승영조, 김희봉 옮김 | 320쪽 | 9,800원

인간이 만든 이론 가운데 가장 정확한 이론이라는 '양자전기역학(QED)'의 완성자로 평가받는 파인만. 그에게서 듣는 앎에 대한 열정.

문화관광부 선정 '우수학술도서', 간행물윤리위원회 선정 '청소년을 위한 좋은 책'

천재: 리처드 파인만의 삶과 과학

제임스 글릭 지음 | 황혁기 옮김 | 792쪽 | 28,000원

'카오스'의 저자 제임스 글릭이 쓴, 천재 과학자 리처드 파인만의 전기. 과학자라면, 특히 과학을 공부하는 학생이라면 꼭 읽어야 하는 책.

2006 과학기술부 인증 '우수과학도서',
아·태 이론물리센터 선정 '2006년 올해의 과학도서 10권'

스트레인지 뷰티: 머리 겔만과 20세기 물리학의 혁명

조지 존슨 지음 | 고중숙 옮김 | 608쪽 | 20,000원

20여 년에 걸쳐 입자 물리학을 지배했던 머리 겔만. 그가 이룬 쿼크와 팔중도의 발견은 이후의 입자물리학에서 펼쳐진 모든 것들의 초석이 되었다. 1969년 노벨물리학상을 받았고, 현재도 생존해 있는 머리 겔만의 삶과 학문.

교보문고 선정 '2004 올해의 책'

안개 속의 고릴라

1판 1쇄 펴냄 2007년 8월 13일
1판 2쇄 펴냄 2008년 10월 7일

지은이 | 다이앤 포시
옮긴이 | 최재천, 남현영
펴낸이 | 황승기
마케팅 | 송선경
표지디자인 | 소울커뮤니케이션
본문디자인 | nous(누)
펴낸곳 | 도서출판 승산
등록날짜 | 1998년 4월 2일
주 소 | 서울시 강남구 역삼동 723번지 혜성빌딩 402호
전화번호 | 02-568-6111
팩시밀리 | 02-568-6118
이메일 | books@seungsan.com
웹사이트 | www.seungsan.com

ISBN 978-89-6139-003-3 03490

- 승산 북카페는 온라인 독서토론을 위한 공간입니다. '이 책의 포럼 gorillas.seungsan.com'으로 오시면 이 책에 대해 자유롭게 이야기 나눌 수 있습니다.
- 도서출판 승산은 좋은 책을 만들기 위해 언제나 독자의 소리에 귀를 기울이고 있습니다.